编委会名单

主　编： 蒋怀滨（福建师范大学福清分校）
　　　　张　斌（湖南中医药大学）

副主编： 申寻兵（江西中医药大学）
　　　　刘成伟（湖南科技大学）
　　　　姜永志（内蒙古民族大学）
　　　　任艳娜（贵州中医药大学）
　　　　马利军（广州中医药大学）
　　　　王小凤（中南林业科技大学）
　　　　赵小云（淮北师范大学）
　　　　武培博（河南师范大学新联学院）
　　　　赵亚军（西南民族大学）
　　　　罗艳红（湖南中医药大学）
　　　　李　佳（长沙师范学院）
　　　　章雷钢（绍兴文理学院）
　　　　蒋艳华（衡阳师范学院）
　　　　卢永兰（福建龙岩学院）

编　委： 熊思成（湖南中医药大学）
　　　　刘家僖（湖南中医药大学）
　　　　曾欣虹（福建师范大学福清分校）
　　　　蔡景雪（福建师范大学福清分校）
　　　　魏新益（中国人民大学）
　　　　钟才秀（浙江师范大学）
　　　　肖威龙（浙江师范大学）
　　　　郭　宇（福建师范大学福清分校）
　　　　陈文霞（厦门理工学院）

扫码可下载本书课件

福建省高校本科教学改革项目（FBJG20200058）
福建省省级线下一流本科课程《心理学研究方法》建设成果
湖南省高校教学改革研究项目（386）
湖南省应用心理学一流专业建设成果
湖南省省级线下一流本科课程《心理学研究方法》建设成果

心理学研究方法

蒋怀滨　张　斌◎主编

Psychological
Research
Methods

厦门大学出版社　国家一级出版社
XIAMEN UNIVERSITY PRESS　全国百佳图书出版单位

图书在版编目(CIP)数据

心理学研究方法 / 蒋怀滨,张斌主编. -- 厦门:厦门大学出版社,2019.8(2024.1重印)
ISBN 978-7-5615-7404-1

Ⅰ.①心… Ⅱ.①蒋… ②张… Ⅲ.①心理学研究方法-高等学校-教材 Ⅳ.①B841

中国版本图书馆CIP数据核字(2019)第075871号

责任编辑	文慧云
美术编辑	李夏凌
技术编辑	朱 楷

出版发行 厦门大学出版社
社　　址　厦门市软件园二期望海路39号
邮政编码　361008
总　　机　0592-2181111　0592-2181406(传真)
营销中心　0592-2184458　0592-2181365
网　　址　http://www.xmupress.com
邮　　箱　xmup@xmupress.com
印　　刷　厦门市金凯龙包装科技有限公司

开本　787 mm×1 092 mm　1/16
印张　28
插页　2
字数　590 千字
版次　2019 年 8 月第 1 版
印次　2024 年 1 月第 4 次印刷
定价　98.00 元

本书如有印装质量问题请直接寄承印厂调换

厦门大学出版社
微信二维码

厦门大学出版社
微博二维码

序

中小学教育以接受学习为主,而在大学时期,学生除接受现有知识之外,更需要进行自主发现学习,这就要求大学生掌握探索真理的方法,即掌握学科的研究方法。因此,大学时期科学研究方法的学习和训练尤为必要。作为系统培养心理学应用型人才的专业核心课程,"心理学研究方法"主要讲授心理学研究方法的基本原理及其在科学研究与实践领域中的应用,指导学生熟练掌握心理学研究设计的类型、常见的几种研究方法以及研究数据的处理与分析,系统了解调研报告的组织与撰写要求。结合众多应用型本科高校心理学专业特点和人才培养要求,秉承"以应用为前提,研究设计为主线,培养学生的创新实践性研究能力为着力点"的编写理念,《心理学研究方法》这本教材力求达到科学性与实用性的有机统一,真正做到"变原理为应用",为应用型本科院校心理学专业学生提供心理学研究的实践指南。

本教材在编写上遵循以下原则:

①系统性

本教材在介绍心理学研究一般方法论的基础上,以心理学研究过程为主线,依次讲述研究课题的选择、文献资料的查阅与综述、研究方案的设计、研究方法的选择、数据的收集与分析、结果推论与理论建构以及最后的研究报告的写作,使学生掌握心理学研究过程的完整化体系。

②可操作性

本教材从以下方面提高学生使用时的可操作性。一方面,在篇幅的安排上着力介绍心理学研究的各种类型以及研究过程的具体环节,而一般性问题只占少量的篇幅;另一方面,在介绍每种方法时,不仅说明各种方法的适用条件和优缺点,而且详细地提供各种方法的设计步骤和实施程序。

③实用性

在教材内容编排上,除基本内容外,每章起始均设置细目和导读,帮助学生从宏观角度把握本章内容;章节表述中不时穿插应用范例,以生动具体的案例指引学生将原理应用于研究实践;对重要概念或术语均附有英文对照,方便读者学习时进行参考;章末设计了"本章思考与练习"模块,要求学生根据题目中的问题情境进行相关方法的研究设计,经历研究的每个环节,以任务学习强化并巩固相关原理的掌握,有关题材来源于本编写组及同行有关研究成果;"拓展阅读"模块,帮助学生深入学习相关原理和方法,使学生掌握相关方法的新动向和新应用。

④前沿性

本教材把握心理学研究方法发展的新趋势、新特点,如实验法中效应量的概念和功能、测验法中关系模型的构建、观察法中编码系统、研究结果分析中的元分析使用等;心理学研究借鉴其他学科的方法,包括社会学中的扎根理论、现场研究,计算机科学中的大数据技术,神经科学中的脑电技术以及行为研究中的眼动技术等。

本书部分内容所附网址有效时间以正式出版时间为准。同时,书中所附的应用范例主要来源于编写组和同行有关研究成果,为便于融合本课程教学,特做了删改处理并在参考文献部分注明出处。相关成果只作为教学范例,在此对有关同行表示感谢。

目 录

第一章 心理学研究方法概述 ······················· 3
  第一节 心理学研究的科学本质 ····················· 3
  第二节 心理学研究的特殊性 ······················ 20
  第三节 心理学研究的科学方法 ····················· 22
  第四节 心理学研究方法的新趋势 ···················· 27
本章思考与练习 ···························· 39
拓展阅读 ······························· 39
参考文献 ······························· 40

第二章 课题选择与文献查阅 ······················· 44
  第一节 课题选题原则及确定程序 ···················· 44
  第二节 课题选择的策略 ························ 50
  第三节 查阅文献 ·························· 56
  第四节 研究文献的阅读与综述 ····················· 68
  第五节 应用范例 ·························· 74
本章思考与练习 ···························· 79
拓展阅读 ······························· 79
参考文献 ······························· 80

第三章 研究设计 ··························· 83
  第一节 研究设计的内容 ······················· 83
  第二节 研究对象取样的设计 ····················· 85
  第三节 研究的逻辑起点:变量 ····················· 89
  第四节 无关变量的控制 ······················· 97
  第五节 研究设计的标准 ······················· 101

本章思考与练习	107
拓展阅读	107
参考文献	108

第四章　实验法 ... 111
第一节　实验法概述 ... 111
第二节　准实验设计 ... 118
第三节　真实验设计 ... 122
第四节　应用范例 ... 145
本章思考与练习 ... 162
拓展阅读 ... 162
参考文献 ... 163

第五章　测验法 ... 167
第一节　测验编制 ... 167
第二节　测验施测及关系模型构建 ... 177
第三节　应用范例 ... 182
本章思考与练习 ... 215
拓展阅读 ... 215
参考文献 ... 216

第六章　访谈法 ... 219
第一节　访谈法概述 ... 219
第二节　访谈法的设计与实施 ... 222
第三节　扎根理论 ... 237
第四节　应用范例 ... 242
本章思考与练习 ... 258
拓展阅读 ... 258
参考文献 ... 259

第七章　观察法 ... 263
第一节　观察法概述 ... 263
第二节　观察法的设计 ... 268
第三节　观察法的实施 ... 283

第四节　应用范例 ··· 285
本章思考与练习 ··· 301
拓展阅读 ··· 302
参考文献 ··· 302

第八章　个案法 ··· 305
　　第一节　个案研究概述 ··· 305
　　第二节　质化取向的个案研究 ·· 309
　　第三节　量化取向的个案研究 ·· 313
　　第四节　应用范例 ··· 316
本章思考与练习 ··· 346
拓展阅读 ··· 346
参考文献 ··· 347

第九章　研究结果的整理、分析与解释 ······································· 350
　　第一节　心理学研究数据的整理与审核 ······························ 350
　　第二节　心理学研究结果的定性分析 ·································· 353
　　第三节　心理学研究结果的定量分析 ·································· 358
　　第四节　心理学研究结果的解释 ·· 373
　　第五节　应用范例 ··· 378
本章思考与练习 ··· 388
拓展阅读 ··· 388
参考文献 ··· 389

第十章　研究报告的撰写 ·· 393
　　第一节　研究报告概述 ··· 393
　　第二节　研究报告的格式 ··· 401
　　第三节　研究报告的交流 ··· 421
　　第四节　元分析 ·· 424
　　第五节　应用范例 ··· 429
本章思考与练习 ··· 438
拓展阅读 ··· 438
参考文献 ··· 439

第一章 心理学研究方法概述

目　次

第一节　心理学研究的科学本质
　一、心理学研究的科学要求
　　（一）心理学研究中的知识传承和创新
　　（二）心理学研究中的操作性定义和误差控制
　　（三）心理学研究的可证伪性
　　（四）心理学研究的开放性
　二、心理学研究的科学逻辑
　　（一）观察
　　（二）归纳
　　（三）演绎
　　（四）假设检验
　　（五）理论建构
　三、心理学研究的科学目的
　四、心理学研究的科学规范
　　（一）实事求是
　　（二）理论与实践相结合
　　（三）伦理性
　　（四）信效度

第二节　心理学研究的特殊性
　一、研究对象与研究者的特殊性
　　（一）人是有自我意识的有机体
　　（二）心理科学研究对象的社会性
　　（三）心理现象的影响因素复杂多变
　　（四）心理科学研究对象不可随意操控
　　（五）心理科学研究对象具有发展性
　　（六）心理科学研究对象具有个体差异性

　　二、心理学研究中人与环境的相互作用

第三节　心理学研究的科学方法

　　一、心理学研究的一般方法论

　　　　（一）系统论（systems theory）

　　　　（二）信息论（information theory）

　　　　（三）控制论（cybernetics）

　　　　（四）耗散结构论（dissipative structure theory）

　　　　（五）突变论（catastrophe theory）

　　　　（六）协同论（synergetics）

　　二、现代心理学具体研究方法的体系

第四节　心理学研究方法的新趋势

　　一、心理学研究的生态化取向

　　　　（一）现场研究概述

　　　　（二）现场研究的特点

　　　　（三）现场研究的优点和局限

　　二、心理测量技术发展的新趋势

　　　　（一）传统测量理论的发展

　　　　（二）结构方程模型

　　三、眼动与脑成像技术在心理学研究中的应用

　　　　（一）眼动技术在心理学中的应用

　　　　（二）脑成像技术在心理学中的应用

　　四、大数据时代下心理学研究的新趋势

　　　　（一）大数据与情绪心理学

　　　　（二）大数据与人格心理学

　　　　（三）大数据与健康心理学

　　本章思考与练习
　　拓展阅读
　　参考文献

第一章 心理学研究方法概述

本章导读

　　心理学是一门科学,具有所有科学共有的科学本质。心理学又是一门研究"人"的科学,与其他传统科学研究亦有所不同,这些不同集中表现在心理学主要研究对象——人的种种特殊性上。因此,本章开篇便介绍了心理学研究的科学本质及特殊性,旨在帮助读者正确认识心理科学及其在整个科学研究中的位置。与其他任何学科一样,心理科学研究水平直接取决于其研究方法,而研究方法又受研究者持有的一般方法论和科学技术水平的制约。因此,本章随后介绍了心理科学的一般方法论和具体研究方法以及心理学研究方法的新趋势,使读者一窥心理学研究方法全貌,全面认识心理学研究方法体系。

第一节 心理学研究的科学本质

　　科学的本质是什么呢?

　　美国科学促进会(American Association for the Advancement of Science,AAAS)将科学本质分作三个方面进行阐述,其观点如下:①科学世界观(scientific conception of the world)——自然界存在某种规律;科学知识不断发展变化,接近自然规律,但科学无法解决所有问题。②科学探究(scientific inquiry)——科学常常是逻辑和想象相结合的产物,亦需实证支持;科学家致力于验证理论、避免误差,使科学有解释和预测的作用。③科学事业(scientific enterprise)——科学应组织成系统的学科知识并在各种公共机构中进行传播;科学研究必须考虑伦理原则。

　　继 AAAS 之后,《美国国家科学教育标准》(National Science Education Standards,NSES)也从三个方面阐述了科学本质:①科学家通过观察、实验、建构理论模型来解释自然。②在一些新兴领域,常常由于缺乏权威理论导致多种不同甚至矛盾的解释并存,这是正常现象。③评价科学观察、实验、理论模型和科学家的解释是科学探究的一部分;各种文化和社会都会对科学知识做出贡献;科学知识是不断发展变化的,它只是暂时建立在已有知识的基础上。

参照 AAAS 和 NSES 对科学本质的定义,结合心理科学的特征、原则,可从心理学研究的科学要求(知识继承、创新等)、科学逻辑(观察、归纳、演绎等)、科学目的(描述、解释、预测和控制)和科学规范(伦理性、信效度等)四个方面对心理学的科学本质进行阐释。

一、心理学研究的科学要求

(一)心理学研究中的知识传承和创新

所有现代科学研究都需要借鉴前人的相关研究。新兴学科也是在继承其他学科知识的基础上产生的,如人机交互设计就是心理科学和计算机科学相结合的产物。唯有继承前人科学观点,才能减少做进一步观察、实验和推论时的错误。可以说,离开了前人的研究,就难以产生有价值的新科学研究,这是现代科学研究的一大特点。

心理科学研究也需要"站在巨人的肩膀上",即心理学研究者总是要学习、借鉴前人的观点、理论、方法或材料等。在研究之初,心理学研究者会大量引用前人的观点、理论,指出前人研究的不足,并根据这些不足创造性地提出自己的新假设,进一步揭示心理现象的发生、发展规律。可见,在心理学研究中,知识传承是前提,能否根据事实创新性地提出新假设是关键。

(二)心理学研究中的操作性定义和误差控制

1923 年,美国物理学家 P. W. Bridgman 首次提出操作性定义(operational definition),即一个概念的真正定义只能用实际操作而非属性来给出,一个领域的"内容"只能根据作为方法的一整套有序操作来定义。Bridgman 认为科学的名词或概念要避免模糊不清,就应以"测量它的操作方法"来界定。例如,物理学领域的三个基本概念——长度、时间、质量,都可以采用测量它们的操作方法来界定。长度中的"1 米"可以界定为测量从赤道到北极直线距离的 $1/10^7$;时间概念中的"1 小时"为测量地球自转一周所需时间的 $1/24$;"1 克"的质量为测量 1 立方厘米纯水在 4 摄氏度时的质量。

为心理学领域的抽象定义拟定合适、有价值的具体指标是心理科学研究客观、可靠的关键。例如,"挫折感"的抽象定义为"在追求某一目标的过程中遇到障碍时所产生的失望、压抑、苦闷等情绪感觉或反应"。因为不具体,研究者在科学研究中很难根据这一定义直接测量"挫折感"。此时研究者需要把这一抽象定义放到某一具体情景中加以规定。如幼儿正在玩一个他十分喜爱的玩具时,研究人员突然禁止他继续玩,此时幼儿的情绪感觉就是挫折感,其后续行为就是挫折感的反应。这样,抽象性定义就转变成了操作性定义,研究挫折感对其他心理现象或行为的影响就成为可能。

误差是测量值(包括直接测量值和间接测量值)与真值(客观存在的准确值)之差。科学研究十分强调误差控制,对误差控制不当会妨碍研究者获取真实结果,甚至可能得到完全相反的错误结果。实验心理学、心理测量学的研究也十分重视误差控制,包括对实验仪器的检查、是否严格按照实验步骤进行、实验结果是否具有可重复性、实验者是否经过专业培训、实验指导语是否标准化、测验时间安排是否合理、测验环境是否良好等。即使是控制条件相对宽松的个案研究中,研究者也有一套相对规范的执行框架来减少误差干扰。

(三)心理学研究的可证伪性

可证伪性(falsifiability)指从一个理论推导出来的结论(解释、预见)在逻辑上或原则上有可能与一个或一组观察陈述发生冲突或抵触。著名科学哲学家 Karl Popper 在《猜想与反驳》中提出"所有科学命题都要有可证伪性,不可证伪的理论不能成为科学理论"。根据这一论点,星座性格论可谓是典型的伪科学。因为星座性格论的观点往往是一些人皆有之的性格描述,让人无法否定。比如金牛座的人会在对话中不知不觉地把自己的想法强行灌输给别人。除非所有金牛座都存在该特征,不存在相应特征的都不是金牛座,星座性格论才具备可证伪性。显然,事实并非如此,金牛座的人也可能人云亦云。

可证伪性包含两个方面。第一,科学理论的表达一般为全称判断,具备被否定的可能。比如,"所有的羊都是白的"这一论断,仅靠再多的白羊也不能证实,而只要一只黑羊就能证明该论断错误。第二,证伪主义认为各种科学理论都只是猜测和假说,不一定会被永远证实,却随时可能被证伪。比如意大利科学家企图通过中微子超光速运动来证伪爱因斯坦相对论中光速是速度极限的观点,这在物理学界引起了对中微子运动的研究热情。显然,从这个例子中可以看到科学家"科学可证伪"的思想。

在心理学研究中,研究者如果发现了前人研究的错误,可以用实验进行验证,甚至可以礼貌地请求其提供当时的实验数据,最终这些证伪性的研究还可以作为新的科研成果进行发表。当然,如果研究受到质疑,研究者也可以提供新的证据对这些质疑进行反驳,换言之,这些质疑也是可证伪的,而反驳也可以作为科研成果发表。比如莫雷(2004)在《谈谈心理学研究设计的基本逻辑——答〈关于两项样例学习心理实验研究报告的分析与评论〉》就对其他研究者质疑其"表面概貌影响原理运用"的研究进行了解释。心理科学研究的基本思路是发现前人研究的不足,并根据这些不足提出自己的改进方案或新的假设。

(四)心理学研究的开放性

科学研究反对闭门造车,心理学研究同其他科学研究一样强调开放性的交流和合作。跨文化心理学(产生于20世纪60年代)就是个典型例子。跨文化心理学在两种以上文化资料的基础上,研究不同文化背景下人类心理的共同性、差异性,以及社会文化特点对心理产生的影响。比如,一项对"自我"的研究就是我国研究者与国际学者合作完成的。这项研究要求中国被试和美国被试判断一系列人格形容词用于形容自己、母亲或他人时是否恰当。对比这两组被试的fMRI数据发现,在判断自我时,中国被试与美国被试在腹侧前额叶与扣带回都有显著的激活,也就是说中美被试关于自我的认知可能都定位在相同的脑区。另外,中国被试的自我与母亲条件的激活程度没有差异,而美国被试在自我与母亲两种条件上的激活程度有显著差异。综合上述结果可以大胆推测:在神经机制上,中国人的自我与母亲是联系在一起并与他人区别开来的,而美国人则将自我独立出来。当然,这一推测还需后续的进一步研究来证实,这就为后来的研究者提供了方向。

除了国际性合作,心理学研究的开放性也体现在数据开放中。科学研究中,公开数据是为了得到科学界的监控,从而提高科学自身的纠错能力,改善科学的重复性。心理学研究领域的 *Psychological Science* 杂志鼓励研究者进行数据开放并提供支持:如果作者愿意,该杂志便为其文章贴上"公开数据"的标签,清楚地告诉读者这些数据在哪里可以找到。据报道,从2013年到2015年贴有"公开数据"标签的文章由10%增加到38%。美国国家科学基金会(the US National Science Foundation)则要求申请者承诺在科研中公开数据。

国内心理学者也开展了相关的尝试:中国科学院心理研究所研究员刘勋正在加紧建设一个用于数据共享的网络服务器平台,用户可以在该平台上共享大规模行为数据和脑成像数据。此举旨在推动心理学实验任务的标准化。

二、心理学研究的科学逻辑

(一)观察

所有科学都建立在客观事实的基础之上。心理学和物理、生物等自然学科的思维逻辑是一样的,即它们认为客观观察是科学研究的重要部分。

然而,如果没有内在思考,单凭外在观察可以获得事物的规律吗?若答案是肯定的,那就意味着研究者只需要大量或长时间的观察,就可以"穷究天下之理"了。中国从宋朝开始就有一段类似的学术思想——"格物致知",即通过大量对事物"理"的外在观察而得出对万事万物的正确认知。明朝哲学家王阳明决心验证这个观点：他选取了自己屋子窗前的一个竹竿子，希望通过对它的长时间观察领悟出一些关于竹子的真理。坚持七天后，他累得病倒了，也没有得出什么新的观点。王阳明因而顿悟，事物规律的获得并不是通过简单的外部观察就可以达成的，应该注重内在的思考。因此他认为当人们产生意念活动的时候，会把这种意念加在事物上，这种意念就有了善恶的差别，即事物本身没有善恶，而是人的内心对事物存有善恶观念，由此展开了"心学"的学术脉络。显然，从观察到认识事物规律之间还有一条很长的路要走，这条路就是内在的理性思考。

（二）归纳

前面提到观察的缺点，因而研究者开始借鉴理性主义思想，即相信人内心的理性推理可以作为知识的来源。那么人要如何在观察的基础上进行思考得出事物规律呢？下面介绍心理学研究中一种重要的理性推理方法——归纳法。

归纳法（inductive method）指根据一系列具体的事实概括出真理的方法，即概括解释事物的现象。简单来说就是大量观察事物并做出规律性的总结。比如，三角形三个角之和为180°这个假设，是在大量观察后进行归纳总结得出的。再比如，太阳东升西落这种简单的自然现象，是在长年观察后进行归纳总结确定的。

心理学研究中常见的归纳方法是个案研究，即对某一特定个体、单位、现象或主题的研究。这些对象往往比较特殊，难以在实验室进行研究。现实生活中，研究者很难邀请到多个恐惧症的孩子或多个婴儿来到实验室来进行实验研究，因为他们的语言理解能力差，而且行为是难以被控制的，这时就适合进行个案观察和总结。比如，Sigmund Freud研究了小汉斯个案，发现小汉斯三岁时会询问母亲有没有"小东西"（男性生殖器），由此得出了这个年龄阶段的孩子可能还没有性别意识的假设。Jean Piaget长期观察他的孩子从婴儿时期以来的行为，总结出发生认识论。

除了对一些问题个案进行观察研究，近来流行的积极心理学取向研究中，也经常结合一些特殊的"成功者型"个案进行归纳。比如，国内学者王进想要了解运动员退役过程中的心理活动变化如何影响其成功再就业，探索我国运动员在退役过程中为什么有的运动员能够顺利退役，重新开创新事业，而有的运动员却不能。他采用综合个案研究设计，选取4个成功和4个失败个案，通过访谈、文献和语言分析技术，对8个运动员在退役过程中的意识和行为进行剖析。结果发现运动员在退役过程中，主要在心理状态、退役意识、退役计划、自我调节、社会支持和生活满意度6个方面，反映出成功退役的运动员与失败退役的运动员之间的不同特征。成功退役的运动员通常有良好的退役意识，主动计划选择退役后的事业发展；退役失败的运动员则表现出对退役问题消极回避的应对行为。

可是，归纳法就这么完美无瑕吗？先看下面《论语》中的一个故事（节选）。

孔子东游，见两小儿辩斗，问其故。一儿曰："我以日始出时去人近，而日中时远也。"一儿以日初出远，而日中时近也。一儿曰："日初出大如车盖，及日中则如盘盂，此不为远者小而近者大乎？"一儿曰："日初出沧沧凉凉，及其日中如探汤，此不为近者热而远者凉乎？"

在上文中，一个孩子观察发现日出时太阳大如车盖，日中则小若盘盂，根据近大远小原理可推测日出时近，日中时远。另一个孩子发现日出时天气凉爽，日中时炎热，所以根据近热远凉的原理假设日出时远，日中时近。两个孩子依据的原理都是没有问题的，结果却是矛盾的。为何基于相同事物的观察会出现这种矛盾结果？哪种推断才是对的呢？

由近代天文学研究可知，地球的自转使得地表某处在正午时受日光直射，而垂直距离最短，所以此时太阳与该地距离最近。夜晚时该地背离太阳，离得最远。单从事实结论来看，第二个小孩是正确的，第一个小孩是错误的。然而，近大远小原理是没有错的，为何会得出错误的结论？这是因为人的视觉处理有特定的机制，第一个小孩的观察是一种"月亮错觉"，即地平面附近的天体看起来比天顶的大。根据视物显小理论（convergence micropsia），对于远处的，特别是前面有障碍物遮挡的（例如太阳被山、房子等遮挡时）物体，视觉会有一种补偿机制让它显得较大。可见，单单使用归纳法是会犯错的。因为归纳和观察一脉相承，只要是观察就会受到人类视觉局限的影响，所以有必要在研究前对一些视错觉进行了解。

归纳法还有一个核心的缺陷：即使研究者的观察准确无误，也不代表总结出来的经验一定是事物的本质规律。举个例子，个体平静时心跳较缓，紧张时会心跳加速，情绪改变时血管会随之发生变化，便有研究者认为情绪由植物性神经系统控制。后来观察到中枢神经系统的丘脑会控制植物性神经系统的活动，研究者便认为情绪由丘脑控制。然而后续研究又发现情绪产生时大脑皮层及其皮下组织会激活。近来还有生物学家发现情绪也与肠胃内的有害菌群有关，当个体代谢紊乱时，一些有害菌会制造出硫化氢、氨等气体，对神经系统造成损伤，从而导致个体出现不良情绪。因此，归纳出的理论并不总是绝对正确、完美无瑕的。

这也是科学研究的魅力所在，当前归纳出的科学理论今后随时可能被证伪。可见心理科学的研究结论会被不断纠正，所以秉持批判性思维对待前人的研究是十分重要的。

（三）演绎

用归纳可以得出一些理论，而这些理论可能会因研究者的局限、研究条件的控制不当等因素导致错误，该怎么验证其正确性呢？归纳是从特殊事实到一般理论的推理过程,要验证这个一般理论是否正确,就要看这个理论是否可以从一般到特殊进行演绎推理。演绎推理(deductive reasoning)指人们以一定的反映客观规律的理论认识为依据,从遵从该认识的已知部分推知事物的未知部分思维方法,是由一般到特殊的认识方法。

演绎的具体方法有以下几种:

(1)前提——演绎法。以一些资料或现象作为前提进行演绎推理,得出一个或多个假设。这是心理学研究中最一般的思路。比如以往研究者发现了一些结论:气味影响情感反应;吸烟者相比非吸烟者对吸烟的积极效应更为敏感。那么研究者可以假设由于吸烟者对香烟的积极效应敏感,所以香烟气味会激活吸烟者对香烟的积极情感,从而让吸烟者欲罢不能。

(2)类比法。该方法通常运用在理论的解释中,比如分析心理学中的曼荼罗概念。曼荼罗原本是佛教用语,象征着宇宙是对称、统一、整体化的结构。分析心理学创立者Carl Jung发现很多佛教的信徒都借助曼荼罗进行冥想以达到内心的平静,因此他把人整合内心杂乱思绪使之平和如初的力量比喻成曼荼罗。他认为曼荼罗是深藏在人类心理中的原型意象,具有自发地调整心理混乱、恢复心理平衡和秩序的功能。

(3)矛盾解释法。如果有两个相互矛盾的一般原理,研究者就会尝试整合这两个原理,说明这两个原理是可以并存的,只是各自产生的条件不同。比如人对信息的选择是在知觉分析之前(早期选择模型)、之中(中期选择模型)还是之后(晚期选择模型)都各自有其实证支持和理论模型。有学者试图对这种矛盾进行解释,据此提出了多阶段整合模型:选择在信息加工的不同阶段都有可能发生,如认知资源充裕且需要进行准确分析时,则进行知觉选择前的加工阶段就越多,最后在晚期才对信息进行选择;而认知资源不充裕时,就无法进行如此多的加工阶段,可能在早期就进行了选择。

演绎是心理学研究逻辑的重要体现。在心理学研究中,对一个具体问题提出假设进行研究时,要提供一个理论支持这个假设,如婴儿期的依恋关系是否预测了日后的精神疾病这一问题,可以从依恋理论来着手。在研究成果的引言部分和讨论部分还要引用这个理论来对此进行解释。如此,研究者的探索才能形成体系。若一项新研究还没有相关理论来提供支持,也可以将研究结果作为基础创建一个新理论或对旧的相关理论进行扩展或质疑,这也是在心理学研究中进行演绎的价值所在。Michael Rutter 于1972年所做的研究就是对 John Bowlby 母爱剥夺理论的拓展。他通过研究发现,母爱剥夺并不仅仅像字面上一样单指分离经历,而是包含两个方面:缺乏(即在亲子关系中缺乏活力)和剥夺(分离经历造成其失去被爱的权利)。依据以往对母爱剥夺理论的理解,要给孩子一个良好的童年,只需要不给他造成分离经历就可以了(父母可能因此恨不得每时每刻出现在婴儿身边,不愿意或拒绝给孩子自由的空间),而 Michael Rutter 认为只有少数亲子问题是由于母婴分离造成的,比如父母几乎没有花时间在孩子身上,而是把孩子交给爷爷奶奶、亲戚或者保姆。事实上,母婴关系中某种成分的缺乏才是大多数亲子问题的关键。这种成分包括爱、持久的关系的发展、稳定而没有破裂的关系和积极的相互作用。Michael Rutter 的深入研究拓展了母爱剥夺理论。

然而在科学研究中,使用演绎法也有犯错的可能。演绎推理得到的结论往往和整个推理过程的假设一脉相承。如果假设存在缺陷,即使演绎的过程没有错误,得出的结论也会存在缺陷。

比如下面的例子:
  所有的哈士奇都是狗(大前提)。
  旺仔是哈士奇(小前提)。
  因此,旺仔是狗(结论)。

这里,结论是通过对前提假设的演绎得出的。
  然而,再看看下面的例子:
  所有的哈士奇都能怀孕。
  旺仔是哈士奇。
  因此,旺仔能怀孕。

从逻辑上说,第二个例子得出的这个结论毫无破绽。但若例中旺仔是一只雄性哈士奇,最后结论就十分荒谬了。因此,如果在进行演绎推理时出现了错误,一方面要首先检验演绎推理的步骤是否成立,另一方面还应该思考各个前提是否成立。

(四)假设检验

以归纳法和演绎法提出的假设,还需使用假设检验法决定理论真伪。检验假设时,研究者使用的三种基本方法是证实法、证伪法和鉴定法。以下依次介绍这三种常用的假设检验法。

1.证实法

证实法(validation)指研究者努力收集支持或者验证一个理论或者假设的证据。此法类似于检验的证实偏差。研究者常选用证实法来探索某新理论是否符合现实。在这种情况下,研究者会有意识地选择将检验何种数据,甚至使用有利于支持他们理论或者假设的实验室情境。这些有意或无意地选择一个有利样本或情境的偏向都是被允许的。只有当研究者都认为某假设检验没有一点偏差时,证实倾向问题才变得严重。

Festinger 关于认知失调理论的研究说明了这一点。认知失调理论(cognitive

dissonance theory)认为,当人们的外在行为与内心想法不一致时,将体验到一种厌恶感。人有减少此厌恶感(即失调)的强烈动机,往往会努力使行为、想法变得一致。在研究认知失调理论的早期阶段,研究者想要知道该理论能够解释哪些现象,就需要人为地创造实验室条件,研究人们在种种条件下会做出哪些努力来减轻认知失调。研究者这么做的目的是努力证实该理论。在 Festinger 和 Carlsmith 的研究中,一部分被试需要进行一个小时非常无聊的绕线任务。然后实验者对已完成任务的被试发出请求,希望他们告诉其他被试(正在等待开始进行同样任务)这个无聊的任务非常有趣。虽然实验者让被试觉得他需要帮助,但是实验者并没有坚持。因此被试有权选择是否帮助他,这就让被试感到要为自己的行为负责。换句话说,这个精心设计的实验情境让被试产生了他们有自由选择是否为这个任务说谎的感觉。

被试的"助人行为"会收获不同金额的现金奖励。一部分被试会得到微不足道的1美元作为说谎的奖励,而1美元远远不足以使被试为奖励而说谎,因此他们会产生行为—态度不一致的失调感。另一部分被试的奖励则是十分丰厚的20美元,因而这部分被试并不会因为说谎而感到失调。那么1美元的被试要如何减少失调呢?实验结果表明,他们会说服自己,使自己认为该任务实际上比他们先前体验到的更有趣,即通过改变态度使态度、行为一致。这就为他们的撒谎行为提供了合理解释。

如上所述,Festinger 和 Carlsmith 寻找证据来证实而不是证伪这个失调理论。他们没有深究人们的失调可能不产生心理后果,或实际上并没有导致失调等情形。但这不成问题,因为此后的研究者会努力探究这个理论的精确边界条件。

2.证伪法

证伪法(falsification)指研究者试图搜集证据以便证伪或者推翻研究理论或者假设的方法。经得住证伪法的理论或者假设其实更好地说明了该理论或者假设的有效性。证伪主义提出者 Karl Popper 认为,无法经受住证伪检验的假设应该被抛弃。

这就使科学至少会从以下两个方面进行理论探索。第一,证伪在某些方面实际上是科学探索内在的一部分。因为科学家必须向其他同行说明并仔细描述他们的研究方法,所以他们在假设检验中的偏向性通常不能侥幸逃脱批判。同理,任何研究,包括那些收集了详细且客观数据的研究,也可能出现和研究者希望或者预期相反的结论。无论科学家赞成与否,科学方法的某些方面促进了证伪。第二,理论常常受到很多科学家的监督,包括和理论支持者持有截然不同观点的人。虽然 Jordan 博士不太可能尝试证伪他自己的记忆理论,但 Erikson 博士提出一个与 Jordan 博士的记忆理论相悖的理论时,会尝试对 Jordan 的理论进行证伪。像大多数其他科学一样,心理科学也有互相竞争理论共同发展的良好传统。因而,来自不同"阵营"的研究者常常努力证实他们自己的理论,同时尝试证伪来自相反"阵营"的理论。

关于认知失调理论的研究为该过程提供了很多例子。许多研究者试图提出有说服力的其他理论来推翻或者证伪认知失调理论，Daryl Bem 就是其中之一。Daryl Bem 不认可认知失调理论的动机过程。他根据自己的研究提出了一个新理论——自我知觉理论。该理论无须假设被试唤起了厌恶动机状态（Festinger 称作认知失调）也能解释认知失调的先前研究结果。

Bem 在研究中用一个志愿者（大学二年级学生 Bob Downing）重复了 Festinger 和 Carlsmith 研究的关键操作和程序，要求被试旁观实验并评价 Bob 的态度。与以往研究不同的是，Bem 没有令所有被试都参加实验并自评，而是让被试作为观察者评价完成了无聊绕线工作的其他人在不同情境下的态度。研究结果表明，当 Bob 为了 20 美元而说谎或者没有说谎时，Bem 的被试都推测 Bob 认为这个绕线任务特别无聊。然而，当被试得知 Bob 仅收获 1 美元却仍将这个明显无聊的实验描述为有趣时，他们确信 Bob 真的认为这个研究非常有趣。

认知失调理论假设厌恶唤起是认知失调的一个关键成分，正是厌恶唤起导致了人们做出努力去减少失调（包括以失调为基础的态度改变）。显然，为 1 美元而说谎（告诉别人一个非常无聊的任务是有趣的）可能会引起自身不适，但是看别人这么做肯定不会让自己不舒服。因此，在 Bem 的研究中，被试在评价获益 1 美元说谎者的态度时自身并无厌恶唤起。按照认知失调理论，没有厌恶唤起的观察者被试应推测获益 1 美元说谎者认为绕线任务很无聊。而实验结果并非如此。

为何当 Bob 为了 1 美元而说绕线任务有趣时，观察者被试会认为 Bob 真的觉得绕线任务很有趣呢？Bem 使用了社会心理学中的归因视角来解释这一现象，并将他独特的归因视角称为自我知觉理论（self-perception theory）。Bem 认为，人们总倾向于对自己和他人的行为做出合理的推测。奖励丰厚时，被试可能会认为 Bob 是为了 20 美元而说这个任务有趣。而奖励不值得一提时，由于为了 1 美元而说谎不合常理，人们便倾向于采取更合理的解释，即觉得 Bob 真的认为这个任务非常有趣。Bem 认为自我知觉理论不仅可以解释他自己的发现，还可以用来解释先前认知失调理论中的大量研究结论。对于以前那些认知失调研究，Bem 认为人们会用理解别人的归因原则来理解他们自己。正如外界观察者冷静地认为如果 Bob 为了 1 美元而说这个任务有趣，那么 Bob 肯定喜欢这个任务；Bob 自己也会认为如果他自己为了 1 美元而说这个任务有趣，他肯定喜欢这个任务。Bem 对这个现象的深刻认识是，当个体想要弄明白自己的态度时，也会使用其理解别人态度时所用的同样原则。表 1-1 列出了认知失调理论和自我知觉理论之间的差别，以及这两个理论如何解释 Festinger 和 Carlsmith 的发现。

表 1-1 两种理论的对比：认知失调还是自我知觉

	认知失调理论的解释	自我知觉理论的解释
1 美元情境下	1.我不过是告诉别人这个绕线任务是有趣的而已。 2.真是郁闷！其实我并不是那么认为的，为什么当时会那样说？ 3.我真的不是为了 1 美元而做这种事。我感觉很糟。 4.但是，也许它毕竟还没有枯燥到那种程度。对！实际上我是喜欢它的。	1.我不过是告诉别人这个绕线任务是有趣的而已。 2.嗯……真有趣。我好奇我当时为什么那样说。 3.让我们看看这是什么道理；我不认为我那样做仅仅是为了一点小钱。 4.唯一合理的解释是我其实比自己想象中的要更加喜欢那个任务。
20 美元情境下	1.我不过是告诉别人这个绕线任务是有趣的而已。 2.真是郁闷！其实我并不是那么认为的，为什么当时会那样说？ 3.为了 20 美元，为什么？我竟可以为了 20 美元而说任何事情。 4.是的，这是个枯燥透顶的任务。我只是为了 20 美元而说它是有趣的。	1.我不过是告诉别人这个绕线任务是有趣的而已。 2.嗯……真有趣。我好奇我当时为什么那样说。 3.实验者的确给了我 20 美元以让我说那些。那当然是个好的理由。 4.是的，这是个枯燥透顶的任务。我只是为了 20 美元而说它是有趣的。

可见，这两种理论的主要差别在于认知失调理论认为厌恶唤起是态度改变的驱动力，而自我知觉理论认为人们仅仅是想为自己或他人的行为进行合理解释。当个体看到某个陌生人说了善意的谎言且不会感到内疚、不适或紧张时，他也就没有厌恶唤起。这种情况下，认知失调理论无法解释个体是如何判断其他人态度的。相反，自我知觉理论既解释了 Festinger 和 Carlsmith 的研究结果，也解释了 Bem 的重复研究中被试对 Bob 的判断。因此，自我知觉理论比认知失调理论具有更广的适用范围。

自我知觉理论的优势可以从两个方面去说明。第一，与失调理论不同，自我知觉理论并不要求对厌恶唤起做任何严密的假设，因而更为简洁。第二，如果将经济原则扩展到对种种研究结果的理解，那么支持可解释两个不同研究结果的单一理论比支持两个理论更加经济。

Bem 在证伪认知失调理论时提出了更为简洁、经济的自我知觉理论。可见，证伪法的目的并不完全是推翻现有理论，而是为了让原有理论接受严格检验，提出新理论，进而使科学理论尽可能准确、精简。

3.鉴定法

鉴定法(qualification)是检验假设的第三种方法。在这种方法中,研究者试图鉴定一个理论或假设为真或伪的限制条件。在很多情况下,通过规范每个理论为真的条件,两个明显矛盾的理论就得以整合。在认知失调理论和自我知觉理论的争论中,一些研究者开始提出,这两个理论在不同条件下都是正确的。

Fazio、Zanna和Cooper的研究是整合或鉴定这两个理论的最知名成果之一。他们认为,人们采取减少失调还是自我知觉的一个关键因素是行为和态度的不一致程度。Fazio等指出,当人们进行的活动只是稍微或中等程度不同于他们自己的态度时(不一致的行为仍然在人们的"可接受范围"内),他们几乎感受不到厌恶唤起而是在进行自我知觉。相反,当人们的行为和他们的态度非常不一致时(不一致的行为在人们的"拒绝范围"内),人们可能体验到大量的厌恶唤起并且开始努力减少失调。

Fazio等改进了失调理论的态度改变范式。他们引导被试去写一些和自身态度不一致的文章,要求一半被试写的文章主旨非常不同于他们先前的态度,这将唤起这部分被试的失调感。而其他被试写的文章是不一致的但仍在可接受范围内,意味着写这些文章将不会唤起失调。所有被试都在小房间内进行试验,而小房间往往使人感到紧张和不适。因此,对于体验到厌恶唤起(即认知失调)的被试而言,这种感觉让他们将其体验到的厌恶唤起错误地归因为使人紧张不安的小房间,而不是他们同意写恼人文章的决定。Fazio等人认为这个不寻常的操纵将会消除与失调有关的态度改变(在高度不一致条件下)而不会影响到自我知觉过程(在低或者中等不一致条件下)。

最终研究结果与假设一致。对于那些写高度不一致文章的被试,房间使人不适的建议完全消除了态度改变。然而,对于那些写不一致但在可接受范围内文章的被试,这种失调消除操纵对他们的态度改变不起作用。不管他们是否有理由忽视潜在的失调感,这些被试都做了和行为一致的态度改变。

可以发现,Fazio等的试验比以前介绍过的试验更加复杂。相比于仅仅基于证实或证伪这些较简单的研究方法,鉴定法具有内在的复杂性。由于人类社会行为的内在复杂性,因此,基于鉴定法的研究通常更接近现实。所以,鉴定法要求研究者具有关于世界的成熟观点,采用更复杂的实验和更复杂的统计分析。可以说,鉴定法的最大优点在于它结合了证实法和证伪法的最佳特点,是发现理论法则的最好途径。

(五)理论建构

心理学与现代科学一样,都以决定论作为指导思想。决定论相信宇宙万物的运动都遵循一定的规律。因此,心理学研究者相信人的心理活动也是有规律的,并且试图把这种规律用语言表达出来,这就是理论建构。理论建构是心理学研究中至关重要的一环。

心理学理论的建构主要有两种方式:归纳理论方式和演绎理论方式。下面简要介绍这两类理论特点及建构方式。

1.归纳理论的建构

归纳理论建构遵循归纳法的思想,即从特殊到一般的思想。具体做法为:通过大量的观测得到许多直接经验,对这些繁多的经验由繁到简、去伪存真地进行归纳,得出归纳理论。

下面以变革型领导理论的研究来说明归纳理论建构。继领导权变理论后,国外出现了一种变革型领导理论,这种理论将关注焦点重新转移了领导者身上。西方研究者提出,变革型领导是领导者通过让员工意识到所承担任务的重要意义和责任,激发下属的高层次需要或扩展下属的需要和愿望,使下属认为团队、组织和更大的政治利益超越个人利益。变革型领导行为的方式概括为四个方面,即理想化影响力(idealized influence)、鼓舞性激励(inspirational motivation)、智力激发(intellectual stimulation)、个性化关怀(individualized consideration)。但是,李超平等人发现针对我国被试的测量并没有体现以上四维结构。于是他们利用归纳理论建构的思想对我国背景下变革型领导理论的结构展开了研究:

步骤一,把变革型领导理论的定义呈现给被试(员工),要求其写出5～6条领导表现出的变革型行为特征。

步骤二,两名组织行为学专家对被试的描述进行归纳整理,评价标准有被试描述是否有相应的含义、是否为管理者的表现等。具体的归纳过程是根据描述的类似性,通过多轮讨论将其概括成几类特征,最后发现有8类特征,见表1-2。

表1-2　变革型领导的8类特征

类的名称	典型的描述
榜样示范	◆能够身先士卒,起到好的表率作用 ◆能注意自己的言行对员工的影响 ◆能以身作则
奉献精神	◆为了部门、单位利益,能牺牲个人利益 ◆不计报酬,加班加点工作 ◆在关键时候,首先牺牲自己的利益

续表

类的名称	典型的描述
品德高尚	◆为人正派,大公无私 ◆任人唯贤,不嫉妒贤能 ◆处理问题公平,公正
领导魅力	◆对工作非常投入,能保持高度的热情 ◆敢抓敢管,善于处理棘手的问题 ◆业务能力过硬
愿景激励	◆能与员工乐观地畅谈未来 ◆能给员工指明奋斗目标和前进方向 ◆对单位、部门的未来充满了信心
智能激发	◆思想开明,具有较强的创新意识 ◆经常鼓励员工从多个角度考虑问题的解决方法 ◆不满足于现状,在工作中能不断地推陈出新
个性化关怀	◆能根据员工的具体情况,采取合适的管理方法 ◆耐心教导员工,为员工答疑解惑 ◆愿意帮助员工解决生活和家庭中的难题
寄予厚望	◆在一些重要的事情上,能征求员工意见 ◆鼓励员工承担有挑战性的工作任务 ◆鼓励员工为自己设定更高的工作目标

步骤三,根据这8类特征对3名研究生进行培训,然后让他们对被试的描述也进行归纳,通过他们的归纳与专家归纳的相似度推测归纳的合理性。

步骤四,如果步骤三发现归纳合理,那么召集专家进行问卷编制,收集两轮样本,样本一进行探索性因素分析来对8类特征进行统计学归纳(得出多个可能模型),之后根据探索性归纳出的特征对样本二进行验证性因素分析(拟合多个模型的数据),通过比较多个模型的数据指标得出最佳模型。

最终,研究发现变革型领导的四因子模型最为合理,包括领导魅力、愿景激励、个性化关怀和智能激发。

2.演绎理论的建构

建构演绎理论与建构归纳理论相反,遵循从一般到特殊的思路。

建构演绎理论的一般步骤包括:①选择研究课题,并确定一般性理论的应用范围；②确定研究的变量并使之操作化；③收集和分析有关变量之间关系的命题；④从命题出发进行逻辑推理，得出演绎理论。

Hull 就是通过演绎建构其"学习理论"的。Hull 认为，虽然很多理论是通过大量的观察总结（归纳理论建构）获得的，但是通过演绎的方法也可以有所收获。他认为用数学公式来表示理论更有利于建立理论中各变量之间的关系，使演绎得出的理论更有效、更有实用价值。Hull 学习理论的核心观点是，学习的本质在于降低内驱力（内在需求）。为了说明这个理论，他引进了几个相关变量。其一是习惯强度（habit strength），即习惯反应的力量。有的人无论何时何地都会吸烟，而有的人却只在社交场合吸烟，前者的习惯强度就比较强。Hull 指出，习惯强度的形成除受强化制约外，也受刺激与反应之间是否在时间上接近影响（原始刺激后立即做出的反应才可能被之后的刺激强化，形成刺激—反应的神经联结）。另一个是诱因动机（incentive motivation），是对行为反应的强化刺激。基于此，Hull 提出了一个公式来说明内驱力如何影响学习：Ser（学习反应潜能）＝K（诱因动机）×D（内驱力）×H（习惯强度）。根据这一演绎理论，在给予奖励来激励学生时应注意以下原则：①不要太多。如果奖励使学生的需要完全满足了，其行为也就结束了。②要针对他的需要给予奖励。如果奖励不能符合其需要，学习就要终止了。③在没有明显驱力的情况下也会产生学习。例如探索本身可以成为一种强化，因为探索可以满足求知欲。

在心理学研究中，归纳与演绎的理论构建方式常常是结合在一起的。研究者可以归纳出理论，也可以演绎出理论，这并不是矛盾的，两种方式得出的理论没有明显的好坏之分，它们都需要经历实践的检验。

三、心理学研究的科学目的

德国社会学家 Max Weber 提出了"工具理性"（instrumental rationality）的概念：通过实践的途径确认工具（手段）的有用性，从而追求事物的最大功效，为人的某种功利需求服务。此后的学术界，特别是自然科学领域由此发展出了"描述、解释、预测、控制"的四维目的性价值观。确认手段的有用性需要对研究的手段进行描述并解释，就好比写说明书；然后通过说明书可以使用这个手段（工具），并能在头脑中预判接下来发生的事件（产生什么结果）；最后根据学科的不同目的实现对某个对象（人的心理、行为或其他自然界事物）的控制。迄今为止，大多数学科的研究仍然在沿用这些目的的全部或几个，一些自然学科（电子工业、建筑工程、航空航天、轻工业、地质学、互联网技术等）至少使用了前三个目的，比如浏览器公司的研究人员利用互联网技术搜集、存储、检索、分析、评估上网者浏览信息的类型来预测个人的喜好，并给不同人推送不同的新闻和广告，以期达到使人们高频率使用浏览器的商业目的。一些社会学科（经济学、教育学、政治学、历史学、宗教学等）也沿用了这种思想，比如宗教学研究者常常从宗教的起源、演化入手进行描述,继而解释宗教的性质、规律、作用。

心理科学虽然以实现人类幸福的终极目的为己任,但终极目的需要以工具性目的为前提。在这一过程中,描述、解释、预测及控制这四个目的缺一不可。比如在情感访谈类节目中,一位专家对某青少年来访者情绪易激动、打架、退学行为等问题进行分析,通过一步一步的询问,最后总结是由于来访者童年缺少安全感导致的,来访者也表示赞同。然而对于来访者而言,知道这一切的原因就能做出改变吗?专家只做到描述来访者症状并给出合理解释,来访者或许能获得短暂的心安,但若不久后碰到类似事件,比如老师不信任、家长不关心,这可能使得来访者再次出现心理与行为问题。因此对心理异常的结果进行预测并提出干预方案也很重要,比如专家可以通过来访者的陈述、来访者家长与来访者的沟通方式预测到家庭沟通方式可能对来访者症状造成不利影响,并针对这一问题进行家庭角色互换治疗来提升家长和孩子的沟通能力,从而改善来访者的心理与行为问题。

总之,从研究目的角度来看,一项严格的科学心理学研究并非停留在描述解释阶段的"软科学",而是一门具备四维目的的"硬科学"。

四、心理学研究的科学规范

前文已经提到,心理学研究有一些约定俗成的规定,也有一些明确的行业规范。从这个角度来说,心理学研究与没有明确行业标准的伪科学有显著区别。下面将介绍一些心理学研究重要的规范。

(一)实事求是

实事求是原则,也就是客观性的原则。规律是客观的,研究者需要在尊重证据的前提下坚持正确观点。对规律的探求应该做到实事求是,这是一切科学研究的基本要求——求真务实。然而,心理学研究是一个主体与客体相互作用的过程,容易产生主观化的错误。例如,功利心会促使极少数研究者违背心理学研究规范,篡改数据;即便有务实的研究态度,研究者由于过度期望实验成功表现出的态度或行为也很容易使研究受到影响,或者研究者只挑选了需要的信息,舍弃一些不符合假设的事实,做出与客观情况不符的片面结论。总之,一个有科学操守的研究者,当发现实验结果和假设有出入时,应该不急于下结论,而是分析原因,再次观察、实验,以客观事实为判断依据。与客观性密不可分的是可重复性(repeatability),指别人应当可以在相同的实验条件下重复研究结果。有时,不可重复会成为研究报告被学术期刊拒绝的一个理由。

(二)理论与实践相结合

心理学研究之所以强调理论和实践的结合,主要是因为心理学研究的终极目的是为了造福人类,所以应该将成果"落地"来服务人类,而不是将其放在象牙塔内。其次,实践往往会带来一定收益(如经济受益、理论不足的反思),可以促进心理学研究的蓬勃发展,形成良性循环。

然而在实际情况中,心理学研究者遵循这一原则时会遭遇一些困难。首先,很多心理学研究结果的应用效果相比自然科学见效慢(由于步骤较复杂、成效较难评估等),所以不容易获得实践机会。一些自然科学的研究结果,比如某研究者发明了成功治疗抑郁症的新药物,由于药物治疗简单、见效快,市场需求巨大,可能立即会有合作公司商谈推广事宜。而心理学研究者探索出一套有效针对抑郁症治疗的心理咨询技术,相比药物治疗步骤复杂且见效慢,所以可能需要大量开设讲座、培训班进行宣传才得以推广,这将耗费研究者大量时间和精力。其次,心理学研究者可能受限于实践的技术。比如研究者发明了一套记忆英语单词的技术,并想将其做成一个应用软件进行推广,然而研究者并没有设计和编程的相关能力。

第一个问题的解决,需要研究者将成果简单化。复杂的方案虽然效果好,但要考虑到实际推广的可行性问题;简单的方案虽然效果不及复杂方案,但是能让大多数人快速接受。从接受面的角度来说,简单方案的效果量实际是更大的。第二个问题则要求研究者善于寻求合作。在当今社会,要实现效益最大化就需要善于整合社会资源,比如研究者要将理论实现为可推广的应用软件,可以找软件工程师进行软件设计与编程、找企业合作获得推广渠道、寻求政府的支持等。

(三)伦理性

在进行心理科学研究,特别是社会心理学和教育心理学实验研究时,经常要采用一些控制情境或被试的研究手段及方法,这时就应特别注意在创设情境时切忌采取违背伦理性原则的方法,如欺骗被试、隐瞒研究目的、威胁恫吓以及其他可能造成研究对象身心受到伤害的方法。社会心理学中著名的"模拟监狱实验"就因对伦理性原则重视不足,造成被试心理紧张、情绪抑郁及产生各类消极心理症状而遭到社会各界的批评。教育心理学研究也不能用创造情境诱使被试产生不良行为的方法来获取研究资料。在科学性与伦理性相矛盾时,应首先保证伦理性,放弃研究或采用其他不违伦理的方法。国外的心理科学研究者非常重视研究的伦理问题,并制定了一系列研究人员必须遵循的伦理规则,如美国心理协会(American Psychological Association, APA)颁布的《心理学工作者的伦理学原则和行为规范》(*Ethical Principles of Psychologists and Code of Conduct*)。

(四)信效度

效度是指在研究过程中,研究工具、材料和方法能测量到研究对象的程度。效度是一个在研究前后都值得思考的重要问题。例如内隐态度研究中,内隐联想测验(IAT)是公认的内隐态度测量范式,它的一大特点就是测验的隐晦性使得被试的回答难以作假。IAT的原理是设定相容任务(如乞丐—丑陋等)与不相容任务(乞丐—美丽等),若相容任务反应时显著短于不相容任务反应时,就说明被试对乞丐存在消极的内在态度。然而有研究者发现,当告知被试实验目的时,即使不说明实验原理,被试也能通过保持相同按键速度使两种任务的反应时差异不显著,从而掩饰了自己的内隐态度。因此,对于一些被试,特别是掌握相关原理或已有相关经验的被试,应该谨慎对待。当然,除了研究工具的局限性,研究者还应该在研究前查阅相关文章,了解研究材料、方法有哪些缺点,并找到措施进行避免。完成研究后,也应该在讨论部分对研究的效度进行反思。即使研究的效度良好,还需要注意信度问题。信度是研究结果的可重复性。前文提到,无法重复的研究是没有意义的。

信度和效度的关系是什么呢?效度高则可预测信度高,但效度低不代表信度低,信度高也不能预测效度高。比如,有人用一把尺子去测量一把椅子的高度(60 cm),若尺子的每一分度都比实际小一半(0.5 cm),这样测得的椅子高度将是120 cm,之后再测了100次,也都是120 cm。虽然此次测量信度很高,却是徒劳无功的,不准确的,即效度很低。这说明效度低不代表信度低,信度高不能预测效度高。如果使用一把正常的尺子(效度高),测量100次的长度结果也会是比较一致的(信度高)。所以效度高则信度高。

第二节 心理学研究的特殊性

心理学研究与传统科学研究亦有所不同,由于人的心理现象难以直接观测,所以它具有很多特殊性。其中最根本的是人的特殊性。由于人的特殊性,进而又产生了人与环境互动时的特殊性。

一、研究对象与研究者的特殊性

心理学研究的主要对象是人,其特殊性表现在下述几个方面。

(一)人是有自我意识的有机体

作为心理科学研究对象的人是有自我意识的有机体,这就决定了心理科学研究不像物理、化学等自然科学那样,可以轻易地获取研究对象。比如针对孤独症患者的研究需要征召特殊的研究对象。基于伦理性原则,被试要自愿参加研究,这就使该研究的数据收集十分困难。另外,心理科学研究往往还需要研究对象积极参与、配合研究活动,否则研究就无法进行,或者研究结果不准确,难以取得预期效果。

心理科学研究对象具有思想、情感、意志及殊异的气质、性格和学习能力,这种意识性可能使研究对象在研究中并不一定按照自己的真实情况做出反应,而是在反应中做出许多掩饰甚至撒谎。如果研究者不了解这种情况,对被试的反应不做鉴别区分就处理分析研究结果,就可能使研究的科学性和客观性受到破坏。

(二)心理科学研究对象的社会性

心理学研究的对象既是生物实体,又是社会实体,社会性是其显著的特征。在涉及研究对象社会性方面的心理学研究(如班级内的社会测量、学生道德认知研究、个性测验等)中,被试往往出于社会比较的考虑,按照社会所赞许的反应标准进行反应,而不是按照自己的真实行为进行表现。这种社会赞许性反应往往影响研究结果,造成研究的误差。

(三)心理现象的影响因素复杂多变

人的心理活动受多种因素影响,因此心理科学研究涉及的各种变量多而复杂。多变量特点使研究对象可能受许多变量或因素(包括研究涉及之外的因素)的影响,这种可能发生的多层次、多水平的交互作用,使研究对象变得复杂混乱,增加了研究工作的难度,影响结果的准确性。尽管心理科学研究设计有许多控制无关变量的方法,但无关变量往往难以完全控制。

(四)心理科学研究对象不可随意操控

与自然科学研究不同,心理科学研究通常不能对研究对象做出精确控制与操纵。自然科学研究者可以将研究对象按照需要加以分解、组合并控制,例如化学研究者可以对物质进行分解或化合的研究,生物研究者可以切除猴子、老鼠等实验动物的肢体或脑加以研究或进行实验。但是,心理学研究者则不能随意控制或操纵研究对象,既不能把人当成老鼠一样关在笼子里观察其行为变化,也不能切除大脑的一部分观察其行为变化;既不能为了研究离婚对儿童心理发展的影响而迫使社会中实际存在的夫妻离异,也不能为了研究不同教育方式的效果而对某些被试实施有损身心健康的实验处理。心理学研究者不仅要从科学的角度考虑,还要从道德、习俗、伦理及人道等角度考虑变量的操纵,由此造成的对研究对象不能严密控制或操纵的特性,也给心理科学研究带来一定困难。

(五)心理科学研究对象具有发展性

人的心理具有发展性。在心理学的纵向研究中,应该尤其重视成熟因素的作用。

例如，在心理科学研究中某些学生成绩或认知发展得分的前后测结果出现了差异，这就需要研究者分析这种差异是偶然的还是实验处理造成的，是教育方式的效果还是心理成熟的结果。人类心理的发展性使心理学研究对象具有不稳定、难以定量化等特点，可能会造成结果的解释和预测的误差。

（六）心理科学研究对象具有个体差异性

人的心理还具有个体差异性。这种差异性表现在两个方面：一是没有任何两个人的心理是完全相同的，从某一个人身上获得的结论可能完全不适用于表面情况相似的另一人；二是没有任何人的心理可以在任意两个时刻保持不变。人的心理和行为总是受所处环境中难以预料的变化或个体间的相互作用影响而随时发生变化。这种差异性决定了心理科学的理论或规律大多是针对大量的被试建立起来的，具有统计规律性，有时并不适用于个体。

二、心理学研究中人与环境的相互作用

心理科学研究是主、客体相互作用的过程。一方面，研究对象要根据研究者的要求或实验控制做出反应，而研究对象的反应又会反过来影响研究者的行为。这一情况在心理学研究，尤其在访谈法、观察法、实验法中表现突出。这种主客体相互影响、相互作用的关系，可能造成事先不能预期的无关变量的产生，使研究的问题或性质发生改变，从而影响研究的科学性。例如，在心理科学研究中出现的"实验者效应"、"霍桑效应"和"罗森塔尔效应"等就体现了这种主客体之间相互影响、相互作用的关系，这种关系的存在也给解释和预测带来了困难。

第三节　心理学研究的科学方法

科学研究是通过各种科学方法，按照科学的认识过程以寻求客观事物的本质及其变化发展规律的一种思维活动或过程。一般来说，科学方法可分作一般方法论和具体研究方法。同其他任何学科一样，心理科学研究的水平直接取决于其研究方法，而研究方法又受研究者特有的方法论和科学技术水平制约。因此，了解和掌握心理科学研究的一般方法论和具体研究方法极其重要。

一、心理学研究的一般方法论

一般科学方法论具有跨学科的性质，其代表了系统科学的基本原则。系统科学主要包括"老三论"（系统论、控制论、信息论）和"新三论"（耗散结构论、突变论、协同

论),它既是现代科学(自然科学、社会科学和思维科学)发展、综合的结果,又是现代科学研究共同的一般方法论。

(一)系统论(systems sheory)

在20世纪60年代以前,西方科学研究的方法基本是按照René Descartes的《谈谈方法》进行的。这对西方近代科学的飞速发展起了相当大的促进作用,但也有其一定的缺陷。如人体功能的研究,彼时只关注各部位机械的综合,而忽视其互相之间的作用。直到阿波罗1号登月工程的出现,科学家才发现,有的复杂问题无法分解,必须以复杂的方法来对待,因此一些科学家开始重视生物学家Bertalanffy在20世纪40年代提出的系统论思想。

系统是由一些相互联系,并且与环境发生相互作用的各部分组成的总体。系统方法则是一种强调把对象放在系统中加以考察的方法,即把研究对象作为一个整体加以研究,不仅研究该对象,更研究与该对象有联系的其他对象。格式塔心理学流派额外重视系统论思想。该流派强调经验和行为的整体性,反对当时流行的构造主义元素学说和行为主义"刺激—反应"公式,认为整体不等于部分之和,意识不等于感觉元素的集合,行为不等于反射弧的循环等。该流派提倡把心理现象作为一个整体加以研究,如研究知觉的整体性、综合性。

(二)信息论(information theory)

1948年,Shannon的《通信的数学理论》标志着信息论的诞生。次年,Weave和Shannon在《科学美国人》上发表了一篇介绍性的文章,使信息论思想从工程领域扩展到其他各领域。随后,Miller和Frick发表了《统计行为论和反应顺序》一文,第一次明确论证了信息论与心理学的关系,并提出了对"行为组织"进行定量分析和对事件发生顺序做出模式的方法,标志着心理学研究中开始运用信息测量。

信息方法在认知心理学、工程心理学研究中有比较广泛的应用。由于心理活动往往受实际生活中的复杂情景和多种变量影响,心理学家日益重视双变量甚至多变量的信息运算。在考虑两组或两组以上事件时,信息论的真正功效便得以显现。

(三)控制论(cybernetics)

N. Wiener所创立的控制论是研究系统的状态、功能、行为方式及变动趋势以控制系统的稳定,使系统按预定目标运行的科学。

心理学研究中也运用了大量控制论的方法:

(1)系统性控制方法,即通过反馈指导行为,以某种标准来接受系统状态的偏离信号,并采取步骤来修正系统行为以减少误差。比如工程心理学把控制论方法应用于控制器和监视器的作业活动分析,使对控制器的研究从静止地研究控制器设计本身提高到研究整个控制作业的动态过程,进而向高级认知研究发展。管理心理学中组织控制模型是建立在控制论的基础上的。它包含了信息接受和反馈(员工信息接受和反馈)、决策(决策规则和决策者反馈)和控制过程(组织活动)。组织在三者的协同控制下向着某个组织目标发展。比如领导通过员工反馈的信息了解现况,根据决策规则来策划或修改某种组织活动,再对员工发送修正后的反馈。

(2)功能模拟方法,即通过对研究对象模型功能的分析研究,来揭示原型(被模拟对象)的形态、特征和本质。例如通过计算机模拟人的心理状态。

(3)黑箱模拟方法,即将系统抽象为"黑箱",考察其输入、输出及关系,进而建立黑箱模型研究系统内部结构和机理的一种方法。例如认知心理学中通过测验研究被试刺激—反应模式来推测被试信息加工机制的实验。

(4)反馈方法,即研究信息传播者如何自觉合理地运用信息反馈,来调整、校正和优化自己的传播。例如广告心理学中对广告信息吸引力的研究。

(四)耗散结构论(dissipative structure theory)

这是物理学家 Prigogine 继系统论后提出的探讨系统演化及其有关规律的理论和方法。Prigogine 提出著名论断:非平衡是有序之源,即一个远离平衡态的开放系统,在不断与外界进行物质和能量交换的条件下,系统将可能发生突变,由原来的无序混沌状态转变为一种在时空或功能上的有序结构。事物的这种在非平衡状态下新的稳定有序结构,就称为耗散结构。Jean Piaget 的认知过程理论就包含耗散结构理论的思想,他用图式、同化、顺应、平衡化几个概念解释了认知过程。图式(schema)是主体内部的一种动态的、可变的认知结构。Piaget 反对行为主义 S→R 公式,提出 S→(AT)→R 的公式,即一定的刺激(S)被个体同化(A)于认知结构(T)之中,才能做出反应(R)。在适应环境的过程中,图式不断变化、丰富和发展,而非停留在一个水平上(非平衡性)。同化(assimilation)是通过已有图式同化外界的异类信息。这个已有图式是坚固的、不易改变的,或者强于外界信息,否则会产生相反的进程——顺应。顺应(accommodation)即修改已有图式使之符合外界信息。平衡(equilibrium)指的是已有图式和新信息势均力敌,无法产生同化或顺应效应,但这种平衡是暂时的、相对的。

(五)突变论(catastrophe theory)

数学家 R. Thom 创立的突变论是对系统论的进一步完善和升华。突变论研究系统从一种稳定状态向另一种稳定状态的非连续变化。这两种稳定状态称为双峰态分布,并且两个峰态之间有个不可通达区,比如能力测验中 0 代表没有获得这种能力,3 代表获得这种能力,则 0 和 3 的孩子数量是最多的,1 和 2 的孩子数量几乎没有。这些思想在心理学中也有所应用。在纵向研究中,如果测量的数据总是单峰态的,说明其心理发展过程为连续的;如果是双峰态的,则可以视为不连续的心理过程。

(六)协同论(synergetics)

1971 年 H. Haken 提出了另一种继承系统论的思想——协同论。Haken 从协同性的角度说明了系统的发展。他认为自然界是由许多系统组织起来的统一体,这许多的系统称为子系统,统一体就是大系统。子系统受少量的"序参量"支配,有序结合成大系统。所以协同论也是研究系统组织的理论。该理论试图论证各种自然系统和社会系统从无序到有序的演化都是组成系统的各元素之间相互影响又协调一致的结果。Overy 和 Molnar-Szakacs 用协同化思想解释音乐共情。其观点是个体会在与外部环境(物理环境和人际环境)的互动中,不知不觉地与音乐在频率和方向上保持一致,并根据音乐的运动变化做出自动化的心理调适,以达到自我与信息客体的一致。如果违背这种自然趋势,个体会感受到紧张与不安。

这些一般性的科学方法论都具有普遍意义,已经逐渐成为心理学研究的方法学基础。

二、现代心理学具体研究方法的体系

心理学研究方法的体系可以分成三级体系,如图 1-1 所示。最高级研究范式是量化研究和质化研究,量化研究的二级研究范式是相关研究和因果研究,量化研究的三级研究范式是横断研究和纵向(发展)研究;质化研究的二级研究范式是横断研究和纵向(发展)研究。近年来,量化研究和质化研究、横断研究和纵向研究的研究方法趋于整合。

量化研究和质化研究是心理学研究领域的两类基本研究范式。偏好量化的研究者多使用实证主义倾向范式,他们希望自己的研究能有预测的效果。为了达到这个目的,他们必须经过精确、严谨的运算。为了运算,他们必须对研究对象或现象进行高度抽象;而要高度抽象就必须对研究的对象或现象赋值。这些历程就是"量化"的过程。质化研究的偏好者往往对量化研究持批判与反思态度。这些研究者对预测没有兴趣或觉得很难,他们认为研究的目的主要在于意义的交流与理解,而要达到深入的理解,就应该通过思考。他们不在乎精确,而关心深刻;不主张赋值,获得量度,而喜欢思辨。他们将这种与量化不同的研究历程称为"质化"。心理学研究中,通常在研究者对心理现象的运行机制还没有非常了解,或对心理现象的影响因素不是十分清楚时,就会使用质化研究。比如,在一项关于玩《王者荣耀》如何影响青少年心理的研究中,研究者采取了体验式观察的方法,包括线上体验游戏,组建游戏战队,进入相

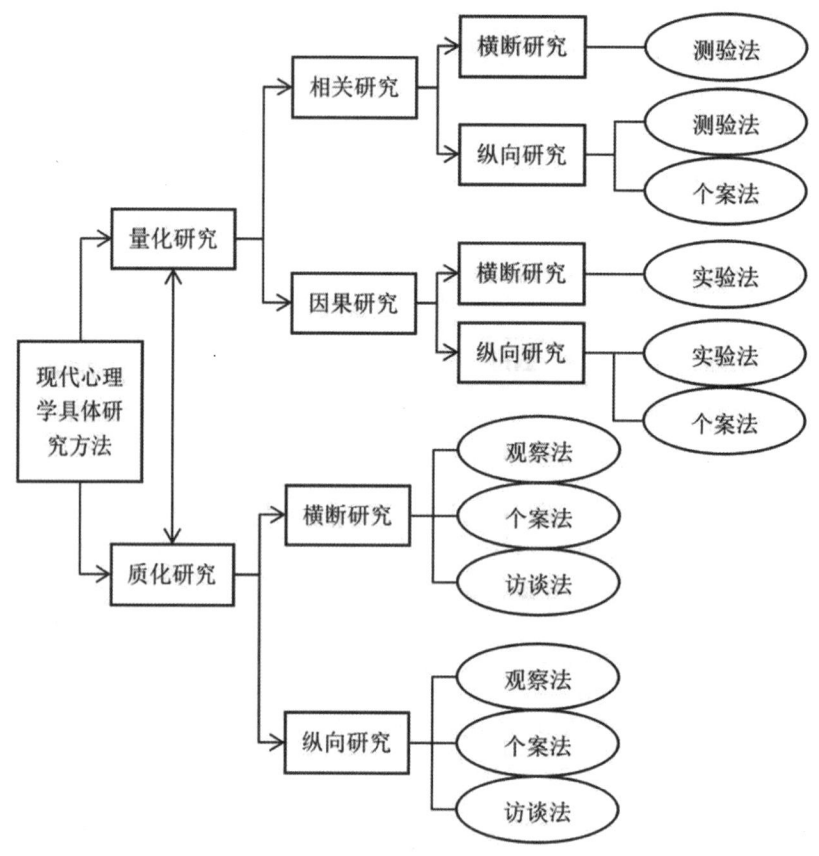

图 1-1　心理学具体研究方法体系

关 QQ 群、微信群与其他游戏者交流等。经过几个月的体验式观察，他总结了这款游戏的吸引力所在，如公平性（普通玩家可以通过经验练习战胜购买游戏装备的玩家）、互动性（游戏中的语音模式等和游戏外的 QQ 群、微信群交流等）、群体认同（个体不玩游戏会受到玩游戏的群体排斥、游戏中技术差的个体会受到排斥）等。根据质化研究，研究者还能产生一些新的研究问题，比如游戏中的权力关系是否会影响到现实生活中的权力关系（队长与队员）、游戏中的角色互动能否增强社会关系网络以及社会群体的团结等。

量化研究和质化研究既有区别又有联系。在进行量化研究前，往往需要质化研究提供思路。质化研究也可以对其研究对象进行量化，并进行一些比较初级的统计测量。但是质化研究者通常认为他们通过详细的访问与观察，可以更加接近对象的真实想法，而量化研究者仅靠远距离的推论，往往无法理解被试真实的心理活动。而量化研究者则认为解释性的经验材料是难以重复验证的，带有极大的主观性。量化研究和质化研究还有一些其他的区别，如表 1-3 所示。

表 1-3　量化研究与质化研究的比较

量化研究	质化研究
测量客观事实	建构社会实相、文化意义
聚焦于变量	聚焦于过程、事件
关键是信度	关键在于真实性
价值中立	易受研究者价值取向影响
人为创设实验情境	受自然情境限制
多个个案、被试	少数个案、被试
统计分析	主题分析
研究者保持中立	研究者置身其中

除了量化研究和质化研究两大体系外,心理学研究方法还有横断研究和纵向研究之分。横断研究即在某一时间内对一定对象进行的研究,纵向研究即针对一批被试进行长时间的追踪研究。此外,量化研究还有相关研究和因果研究之分,相关研究是通过量表测量、问卷调查、专家评定等方法进行的对变量间关系的研究。由于难以严格控制其他额外变量,所以变量间关系只能视为一种相关关系。而因果研究由于采用了严格控制额外变量的实验方法,所以得出的结果可以解释变量间的因果联系。

总之,从宏观的角度理解心理学研究,能够对种类繁多的心理学研究方法有较为系统的理解。当然,量化研究和质化研究、横断研究和纵向研究的区分不是绝对的,它们之间可以进行相互整合。

第四节　心理学研究方法的新趋势

一、心理学研究的生态化取向

传统实验室实验以概率论的随机化思想为理论基础,但是在心理学研究的实际过程中,常常无法实现随机取样,并且由于传统实验室实验情境的人为性、要求特征以及其他因素的影响,使它很难准确、充分地反映现实生活中人的心理过程。20世纪70年代以来,随着心理学研究方法论重点的转移,心理学家日益重视研究的生态效度,即要求研究能对现实生活和文化背景中的心理过程具有更大的意义,具体表现为现场实验日益受到研究者的重视。

(一)现场研究概述

现场研究(field study)是指在自然情境下进行的研究,研究者操纵自然情境中的某种条件,观察这种条件变化对被试行为的自然效果,从而研究心理现象。这种方法既主动操纵条件,又在自然情境中寻找被试进行研究,兼有实验法与观察法的某些优点。由于研究者是把研究放到现场中实施,现场研究通常采用两种方式:一是在未加限制的公共场合,用一般公众作为被试进行研究;二是到现场中研究选定的现成群体。以一般公众为被试的现场研究通常采用以下方式进行:一是研究者针对特定的被试,观测他们对某一环境变化的反应,如 Barefoot、Hoople 和 McClay 等人的个人空间的研究。研究者坐在一个公共饮水处附近假装看书,如果有人要喝水就不得不侵入研究者的个人空间。操纵的自变量是研究者和饮水处之间的距离(30 cm、150 cm、300 cm),因变量是路过的人去饮水处喝水的比例。二是研究者设置一种情景或呈现某种行为,等待被试碰巧进入现场,以此来引发被试产生反应。比如现场研究考察助人行为。研究者设计一个衣着考究和衣着破烂的助手倒在街头,观测过往行人停下来帮助的人数。现场研究因为在自然情境中进行,隐藏了正在进行研究这一事实,可以无干扰地测量行为,所以研究社会行为时应用比较普遍。

在现场中选定现成群体(如用现成的班级、车间等进行研究)则往往不能掩藏正在进行研究这一事实,并且由于不能随机分配被试,因此这种情况下常采用准实验设计形式。

(二)现场研究的特点

1.自然性

Tunnel 指出,进行现场研究时,所有变量操作应以真实自然的方式进行。他提出自然性(naturalness)的三个维度:自然的行为、自然的情境和自然的处理。自然的行为涉及因变量的测量和记录,若是研究者要求被试自我报告或者回忆先前情况下的行为,则不属于自然的行为。自然的情境,指实验室以外的生活情境。自然的处理一般指和日常生活事件有关联的处理。

例如,Regan 和 Llamas 想了解顾客的衣着是否影响营业员招呼接待的反应时间。研究者采用的基本程序是,一名女助手在穿着正式(衬衫、外罩、皮鞋,化妆、打理过头发)或非正式(紧身裤、T恤衫、网球鞋,未化妆、梳马尾辫)两种状态下,连着两个周四的下午3—4点,走进随机选择的某商场的女装柜台。一走进柜台助手就按下秒表开始计时,直到营业员迎上来搭话结束计时。在这个现场试验中,自然的行为指营业员见到顾客就会上前招呼;自然的情境指研究发生在商场里;自然的处理指助手的衣着类型。

2.复杂性

现场研究条件是开放的、动态的,包含了各种比实验室条件要复杂得多的因素,许多在实验室里不可能模拟的情境可以用现场研究。因此,现场研究提供了研究复杂心理过程的方法。另外,在现场情境中,许多变量的强度、变化范围远远大于实验室条件。现场研究变量的这些特点恰恰是实验室研究设法将其消除或控制的原因。不少曾经在实验室研究中得到的社会心理效应,在现场条件下却观察不到。例如,Darley 和 Latane 在实验室情境中进行了一系列研究。结果表明,随着旁观者数量的增加,帮助陌生人的被试比例下降,因此他们提出责任扩散理论。而 Piliavin 等人在纽约城地铁车厢进行的旁观者干预现场研究结果却表明,地铁车厢内人们的帮助行为出现频率和速度不受目击者数量的影响。因此,针对旁观者因素如何影响助人行为还需做进一步研究,如旁观者是否与受伤者同处一个车厢、是否直面受伤者且无法立即离开等。

(三)现场研究的优点和局限

从上述现场研究的特点,可以分析出现场实验的优点和局限。

1.现场实验的优点

现场实验被认为具有较高的外部效度或生态效度。外部效度涉及研究结果的概括力和外推力。因为研究从一开始就是在现实世界中进行的,因此研究结果比较容易直接推广到现实中去。

现场研究允许研究者操纵自然条件下的各种因素,实施比较符合实际条件的实验处理,其研究的生态性较高。相对而言,实验室研究所实施的实验处理带有很大的人为性,其生态性就比较低。

现场研究的被试,行为是主动的、积极的。由于在自然情境中,被试在心理上易于被卷入研究中,这时观测到的被试行为是真实可靠的。另外,现场研究避免了要求特征的影响。在自然情境下,被试没有意识到他们处于实验中,因此被试不会为了迎合研究者而做出非自然的行为。而在实验室实验中,被试总会意识到自己正参加一个实验,其在实验室和自然情境中的行为是否一致,往往有待证实。例如,Broughton 的一项关于睡眠/觉醒模式的研究表明,有嗜睡障碍的患者在实验室中进行记忆和认知测试时,测验结果正常,而患者离开实验室后仍会出现短时记忆问题,说明患者可能已知晓了测验的目的和标准答案,其回答并不表明真实情况。

现在,许多研究者试图用现场研究去重复实验室研究,如果现场研究的结果支持实验室研究,这就增加了实验室研究结果的有效性;反之,则可以帮助研究者从中寻找、发现影响研究结果的其他变量,引导进一步研究。例如前文中 Piliavin 等人所进行的旁观者干预现场研究。

2.现场研究的局限

导入自变量控制,以推知自变量的变化怎样影响因变量是实验的基本逻辑。在研究过程中,如何操纵自变量?如何同时对在复杂情境中都可能发生变化的其他额外变量进行控制或随机化处理?因变量指标是什么?对上述问题的回答很大程度上反映了实验的内部效度问题,即实验中的自变量与因变量之间因果关系的明确程度。

而现场研究的特点决定了不可能允许研究者过多地控制环境。因此,现场研究的主要局限概括如下:

(1)缺乏对环境额外变量的充分控制

现场研究缺乏反应控制,因为不提供指导语来指导被试,被试的反应可能很宽泛。因此现场研究得到的因变量数据往往是计数资料而非计量资料,研究者只能从非参数检验中寻找需要的统计方法。

(2)现场情境下很难持续操纵一个自变量,现场研究通常用研究助手来设置一个情境,助手的行为可能无法始终保持一致,其可能不自主地对被试更自然的行为进行反应,这就使研究结果受到更多额外变量的影响。

(3)现场研究的样本可能缺乏代表性。在现场条件下往往不能随机选取被试,因此公园或商场里的被试无法代表那些不常去那里的人。

上述现场研究的局限与其复杂性特点密切相关。研究者不能像实验室实验那样严格控制影响内部效度的无关变量,使现场研究较难确定变量之间的因果关系。但是,研究者可以在不同时间、运用不同方法对变量之间的关系进行多次检验,如果不同方法和时间的研究结果比较一致,就能为确定因果关系提供充分的依据。

因此,研究者选择现场研究时,目的往往不在于其内部效度,而是进一步验证实验室条件下的结果,检验复杂的现实情境中有关变量的因果关系是否依然存在。

二、心理测量技术发展的新趋势

(一)传统测量理论的发展

实验心理学的核心思想之一是操纵外在条件使被试的某些心理现象前后发生差异,这就要求研究者能够对心理特征、状态进行测量。然而在实际研究中,不仅很多心理特征难以操纵,如性格、智力、信念、特质等短时间内难以改变,而且只靠设备仪器也难以直接捕捉这些心理特征。以往研究者试图通过测量头颅形态来判断不同的人格,通过测量血型来判断人的气质等,最后发现这些假设只是一种偶然联系。于是,一些研究者创建了心理测量学来间接测量这些特殊的心理概念。

心理测量学把它间接测量的这些概念称为潜变量,这种潜变量难以直接测量,是研究者推理出来。而另一种外显变量则是可以直接测量出来的。潜变量通过外显变量来表示,研究者一般通过量表来间接测量潜变量。外显变量与潜变量的关系、潜变量与潜变量的关系可通过统计模型来表示。

根据数据类型可以将这些统计模型分为四类:因素分析、项目反应理论、潜在剖面分析、潜在类别分析(见表1-4)。其中,由于研究者经常将量表分数(外显变量)通过Z分数等方式转化为连续型数据,并认为某种人格特质也是连续数据(比如理论上不同人有不同的完美主义人格特质,因而如果用数字表示程度高低,则可出现无数个数值),所以因素分析在人格测验研究中十分常见,但它并不是最新的模型。

表1-4 统计模型分类

潜变量	外显变量	
	类别变量	连续变量
类别变量	潜在类别分析 latent class analysis	潜在剖面分析 latent profile analysis
连续变量	潜在特质分析/项目反应理论 latent trait analysis/item response theory	因素分析 factor analysis

近来在大型能力测验中兴盛的是项目反应理论(item response theory,IRT),其外显变量是离散型(分类型)数据,而潜变量是连续型数据。项目反应理论弥补了经典测量理论的缺陷。例如,假设在考卷上设置了3道对错判断题,每题1分。对于每一道判断题,可以用1表示答对、0表示答错进行量化。这意味着统计得分时只有4种可能数值:0、1、2、3。假设考生A答对了第一题和第二题,答错了第三题;考生B答错了第一题,答对了第二题和第三题。如果用经典测量理论来给考生计分,则两位考生都得2分,水平一致。但用项目反应理论做进一步分析,则可能会出现不同结论。因为项目反应理论估算的不是表面的分数(外显变量),而是A和B的能力值(潜变量)。具体而言,研究者首先需要计算三道题的难度值,若发现题目难度由低到高依次为第一题、第二题、第三题,则可以根据作答情况推断,答对后两题的考生B的能力值高于考生A。

项目反应理论说明连续型潜变量的量性差异(如学习能力高低)导致了外显变量(如作答正确率)的量性差异。而个体的心理差异不仅存在水平高低的差异(对应连续型数据),也存在结构上的类别差异(对应离散型数据)。比如,心理临床诊断中医生既要根据症状程度高低判断有没有精神类疾病,还需要进一步确认病人患上的是哪一种疾病。因而,研究者提出了潜在类别模型和潜在剖面模型,用于测量离散型潜变量的质性差异导致外显变量量性或质性差异的情况。

如果研究的外显变量和潜变量都是离散型变量,以往研究者会运用系统聚类法。系统聚类分析通过广义距离来进行分类,并且强调分类指标的完整性。而潜在类别分析(latent class analysis,LCA)是基于概率模型的分类,有更为规范科学、客观的标准来判断类别数目以及模型的有效性。其分类的主观臆断程度较低,受外显变量增减的影响较小。已有研究发现,当类间总体方差不等时,潜在类别分析的分类效果优于旧方法。如果有研究者要对高中学生的数学测验水平进行分类,也想对学生所属学校的水平进行分类,区分出好学校和坏学校,就可以用潜在类别分析。具体做法是:先抽取某地区所有高中的数学测验成绩,并通过 LCA 对学生水平进行分类(优异、良好、薄弱),然后分析这三种类别的学生在各大学校中的比例,便可将学校分成 A 类(好)、B 类(差)。

潜在剖面分析(latent profile analysis,LPA)与潜在类别分析相似,都研究类别型潜变量,不同的是其外显变量是连续型数据。比如,研究医生对网络成瘾的诊断是否准确,就可以用 LPA 的方法。不同于 LCA 的是,LPA 研究的外显变量是连续型数据,比如通过网络成瘾量表得分(连续型外显变量)将患者归为严重网络成瘾者、一般网络成瘾者和非网络成瘾者(离散型潜变量)。

近来,研究者还发展出了一种因子混合模型(factor mixture model,FMM)。这种模型用来解决潜变量既包含类别型数据也包含离散型数据的特殊情况。

(二)结构方程模型

20 世纪 70 年代初,在 Jöreskog 和 Wiley 等统计学家的努力下,由因素分析所代表的潜在变量研究模型与路径分析所代表的传统线性因果关系模型得到了有机整合,结构方程模型(structural equation model,SEM)理论逐步发展起来,并在心理测量学、计量经济学等学科中迅速得到普遍应用。Ullman 定义结构方程模型为"一种验证一个或多个自变量与一个或多个因变量之间一组相互关系的多元分析程序,其中自变量和因变量既可是连续的,也可是离散的"。该定义突出其验证多个自变量与多个因变量之间关系的特点,具有一定的代表性。

1.结构方程模型的基本原理

结构方程模型的基本原理是"三个二",即两类变量(测量变量和潜变量)、两个模型(度量模型和结构模型)以及两条路径(潜变量与测量变量之间的路径和潜变量之间的路径)。

(1)两类变量

在 SEM 中,变量有两种基本的形态:测量变量(measured variable)与潜变量(latent variable)。研究者观测得到的测量变量资料是真正被分析与计算的基本元素;而潜变量则是由测量变量所推估出来的变量。SEM 分析中,测量变量的变异受到某一个或某几个潜变量的影响,因此又被称为潜变量的观测指标(indicator)或显变量(manifest variable)。在结构方程模型路径图中,潜变量用椭圆形表示,测量变量用矩形表示。

(2)两个模型

在结构方程模型中,最重要的概念由两个部分所组成:第一是测量模型(measurement model),反映了测量变量与潜变量之间的关系,其构成的数学模型是验证性因子分析;第二是结构关系的假设检验,透过结构模型(structural model),使潜变量之间的关系可以用路径分析的概念来讨论。

(3)两条路径

一条路径来源于测量方程,反映潜变量与测量变量之间的关系。另一条路径来源于结构模型,反映潜变量之间的关系。

2.结构方程模型的优势与局限

结构方程模型是对回归分析和路径分析方法的改进。从建模思路上讲,它的优点是:第一,引入潜变量使研究更加深入。回归分析、路径分析不允许潜变量的存在,只有结构方程模型可以将多个潜变量及其测量变量置于同一模型中分析,研究它们之间的结构关系。第二,结构方程模型虽然也类似于路径分析模型利用联立方程组求解,但放宽了模型的限制条件,同时允许自变量和因变量存在测量误差。第三,结构方程模型既发展了路径分析的优势,又克服了路径分析基本假设过多、无法包含潜变量、不能处理互逆因果关系等缺陷。

当然,结构方程模型也不是十全十美的。它在模型设定、模型拟合、拟合检验以及对结果的解释等方面都还存在或多或少的问题。比如,现有理论不能准确提出有说服力的因果模型则难以使用结构方程模型;在模型设定与模型识别过程中所做的比较,可能和最初的理论假设有出入甚至相悖;研究者可能没有充分的数据以保证模型的拟合等。简言之,其他因果模型中存在的问题,也有可能在结构方程模型中存在。

三、眼动与脑成像技术在心理学研究中的应用

(一)眼动技术在心理学中的应用

关于眼动的本质,Just 和 Carpenter 提出了"眼—心理"(eye-mind)假说,该假说

认为眼球运动为注意力分配提供了动态追踪路径。几十年来，眼动追踪技术已经被成功且广泛地运用到了心理学相关领域的研究中。其中大多数应用都是有关信息加工的研究，比如阅读、场景知觉、视觉搜索、音乐阅读和分类。眼动的测量揭示了基本的认知过程、阅读理解机制和视觉加工过程。但是，眼动追踪技术在不同研究中会以不同的方式被运用，研究者会为各自的研究拟订殊异的眼动测量指标。因此，提出一套通用的眼动测量指标框架对于心理科学研究者进行眼动追踪研究是至关重要的。

许多学者根据不同的标准对眼动追踪测量指标进行了深入探讨。Liversedge Paterson 和 Pickering 说明了眼动的时间测量，并且深入讨论了时间和空间测量。Goldberg 和 Kotval 在计算机接口的研究中揭示了基于眼动定位的空间测量。随后，Jacob 和 Karn 总结了 21 个包含眼动追踪技术的研究，指明了 6 个常用的眼动追踪测量指标：注视次数、每个兴趣区（AOI）花费的时间比例、平均注视时间、每个兴趣区的注视次数、每个兴趣区的平均凝视时间、固定速率（计数/秒）。当前，公认的指标可以确定为三种类型——时间、空间和数，如表1-5所示。

表1-5 常见眼动指标及定义

	眼动指标	定义
时间维度	总注视时间	注视的总时间
	凝视时间	在一个单词或一个兴趣区内的总注视时间
	平均注视时间	每个兴趣区的注视时间的平均数
	首次注视时间	第一次注视的时间
	首次进入时间	从刺激开始到首次注视到达的时间
	回视时间	在一个兴趣区内重新审视的注视时间的总和
	注视时间比率	一个兴趣区内的注视时间与整个任务的总注视时间或总阅读时间的比率
	眼跳时间	在一个兴趣区内的眼跳时间的总和
	总阅读时间	花费在一个阅读任务或一个兴趣区的总时间
	第一遍阅读时间	从首次注视某一兴趣区到离开的时间的总和
	重读时间	对某兴趣区的重新审视时间的总和
空间维度	注视位置	一个注视的位置
	注视顺序	在两个及两个兴趣区上注视分配的顺序
	眼跳距离	两个连续注视之间的距离
	扫视模式	注意分配的模式

续表

	眼动指标	定 义
数的维度	总注视次数	在一个兴趣区或一个任务内注视的总次数
	平均注视次数	在每个兴趣区内的平均注视次数
	再访注视次数	在一个兴趣区内再次注视数的总和
	注视次数概率	一个兴趣区内的注视次数与全部注视次数的比值
	眼跳次数	一个兴趣区内的眼跳总次数
	内部扫描次数	在兴趣区注视处理的次数

首先,时间尺度意味着在一个时间维度内测量眼球运动,例如在特有兴趣区的注视时间。几种常见的眼动指标有总注视时间和首次注视时间。时间测量也许能回答与认知加工有关的"什么时候"和"多久"的问题,其多用于说明阅读问题的发生机制。其次,空间指标在空间维度内测量眼球运动。它涉及位置、距离、方向、序列、相互作用、空间布局或注视间的关系、眼跳间的关系。注视位置、注视顺序、扫视长度和扫描模式等指标都属于该范围。空间测量也许能回答与认知加工有关的"哪里"和"怎样"的问题。最后,数的指标对眼动的测量建立在数或频率的基础上。例如,注视次数和再注视次数属于这一类型。这些数的测量经常用于揭示视觉材料的重要性。

总的来说,上述的结构框架为理解各种类型的眼动指标提供了基本指导原则。而不同领域的研究也可能关注不同类型的眼动指标。例如,阅读研究可能更关注时间测量,视知觉加工研究可能更关注空间测量。

(二)脑成像技术在心理学中的应用

直接观察大脑结构和功能的脑成像技术在近20年来取得了突飞猛进的发展,它也是当代神经科学研究最重要的成就之一。脑成像技术由于能够直接探测大脑正常结构和功能的神经基础,特别是高分辨率、实时性的功能脑成像,在心理科学研究中发挥了重要作用。

脑成像技术主要包括脑电图(electroencephalogram,EEG)、脑磁图(magneto-encephalography,MEG)、事件相关电位(event-related potential,ERP)、正电子发射断层扫描(position emission topography,PET)、核磁共振成像(magnetic resonance imaging,MRI)、功能性核磁共振成像(functional magnetic resonance imaging,FMRI)、磁共振波谱(magnetic resonance spectroscopy,MRS)和功能性近红外光谱(functional near-infrared spectroscopy,fNIRS)。在探测大脑功能及其神经活动变化时,ERP和fMRI是心理科学研究中最常见和最重要的脑成像技术。

1. 事件相关电位

事件相关电位也被称作内源性事件相关电位。它是一种特殊的诱发电位，主要研究认知过程中大脑神经的电生理变化，并赋予刺激以不同的心理意义，因此又被称作认知电位。ERP 中应用最广泛的是 P3(P300)电位，可以通过听觉刺激、视觉刺激以及体感刺激等记录神经元的点活动变化，还可以通过个体认知加工过程（记忆、推理或决策等），通过平均叠加技术从头颅表面记录大脑活动的电位变化。

例如，田录梅等人采用事件相关电位（ERP）技术，探讨同伴在场与自尊水平对青少年冒险行为的影响。实验采用气球模拟风险任务比较不同条件下青少年冒险行为量的差异。研究者在被试进行气球模拟风险任务的同时收集其 ERP 数据。结果发现：(1)同伴在场时青少年冒险行为更多，比无同伴在场诱发的 N1、P3、LPP 波幅更大；(2)高自尊青少年更加冒险，且诱发的 P3、LPP 波幅更大。其中，N1 成分被认为是反映个体对刺激的早期注意，个体对目标投入的注意资源越多 N1 波幅越大。该研究中同伴在场诱发了更大波幅的 N1 成分，说明同伴在场使青少年对冒险中的奖赏信息更加关注。如果青少年在同伴观察下能够通过冒险获得物质奖赏，那么其收获的可能不仅是物质奖赏，还有来自同伴赞美的心理奖赏，从而使冒险行为中奖赏的价值提高，奖赏与损失的相对平衡被打破，使得青少年对冒险损失有所忽视转而更关注奖赏。P3 波幅被认为与金钱奖赏的神经反应有关，高金钱奖励诱发高波幅。该研究发现同伴在场时青少年对冒险信息加工时 P3 波幅增加，结合 N1 成分的讨论可以推断，同伴在场增加了冒险行为中奖赏的价值，也使得青少年对奖赏的加工较损失加工占据优势。LPP 波幅与刺激情绪效价无关，却与情绪唤醒程度有关，刺激越具有动机意义，其诱发的 LPP 越大。这一结果说明同伴在场、自尊不仅影响奖赏加工过程中的情绪体验，还会驱动个体为了获得奖赏而去冒险。

2. 功能性核磁共振成像

这是一种显示大脑各个区域静脉毛细血管血液氧合状态核磁共振信号微小变化，以确定血氧含量是否增加的技术，因此又被称为血氧水平相关成像。该技术具有无创伤性、无放射性、可重复性，以及较高的时间和空间分辨率，可准确定位脑功能区域等特点。fMRI 主要被用于推算大脑活动与注意力、情感、记忆和决策之间的关系，可以作为个体智力、阅读能力、个性和其他特征的测量工具。

例如，马军朋等人采用 fMRI 技术探讨分析型和整体型两种认知风格个体在归类任务中是否表现出神经活动的差异。该研究中，被试需从两个待选物中选出与目标物属于同一类别的一个。同时，研究者采用 fMRI 技术扫描并记录被试完成任务时的 BOLD 信号。结果发现，与基线任务相比，整体型和分析型个体均激活了额-枕网络脑区,包括额下回、楔前叶、枕中回等,表明不同认知风格个体在任务中可能共享与工作记忆等相关的脑区。另外,与分析型个体相比,整体型个体在右额下回、右旁海马回呈现更广泛的特异性激活。这一结果说明认知风格可以影响归类过程中的脑活动,而整体型个体大脑右半球更强烈的活动表明这一类型认知风格个体在归类时更依赖于远距离的语义联结。

四、大数据时代下心理学研究的新趋势

网络的广泛应用以及与现实的密切交织,不仅改变了人们的生活方式,也推动了学术研究范式的变革。一方面,海量的(移动)互联网用户借助微博、论坛等社交媒体产品和移动互联网工具记录自己的生活,并进行突破传统时间、空间限制的高密度人际、人机互动,累积了前所未有的海量在线文本、图片、视频信息;另一方面,数据挖掘等计算机和信息科学技术的发展,使得高效处理和分析海量人类行为数据成为可能,从而奠定了海量数据挖掘的技术基础。网络大数据为心理科学的发展带来了前所未有的机遇。

心理科学致力于探究人类的心理与行为规律。(移动)互联网平台和网络应用积累的海量网络大数据记载着大规模人群所思、所想和所感,这为挖掘人类的心理与行为规律提供了庞大、客观、真实的数据资源。尤其是现代化数据分析技术的发展,例如开源统计分析软件 R 语言、社会网络分析技术为数据挖掘和数据分析提供了坚实的技术支撑。受信息科学在生物基因、天文学等领域成功应用的启发,Yarkoni(2012)首次提出了"心理信息学"(psychoinformatics)这一新颖的交叉学科概念。他把利用计算机和信息科学技术工具来获取、管理和分析心理学数据的研究领域称为"心理信息学"。作为一门立足心理学研究问题的新兴交叉学科,心理信息学的研究重点在于如何借助计算机和信息科学技术的优势,在心理学研究的各个分支领域和研究环节中充分发挥作用,从而为心理学问题提供更为客观、科学的研究证据。

下面介绍几个结合大数据进行研究的心理学领域。

(一)大数据与情绪心理学

情绪是目前为止和大数据结合最为紧密、成果最丰硕的研究领域。传统心理学关于个体情绪在日周期水平上的波动节律研究,尤其是围绕积极情绪和消极情绪开展的研究,一直没有得到较为一致的结果。究其原因,主要是研究抽样存在偏差(主要以大学生为主),在实验室或基于自我报告的调查等测量方式对情绪的波动节律进行精确测量也均存在较大的偏差。

Golder 和 Macy 认为,社交媒体的兴起所产生的海量用户行为数据有跨文化、样本量大、客观、实时等特点,为解决上述问题提供了可能。他们在一项研究中分析了

2008年2月至2010年1月间覆盖全球84个使用英文的国家的约240万用户产生的5亿多条Twitter数据的情绪信息。结果发现,积极情绪和消极情绪在一周7天内的波动节律几乎一致。积极情绪在周六、周日显著高于工作日。在日内波动上,积极情绪在早上(大约在人们上班的时间)开始下降,而在晚上(大约在人们下班的时间)回升;而消极情绪则在早上(早7~9时附近)达到最低点,随后在一天内均呈上升趋势,0时左右达到峰值。这种现象支持了人们可通过一晚上的睡眠恢复情绪的假设。

(二)大数据与人格心理学

揭示人们心理行为一般规律的人格心理学是心理学的基础性研究领域。传统心理学研究主要通过自我报告的线下问卷调查方法对人格结构开展一系列卓有成效的研究,例如经典的"大五人格模型"(five-factor model)。对于人格心理学研究者而言,网络大数据为刻画和挖掘人们的心理学行为规律提供了新的视角和数据资源。对于计算机科学领域的研究者而言,挖掘用户的心理与行为规律对于提高技术的准确度、提升产品的用户体验具有重要意义。因此,基于大数据的人格心理学研究,也成为心理学与信息科学结合的重要研究课题。

不少研究发现,人们在社交网络上的一些客观行为数据(如Facebook上的点赞行为)可以用于开发自动化预测用户人格或其他属性的计算机模型。Kosinski等通过5.8万Facebook用户的点赞数据、人格测试等心理测验数据以及人口统计学调查数据,发现人们在Facebook上的点赞数据能准确自动化地预测出用户的人格、性取向、民族、宗教信仰、政治观点、幸福感、物质滥用、年龄、性别等特征和属性。其中,对开放性人格维度的预测准确性几乎与标准化的人格测试精度相近,对性取向的预测准确率达到88%,对民主主义和自由主义的政治态度预测准确率达到85%。

(三)大数据与健康心理学

随着人们对健康问题的关注,与健康相关的心理与行为规律也逐渐受到研究者的重视。大数据应用于健康相关的研究课题,无论是在学术界还是产业界都是关注度非常高的应用领域之一。利用网络大数据进行健康心理领域研究的基本前提假设是:人们线下的健康状况、健康行为等特征与其在线上的社交媒体表达、网络搜索关注等行为之间存在一定的联系。因此涉及健康心理学的大数据研究,可通过人们在网络上的行为特征来尽可能地揭示,解释甚至预测人们的健康状况。

Ginsberg等认为,每年大约有9000万成年人会通过网络搜索引擎搜索特定疾病相关的信息,这为通过网络搜索引擎数据监测疾病暴发状况提供了可能。他们利用人们在Google上5000万条搜索数据,成功开发了预测季节性流感传播的模型。相较于传统流感预测工作,由于数据收集方法和过程的限制,往往会有1至2周的延迟。因此,他们的预测研究对于监测和预测流感的暴发趋势,从而为政府相关部门做好流感应急准备和部署具有重要价值。

此外,社交媒体数据也被证明对于预测健康问题具有重要作用。例如,Eichstaedt 等人的研究发现,人们在 Twitter 上的网络表达对于美国各郡的心脏病死亡率有显著预测作用。其中,与负面社会关系、分离和负面情绪(尤其是愤怒)相关的网络表达和心脏病死亡率呈正相关;而积极情绪和心理参与相关的网络表达与心脏病死亡率呈负相关。

可以看出,心理学与网络大数据的结合,既为传统心理学通过具有代表性的大样本深入挖掘个体层面的心理与行为机制提供了更为广阔的平台和机会,也同时为深入挖掘大规模人群在群体层面涌现出的群体心理性行为规律提供了可能。

本章思考与练习

1.如何证伪"星座决定个体的性格"?试提出你的研究设想。

2.试列举心理学的一项经典研究,并说明此研究过程如何体现批判性思维。

3.传统实验心理学在方法上存在怎样的困境?相关技术的发展和应用对困境的突破有怎样的贡献?

4.大数据对传统心理学的研究有怎样的推动作用?试举例说明。

5.请阐述心理测量学中的潜变量与观测变量有怎样的联系并举例说明。

拓展阅读

唐纳德·麦克伯尼.(2010).像心理学家一样思考:心理学中的批判性思维(第2版).北京:人民邮电出版社.

该书以娓娓道来的对话方式,从问题出发,以生动鲜活的例子和富于逻辑思辨的语言分析了心理学中一些最常见的和最容易引起质疑的问题。该书就心理学是不是科学、心理学是什么等心理学中的常见问题进行深入浅出的探讨,从而澄清人们对心理学的一些误解,加深对心理学科学性的理解,同时也可以提高读者对日常生活中某些现象和事物的批判性思考能力。

朱廷劭.(2017).大数据时代的心理学研究及应用.北京:科学出版社.

近年来,大数据概念在心理学领域引起高度关注。该书以中国科学院心理研究所计算网络心理实验室(CCPL)的一系列研究成果为内容主线,系统介绍了网络心理学的基本概念、研究方法、研究工具及研究进展,旨在使读者能够全面地了解这门新型交叉学科的整体概况,清晰地理解大数据对心理科学的研究逻辑和研究方法所产生的深远影响,深刻地领悟利用网络大数据开展心理学研究的非凡科研价值与广阔应用前景。

赵小明.(2017).互联网心理学.北京:经济管理出版社.

该书创造性地提出了一套全新的互联网时代心理学理论。该书认为受互联网影响,人与人的关系,不再是过去意义上的社会关系,而会成为互联网时代社群关系的总和。这意味着互联网的深刻革命性将改变人的定义,重组人类文明,所有建立在人的定义基础上的心理学、教育学理论,都将被改写。通过该书,读者可以把握互联网时代下心理学理论的新进展。

张春兴.(2002).心理学思想的流变:心理学名人传.上海:上海教育出版社.

该书以心理学名人传记的形式,循心理学有史以来思想流变的脉络,选出代表不同时代、不同流派的心理学家108人,并按时代、流派归类,简述其生平、经历,并从其所持的理论、观点及研究方法着眼,探讨他们在承先启后过程中的影响和作用。该书文字表述通俗易懂,人物评传简明扼要,有助于读者了解心理学的历史发展及思想的流变。

闫国利,白学军.(2012).眼动研究心理学导论:揭开心灵之窗奥秘的神奇科学.北京:科学出版社.

该书从眼动的基础知识入手,介绍人的视觉和眼动的基本模式,对眼动记录方法的发展和现状进行了评述,继而对眼动分析法在心理学研究中的应用进行了系统的介绍并提供翔实的案例供读者理解。此外,该书还有知识栏、眼动名著简介、眼动研究大事记、眼动研究专业词汇等板块,增加了该书的趣味性、可读性和工具性。

葛詹尼加.(2011).认知神经科学:关于心智的生物学.北京:中国轻工业出版社.

该书一一介绍了认知神经科学中的重要理论观点并提供来自前沿技术的证据。与纯粹的认知或神经生理学教材不同,该书强调各门学科之间证据的相互印证,特别是研究高级心理功能学科中的最关键方面。该书的另一特色是力图让学生像认知神经科学家那样思考。该书对功能性核磁共振成像(fMRI)、核磁共振成像(MRI)、正电子发射断层扫描(PET)和事件相关电位(ERP)等诸多用来探索心智与大脑关系问题的研究手段进行了相近的介绍,旨在使学生逐渐了解各种实验手段的利弊,灵活运用各种手段使之互为补充。

参考文献

程开明.(2006).结构方程模型的特点及应用.统计与决策,22(10):22-25.

贾凤芹,冯成志.(2012).内隐联想测验"内隐性"的可控性研究.心理科学,35(04):799-805.

贾绪计,林崇德等.(2014).创造力研究:心理学领域的四种取向.北京师范大学学报(社会科学版),50(01):61-67.

金玉国.(2008).从回归分析到结构方程模型:线性因果关系的建模方法论.山东

经济,24(02):19-24.

雷玉菊,周宗奎,贺金波,等.(2017).网瘾者对真人愤怒面孔的记忆优势效应.中国临床心理学杂志,25(03):421-416.

黎志华,尹霞云,蔡太生,等.(2014).留守儿童情绪和行为问题特征的潜在类别分析:基于个体为中心的研究视角.心理科学,37(02):329-334.

舒华,张亚旭.(2008).心理学研究方法:实验设计和数据分析.北京:人民教育出版社.

王大鹏.(1989).耗散结构理论与心理、心理学.甘肃社会科学,11(01):28-33.

王凡.(2008).现场实验的内部和外部效度:兼与实验室实验的效度比较.心理科学,31(04):932-935.

王进.(2008).运动员退役过程的心理定性分析:成功与失败的个案研究.心理学报,40(03):368-379.

喻丰,彭凯平,郑先隽.(2015).大数据背景下的心理学:中国心理学的学科体系重构及特征.科学通报,60(5):520-533.

杨玉芳,孙健敏.(2012).心理学:自然科学与社会科学的交叉.中国科学院院刊,27(S1):3-12.

张洁婷,张敏强,焦璨,等.(2013).多水平潜在类别模型在教育评价中的应用:以英语学业能力测验为例.教育研究与实验,31(3):78-84.

朱廷劭,汪静莹,赵楠,等.(2015).论大数据时代的心理学研究变革.新疆师范大学学报(哲学社会科学版),36(4):100-107.

第二章 课题选择与文献查阅

目 次

第一节 课题选题原则及确定程序
一、选题的原则
    (一)课题可行性
    (二)研究课题清晰
    (三)课题有价值
二、课题确定的程序
三、课题论证报告的撰写
    (一)国内外研究动态部分
    (二)问题提出部分
    (三)研究思路和方法部分

第二节 课题选择的策略
一、社会需要与课题选择
二、理论发展与课题选择
    (一)为证实他人或自己的某一理论观点而选择相应课题
    (二)根据不同理论观点之争选择课题
    (三)通过对现有理论、观点进行质疑而提出研究课题
三、研究文献与课题发展
    (一)注意已有研究文献中忽略的问题
    (二)注意发现研究结果中相互矛盾的地方
    (三)注意已有研究在方法学方面存在的问题
    (四)根据研究文献对现有的某些研究进行必要的重复
四、研究过程与课题选择
五、科技进展与课题选择
    (一)根据现代科学方法的新进展选择研究课题
    (二)在学科交叉所产生的空白区选择课题
    (三)根据研究技术的新进展选择研究课题
    (四)根据本学科各分支新进展选择课题

第三节　查阅文献

一、查阅文献的意义

二、查阅文献的原则

　　(一)围绕研究课题,收集相关文献

　　(二)着重把握研究新进展,兼顾研究的历史发展脉络

　　(三)注意查阅原创性、代表性文献

　　(四)兼顾文献内容的"博"与"专"

　　(五)查找收集文献与阅读整理文献紧密结合、交替进行

三、文献的来源

　　(一)书籍

　　(二)期刊

　　(三)学位论文

　　(四)学术会议文献

　　(五)报纸

　　(六)电子文献

四、文献查阅方法

　　(一)参考文献查找法

　　(二)检索工具法

第四节　研究文献的阅读与综述

一、批判性地评述研究文献

　　(一)引言部分的阅读与评价

　　(二)研究方法部分的阅读与评价

　　(三)结果部分的阅读与评价

　　(四)讨论部分的阅读与评价

　　(五)结论的评价

二、文献综述概述及格式

　　(一)文献综述

　　(二)文献综述的格式

三、文献综述的内容及撰写要领

第五节　应用范例

"大学生完美主义人格特质的测量及其与抑郁的关系研究"课题申请论证报告

本章思考与练习

拓展阅读

参考文献

第二章 课题选择与文献查阅

本章导读

  任何一项心理学研究都始于选择一个合适的研究课题。如何选好研究课题是整个科学研究过程中最重要、最困难的工作之一。因此,要学会做心理学研究,掌握心理科学研究方法,首先就要学会如何选择研究课题。此外,任何一项研究都是在前人研究基础上进行的,因此研究文献的查阅在心理学研究中具有十分重要的意义,是研究的重要准备工作之一。本章主要讨论课题选题原则及确定程序,介绍课题选择的有效策略以及课题论证和评价的方法。继而,介绍研究文献的种类和来源,查阅文献的原则和方法以及如何批判性地阅读文献和撰写文献综述。

第一节 课题选题原则及确定程序

  同其他科学研究活动一样,心理学研究是一项高度自觉、富有创造性的探究性活动。这集中表现为研究者积极不断地提出问题和探求问题答案。因此,讨论研究课题的选择,首先应该从研究问题谈起。

  怎样才算是一个"好问题"呢？Fraenkel 和 Wallen 认为研究问题应该具备三个基本特征:①问题切实可行,即研究在有限的时间、精力和财力下可以完成;②问题清晰,即问题中关键词的定义准确、无歧义,其他研究者可以对其达成共识;③问题有意义,即研究成果有价值,可以增加有关人类及自然的重要知识。

  针对以上"好问题"的特点,下面详细讨论选题的原则。

一、选题的原则

(一)课题可行性

可行性原则指研究者需具备研究某课题的主客观条件。主观条件主要是研究者的理论水平、研究能力、知识准备、学历水平、时间和精力等;客观条件主要是指外在环境是否适合,有关的研究资料、设备以及必要的资金是否具备。这意味着同一课题由于研究者自身研究能力与可利用的外部资源不同,其可实现性也是不同的。有些研究课题虽然具有重要的理论和应用价值,但对于单个研究者和群体来说,如果主客体条件不满足,这样的课题就不得不放弃或者加以修改。

大学生经常对心理病理学相关课题感兴趣,如精神分裂或多重人格障碍等,但在本科水平,从这类样本中收集信息是不合适且十分困难的;在接触监狱工作人员等复杂敏感的样本时,本科生也往往没有时间或资源对该特殊群体进行观察研究。从这个意义上来说,研究者一味追逐前沿热门不一定是明智的,心理科学研究初学者更应该注意遵循课题可行性原则。例如,一个心理学专业二年级的本科生选择"视觉阅读过程的眼动和脑电研究"作为研究题目就不符合可行性原则。首先,本科二年级学生在"视觉阅读"、"眼动研究"和"脑电研究"等方面并不具备足够的理论水平和知识储备;其次,完成一项研究课题,往往需要三个基本条件和三个要素,即理论条件、物质条件、能力条件和人、财、物三要素,这些条件和要素通常都不是本科二年级学生所具备的。初次从事科研的人员,最好选择一些研究范围小、易完成,又是本领域亟待解决的课题。

遵循课题的可行性原则可以从以下几个方面入手:
①研究者对相关领域研究背景与已有文献是否掌握或有无可能尽快掌握。
②研究者是否可获得进行研究所需要的研究工具、技术及相应的设备。
③研究者是否具备正确实施该研究的必要经验与技能。
④研究者是否可以获得研究对象的合作。
⑤课题所涉及的内容与方法是否符合伦理标准。
⑥研究者可否获得完成该课题所需的经费。

(二)研究课题清晰

课题清晰的含义就是研究者到底要研究什么问题。例如:"教师觉得为学习障碍儿童设特殊班级如何?"这个课题就不是很清晰。首先,"教师"该如何理解?其年龄组如何界定(如青年、中年和老年)?是否包含所有学校(公立和私立)?是包含全国所有省份学校的教师还是仅仅包含某个地区?这些问题都需要明确。其次,"觉得"

也很模糊。它是指认识?还是指什么情绪反应或潜在行为反应?最后,"特殊班级"和"学习障碍"也需要说明。如,学习障碍儿童的一个定义是年幼儿童有明显的学习和行为失调,不能适应学校教育,一般由智力落后、文化剥夺或外国语言问题等原因造成。但这个定义本身也包含一些模糊的词,像"明显的学习失调",就可以有多种含义,"文化剥夺"也可能有多种含义。所以将课题定义清楚比想象中的要困难。要使研究课题清晰,研究者应该明确界定研究问题的陈述形式。

课题的陈述形式有以下几个准则:

1.明确、具体

在观察客观现象,思考已有认识的基础上,研究者可能会发现很多疑点。不过,若这些疑点不能被明确具体地表述出来,那么就很难进入科学研究的视野。可以说,明确地表述问题是迈向问题解决的第一步。为此,问题的陈述应当具备以下特征:

(1)明确可操作或测量的变量。例如,在"老年人幸福感与睡眠质量是否有关"这一问题中,所涉及变量就是具体、可测量的。与此相对,"老年人心理问题与其健康是否有关系"这一表述则笼统、模糊,必须进一步具体化才可以作为研究的问题。

(2)概念意义明确,避免歧义。例如,在"独生子女大学生与同伴交往是否理想"这一问题表述中,"理想"的意义不明确,因此该问题难以研究。若改为"独生子女大学生对与同伴交往的满意度如何"或"独生子女大学生与非独生子女在同伴交往满意度上的差异",则概念更为明确。

(3)语言表述符合逻辑。问题都有其前提,所以研究者在表述上要对问题与其前提的关系进行合乎逻辑的陈述。例如,若从亲子相互作用理论为前提出发,讨论母亲抚养困难感受与幼儿的消极行为特征之间的关系,就可表述为:"既然母亲与幼儿之间存在双向作用,那么幼儿的消极行为特征是否与母亲的抚养困难感受明显相关呢?"但如果表述为:"既然母亲与幼儿之间存在双向作用,那么母亲的抚养困难感受是否能决定幼儿的消极行为特征呢?"则问题与前提的关系不符合逻辑。

2.语言客观中立

由于问题提出是科学研究的开端,而科学研究要求研究者持客观中立态度,因此问题的表述应当采用不带任何主观好恶等感情色彩的中性语言。也就是说,问题表述中不宜体现研究者的价值判断。例如,若探讨农村幼儿教育师资与城市幼儿教育师资的差异,则问题可表述为"××市农村幼儿教师平均受教育年限是否与城市幼儿教师平均受教育年限存在显著差异"。

问题表述应站在中立的立场,以客观态度揭示现象的本质。所以,在问题表述中用词要谨慎,如好、差、落后、先进、对、错等带有褒贬色彩的词语,应该用不同、差异、得分高于、得分低于等中性词代替。

总之,在心理科学研究中,问题必须是研究者以现有知识体系为背景,经过分析、思考、鉴别、加工、提炼而形成的。科学研究中的问题不同于日常意义上的疑问,在内容、陈述形式上必须符合一定标准。只有研究者清晰理解其课题,才能按计划去清楚地收集和分析对应的资料。

(三)课题有价值

课题有价值即课题值得研究,具有理论和实践意义。例如,如果有研究者选择研究"精神分裂症患者的反应时是否不同于常人",这个课题便没有研究价值。因为即使他确实找到了两者在反应时存在差异,也无法对这种差异做出确定的理解。如果把课题改为"精神分裂症患者的注意是否不同于正常人",这样的课题就有价值,因为它与已知的心理过程有着确定的联系。研究者选取的课题应该是当前心理学研究中具有代表性,被普遍关注和亟待解决的重大问题或热点、难点问题,这样有利于建构心理科学理论体系,或满足人类的现实需要。

高度创造性是科学研究活动的本质特征之一,所以新颖、富有创意的研究课题直接关系到课题的价值。在心理学研究中,课题的创新性主要表现在三个方面:①课题所涉及的问题在内容上是前人未触及或探讨不深入的。②课题中不同问题的组织框架与线索是新颖的,或是研究的角度不同于前人。例如,对爬走和行走动作的研究由来已久,但从动力角度对两者进行探讨则较为新颖。③课题在问题解决方法上有所革新。例如,对于教师课堂行为的研究,已有研究多采取直接观察法,研究"实际发生"的行为。若从学生知觉的角度来探讨学生心目中对教师课堂行为的主观认识,则在方法上显著优于已有研究,可以获得新的发现。

总之,研究者选题时应该明确课题有无理论价值或应用价值,以及是否具有创新性。

二、课题确定的程序

在心理学研究中,研究课题的选择过程受诸多方面影响,如课题的性质和特点、研究者的知识背景和课题经验、研究者的工作基础等。但一般来说,确定一项新的、正式的科研课题大多要经过以下几个基本过程。

第一步,初步选出研究课题。在这一阶段,研究者或接受有关部门下达的科研课题,或根据社会实践需要初步提出研究课题,或在自己以前研究工作的基础上发展出一个新研究课题,或通过查阅有关文献,针对以往研究的不足初步提出一个科研课题。

第二步,对选题进行初步探索。初选研究课题之后,研究者必须围绕初选课题进行一些初步的探索。探索的方法很多,如广泛查阅研究文献、向有关专家、内行请教、学习,进行实地考察等。探索是为了对拟探讨问题的研究历史、现状、必要性、价值、主要方法等许多方面有清楚的了解和把握,最终目的在于将研究课题具体化。

第三步,将选题具体化。在初步探索的基础上,研究者应当经过从抽象到具体、从整体到局部、从大到小的过程,将研究课题具体化。把一个研究课题(如"当前中学生品德发展的特点")具体化为一个个可以直接着手的问题(如"当前中学生友谊发展的特点""助人行为发展的特点""同情心发展的特点"等),能够将研究课题展开为一个有待研究的问题的网络,便于具体着手研究。研究课题与问题的关系如图 2-1 所示。

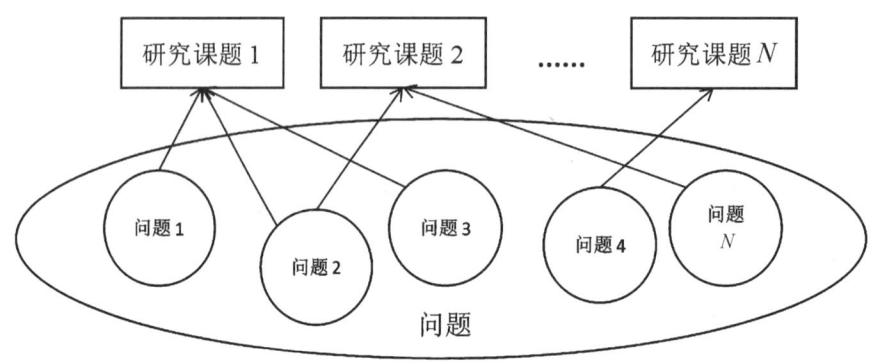

图 2-1　研究课题与问题关系示意图

第四步,撰写课题论证报告。在上述工作的基础上,研究者需要综合各方面的情况,撰写选题报告,对课题的名称、国内外研究动态(即相关主题研究综述)、问题提出、理论意义与应用价值、研究内容、创新点、研究思路与方法、计划安排、经费预算和预期成果等进行说明、论证。

第五步,征求意见,反复修改。选题报告完成后,研究者可以通过做选题报告的形式或将选题报告送交有关同行评阅的形式,征求大家的意见。在集思广益的基础上,对选题报告进行修改,使选题更加准确、完善。

三、课题论证报告的撰写

如前所述,课题论证报告阐述了研究者拟探讨课题的研究背景、内容、价值与具体方法等,其质量直接反映了课题申请者的学术水平和科研能力,是课题能否被批准、资助的决定性因素之一。因此,熟练掌握课题论证报告的撰写方法十分重要。下面讨论报告中主要部分的撰写方法。

(一)国内外研究动态部分

在课题论证报告中,申请者应综述与研究课题有关的文献,介绍和分析国内外研究成果、发展脉络和存在的主要问题,阐述本研究课题提出的依据、意义,其目的在于进一步证明探讨本课题相关问题的必要性,说明课题的科学性和创新性。

撰写该部分时,应注意以下几点:①由于课题论证报告篇幅有限,而课题涉及的领域或方面又比较多,因此写文献综述时应紧紧地围绕课题探讨的中心问题,不可罗列大量无关或关系较小的研究文献;②对已有文献的评述应当客观、全面,不可在未充分查阅相关文献的情况下妄作定论,使用诸如"国内在该方面的研究完全空白"或"已有研究毫无价值"等语句;③已有研究存在的问题、不足可能很多,申请者应以高度简练的语言逻辑清晰地论证本研究拟突破、创新、改进的关键部分,不可将笔墨放在一些具体、细小的问题上。

(二)问题提出部分

课题论证报告中,对研究课题的直接论证从陈述课题的研究问题、意义开始。项目申请者填写时应开宗明义,用精练清晰的文字简明扼要地勾画出整个研究的轮廓,说明研究的具体问题及其理论意义、应用价值,以使评审者一开始就对整个研究课题有初步的概括了解。陈述问题时应当使用通俗易懂的语言,力求简单清晰。

在陈述研究问题时,申请者应注意以下几点:①论证伊始应以"本研究的目的是……"或类似句式点出研究目的,用几句精练的句子概括研究的重要问题。避免过分注重说明细节,导致评审者难以把握研究大意。②应简要概括研究的主要假设,对研究的主要结果做出概括性预测。③应具体说明研究本课题对于发展心理学相关理论或指导社会实践有何重要意义。比如,拟进行研究在理论或方法上有什么重要创新,将如何完善、扩展或修正现有理论,有助于解决哪些实践中迫切需要解决的问题。总之,提供研究意义方面的详细信息将有助于表明拟研究课题的紧迫性和价值。

(三)研究思路和方法部分

在研究方法部分,项目申请者应当对研究对象和拟采用的方法、工具等加以说明。对于研究对象,应指明研究对象的特征、数量、来源,以及抽样方法等。研究方法部分应简要介绍本研究将采用何种收集资料的方法、具体测量工具及手段是什么。撰写该部分时,应将重点放在说明研究的总体思路、设计的逻辑思想、主要测量方法和被试选取方法等方面,而不必过多、过细地介绍有关细节。

第二节　课题选择的策略

上一节讨论了选择研究课题时应当遵循的一些基本原则。本节将具体阐述如何在这些原则的指导下选择研究课题,即课题选择的策略问题。下面将从五个方面予以阐述。

一、社会需要与课题选择

心理学研究的重要目的之一就是解决现实生活与社会实践中的问题。因此,根据社会的需要,看清时代的潮流,审时度势,选择当前社会实践中迫切需要解决的一些问题作为研究课题,是课题选择的重要策略之一。目前,在我国社会实践和现实生活中存在着大量值得研究的心理学课题。例如,社会改革中人们的价值观变化;当前青年的心理动态;老年人的心理特点;独生子女心理特点与教育;离婚对儿童心理发展的影响;计算机辅助教学;特殊儿童心理特点与教育;员工工作动机及工作满意感与生产效率的关系;国家公务员的测评和选拔;教学效果与教学质量评价;青少年犯罪;儿童青少年思维能力发展与培养;等等。在我国,工农业生产中的许多实际问题,各省、市大都汇集成册,研究人员可以从中进行选择。但是,在心理学领域,不可能也没有必要把所有问题汇集成册供广大研究者选择,这就需要研究人员深入实际,在社会实践和日常生活中注意搜集、把握那些为社会所关心的、亟待研究解决的共同问题,从中选择与心理、教育科学有关的问题作为自己的研究课题。

通常,来自社会实践和现实生活中的课题大多属于应用性研究,其研究结果具有较大的应用价值,能直接为社会实践和现实生活服务。因此,目前我国心理学研究工作者在选择研究课题时,应加强这方面的选题研究,以使心理学在我国的政治、经济建设,教育,医疗,卫生及人民生活等方面,发挥积极的重要作用。

值得特别指出的是,选择实际问题作为研究课题,并不意味着研究可以缺乏理论基础,忽视理论价值,而是指问题与实际社会需求的联系更为直接和迫切。因此,来自实践领域的课题选定后,还需查阅文献,学习有关理论,以便更好地开展对该问题的研究,以使来自实践的课题也具有重要理论意义。

二、理论发展与课题选择

通过科学研究揭示心理活动的客观规律,建立和发展心理学有关理论,使其具有对社会生产实践、教育实践活动的普遍指导作用,是心理学研究的另一重要目标。心理学理论由解释某些心理现象的相互关联的若干陈述组成,它们可能需要检验,也可能需要修正、完善，还可能被新的科学事实推翻。因此，有许多值得探讨的理论问题可以作为研究课题。在进行这方面的选题时，可从以下几方面入手。

(一)为证实他人或自己的某一理论观点而选择相应课题

一般来说，科学理论对客观事物的概括内容通常要比现有研究中已证实的有关已知事实多，即它的概括化超越了可获得的经验事实。这样，通过对尚未证实但应当能观察到的特殊现象做出推论、预测，理论就具有指导、刺激进一步研究的功能，而科学家也正是通过检验其理论推论（预测），来检验科学理论解释的正确性、完善性。因此，选题的基本方法是：根据该理论做出推论和预测，通过该推论和预测可否得到证实来检验该理论是否正确。比如，在社会心理学领域中，有人曾提出一个称为"集体问题解决能力"的理论。其要点是：在一个有凝聚力的团体中，团体的保持倾向将妨碍团体成员对问题进行批判性的分析和检验，不利于各种有效解决问题方案的提出和选择。团体成员普遍存在对团体凝聚力有损害的各种不同观点、行为的倾向。要检验这一理论观点是否正确，研究者可以通过建立一个凝聚力团体和一个正常团体，并给这两个团体成员同一问题。在这一问题中，需要批判性思维才能获得最佳解决方案，而批判性思维可能对团体凝聚力产生损害。这样，通过对这两个团体在解决上述问题时所表现出的行为进行观察并分析比较，就可对上述理论的正确性做出判断。

(二)根据不同理论观点之争选择课题

同其他科学研究领域一样，在心理学研究中，对于同一心理现象、过程的解释也时常存在分歧，出现过许多著名的争论。如遗传决定论与环境决定论之争、迁移的本质之争、思维的中介之争等。在心理学各分支学科的特定研究领域中，还存在着许多微观理论观点间的学术争论，并且双方都有一定的事实依据和理论依据。因此，了解这种争论的历史、现状和争论的焦点，乃是发现问题、提出研究课题的重要途径。在心理学发展史上，心理学家对许多问题的研究常常是在有争论特别是在持完全相反的观点的刺激下进行的。例如，新行为主义者 Clark Hull 和 Edward Tolman 各自提出的学习理论，就做出相反的预测。关于奖励对学习发生的必要性，Hull 认为是必要的，而 Tolman 则认为不是必要的。正是这样一些相反的观点，极大地引起了研究者的兴趣，促使他们去进行大量研究，以致在教育心理学领域，Hull 和 Tolman 的理论在 20 世纪四五十年代几乎支配了该领域的研究工作。

(三)通过对现有理论、观点进行质疑而提出研究课题

这要求研究者要有批判性思维，不迷信权威和他人理论，敢于怀疑，善于发现理论解释的漏洞。在科学史上，Einstein 提出相对论、Lavoisier 推翻燃素说、Aristotle

许多结论被驳倒,在某种意义上都是始于科学家大胆怀疑看起来似乎无懈可击的理论。在心理学研究领域,如果对目前盛行的一些理论略加分析,也不难看出其中可能存在的不足,并由此可以开辟研究领域和提出研究的具体课题。比如,Albert Bandura的观察学习理论认为,榜样模仿是人们学习的主要途径,而另一种可能则是人们基本上是通过行为强化来学习的。事实上,质疑选题与上述从争论中选题在本质上是一样的,不同的是从争论中选题时,争论双方已提出了不同观点,只需留心分析,并提出课题;而质疑选题则是要求以批判的态度对待现有理论、观点,根据自身已有知识和经验提出不同的观点,再确定研究课题。

需要指出的是,在理论领域选择课题,无论从上述三方面中的哪方面入手,研究者都需要注意以下几点:①要充分熟悉、真正理解该理论;②大量查阅有关文献以了解该理论的研究背景;③根据该理论做出一个或多个可被研究的推测;④制定能检验该理论推测性假设的研究设计。通常,研究者检验的内容既包括理论的正确性,又包括理论的概括化程度即它能应用的范围的大小,比如一个理论陈述能否适用于以前未被检验过的环境、时间、被试、领域等。

三、研究文献与课题发展

查阅和评价已有研究文献,是选择课题最常用,也是最重要的策略之一。研究文献查阅与评价的一个重要目的是明确哪些问题已经被研究,进展状况如何。另一重要目的是了解已有研究的完成质量,如果发现已有研究质量不高,这就说明该问题值得研究者改进研究方法做进一步研究。为此,查阅与评价研究文献时,秉持批判性态度是十分重要的,它有助于发现已有研究的空白点、不足之处以及结果之间互不一致甚至矛盾之处等,从而为选择新研究课题提供思路。

具体而言,通过查阅与评价研究文献选择课题应对以下几方面予以特别注意和思考。

(一)注意已有研究文献中忽略的问题

这需要研究者善于发现已有知识链条中的空白点(即空缺成分)并对之进行研究。在通常情况下,一方面,由于研究者学术背景、水平、精力、研究条件等种种原因的限制,每个研究者都往往只能关注和研究一部分有价值的研究课题,而别的研究者则着重研究其他一些有价值的课题。这样,众多研究者的视野必然比单个研究者更广阔。另一方面,历史上总有许多重要的问题仍未被研究者所察觉,这可能是以往研究者认识水平、研究手段有限造成的,也可能是以往研究者错误地低估某些问题或变量的研究价值造成的。因此,在查阅与评价研究文献时,对以前尚未研究的问题可予以优先考虑,从中很可能发现比当前研究更有价值的课题。例如,社会心理学研究者在有关领导者行为和下级从属行为关系方面的研究文献中发现,大多数研究结果都发现领导者行为与下级从属行为有很高的正相关性,不少研究者由此推测下级从属行为是由领导者行为引起的。但是,有关的研究结果都是相关的,只能说明二者有密切关系,但对于谁是因谁是果则无人研究。于是,他们设计了一个现场实验试图说明领导者行为与下级从属行为的函数。他们假设,从属者工作成绩的变化将直接影响领导者行为。结果支持原假设,即当从属者工作出差错太多和效率降低时,领导者行为明显增加。这即是一个典型的旨在填补已有知识空白的研究实例。

(二)注意发现研究结果中相互矛盾的地方

在心理学文献中经常会出现多个研究者采用类似的研究方法研究同一问题,却得出了不一致甚至完全相反的结果。动物心理学研究领域中有关核糖核酸(RNA)方面的研究就是一个很好的例子。20世纪60年代,有科学工作者做了以下研究:针对某一任务对动物进行训练后提取其RNA,将余下未受训动物平均分为两组,一组接受RNA注射(注射组),一组不做任何处理(控制组)。结果发现,注射组在学习任务上的成绩比控制组(正常组)要高得多。但是,其他许多研究者采用类似的程序却难以复制这一结果,这可能是研究程序、条件的差异造成的。再如,近年来我国关于独生子女心理特点的大量调查研究结果也存在不一致。有研究结果表明独生子女与非独生子女的差异主要表现在独生子女在智力方面发展较好,而在社会性发展方面较非独生子女差;也有研究认为独生子女与非独生子女在智力方面没有显著差异;还有研究对独生子女与非独生子女在社会性发展方面存在差异的结论提出了质疑。在查阅和评价研究文献时,如果发现上述类似情况,则需多加留意、分析,因为这正说明该领域的研究未有定论,值得做进一步研究。分析时,应注意弄清探讨同一问题的不同研究存在哪些差异,如被试年龄差异,研究环境、条件差异等。如果发现不同研究在被试年龄和研究条件等方面存在差异,那么被试年龄、研究环境条件等因素则可能是造成结果差异的原因或部分原因。如果这些研究的被试情况和研究条件、程序基本相同却得出不同结果,则需要推测、查明其他可能原因来说明结果差异。

(三)注意已有研究在方法学方面存在的问题

在研读已有研究文献时,要注意分析、思考所阅读的文献在方法学方面是否存在问题。比如在研究工具方面存在严重不足,或是某些变量没有得到适当控制。为了弄清低效度的测量工具(或未控制变量)对研究结果有无影响,就需要在改进测量工具(或更严格地控制变量)后进行研究。这些在方法学上有重要修正的新研究将检验原有研究结果是否可信、有效,或是对原有研究结果予以全新解释。前文中有关核糖核酸的研究结果饱受质疑和批评,原因之一就是该研究在方法学上存在不完善之处。

(四)根据研究文献对现有的某些研究进行必要的重复

在复杂的心理学研究领域中,由于人们日益重视学术杂志上研究结论的正确性,因而越来越多研究者开始重复以往研究以验证其正确性。研究结果的可靠性取决于它们能被精确重复的程度。换言之,重复已发表或未发表的研究,是获得有关结果的正确性程度的重要手段。因此,重复研究是合理且必要的。重复研究有两种情况:一是由同一研究者在同一条件下重复,二是由其他研究者在相同条件下重复。这两种类型的重复对于保证研究结果可靠性都是十分重要的。

四、研究过程与课题选择

科学研究是一个复杂的认识过程。在这一过程中,常常可以发现或构思出许多需要深入研究的新课题。这主要体现在以下三个方面:

首先,研究者实际开展科研工作后,将对社会实践的情况和需要有更深入了解,很可能会发现许多过去未想到的、有价值的新课题。这些课题可能既与自己的研究方向接近,又符合自己的研究兴趣,并为当前的社会实践所迫切需要。这就为后续的课题选择提供了思路。

其次,随着实际科研工作的陆续开展,对文献的进一步研读,研究者往往对研究课题有更深刻的思考。当前课题便可能暴露出某些方面(如变量控制、测量工具、被试情况、学校环境等)存在不足,还可能出现原有研究设计中没有的意外情况,这就需要研究者改进甚至重新进行研究设计,以保证课题的顺利进行。

最后,在研究过程中,当在研究某个特定的问题时,有时会由于某个偶然的机会出乎意料地发现与所研究问题无关的现象,这就是人们常说的机遇。通常,这些偶然的发现会有重要的价值,很值得进一步研究。科学研究中,机遇透露了自然、社会、人的许多信息,给研究者提供了大量研究线索,新发现常常是通过对细小线索的注意而取得的。在科学史上因机遇而诞生新观点、新发明、新技术的例子众多,如 Pavlov 在用狗研究唾液腺在消化中的作用时,发现每当狗看见、听到负责喂养的实验人员或其声音时,就会分泌唾液。他称之为"心理分泌现象"。随后,Pavlov 制定了详细的研究计划,对这个问题进行系统的科学研究,最后提出了条件反射的一整套完整的理论和原则,开辟了新研究领域,为后来的行为主义研究奠定了基础。值得指出的是,那些研究中偶然发现的新颖的、意外的、"反常"的现象只是提供了一个线索,研究者还需在此基础上追根究底,通过认真思考和分析,从中"挖出"具体的研究课题。

在研究过程中,要从上述三方面选择随后的研究课题,一方面需要有敏锐的洞察力,即在别人不注意的地方发现新现象,从别人习以为常的观点中提出新解释;另一方面,要有准确的判断力。在研究过程中,研究者会遇到大量社会实践中需要研究的新课题,已有研究存在的不足及种种意外事件和线索。显然,对它们都加以研究非力所能及,也无必要。这就要求研究者具有分析判断各种课题价值大小、是否有发展前途以及根据重要性做出轻重缓急安排的能力。

五、科技进展与课题选择

高度综合是现代科学技术发展的一大显著特点。这表明,各学科间是相互渗透、相互联系的。大量事实表明,根据当代科学在理论、方法、研究对象等方面的新进展选择研究课题是一个十分重要而有效的策略。

(一)根据现代科学方法的新进展选择研究课题

现代科学方法论的进展主要体现在"老三论"(即系统论、信息论和控制论)和"新三论"(即耗散结构论、协同学和突变论)的建立。其中,系统论对各门具体科学都具有普遍的指导意义。因此,心理学家可以从系统论角度讨论人的心理结构,心理现象发生、发展规律等理论问题,也可以探讨如何根据系统论的观点改进研究设计方法,以提高研究的科学水平,还可以根据系统论观点探讨开发学生智力的有效途径,等。

(二)在学科交叉所产生的空白区选择课题

当代科学发展日益呈现学科交叉、相互渗透的趋势,这也带来大批崭新的综合性研究课题。许多学者认为,学科交叉的空白区域问题最多,在此方面开展研究,既易于做出开创性成果,也可能开辟新的研究领域,如信息心理学、社会认知心理学、认知神经心理学、经济心理学等。为此,就要求研究人员在调查中不仅要留意科学界已经或正在研究什么,也应特别注意未曾研究过的或即将兴起的研究领域。

(三)根据研究技术的新进展选择研究课题

以前由于研究技术手段的限制,对许多问题无法进行研究或研究的水平比较低。随着研究新手段、新技术的发现,对这些问题的研究逐渐成为可能。在心理学领域,脑功能成像技术的发展使人们能够进一步探讨正常人脑与认知的关系,而以往研究只能局限于脑损伤病人或者动物模型。由于新技术的发展,当前心理学的研究领域发生了重要的变化。在 Science 和 Nature 等国际重要学术刊物上,运用新兴技术探讨人类认知加工规律的文献数量呈逐年上升趋势,很多国际知名大学、研究所都建立了认知神经科学研究机构。相当一部分心理学领域的研究专家都转向认知神经科学领域,或者在自己原来的工作中加入神经机制这一方面的研究。如前文所述,对心理学影响最大的技术进展可能要算新型计算机技术的发展,计算机的运用使心理学家现在可以分析、处理大量的数据。在没有计算机以前,许多问题不能被研究仅仅是因

为变量、数据太多,无法处理或者需要花大量人力、物力和时间。此外,在刺激呈现、实验自动控制、理论模型检验等许多方面,如果没有计算机,大量心理学研究也将无法进行。数学学科的进展对心理学研究也有重要影响。比如,模糊数学(fuzzy mathematics)在心理学中的应用,发展出了模糊综合评判法、模糊多因素评判法,克服了传统的、以二值逻辑为基础的单因素评价法的缺点,使得研究结果更加具体、客观、全面、可靠。在儿童心理学领域,录音、录像、摄像手段的应用,使研究者现在有可能对人类新生儿的能力、交往、情绪和社会性发展进行较为科学的研究。值得指出的是,随着新技术、新方法的出现,很有必要对过去用传统或落后方法研究过的问题进行重新研究,这常常会得出许多新结果,甚至否定以前的结论,建立新理论。

(四)根据本学科各分支新进展选择课题

在心理学各分支领域中,常常会出现一些重要的、影响面较广的进展。将这些进展同自己的研究领域结合起来,就会形成许多新的研究课题和领域。例如,当前儿童心理学中有关儿童元认知发展研究的新进展,就已被广泛地移植到智力理论研究、阅读研究、特殊儿童研究等领域。再如,生物反馈是一个十分重要的新方向,自从20世纪60年代末研究者发现自主神经系统的反应(如血压、心率等)可以通过操作条件反射加以改变以后,心理学许多领域的理论和应用研究者都结合自己的领域对其开展了大量的研究。

以上从五个方面讨论了选择研究课题的各种途径和方法。值得注意的是,上述五个方面是互相交叉的,而非各自独立的。此外,还可以从其他方面进行选题,比如,在研究方法方面选择研究课题可以从发展新的研究方法和测量工具,比较不同研究方法在特定情景下或对特定对象的适用性与优缺点,探讨具体研究的程序安排等角度入手。再如,根据自己或导师、合作者以前的研究进行选题,也不失为一种重要的选题策略。

第三节 查阅文献

一、查阅文献的意义

初步确定心理学研究课题以后,研究者通常要仔细查阅有关文献。文献(literature)是记录、保存、交流和传播知识的一切材料的总称。查阅心理学文献有重要的意义,在整个研究过程中都必须进行。因为文献记载了非常丰富的心理学理论、研究方法、数据、事实和启示,能反映出心理学研究最新进展和水平,是心理学研究工作必不可少的信息来源。它不仅可以帮助研究者收集特定问题的各种研究观点和结果,还可以提供对当前研究有用的研究思路和方法。因此,确定课题以后,继续查阅文献有利于研究者评价和发展初步确定的课题。具体表现在以下三个方面:

第一,有助于寻找知识的空白点。科学研究是为了有所发现,有所前进,那就需要进行前人没有进行过的,或前人进行得还不够全面完整的研究(即知识空白点)。若不熟悉相关文献,研究者挖空心思想出来的课题和方案,可能会是早已研究过的、已有定论的东西。因此,从已有文献中了解某个领域的研究现状,寻找空白点进行研究,是研究课题选择的普遍思路。这里要注意两点:一是要查找文献,弄清楚研究的问题是否是空白点;二是问题要有重要意义,即使问题是空白点但其研究毫无价值,也是不值得研究的。

第二,有助于发现矛盾的结果。在研读文献时,研究者偶尔会发现,针对同一问题的不同研究可能存在不同甚至彼此矛盾的结果。例如,通过查阅文献,了解到关于精神分裂症唤醒水平的研究出现两种不同的结果。一种结果是精神分裂症病人的自主神经系统反应少而弱,唤醒水平低;另一种结果则恰好相反,病人处于缓慢的高唤醒水平,自主活动明显多而强。针对这种情况,陈仲庚等重新设置实验条件展开研究,研究结果支持精神分裂症病人唤醒水平更高的学说。但正如前文所述,并不能因此就完全否定唤醒水平过低说,只能认为在这种特定的实验条件下唤醒水平过低说是不合适的。遇到这类矛盾结果时,应当秉持批判性思维,弄清楚不同研究出现不同结果的差异来源。

第三,重复已发表的研究。有两种情况。一种是简单重复研究,目的是验证某一已发表的研究结果及其相联系的解释是否真实可靠。一个研究结果,尤其是与之相联系的解释,绝不是一次研究所能完成的。一般要经过他人反复验证,确实能得出其重复结果且解释合理才具备可靠性。例如,Sternberg发表有关短时记忆信息提取实验的报告后,即有不少研究者对之产生兴趣,完全重复或对实验条件稍加改变后予以重复,均得到一致的结果,这就说明了Sternberg记忆实验结果及其解释的正确性。重复研究是科学研究中常见的选题方式之一。另一种情况是,当研究者初涉某一领域的研究,对该领域研究内容尚不熟悉时,可以选择某些经典的研究予以重复,以熟悉有关的工作并印证其结果。我国心理学界在中华人民共和国成立初期关于条件反射的一些研究就属于这类性质。有时,一些研究既是对前人研究的重复,又是创新。例如,在中国儿童身上进行Piaget守恒实验,观察中国儿童在守恒作业的质和量上具有什么特点并将研究结果与欧美儿童比较。将研究对象的民族看作一个自变量,该研究便足具创新性。

总之,文献资料是学习和研究工作的基础,没有文献资料就无法进行有价值的科学研究。

二、查阅文献的原则

随着现代科学技术迅速发展,研究文献也急剧增加,快速有效地查阅研究文献是研究者必不可少的基本能力。要高效率地查阅文献并充分利用文献,研究者应遵循下述原则。

(一)围绕研究课题,收集相关文献

在通常情况下,文献查阅是研究的一个环节,旨在根据事实来验证假设的真伪。因此,文献查阅在时间、来源及数量上均无须求全,反而应有所限制,必须尽量与假设有关,避免散漫无章或文不对题。研究者应以质量较高、影响广泛、学术性强的文献为主要查阅对象,紧密围绕研究课题开展收集、阅读、整理等文献工作。在少数情况下,研究课题即为综述,整理某领域已有研究,那么文献查阅本身即成为研究主体,则文献查阅应尽可能广泛,力求全面反映已有研究的特点。

(二)着重把握研究新进展,兼顾研究的历史发展脉络

充分了解当前研究的主要思路、方法、结果及理论框架,对于确保课题的前沿性无疑是极为重要的,因而文献查阅应重视对最新文献的收集与分析。不过,科学研究有其连贯性,知古才能通今。为此,文献查阅亦需重视对以往研究的不同阶段代表性文献的把握。在收集文献的过程中,采用倒查法,即先查新近文献,后查过往文献,并注意文献在时间上的连续性,如此有助于研究者兼顾最新进展与历史发展演变。

(三)注意查阅原创性、代表性文献

应尽可能查阅第一手资料以及被广泛引用的重要文献,全面地了解已有研究的成就与不足,避免受到多次转述资料的误导而曲解犯错。同时,还应当广泛查阅各种派别、各种观点的代表性文献,这不仅有利于研究者从争论中发现问题,而且有利于研究者修正、扩展研究思路。

(四)兼顾文献内容的"博"与"专"

不仅要查阅与课题直接有关的资料,而且应当查阅相关领域、相关学科与课题具有连带关系的文献。这是由于当代科学日趋具有分化与综合并存的特点,心理学内部不同领域及其与生物学、计算机科学、统计学、社会学、医学、经济学、管理学等多门学科之间出现许多彼此相通的连接点,使得不同领域与不同学科在知识背景、思想观点、研究方法与研究课题等方面均可能并且有必要相互借鉴、启发甚至联合攻关。

（五）查找收集文献与阅读整理文献紧密结合、交替进行

查阅文献的过程不是盲目地收罗已有的研究结果，而是具有明确的目的性与计划性。因此，查找与阅读整理两个环节虽有一定先后次序，却不是绝对固定的。只有及时对已查寻的文献进行整理，研究者才能恰当地确定下一步资料查询的方向、重点，及时纠正错误，发现新的重要查阅对象（被广泛引用的文献），从而提高查阅文献的效率与工作质量。

文献的查寻和阅读整理两方面会交替进行。这就是说，研究者应当边查找边进行阅读整理，并为此指导、规划下一步的查寻。有些初学者常常会犯一个错误：试图在收集到所有相关文献后，再进行阅读和整理。这种做法往往导致其在大量文献面前无所适从，或者经过艰苦的整理后发现以往的收集工作存在严重失误，遗漏了重要文献，结果费时费力又毫无成效。因此，就查阅文献的全过程而言，其程序表现为：初步查找文献—阅读和整理文献—重新确定查寻方向、重点或目标—进一步查找文献。这样交替进行下去，直至找到所需的文献。

三、文献的来源

（一）书籍

心理学方面的书籍主要有教科书、专著、资料性与参考性工具书等。

教科书是为心理学专业的学生或研究者编写的专业性书籍，具有较好的科学性、系统性和逻辑性，主要介绍心理学某一分支的有关基本理论和研究成果。其参考资料大多经过反复验证，比较可信。如果有关所选课题的材料很少，可先从教科书开始搜集材料。对于最新出版的，并附有大量参考书目和文献索引的教科书，应着重查阅，这有助于了解相关进展并提供进一步查寻文献资料的各种线索。有的教科书还配有教学参考书，对查寻资料大有益处。但是，教科书的某些特殊要求和出版周期较长、更新速度慢等因素，使教科书的结构定型、内容偏于反映学术界普遍同意或较为流行的观点，因而较难跟上学术研究的最新进展。同时，对于许多有争论、分歧或矛盾的问题、观点和研究结果，教科书通常也不能加以具体介绍和分析。

专著是对心理学研究领域中某一专题进行全面、系统、深入论述的著作。内容包括对有关问题进行研究的详细历史与现状，以往和现在不同学派、学者在该方面的不同见解、具体研究工作、研究方法和成果，著者对它们的评价，著者本人的独到见解与研究成果，著者本人对存在的问题、出路和发展趋势的看法，等。对于从事心理学的研究者来说，专著比教科书具有更大的查阅价值，它不但向研究者详细介绍了某一特定研究问题的历史、现状和发展趋势，而且附有大量、全面、详细的参考文献作为查阅

线索。

在各种各样的资料性与参考性工具书中,手册和年鉴对研究者的科研工作有重要帮助。手册是对心理学某一分支或某一具体领域的研究和进展状况进行全面介绍的工具书,其特点是概括介绍有关问题的研究历史,特别是在某一时期内研究的新成果及方法、存在的问题与可能发展的方向。研究者可以通过它在较短的时间内迅速获得大量重要的、有价值的信息。有的手册每间隔一段时间(几年或几十年)出版一个新版本,具有连续性,因而对于系统了解某一方面的研究历史进展很有帮助。在我国心理学领域,还没有这类手册供研究者查阅,从有关图书馆中可查阅到英文版的这类手册有《实验心理学手册》(*Handbook of Experimental Psychology*)、《儿童心理学手册》(*Handbook of Child Psychology*)、《学前教育研究手册》(*Handbook of Preschool Education Research*)等。

年鉴是汇集一年内重要时事文集和统计资料的工具书。如我国出版的《中国心理学年鉴》共分为五个板块:中国心理学会开展的主要工作;心理学会各分支机构的工作;省、直辖市、自治区学会工作;国内重要的心理学研究和教学单位的情况;心理学学术刊物相关工作情况。这为研究者全面了解国内心理学学科发展进程提供了翔实、可靠的参考资料。对于许多心理科学方面的研究工作,年鉴中的统计资料具有重要的价值。另外,在有关图书馆可查到美国加州年鉴公司出版的《心理学年鉴》(*Annual Review of Psychology*)。该年鉴并不是介绍一年内心理学研究的学术动态,而是由有关专家执笔,对心理学各分支、领域研究的进展做全面、系统的综述,有时也包括对新出现的研究领域、问题和方法做专题性综述。这些综述资料相当丰富,并引证了大量研究文献,对从事心理学研究很有参考价值。

除教科书、专著、手册、年鉴外,还特别值得研究者注意查阅的是各种英文版新进展连续系列丛书,如《发展心理学研究进展》(*Advances in Developmental Psychology*)、《儿童发展与行为研究进展》(*Advances in Child Developmental Behavior*)、《儿童精神分析研究》(*The Psychoanalytic Study of the Child*)、《明尼苏达儿童心理学专题讨论会文集》(*The Minnesota Symposia on Child Psychology*),以及许多专门的有关知觉、学习、社会心理学、人格方面的新进展、综述书籍。这些丛书定期或不定期出版,出版间隔短则一年一卷,长则五六年一卷,连续编号,每卷多集中某一专题或年龄范围,主要介绍该领域最新进展。在实际的研究工作中,应注意查阅,从中了解有关研究的最新进展与动态。

(二)期刊

期刊是定期或不定期的连续出版物,它可以是公开发行的正式刊物,也可以是内部交流的非正式刊物。一般来说,期刊具有出版周期短、内容新颖、论述深入、能及时反映最新研究动态等特点,这使得它成为最为重要的研究文献资料。刊登心理与教育科学研究成果内容的期刊主要有以下几种。

1.专业学术杂志。目前,国内外有关心理科学方面的专业学术杂志多达数百种。其中,我国正式出版的专门刊物有11种,全国和各省市心理学学术组织不定期出版的内部交流刊物也有多种。表2-1列出了常见的9种心理学期刊。

表2-1 国内主要心理学期刊

期刊名称	主办单位	简介
《心理学报》	中国心理学会、中国科学院心理研究所	主要发表我国心理学家最新、最高水平的心理学科技论文
《心理科学》	中国心理学会	全面反映心理学各个分支的成果,论文涉及心理学各个领域,反映国内外心理学的最新研究成果和最新进展
《心理科学进展》	中国科学院心理研究所	主要发表能够反映国内外心理学各领域研究新进展、新动向、新成果的理论性和综述性论文
《心理发展与教育》	北京师范大学	是国内唯一的发展心理学与教育心理学专业学术刊物,主要发表儿童青少年心理学和教育心理学领域的高质量研究报告与论文
《心理与行为研究》	天津师范大学心理与行为研究中心	主要发表认知心理、发展与教育心理、生理与医学心理、心理学史与基本理论、心理测量与研究方法、管理心理等心理学研究的论文
《心理学探新》	江西师范大学、中国心理学会理论心理学与心理学史专业委员会	主要发表心理学理论研究、实证研究和方法研究的探索性文章
《中国心理卫生杂志》	中国心理卫生协会	涉及学科包括精神病学与精神卫生学、健康心理学、儿童发展心理学、教育学、社会学等,是跨学科的学术期刊,全面反映我国心理卫生领域的研究现状和学术水平

续表

期刊名称	主办单位	简介
《中国临床心理学杂志》	中国心理卫生协会	主要发表应用心理学的论文及相关的基础和理论研究成果,内容包括心理咨询与治疗、心理与教育测量、神经心理、健康心理、病人心理、少儿学习和行为问题等
《应用心理学》	浙江省心理学会和浙江大学	主要刊登心理学应用研究和应用基础研究的论文、评述、研究报告和学术动态

国外英文心理学刊物有200多种。不同杂志具有不同的特点与侧重点,研究者应注意了解各刊物的特点,并根据自己的不同需要进行有选择的查阅。

(2)大学学报。全国许多大学特别是综合性大学和师范大学的学报都有社会科学版或教育科学版,如北京师范大学学报(社会科学版)、华东师范大学学报(教育科学版)等。这些大学学报都发表大量心理科学方面的科学论文和研究报告。这些文献基本上都是专门从事有关研究工作的学者、专家、研究人员撰写的,有较高的学术价值,很值得研究人员查阅。

(3)文摘杂志。这是一种期刊型情报索引刊物。中国人民大学书报资料中心编辑出版的各种报刊复印资料即属此类。其多是专门从全国各种报纸杂志上选取汇总有关心理科学方面的文章,并定期出版,内容有全文复印、摘录和索引。美国心理学界编辑出版的《心理学文摘》(Psychological Abstracts)包含心理学方面的科学研究成果和主要著作。其特点是信息量大,分类详细,有简要介绍。通过文摘,研究者可以迅速了解每篇文章对自己研究课题的参考价值,以便更准确地查阅原始文献。

此外,查阅文献时还应注意国外出版的综述型期刊,如《心理学综述》(Psychological Review)、《心理学简报》(Psychological Bulletin)。这些杂志主要发表普通心理学、教育心理学方面的文献综述。通过这些文献综述,研究者可迅速了解有关专题的研究历史进展与现状,并获得大量直接参考文献、索引。

(三)学位论文

心理科学方面的学位论文主要有学士学位论文、硕士学位论文和博士学位论文,其中后两者具有重要学术价值和查阅价值,它们是研究生为获取学位而在导师指导下进行专题研究后写出来的学术论文。这类论文许多没有公开发表,或由于论文较长,所发表的也只是论文的一部分,它们通常由研究生毕业高校保存。目前,我国各大学特别是师范大学系统有大量攻读心理科学学位的硕士、博士研究生,他们在这门学科各具体领域进行了大量富有创造性的研究,并写出了许多高质量的学位论文,应注意查阅。

(四)学术会议文献

学术会议是学者、研究者进行科研成果交流的重要场所。全国和各省市有关心理方面的众多学术组织都定期或不定期地召开各种学术会议,交流各自的最新研究成果,或共同研讨某一方面的学术问题。从与会者提交的大量会议论文资料中,研究者可以及时地了解到最新的研究成果、研究动态和研究趋势。全国有关科研机构,高校各院、所的资料室在搜集有关会议论文资料方面往往比图书馆更有效、更便利,因而它们所拥有的会议论文资料比较多,比较齐全。查阅时应注意利用这些资料室。

(五)报纸

报纸是以刊登新闻报道和评论为主的定期连续出版物,一般是每天、每周或每月出版。由于出版迅速,因而情报、信息及时。许多一般性报纸,如《人民日报》《中国科技报》《中国青年报》都经常报道心理方面的新闻、研究成果、学术动态。《光明日报》有专门的教育科学版,定期刊登有关心理科学理论、研究、应用方面的内容。《中国教育报》则是专门刊登教育方面的新闻报道和评论的出版物。从有关报纸中,研究者不仅可以了解到某些研究的新进展、新动态,更重要的是还可以认识到在社会实践中心理科学工作者提出的亟待解决的新课题,对研究者选择有价值的研究课题有很大的帮助和启发。

(六)电子文献

除上述几种以印刷形式记录、保存和交流的研究文献外,在此特别值得一提的是最新发展起来的网络化计算机的电子数据存储形式。当前,文献资料的网络化已经成为科学技术发展的一个新的趋势,越来越多的文献资料可以在互联网上查询、浏览、下载和阅读。这大大增加和提高了研究者所能掌握的文献数量以及方便程度。

近年来,随着互联网的逐步应用,出现了越来越多的电子期刊数据库,研究者只需要在任何一个联网终端电脑前轻敲键盘即可查到大部分需要的资料,这给研究者带来了极大的便利,节省了很多时间和经费。这种方式主要包括搜索引擎、大型期刊网站、大学图书馆网站以及作者个人网站等。

搜索引擎是指一些大型的、专门提供搜索服务的网络内容服务网站。这种网站会定期自动搜索所有网络上的资源,并进行内在组织管理,然后将信息通过查询结果的方式呈现给用户,在一些很好的搜索引擎上可以找到大部分想要的资源。这些搜索引擎主要包括 Google(http://www.google.com)、百度(http://www.baidu.com)以及搜狗(http://www.sogou.com)等。并且,上述引擎均有学术搜索板块。

大型期刊网站是指由一些大型出版商、协会以及学术组织所承办的期刊网站,它们会将每期的期刊电子化,并将其呈现在网站上,以免费或者付费的方式提供给读者阅读。这类网站主要包括 Nature(http://www.nature.com)、Science(http://www.sciencemag.org)、APA(美国心理学会)(http://www.apa.org)、PNAS(美国科学院院刊)(http://www.pnas.org)、中国心理学会(https://www.cpsbeijing.org)等。

大学图书馆网站是指各大学图书馆的电子资源,目前几乎所有的大学图书馆都提供电子期刊查询服务,可以查询到本馆资源,有些可以查询复印的报刊资料,有些还可以查询到硕士、博士论文库,有些也会定期购买一些国内外比较著名的电子出版物并对本学校免费开放,比如北京师范大学图书馆(http://www.lib.bnu.edu.cn)、北京大学图书馆(http://www.lib.pku.edu.cn)和清华大学图书馆(http://www.lib.tsinghua.edu.cn)等。

作者个人网站是指论文发表者的个人网站,他们一般会将自己已发表的论文放在个人网站上,向全世界来访者免费提供。

四、文献查阅方法

面对众多的心理学文献,研究者如何在短时间内用较快的速度查阅所需的、尽可能多而全的心理学文献呢?这需要掌握一些常用的方法和技巧。下面重点介绍参考文献查找法和检索工具法。

(一)参考文献查找法

参考文献查找法又称滚雪球法,指研究者根据自己所需查找的有关内容先找出最近发表的一篇文章或出版的一本书,再从已知文章和书籍所附的参考文献目录查找内容相关的文献,然后根据这些文献各自所附的参考文献目录,掌握更多的有价值文献的方法。严格说来,各类杂志上发表的心理学类文章和有关书籍均附有丰富的参考文献,可供读者查找。通过参考文献来查找的优点是所查文献的针对性强、直接而集中,效率也高。特别是研究者找到的首篇文献是所研究专题的文献综述时,他既可以对该专题获得全面概括的初步了解,也可以快速获得该专题充分的参考文献。其不足是参考文献不够全面,而且会受到首篇参考文献作者水平和所能涉及的资料范围的影响。

参考文献查找法的关键是如何找到最近发表的首篇文章或最近出版的书。一般有以下途径:一是请专家推荐,因为专家对本领域的进展情况比较了解;二是经常浏览比较权威杂志的目录;三是利用检索工具。

(二)检索工具法

检索工具法是利用已有的检索工具来查找文献资料的方法。随着计算机技术和互联网的发展,现主要借助计算机和互联网进行电子检索。

计算机检索(computer retrieval)就是利用计算机对存储的文献进行检索。研究人员将大量的文献资料按照一定的格式输入计算机中。经过计算机的加工处理,以一定的结构存储在计算机的内部或外部存储介质上,如硬盘、U盘等,成为电子文献。查询者按照自己对文献的需求,编写成检索提问式,按一定的要求输入计算机,由计算机对检索提问进行处理,并与已存储在计算机外部介质上的电子文献资料进行检索运算,最后计算机检索系统将检索结果按要求显示或打印输出,这就是计算机检索,也称为电子文献检索。目前,计算机检索已被广泛地应用在文献检索工作中了。

利用计算机检索文献信息既可以利用单机检索,也可以利用计算机网络检索。单机检索是利用已有的静态数据库进行检索(主要是以硬盘为载体的数据库)。而利用计算机网络检索除了可以检索专业的动态数据库以外,也可以检索其他网络资源。联机检索更有优越性。

计算机检索有很多优势。一是检索速度非常快,通常只需几秒钟查询的结果就会呈现;二是费用便宜,有些数据库甚至是免费的;三是可以获得打印的检索结果,甚至摘要和全文;四是可以同时检索多个关键词或运用多种检索途径(如表2-2所示)。

表2-2 部分心理学文献检索数据库

名　　称	链　　接
ProQuest	https://www.proquest.com/
EBSCONET	https://www.ebsconet.com
PsycINFO	http://www.apa.org/pubs/databases/psycinfo/
PsycNET	http://www.apa.org/pubs/databases/psycnet/
PsycArticles	http://www.apa.org/pubs/databases/psycarticles/
PsycBOOKS	http://www.apa.org/pubs/databases/psycbooks/
BIOSIS Preview	http://www.biosis.org/products_services/previews.html
Science Direct	https://www.sciencedirect.com/
Wiley Online Library	https://onlinelibrary.wiley.com/
PNAS	http://www.pnas.org/
中国知网	http://cnki.net/
超星数字图书馆	http://book.chaoxing.com/
万方数据库	http://www.wanfangdata.com.cn/
维普期刊	http://qikan.cqvip.com/
读秀	http://www.duxiu.com

其中,中国知网(China National Knowledge Infrastructure,CNKI)是目前国内文献收录最完整、信息量最大、内容最权威可靠的动态知识资源体系,包含了大量的中文期刊、学位论文等。善用 CNKI 的搜索技巧可以帮研究者快速找到想要的资料。下面将简要介绍如何利用 CNKI 文献资源进行心理学文献的在线检索。

1.首先进入知网首页(http://www.cnki.net),知网首页的界面见图 2-2。

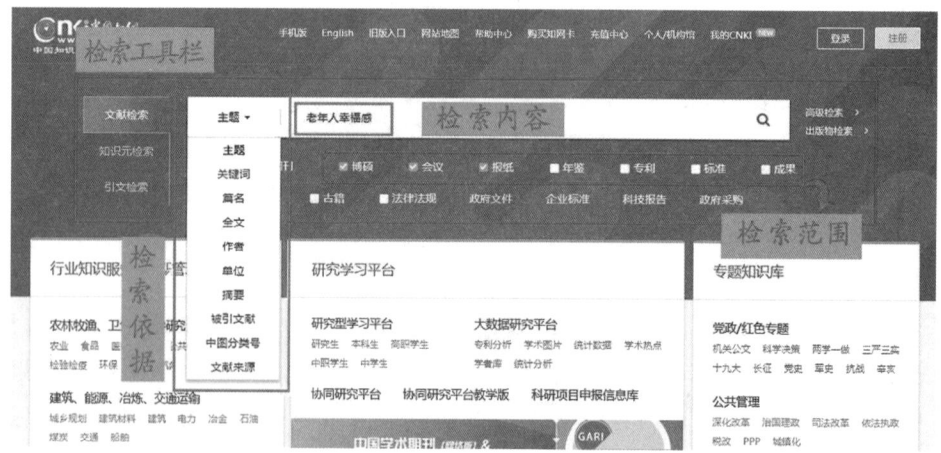

图 2-2　中国知网首页示例

2.点击"检索"可以重新进行检索。

3.分组浏览。

(1)按学科:可以发现与关键词最为相关的学科领域,了解不同学科之间的交叉和融合,发现研究新热点;

(2)按发表年度:可以发现同一年度与关键词相关的文献;

(3)按作者:可以发现某领域的专家,跟踪学者的最新研究成果;

(4)按研究层次:以研究分类层级进行查找;

(5)按机构:寻找科研实力较强的研究单位,全面了解研究成果在各单位的分布,追踪重要研究机构的成果。

图 2-3 为检索示例。

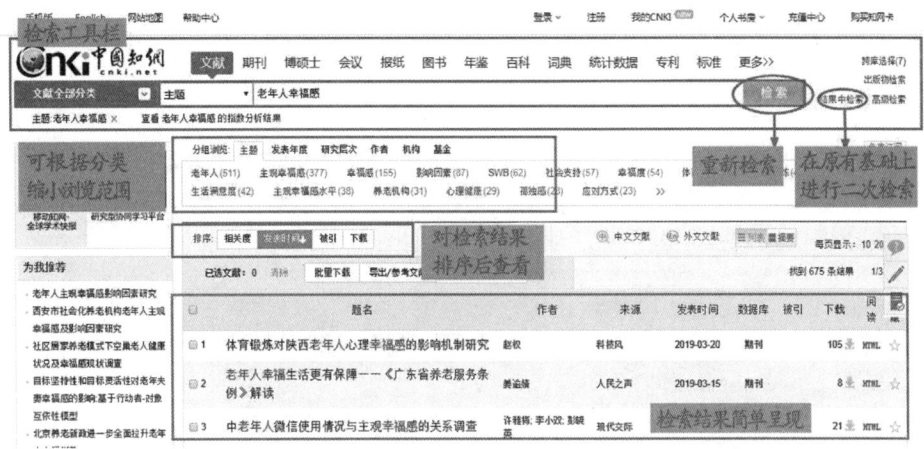

图 2-3 检索示例

4.按照对应顺序进行排列。

(1)按主题排序:与检索词匹配程度越高,排列越靠前;

(2)按发表时间:可用于关注最新的研究成果;

(3)按被引:可发现被引多、下载多的优秀成果,可发现刊载高被引文章的优秀期刊;

(4)按下载:发现热点文献。

5.在"老年人幸福感"的检索结果下,用"睡眠"关键词进行二次检索(见图2-4),以调整检索条件和缩小检索范围。二次检索需要先勾选"结果中检索"。

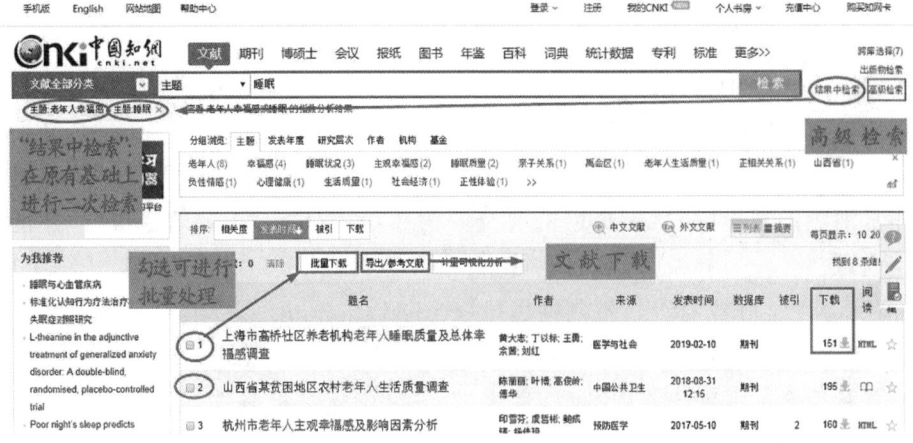

图 2-4 二次检索示例

选择检索条件、输入检索词就可执行二次检索。

6.知网高级检索:通过"＋"或者"—"号增加或者减少检索框的个数。点击按钮可扩展或减少条件(如图 2-5 所示)。

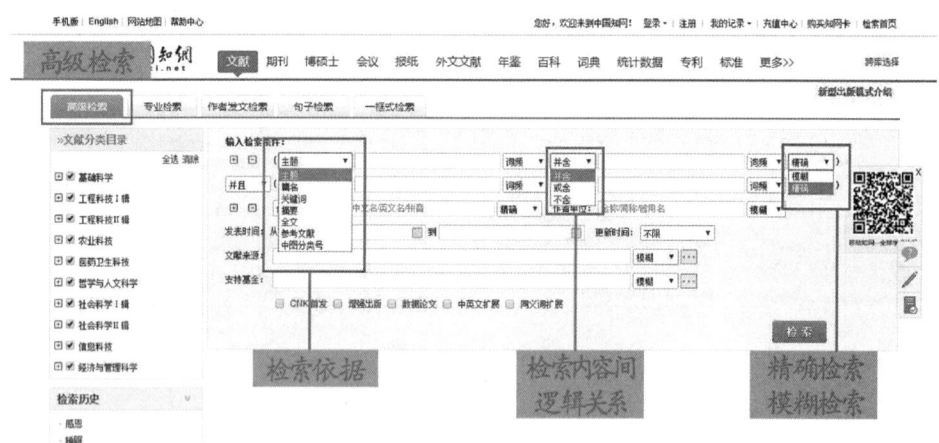

图 2-5　高级检索示例

第四节　研究文献的阅读与综述

一、批判性地评述研究文献

一旦选定了一个主题,接下来就必须找到关于这个领域的更多信息。心理学初学者经常发现阅读得越多,反而会越迷惑。因为当他们阅读大量文献时,非常容易忽略自己的焦点,继续不断阅读下去。在读一篇心理学文章时,头脑中应该时刻保持一个目标或持有特定的问题,这会让阅读重点集中,而不是漫无目的地阅读,从而有利于进行批判性思考。焦点清晰的阅读也是非常经济省时的策略,当研究者头脑中有一个非常清晰的目标时,就能根据需要分解为较小的任务,既能确保执行,还能够帮助阻止拖延。

《简明心理学辞典》指出,批判性思维(critical thinking)是个体正确地评价已有的事实,并在此基础上合理地提出假设和验证假设的思维过程,其特点是实事求是、严密以及自我反省。武宏志在《论批判性思维》一文中认为批判性思维是对所提供的解决问题的方法进行检测,以保证其效力的思维方式。换言之,心理学本科生一定要对其所阅读的文献保持独立、客观、理性的态度,进行分析、综合、判断和评价,逐渐成为对研究有所批判的先锋者。显然,对研究进行批判性思维需要一定水平的科学方法相关内容知识。因此,在阅读中不断积累和体会科学的方法尤为重要。

如前所述,批判性思维过程可以看作问题指引的过程。在批判性地阅读、评论文献过程中,研究者逐渐明晰自己的研究课题应该满足的目标和要求。水平较高的研究者已形成这种批判性思维框架,因而能够更加得心应手地撰写自己的研究课题。这些议题可以归类在研究过程的四个主要部分之中:引言、方法、结果和讨论。以下段落针对阅读各个部分时应注意的问题进行详述。当然,下列问题无法套用于所有文献,并且阅读文献时也可能产生其他问题。在阅读时不断思考而非盲目相信,才是批判性思维的本质。

(一)引言部分的阅读与评价

引言部分涉及研究问题的提出。在阅读这一部分时,要根据研究报告所述内容厘清三个问题。

1. 作者要解决什么问题?

首先,明确作者选择的问题是什么,前人或他人已经解决了哪些问题,尚有哪些问题没有解决,作者选择这一问题的原因和目的是什么。读者在阅读时要考虑这些问题并尽可能弄清它们。

2. 该研究要检验的假设是什么?

一般来说,心理学研究报告都要写明待检验的研究假设,并将假设具体化为变量之间的关系,因此,上述问题的答案一般是可以直接找到的。少数研究报告没有明确提出研究假设,读者就要认真分析,找出研究假设。

3. 如果自己是研究者会怎样检验研究假设?

这是对"问题提出"部分进行评价的关键问题。读者应该在阅读研究报告的下文之前对这一问题做出独立的回答。有的作者已经在"问题提出"部分提出了检验假设的方法,读者回答这一问题时很难不受作者的影响。但不管怎样,读者在提出检验问题的方法时都要有根据。

(二)研究方法部分的阅读与评价

在"研究方法"部分,作者说明了检验研究假设的方法。在阅读这一部分时思考以下几个问题。

1. 自己提出的检验假设方法(即研究方法)与作者相比孰优孰劣?优在何处?

在思考这一问题时,读者肯定需要将自己的方法与作者的进行比较,这个比较过

程实际上就是对研究方法的评价过程。

2.作者的研究方法是否能够检验研究假设?

研究方法应该能够检验研究假设。但是有些研究报告所提出的研究方法却不能检验假设,而是检验了其他内容,读者在阅读时应该尤为注意。

3.研究的自变量、因变量、无关变量是什么?被试如何取样?是否合理?

一般来说,这个问题在研究报告中表达得很清楚。但是,有的研究报告在说明无关变量的控制时很不明确,读者可以先记下可能的无关变量,待阅读了"结果与讨论"部分再与作者的结果对照,看这些无关变量是否可能影响研究结果。此外,被试取样的合理性要结合研究目的、研究类型进行判断。

4.按照作者的研究方法,预测这一研究将取得怎样的结果?

这并不是要求读者精确地预测研究结果的数值,而是要求读者预测变量间关系的大致趋势,以便与该研究获得的结果进行比较。

从上述问题中可以看出,阅读研究报告时,读者要主动地去设计、预测、比较、判断,而不只是被动地接受作者的观点、方法,批判性阅读的含义即在于此。

(三)结果部分的阅读与评价

将该研究所获得的结果与读者预测的结果进行比较,可能出现两种情况:其一是结果一致,这时读者就要问下面第一个问题;其二是结果不一致,读者就要考虑第二个问题。

1.自己将如何解释这一结果?

读者要阅读"讨论"部分之前认真思考这一问题,并根据所掌握的理论和了解的他人的研究对结果进行解释。

2.为什么预测的结果与作者的结果不一致?

当读者预测的结果与该研究获得的结果不符合时,读者就要思考为什么会产生差异。这时,读者就需要对研究报告的研究方法(设计、被试取样等)、数据收集过程、统计分析方法等方面进行仔细的考察,努力找出产生不一致的原因。如果读者认为研究者的结果确实令人难以置信,就可以进行重复研究或以其他方式进行检验。

(四)讨论部分的阅读与评价

讨论部分是研究报告中最难评价的部分。读者将自己对结果的解释与研究者的解释相比较,经常可能发现两种解释有许多不同之处,但看起来都有理有据,究竟谁的解释更为合理,往往只有将来的研究才能判断。如果出现了不一致的情况,就要考虑为什么自己不那样解释或为什么作者不那样解释,自己的解释是否比作者的更为合理。读者需要结合有关理论、他人的研究进行分析。

(五)结论的评价

对于研究报告做出的结论,读者要判断其概括性。对结论概括性的评价,应该依据本章中提出概括性的几个维度进行,做出全面的评价。除了从上述五个方面评价心理学研究报告的科学性以外,还要从报告格式规范、行文要求等方面进行评价,但这些都不是主要的评价方面。对理论性研究论文的评价与研究报告的评价有所区别,在评价理论性研究论文时,应注意分析:

(1)论文推理的依据是什么?是否充分?
(2)论文怎样解决原有结论不能解决的问题?是否合理?
(3)论文是否继承原有理论?肯定和否定了什么?有无发展?发展是否合理?
(4)论文提出的新理论、新观点能否解释原有理论不能解释的现象或新现象?能否用实证方法加以证实?
(5)论文的理论或观点有无局限性?

从上述方面进行评价就可以避免评价时的盲目性和无效性。总之,准确评价心理学研究文献,除了需要掌握一定的方法外,还要经过长期大量的练习;试图不经实践,只凭借几条规则就能准确地进行评价是不可能的。

二、文献综述概述及格式

(一)文献综述

文献综述(literature review)是文献分析报告的重要形式。从范围上划分,文献综述可以分为针对某学科或专业的综合性综述,以及针对某具体问题的专题性综述。撰写文献综述的过程不仅是研究者以文字形式表述查阅文献所得的过程,更重要的是,它还是研究者进一步深入了解已有研究,并对其进行系统化概括与分析的过程,对研究课题的论证、修改、设计的完善具有重要价值。同时,文献综述作为系统化总结,还可为其他研究者、科研管理者提供重要参考,从而在更大范围内对心理与教育科学研究的发展起到重要的推动作用。

(二)文献综述的格式

文献综述的格式因综述选题、材料占有和资料结构等方面的不同而有所不同,很难为各类综述定一种统一的格式。但总的来说,文献综述的格式一般可粗略分六部分来写:序言、历史发展、现状分析、趋向预测、改进建议和参考文献目录。

1.序言

序言即问题提出部分,主要阐明本综述撰写的目的、意义、对于科学研究工作的重要性,介绍本文的基本内容、性质、适用范围和读者对象等。序言部分应力求突出重点、简明扼要。

2.历史发展

此部分应以时间为纲,叙述各个阶段的发展状况和特点,特别要指出重大进展阶段是在什么条件下发生的,其特点和意义如何,以及新理论、新方法的引入及其效果,对课题历史发展的渊源追踪,目的是探讨其发展变化的因果规律性,弄清已解决了什么、用什么方法解决的、遗留下什么问题待解决。阐述时应说明前人对这一课题的不同看法、论点和研究结果。对国内在这一课题研究上的历史变化最好独立成段地进行介绍,并要说明目前达到的水平和当前要解决的主要问题。

3.现状分析

如果说历史发展是从纵向方面进行对比,现状分析则是从横向方面进行对比,即对比各国、各派、各观点、各方法的发展特点、取得的成效、现有水平、发展方向、需解决的问题等,并客观地评价其优点与不足。论述时,应着重阐述它们之间的差异,全面分析其产生的原因和背景,明确提出现有的问题。

4.趋向预测

即根据发展历史和国内外现状,以及其他专业、领域可能给予本专业、领域的影响,根据在纵横对比中发现的主流和规律指出几种发展的可能性和对生产、教育、社会生活可能起到的重要作用以及可能出现的问题等。趋向预测应力求客观准确,务必结合当前心理学发展的需要和实际状况,为解决有重大价值的理论和实际问题提出可能的有效途径和方法。

5.改进建议

此部分主要根据上面的分析、评论和预测,参照国外研究情况,考虑到心理学发展的实际需要和当前的条件而更具体地提出应采取的途径、发展步骤、新的研究方案或设想、对其进行研究的可能性等。

6.参考文献目录

所附的参考文献甚多,是综述文章的一大特点,其目的在于提出综述撰写过程中所依据的资料,为使用追溯法检索文献资料提供方便,也便于读者查对所引证的文献正确与否。一般来说,应将所有参考文献准确、齐全无误地列在目录内,因数量庞大,有的综述也仅列出主要参考文献。

三、文献综述的内容及撰写要领

撰写文献综述是令不少研究者,尤其是初学者颇感困难的工作。在上面的内容中介绍了文献综述的大致框架,下面将简要讨论文献综述的内容撰写要领。

(1)紧密围绕研究课题进行有针对性的综述,着力揭示已有研究与研究课题的内在关系。综述者首先要对自己的研究课题所涉及的内容、方法、思路保持清醒的认识,明确认识综述撰写之目的,选择有关的研究进行介绍与评价,并且注意明确、具体地展示出所综述研究与拟开展研究之间的逻辑发展关系。综述是对相关研究进行的,因此,综述者应当避免漫无目的、面面俱到的介绍,或者仅止于对已有研究进行一般性总结,而忽视针对研究课题进行研究回顾。

(2)文献综述应涉及理论基础、研究概念与变量定义、变量测定、研究类型与方法、研究思路、研究主要发现等各方面,从而完整地概括、评析相关研究。一些综述者有时仅限于对研究结果的介绍,这不仅限制了综述的丰富性与深入性,同时也使综述失去了促进研究完善的作用。因此,无论是对已有相关研究的介绍或是评析,综述者均应从研究的各主要构成部分入手进行全面的探讨,尤其应重视对研究思路、研究方法进行评析。

(3)综述所使用的资料应全面、翔实。尽管针对研究问题需要选择相关资料进行综述,但这绝不意味着综述者只选择与自己的学术观点一致的文献,或符合自己思路的文献,而应当重视对各种观点的文献进行介绍,为进一步比较与分析提供基础。此外,综述所使用的资料还应当兼顾理论研究与实证研究,以保证综述的全面性。

(4)综述应当高度重视使用恰当的方式表述综述者自己的观点。如前文所述,综述非情况汇总,而是对已有研究的叙述与评论。因此,综述者对已有研究的成果、不足的看法,对未来研究的见解均是极为重要的。不少综述忽略了这一点,而只是对他人观点或成果进行无意义的罗列,如"Piaget认为……Vygotsky认为……Chomsky认为……"。综述者应时刻记住:综述是综述者认为已有研究是怎么样的,而不是已有研究者在研究中表述了什么。综述者既可以安排专门段落表述自己的分析与评析,也可以边述边议。

(5)综述应明确区分文献中的观点与综述者的观点。综述者一方面应明确自己的观点,另一方面应以"引用"的形式或其他恰当的方式明确文献中观点的出处,使综述更为严谨。

(6)综述应结构合理,详略得当,前后衔接。因综述涉及的文献较多,内容较广泛,有些初学者难以把握,出现逻辑不清、结构松散、前后割裂、详略不当的混乱情况。为完善综述的结构与内容组织,综述者可围绕研究课题、格局及综述结构与内容重点,拟定写作框架,在此基础上组织文献,并进行适当归纳与评析。此外,综述者还应注意行文简洁、提纲挈领。

第五节 应用范例

"大学生完美主义人格特质的测量及其与抑郁的关系研究"课题申请论证报告

一、国内外研究动态

完美主义被定义为"设置过高但非必要的标准倾向",并与心理病理学密切相关。许多研究者认为完美主义是多维结构,而非单一结构(Hewitt & Flett,2004)。20世纪90年代初,多维完美主义的概念促成了完美主义测量工具的产生和发展,其中包括Frost多维完美主义量表和Hewitt多维完美主义量表,这两个测验都倾向于将完美主义看成是消极的。Slaney等人(2001)编制了包括完美主义积极维度的量表——近乎完美主义量表,该量表试图区分适应不良完美主义和适应完美主义。

早期的完美主义研究者Hamachek(1978)将完美主义区分为正常的完美主义(normal perfectionism)和神经质的完美主义(neurotic perfectionism)。他认为正常的完美主义为自己设定了实际可行的标准,而且他们能从自身的努力工作中得到愉快和满足。神经质的完美主义为自己设定不切实际的标准,他们对自身的努力永远觉得不够,从工作中得不到满足感。Hamachek认为正常的完美主义与神经质的完美主义的最大区别在于:正常的完美主义者由渴望成功的动机驱动,而神经质的完美主义者由害怕失败的动机驱动。Frost、Heimberg和Holt等人(1993)在对Frost多维完美主义量表(FMPS)和Hewitt多维完美主义量表(HMPS)进行因子分析得出2个高阶因子:第一个因子包括FMPS的个人标准、组织性和HMPS的自我定向完美主义和他人定向的完美主义;第二个因子包括FMPS的关注错误、行动疑虑、父母批评、父母期望和HMPS的社会决定完美主义。Frost将第一个因子称为"积极进取"

（positive striving），此因子与正向情感相关；第二个因子称为"适应不良的关注评价"（maladaptive evaluation concerns），此因子与强迫、抑郁等负性情感有关。Slaney、Ashby 和 Trippi(1995)对 Frost 多维完美主义量表、Hewitt 多维完美主义量表和 Slaney 的近乎完美主义量表修订版进行了因子分析，验证了前人的结果，提出完美主义存在积极和消极两个维度。Rice、Ashby 和 Slaney(1998)对 Frost 多维完美主义量表和 Slaney 的近乎完美主义量表修订版进行了验证性因子分析，结果支持了完美主义量表可以提取 2 个高阶因子——适应完美主义和适应不良完美主义。Suddarth 和 Slaney(2001)对 Frost 多维完美主义量表、Hewitt 多维完美主义量表和 Slaney 近乎完美主义量表修订版进行了探索性因子分析，发现可以将完美主义量表的 12 个维度归为 3 个二阶因子：适应不良完美主义、适应完美主义和条理性（或组织性）。其中，适应不良完美主义包括 Frost 多维完美主义的关注错误、行动疑虑、父母期望和父母批评维度，Hewitt 多维完美主义维度的社会决定完美主义以及 Slaney 的近乎完美主义的差异性维度；适应完美主义包括 Frost 多维完美主义的个人标准，Hewitt 多维完美主义量表的自我定向完美主义、他人定向完美主义维度以及 Slaney 的近乎完美主义的高标准维度；组织性包括 Frost 多维完美主义的组织性和 Slaney 近乎完美主义的秩序维度。Mobley、Slaney 和 Rice(2005)认为以前的完美主义研究论文的样本大都来自美国大学生，有必要在不同的种族、不同文化背景下开展完美主义研究，这样有利于丰富完美主义研究的成果。

　　Parker、Rice 和 Slaney 以完美主义为尺度进行群组分析将完美主义者划分为三类：健康完美主义者（healthy perfectionists）、功能失调完美主义者（disfunctional perfectionists）和非完美主义者（non-perfectionists）。由此进一步发现，功能失调完美主义者在 FMPS 的关注错误、个人标准、父母期望、父母批评和行动疑虑等维度得分最高；健康完美主义者在关注错误、父母批评、行动疑虑等维度得分最低，在组织性维度得分最高。研究发现这三种完美主义类型在大五人格维度上存在差异。同样地采用 FMPS，其他研究者对大学生完美主义进行聚类分析也得出三种完美主义类型（Rice & Mirzadeh,2000; Rice & Lapsley,2001）。研究者对不同完美主义类型的心理特征进行了比较，结果发现，适应不良完美主义者报告了更多心理困扰（如焦虑、抑郁等），而适应完美主义者报告更高的自尊水平（Grzegorek & Slaney,2004; Fry & Debats,2009）。

　　在此基础上，对适应不良完美主义和适应完美主义本质和特征的研究探讨也随之出现。有研究者提出了完美主义的双重过程（dual process）模型，该模型认为适应完美主义（积极完美主义）和适应不良完美主义（消极完美主义）在行为倾向、情绪状态和认知过程上不同（Flett & Hewitt,2006; Slade & Owens,1998）。他们认为适应完美主义者和适应不良完美主义者的行为有着内在的差异，这些差异反映了斯金纳

(1968)提出的积极和消极强化之间的区别。在这个模型中,一方面,适应完美主义者受到积极强化,强调追求卓越成功的需要;另一方面,适应不良完美主义者受到消极强化,强调努力达到高目标,以避免失败。积极完美主义者经常获得赞扬、个人成就、高自尊,他们设立现实的标准;而消极完美主义者寻求避免平庸或个人失败,倾向于设立不切实际的高标准。适应完美主义者强调追求成功,对未来的成功抱有积极乐观的态度,因而在失败时他们也能够保持安全感,相信总有一天会成功。适应不良完美主义者强调避免失败,对未来很担忧,他们坚信失败就围绕在他们周围。一系列研究发现,适应完美主义与正性情感呈正相关,适应不良完美主义与抑郁症状、负性情感呈负相关(Frost, Heimberg & Holt, 1993)。与适应不良完美主义者相比,适应完美主义者在评价性的情境中,有更少的自我挫败行为,有较多的以问题为导向的思维方式,有更少的负性情绪困扰(Bieling, Israeli & Smith, 2003)。Bieling、Israeli 和 Antony(2004)利用线性回归分析,发现适应不良完美主义对焦虑、抑郁、应激等心理病理学变量有显著的正向预测力,而适应完美主义对心理病理学变量没有显著预测力。Burns 和 Fedewa(2005)提出,适应完美主义者更容易采取积极的应对方式,而适应不良完美主义者容易采取消极应对方式。还有研究认为,消极完美主义和情绪压抑、认知功能障碍、抑郁和后悔相关;而积极完美主义则与生活满意度相关,但与认知功能障碍、抑郁和后悔不相关(Bergman, Nyland & Burns, 2007)。

抑郁(depression)是一种沮丧、悲观、反应性降低的消极情绪状态,常常伴有厌恶、羞愧、自卑、痛苦等情绪体验,是大学生中常见的情绪困扰。许多采用不同样本的横断面研究表明,完美主义的关注错误、行动疑虑和社会决定完美主义等因子与抑郁症状之间有中等程度以上的正相关,而自我定向完美主义与抑郁症状呈低程度的正相关(Frost, Heimberg & Holt, 1993; Enns & Cox, 1999)。Hewitt、Flett 和 Ediger(1996)的一项纵向研究表明,社会决定完美主义因子能有效预测 4 个月后被试的抑郁症状水平的变化。无论是学生样本还是临床样本,社会决定完美主义与抑郁症状的关系都很密切,但自我定向完美主义仅能与应激的交互作用显著预测抑郁症状,而不能单独预测抑郁水平(Enns & Cox, 1999; Hewitt, Flett & Ediger, 1996; Sherry & Hall, 2009)。多重线性回归分析的研究结果表明,近乎完美主义量表中的高标准因子是抑郁症状的负性预测指标,而差异性因子是抑郁症状的正性预测指标(Accordino & Slaney, 2000)。进一步有关完美主义对抑郁的影响机制研究发现,自尊和应对方式在这一过程中起到部分中介作用。具体表现在,完美主义者在高标准的基础上不断经历失败,容易产生自责和低自尊,进而产生抑郁情绪。同时,消极应对方式对适应不良完美主义者的抑郁症状的恶化有重要作用,积极应对方式对适应不良完美主义者的抑郁症状的减缓有重要作用。

二、问题提出

通过对以往研究的回顾,本课题发现在完美主义的结构和本质、完美主义的分类、完美主义的成分、完美主义与抑郁的关系等方面的研究还存在一些不足之处,具体表现为:

(1)完美主义研究者根据自己对完美主义的观察和理解编制了不同的完美主义量表,从不同的角度解释了完美主义的结构与内涵,使得用现存的量表研究完美主义与抑郁的关系,难以取得一致的结论。

(2)以往研究基于不同的分类方法,将完美主义划分为不同的类型。完美主义分类结果不尽相同,且大部分研究以西方文化背景为前提,在中国文化背景下完美主义的划分类型有何差异,以及不同完美主义类型在心理健康指标上有何差异,这些问题都有待于进一步研究。

(3)过去的完美主义研究取向多侧重于其消极(或适应不良)的一面,探讨完美主义对心理健康的消极影响;而对于完美主义的积极(或适应良好)方面对心理健康的影响,还有待进一步深入。在中国大学生样本中,完美主义是否包含积极和消极双重过程,完美主义的两种成分对情绪的影响有何差异,这些问题有待实证研究的支持。

(4)完美主义是抑郁的重要易感因素,以往对完美主义与抑郁的关系研究多采用横断面设计,对于两者关系的纵向研究并不多见。以往研究多采用不同完美主义量表探讨完美主义与抑郁的关系,目前为止,并没有一项研究比较不同完美主义量表间各种不同维度对抑郁发生、发展的预测效力。

(5)以往研究分别单独考察了自尊和应对方式在完美主义和抑郁关系间的中介作用。考虑到自尊与应对方式密切相关,有必要同时将自尊、应对方式变量引入完美主义和抑郁的关系结构模型中,以考察两者在完美主义和抑郁关系之间的中介效应。

结合以上分析,本课题拟对完美主义的三个经典测量量表进行高阶探索性因子分析和验证性因子分析,进一步解释和澄清在中国文化背景下完美主义的结构和核心特征。以完美主义的二阶维度为划分尺度,通过聚类分析的方法,将大学生完美主义进行分类,并比较不同完美主义类型的心理特点。通过比较适应不良完美主义和适应完美主义与正性、负性情绪的关系,对完美主义的双重过程理论模型进行验证。采用横断面和纵向研究设计的研究方法,系统考察完美主义人格特质对抑郁发生、发展变化的心理影响机制;对自尊和应对方式在完美主义和抑郁关系间的心理中介机制进行探索,并为完美主义者如何减少抑郁的发生提供理论依据。

三、理论意义与应用价值

完美主义量表作为临床心理工作者了解、鉴别、治疗完美主义者的重要工具,对完美主义结构和本质的澄清有利于临床工作者心理咨询和治疗工作计划的制定和调整。不同完美主义类型的划分,有利于临床工作者在实践工作中,将不同类型的完美主义者区别对待并制定相应的干预策略。根据适应不良完美主义和适应完美主义的不同心理特点,临床工作者不仅可以减少由完美主义带来的消极心理影响,还可以促进由完美主义带来的积极心理影响。完美主义作为抑郁的易感因素,探讨完美主义与抑郁关系间的中介机制,通过控制中介变量的状态,有利于减弱完美主义和抑郁的联系强度,这为大学生抑郁的预防与干预工作,提供切实可行的理论支持和实践指导。

四、研究内容

1.在中国文化背景下,考察完美主义的结构及其本质,探讨不同完美主义结构与积极、消极心理指标的关系。利用三个经典完美主义量表(FMPS,HMPS,APS-R)对大学生完美主义同时施测,对所得结果进行二阶探索性和验证性因素分析,提取完美主义二阶因子。选取自尊、自我效能感为积极心理指标,状态焦虑和抑郁为消极心理指标,探讨完美主义结构与积极、消极心理指标的关系。

2.采用聚类分析研究方法,以完美主义结构的二阶维度为划分尺度,对大学生完美主义类型进行分类,并对不同群组的完美主义类型在心理指标上的差异进行比较。

3.考察不同完美主义结构与正性、负性情绪之间的关系,并利用结构方程模型和等值性测量技术对完美主义的双重过程理论模型进行验证。

4.采用横断面设计比较不同完美主义量表间的各个维度对抑郁症状的预测效力;采用纵向研究设计,考察不同完美主义维度对4个月后抑郁症状水平变化的预测。

5.同时考察自尊、应对方式在完美主义和抑郁关系间的中介机制,并为有效地帮助完美主义者减少抑郁提供理论依据。

五、创新点

1.通过对完美主义的三个经典测量量表(FMPS,HMPS,APS-R)进行高阶探索性和验证性因素分析,提取适应不良完美主义和适应完美主义2个二阶完美主义因素结构,进一步解释和澄清了在中国文化背景下完美主义的结构和核心特征,在国内尚属首次。

2.通过比较适应不良完美主义和适应完美主义与正性、负性情绪的关系,国内首次验证了完美主义的双重过程理论模型及其跨性别的测量一致性,证实了适应不良完美主义和适应完美主义是完美主义的相对独立的两个成分。

3.采用横断面和纵向研究设计的研究方法,首次系统考察了完美主义人格特质对抑郁发生、发展变化的心理影响机制。

4.探讨了自尊和应对方式在完美主义和抑郁关系间的中介机制,及考察了该中介模型的跨性别的测量等值性,这为预防完美主义者的抑郁发生率、提高抑郁的治疗效果提供了理论和实践指导。

六、研究方法

测验法:采用 Frost 多维完美主义量表中文修订版(FMPS),Hewitt 多维完美主义量表中文修订版(HMPS),Slaney 近乎完美主义量表中文修订版(APS-R)、Rosenberg 自尊量表,Schwarzer 一般自我效能感量表,Spielberger 状态焦虑问卷,Beck 抑郁问卷(Beck Depression Inventory,BDI),解亚宁编制的简单应对方式问卷,Watson 等人的正性、负性情绪量表对大学生整群取样进行问卷调查。

七、计划安排

第一阶段:收集国内外完美主义人格特质测量及其与抑郁关系研究的文献。
第二阶段:完成大学生完美主义人格特质测量,及其完美主义双重模型验证的调查研究。
第三阶段:完成大学生完美主义人格特质对抑郁的发生、发展变化影响机制。
第四阶段:完成自尊、应对方式在完美主义和抑郁关系间的中介作用研究。
第五阶段:总结课题成果,完成研究报告。

八、预期成果

撰写《大学生完美主义的特点及其对抑郁的作用机制研究》实证研究报告。

本章思考与练习

1.就你熟悉的心理学相关领域选择一项课题进行论证,并撰写相应报告。
2.从中国知网中检索一篇感兴趣的研究综述,并进行主旨内容汇报。
3.选择一篇心理学实证研究报告并精读,在此基础上提出对报告的批判性认识。
4.试选择与青少年有关的心理学主题,查阅有关文献并撰写一篇综述。

拓展阅读

布鲁克·摩尔,理查德·帕克.(2015).批判性思维.朱素梅译.北京:中国轻工业出版社.
该书从批判性思维的重要性和必要性说起,详细阐述在心理学研究中如何进行正确的思维和清晰的写作,有效论证的规则、合理的演绎和归纳推理等,同时还列举了各种以修辞手法来掩盖虚假论证的例子,对批判性思维进行了全面的论述,旨在帮助读者全面了解和掌握批判性思维基本原则、技巧和训练方法,以便更好地进行心理学相关文献的阅读。

张天嵩,董圣杰,周支瑞.(2015).高级 Meta 分析方法:基于 Stata 实现.厦门:厦门大学出版社.

该书主要分为四大模块:①基础模块,主要介绍 Meta 分析的基础知识、基本方法,Stata 软件入门、中高级数据管理技能、相应 Meta 分析命令安装与简介等;②类型模块,以数据类型为导向,数据包括典型的简单数据和特殊的复杂数据,重点介绍复杂数据的 Meta 分析新方法;③专题模块,主要是探讨 Meta 分析过程中涉及的主要问题,以及新近出现的高级 Meta 分析方法;④附录模块,简单介绍 Stata 的菜单操作和主要的 Meta 分析命令。该书是心理学研究中进行 Mate 分析的实用手册。

郭文斌.(2015).知识图谱理论在教育与心理研究中的应用.杭州:浙江大学出版社.

该书主要围绕六个方面展开:知识图谱基本原理、描述知识图谱涉及的具体方法、知识图谱绘制使用的相关软件、绘制知识图谱所需文献材料的准备、呈现知识图谱的具体操作过程、知识图谱论文的呈现。

张斌.(2012).大学生完美主义人格特质的测量及其与抑郁的关系研究(博士学位论文).中南大学,长沙.

完美主义是一种追求完美无瑕,为自己设定过高的标准并对自己的行为和表现进行批判性自我评价的稳定人格特质倾向。该研究在中国文化背景下探讨完美主义的结构及其本质、比较不同完美主义类型的心理特点的差异、验证完美主义双重过程模型理论、考察完美主义与抑郁的关系、初步构建并验证自尊、应对方式在完美主义和抑郁关系间的中介模型,是上述课题论证报告范例最终成果。

王轶.(2020).心理学研究方法:从选题到论文发表.北京:中国人民大学出版社.

该书系统介绍了心理学研究的具体过程,以及其中可能遇到的各种问题与解决方案。书籍结构清晰,内容通俗易懂,实操性强,适宜入门。作者力争让读者学会如何进行探索性研究,聚焦研究问题,明确研究假设,申请科研项目,最终撰写研究论文并发表。

参考文献

董奇.(2006).心理与教育研究方法(修订版).北京:北京师范大学出版社.
董奇,申继亮.(2005).心理与教育研究法.杭州:浙江教育出版社.
黄希庭,张志杰.(2010).心理学研究方法.北京:高等教育出版社.
詹妮弗·埃文斯.(2010).心理学研究要义.(苏彦捷译).重庆:重庆大学出版社.

第三章 研究设计

目 次

第一节 研究设计的内容
 一、明确研究目的和研究对象
 二、选择研究类型和具体研究方法
 三、确定研究变量的抽象定义和操作定义
 四、选择研究材料和测量工具
 五、制定研究程序和选择研究环境
 六、考虑数据整理与统计分析的方法

第二节 研究对象取样的设计
 一、取样设计的意义
 二、抽样的基本步骤
  (一)界定总体
  (二)确定样本容量
  (三)选择抽样方法并抽取样本
  (四)统计推论
 三、具体抽样方法
  (一)简单随机抽样
  (二)系统抽样
  (三)分层随机抽样
  (四)整群抽样
  (五)方便抽样

第三节 研究的逻辑起点:变量
 一、变量的定义
 二、变量的类型
  (一)根据变量在研究中的地位划分
  (二)根据是否可以直接观测划分
  (三)根据变量能否用连续数值表示划分
  (四)根据研究变量与研究被试的关系来划分

　　三、变量的指标
　　　　(一)指标的类型
　　　　(二)研究指标设计的原则
　　四、变量的操纵
　　　　(一)变量的选择
　　　　(二)操作性定义

第四节　无关变量的控制
　　一、无关变量的主要类别
　　　　(一)被试方面存在的无关变量
　　　　(二)主试方面存在的无关变量
　　　　(三)研究设计方面存在的无关变量
　　　　(四)研究实施环境条件方面的无关变量
　　　　(五)数据处理方面存在的无关变量
　　二、无关变量的两种影响
　　三、无关变量的控制
　　　　(一)排除法
　　　　(二)恒定法与平衡法
　　　　(三)统计控制法(statistical control method)

第五节　研究设计的标准
　　一、研究的信度
　　　　(一)复审法
　　　　(二)相似法
　　　　(三)独立评判法
　　二、研究的效度
　　　　(一)构思效度
　　　　(二)内部效度
　　　　(三)统计结论效度
　　　　(四)外部效度

本章思考与练习
拓展阅读
参考文献

第三章 研究设计

本章导读

研究课题确定后,研究者必须考虑如何设计研究的具体实施方案,制订科学、周密的研究工作计划,以求用较少的人力、物力和时间来获取客观、明确可靠的研究结论。研究设计是否科学、合理和完善,不仅直接关系到研究的进程、代价,而且影响着研究结论的可靠性、科学性。因此,本章首先介绍研究设计的基本内容,着重说明研究对象取样的设计、变量的设计(变量的类型、指标和操作性定义设计)及无关变量的控制,最后探讨研究设计的评价标准。

第一节 研究设计的内容

在确定了研究课题后,研究者必须从研究的全局出发,通盘考虑研究的实施问题,按照一定程序对将要进行的研究制订出详细的计划与安排,这称作研究设计(research design)。严谨的研究设计有以下作用:①厘清观察与分析的方向;②计算所需要的样本量,并指明各变量的种类;③指导研究者根据各变量的测量类别或层次来选择适当的统计方法;④根据分析结果做出各种可能的结论。良好的研究设计能够将研究情境与资源进行有效的安排,使研究者以经济的方式,按照研究目的获取准确的资料,并做出正确分析,以解决特定问题。

具体而言,一项良好的研究设计主要包括以下几个方面的内容:

一、明确研究目的和研究对象

进行一项研究时,首先要明确研究的目的和假设,厘清研究思路。研究目的和假设的性质,直接影响着被试的选取、研究变量的确定与具体研究方法的采用。在不同的研究中,由于研究目的的不同,其研究变量与指标、被试选择等方面也随之发生变化。同样地,对于相关性的研究假设和因果性的研究假设,只有用不同的研究方法才能加以检验。

研究目的确定之后,根据研究性质与研究问题的意义价值,可以明了研究对象的特征,大致确定研究对象的范围。在选择研究对象时,既要考虑研究目的,还要考虑研究结果的概括性程度。在界定了研究对象的总体后,应根据统计学的要求估算样本大小。确定样本大小时,既要保证样本代表性和推论准确性,又要考虑研究进行的主客观条件,即可行性因素。在此基础上决定样本取样的具体方法。

二、选择研究类型和具体研究方法

在心理科学研究中,研究类型可采用多种方式分类。根据研究目的可以分为探索性研究(exploration research)、描述性研究(descriptive research)和解释性研究(explanatory research);根据研究内容可分为基础研究与应用研究;根据研究性质可分为质性研究和量化研究。不同的研究类型各有特点,分别适用于不同的研究课题。研究人员应该根据自己的主客观条件和研究课题的要求,选用适当的研究类型。比如对某些缺乏前人研究经验和理论依据的研究问题,可采用探索性研究来揭示问题中各变量的大致关系,为日后更为周密、深入的研究提供基础和方向。

确定研究类型之后,就要考虑具体的研究方法,即收集事实与数据的方法。在心理学研究中,可采用的具体研究方法多种多样,包括实验法、测验法、访谈法、观察法、个案法等。研究者应根据研究目的、被试特点、研究的主客观条件、各种方法的优缺点与适用性,选择合适的方法进行研究。由于每种方法各有其优缺点,因此在目前的心理学研究中,提倡多种方法的综合运用。

三、确定研究变量的抽象定义和操作定义

任何一个研究课题,都涉及探讨一个或多个变量与另一个或多个变量的关系。因此,在确定研究类型和具体研究方法后,应根据研究目的与假设,进一步明确研究课题所要研究的变量及需要控制的无关变量。在此基础上确定研究变量的抽象定义(即变量的内涵和外延),并用可感知、可度量的具体事物、现象等作为观测指标为研究变量下操作性定义,从而使研究变量具体、可操作、可检验。确定研究的具体变量和制定客观可行的观测指标,是对课题进行质化、量化研究的重要途径,对研究工作的质量有重要影响,同时也是科学评价研究结果的必要前提。

四、选择研究材料和测量工具

确定了研究变量的抽象定义和操作性定义之后,研究设计工作就进入到选择研

究材料与测量工具的阶段。进行这方面的工作,主要有两种方式:一是研究者根据研究的需要,收集和选用现有的测验工具、实验仪器,其种类繁多,有心理测量量表、工具类仪器、感知觉类仪器、记忆类仪器和情绪类仪器等;二是编制,即研究者根据研究课题的特殊要求,自己制作有关的实验材料或编制有关的测量工具。无论采用哪种方式,确定研究材料与测验工具都必须全面考虑到研究目的、被试特点、研究的其他条件和各种仪器自身的特点和适用条件,从而保证所用材料与工具的科学性、适宜性。

五、制定研究程序和选择研究环境

研究程序是研究进行的具体步骤,用以说明研究资料如何收集,制定合理的研究程序可以保证研究有条不紊地顺利进行。制定研究程序主要包括以下四个方面的内容:①确定操作研究变量的有关方法和研究实施的步骤。②确定研究材料的组织与呈现方式及顺序。③拟定指导语。指导语主要用来向被试介绍研究的有关情况,说明被试在研究中所应遵循的程序和完成有关任务的方法。④确定控制研究误差的方法。由于心理科学研究的复杂性与特殊性,研究误差的控制就显得更为必要。

在心理学研究中,研究环境对研究的内部和外部效度有重要影响。研究环境可分为自然环境(如家中、学校或工作现场等)和非自然环境(通常是心理实验室)。一般而言,在自然环境中所进行的研究,其结果的外部效度较高,而在实验室环境中的研究,其结果的内部效度相对较高。因此,在研究设计中需要根据研究目的和研究环境的特点做出恰当的选择。

六、考虑数据整理与统计分析的方法

在研究设计时要初步考虑如何对收集到的研究数据、资料进行整理和分类,用何种统计方法进行分析,并据此修改、完善有关收集数据的方法与内容的计划。如果事先没有考虑,就可能会出现原始资料杂乱、数据录入困难,乃至找不到恰当的统计分析方法处理所收集的资料等情况,影响工作进度、降低研究质量。

第二节 研究对象取样的设计

研究对象的选取是研究设计的重要内容,关系到研究结果的科学性和可推广性。

一、取样设计的意义

任何心理学研究都有其特定的研究对象,即特定总体。总体(population)是在规

定范围内具有某些共同的可观察特征的个体或某种客体的完整集合体,如某一年龄的所有儿童、具有某种特征的所有成人、学习成绩差的所有学生。在心理学的实际研究工作中,研究者通常不可能也没有必要对总体中的所有个体进行逐一研究,而是根据一定的原则,从总体中抽取一部分有代表性的个体(即样本,sample)来进行研究,这一过程称为抽样(sampling)。

一般而言,研究者会运用参数估计或假设检验等统计方法,根据样本的研究结果对总体特征进行推论,并形成结论。显然,样本的代表性直接影响到总体特征推论的可靠性。如果样本不能很好地代表总体,即使研究过程中的无关变量控制得很好,统计方法运用得恰当,对总体的推论也都是不可靠的。因此,抽样是心理学研究的关键环节,涉及研究的效度,特别是外部效度。

在心理学研究中,抽样有非常重要的意义,具体表现为:

(1)确保研究实施:在心理学研究中,研究总体的数量往往很大,地理分布较广,部分研究对象可能因为某些原因而难以获得,采用抽样方法能够保证研究顺利进行。

(2)加强研究效能:抽样是以少数有代表性的样本来代表总体,可以减少研究中被试的数量,从而节省大量人力、物力和时间,显著提高研究效率,达到经济有效的目的。

(3)减少研究误差:理论上,对总体进行研究可以获得全面、准确、可靠的资料。然而,总体研究的被试数量过于庞大,研究的实施较为复杂和困难,在人员培训、资料收集、数据分析中的误差反而会急剧增加。通过抽样,可减少研究过程中的这些误差。

(4)深究研究对象:抽样的方法使研究者有更多选择研究方法的自由。通过抽样,研究者可以广泛使用访谈法、观察法和实验法,而不仅仅限于测验法。因此,能够对有关对象进行深入的分析与研究。

二、抽样的基本步骤

抽样步骤通常包括界定总体、确定样本容量、选择抽样方法、实施抽样等环节。

(一)界定总体

总体的界定是抽样设计的基础。只有规定了明确而有意义的总体,才能保证样本的代表性。总体的界定主要取决于研究者的目的,兼顾研究的外部效度和可行性,在两者间寻求一个恰当的平衡。

(二)确定样本容量

样本容量(sample size)指样本内研究对象的数量。样本容量与样本的代表性有关,样本容量越大,代表性越好。但是随着样本容量的增加,每一样本对样本代表性的贡献越来越小,而研究所需的人力、物力和时间却持续增加,研究中的非抽样误差也将增大。因此,最理想的样本容量是在达到一定代表性要求的前提下,所包含的对象数目最小。

(三)选择抽样方法并抽取样本

抽样的方法有很多,每种方法都有各自的特点和适用的条件。在选择抽样的方法时,一般要考虑两个因素:①保证抽样的代表性,使抽样误差降至最小;②考虑研究的可行性,尽量选择经济、可行的抽样方法。在抽样设计中,研究对象的总量、地理分布、个体的同质性等诸多因素将会影响抽样方法的选取。研究者应该充分考虑,使研究对象和抽样方法达到最佳的搭配。

(四)统计推论

从样本的统计数据估算出总体的有关参数,是完整取样过程不可缺少的一步,它关系到总体参数的可靠性、取样的误差乃至取样的效果与实际意义。传统上,有关取样的讨论对此涉及较少。在根据样本结果推论总体时应当明确,研究结论在一般情况下只适用于本总体之内,而不能超越本总体,除非有证据表明,这一总体具有许多与另一更大的总体相似的特征。

三、具体抽样方法

抽样的具体方法很多,不同抽样方法具有不同特点和适用范围。下面介绍几种主要的抽样方法。

(一)简单随机抽样

简单随机抽样(simple random sampling)是指根据随机原则,在总体中直接抽取若干个体作为样本。在随机取样中,总体中每一个个体被抽取的概率均等,而且个体之间彼此独立。

常用的随机抽样方法有两种:一是抽签法,二是随机数字表抽样法。抽签法(drawing lots)指将总体中的所有单元都编上号并做成签,将签充分混合后从中随机抽取一部分,这部分签所对应的个体就组成了一个样本。随机数字表抽样(table of random numbers sampling)指将每个单元编上号、以随机数字表为基础,随机选定一个数字作为"起点","进入"包含总体数目的随机数字区,选取所需要的样本编号。目前还可采用计算机上的随机数字功能进行抽样。

简单随机抽样理论上最符合概率论原理,简便易行,适用于研究总体中的各类个

体的比例不影响抽样,或个体之间差异程度较小等情况。但是,简单随机抽样也有一些局限性:①当总体数量较大时,对每个个体进行编号就十分费力费时。而总体的清单无法获得时,就不能使用简单随机抽样。②当总体中各个子群体间的差异较大时,使用简单随机抽样会导致较大的抽样误差。③如果总体在地理位置上分布较广泛,使用简单随机抽样抽取的样本也会比较分散,导致研究的实施变得困难。④如果总体中具有某种特点的子群体数量较少,但对于研究来说却非常重要时,使用简单随机抽样很可能漏过该群体,影响研究效果。

(二)系统抽样

系统抽样(systematic sampling)是指按一定的间隔顺序在总体中抽取样本的抽样方法,主要包括三个步骤:①将总体中每一个个体按一定标准排列并编号;②确定抽样间隔,即用总体的个数除以样本个数,如从 5000 个样本中抽取 100 个样本,则抽样间隔为 50;③采用抽签法或随机数字表选择一个抽样的起点,然后按照抽样间隔依次往下选取本样本。需要注意的是,抽样起点的数值必须不大于抽样间隔的数值。

系统抽样的主要优点是能在总体的整个范围内系统地抽取样本,保证样本的代表性。系统抽样与简单随机抽样具有相仿的特点,且前者抽样误差一般小于后者。但是,如果总体中存在周期性波动或变化,系统抽样会导致严重的抽样误差。因此,当总体的排列顺序与抽样间隔具有对应的周期性特点时,不宜采用系统抽样。

(三)分层随机抽样

分层随机抽样(stratified random sampling)是指将总体按一定标准分成若干个互不重叠的子总体(统计上称作层),然后从每个子总体中按随机原则独立地抽取子样本。在对总体进行分层时,应该使各层内部的差异越小越好,而各层间的差异越大越好,这样才能保证分层的意义。同时,分层要保证每个个体都只归属于一个层,避免有遗漏和重叠。因此,在选择分层标准和进行分层前,应充分了解、确定对象的特征差异,否则不但不能降低抽样误差,反而会增大抽样误差。为此,在抽样前,应当计算每层的数量与在总体中的比例,按下列公式进行抽样:

$$n_i = n \frac{N_i}{N}$$

式中:n_i 为第 i 层中抽取的样本数量,n 为样本总量,N_i 为第 i 层的对象数量,N 为总体数量。

分层抽样适用于总体成分复杂,各成分间差异较大的情况。在这种情况下,分层抽样是比简单随机抽样更精确的抽样方法,合适的分层抽样能有效降低抽样误差。同时,分层抽样还允许研究者根据具体情况对各层采取不同的抽取方式和比例,使取样更加灵活。但是，分层随机抽样要求对总体中各层的情况有准确的了解，否则就难以进行科学的分类，而这一点在实施研究前有时难以做到。

（四）整群抽样

整群抽样（cluster sampling）是指将总体划分成若干群组，按照随机原则在所有群组中抽取若干群组作为样本。抽中的群组内包含的所有对象均为样本。如在教学研究中，一般不打乱原有的教学班，而是采用整群抽样法，在学校中随机选取一个或若干个班作为研究对象。

整群抽样的对象是群，即所有组中只有一个或多个群组被抽取，被抽取到的群内全体成员均为样本；而分层随机抽样的对象是层内的个体，即每个层内的个体都有一部分被抽取到。分层随机抽样要保证各层间的异质性，而整群抽样要保证各组间的同质性。

整群抽样适用于总体范围大、数量多的情况。其主要优点是抽样的方法简单，可以对抽取到的样本进行集中处理，使研究实施更加节省人力、物力和时间。但是，整群抽样相对来说是一种较为粗糙的抽样方法，抽样误差较大。如果各群间的同质性太低，则整群抽样的方法不适用。

（五）方便抽样

方便抽样（convenience sampling）属于非概率抽样的一种，指依据研究者的条件，以便捷的方式选取样本的方法。这种取样方法可以简单快捷地获取研究者所感兴趣的资料，样本代表性相对较低，这在一定程度上限制了对结果的进一步推论，一般用于探索性研究。

第三节　研究的逻辑起点：变量

一、变量的定义

变量是研究的基本单位。在心理学研究中，变量界定是否清晰，选择是否妥当直接影响到研究的质量。因此，在研究设计中，研究者需要根据研究目的进行认真考察，拟定合理的研究指标，选择恰当的变量并确定其水平。

变量（variable）是指在质、量上可以变化的事物特征，或是可以测量、操纵的条件和现象。从变量与研究假设的关系来看，作为研究理论具体化的研究假设正是由变量与变量间的关系所构成的；而研究资料的搜集过程完全可以看作是对变量进行选择、操纵、控制和排除,并搜集与记录变量的特征或变化情况;研究结果也是基于对变量资料的分析得出的。因而把握好变量的概念及其特征对研究者来讲是极其重要的。一般认为,变量具有以下三方面特点:

1.变量具有可变性

状态单一、无变动可能性的概念不能称为变量。所谓可变性是指研究变量的特征在某一群体中,有不同的表现形态或表现程度,而非指研究者将特定个体的特征由某种状态或程度改变为另一种状态或程度。如性别就是一种变量,因为性别有男女之分。研究者如将性别作为一个变量进行研究,表明其对某一研究中的男女差异有所关注,而并非指将男性变成女性。

2.变量变化特征可以测量或操纵

如性别、专业类型、社会经济地位是可测量的质的变化,这种质的变化有时可以用数字代替类别,以便于统计分析;而教师的教学方法、学习内容的呈现方式等是研究者可以主动操纵的变量。

3.在某一研究中的常量在另一研究中则可能是变量

很多研究虽然使用男、女被试,但并不对性别差异进行考察,这时性别在研究者看来就是一个常量。从这一角度看,变量乃是依据具体研究目的而定的。

二、变量的类型

心理学研究中所涉及的变量,根据不同的标准,可分为多种类型。了解这些变量的基本类型,对正确选择、确定研究变量会有所帮助。

(一)根据变量在研究中的地位划分

在心理学研究中,有些变量是研究者重点探讨的,有些是对研究有影响但不是研究者计划探讨的,而有些则是研究者要排除的。根据这些变量在研究中的地位不同,可以把变量分为以下五种:

(1)自变量(independent variable)是指由研究者有意选择测量或加以改变的因素。它能够独立变化,并引起其他变量(因变量)的变化。一项具体的研究可能只包含一个自变量,也可能包含两个或两个以上的自变量。一个自变量可以影响一个或多个因变量。

(2)因变量(dependent variable)是指被观察和测量的随自变量变化而变化的有关因素或特征。

(3)调节变量(moderator variable)是指研究中影响因变量和自变量之间关系的方向(正或负)和强弱的变量。

(4)中介变量(intervening variable)是指存在于自变量与因变量之间不能直接观察到的内在变量或动因。

(5)无关变量(irrelevant variable)也称控制变量,指与自变量同时影响因变量的变化,但与研究目的无关的变量。因此,在研究中需要加以排除或控制。

(二)根据是否可以直接观测划分

根据变量是否可以直接观测,可划分为直接测量变量和间接测量变量。可以直接观测的变量称为直接测量变量(direct measured variable);无法直接观察、测量的内部心理状态、特征或过程称为间接测量变量(indirect measured variable),如智力水平、推理方式等。

(三)根据变量能否用连续数值表示划分

根据变量能否用连续数值表示,可划分为连续变量和类别变量;连续变量(continuous variable)是指本质上能够用连续数值表示的变量。类别变量(categorical variable)是指本质上不能以连续数值而只能用类别表示的变量。

(四)根据研究变量与研究被试的关系来划分

根据研究变量与研究被试的关系,可划分为主体变量和客体变量。主体变量(或被试变量)(subjective variable)指存在于被试自身的变量。客体变量(objective variable)指存在于被试自身以外的变量。实验研究中涉及的被试的年龄、性别、受教育水平等是主体变量;而主试自身的一些因素存在于被试之外,是客体变量。

总之,不同类别的划分,表明研究者关注的侧重点是不同的。不同类型的变量并不是互相排斥、互相隔离的,而是互相重叠、互相交叉的。因此,在进行研究设计时,如能够从多个角度考虑某一变量的特性,将会使研究设计更全面。

三、变量的指标

指标(indicator)是指用可观测的事物代表变量的状态或变化,此时前者即称为后者的指标。用作指标的可以是数字、符号、文字、颜色等,如智商数字代表智力的高低。从这个意义上讲,指标也就是变量特性的操作化表现。在进行心理学研究设计时,变量与指标的选择是否恰当,对研究的成败有重要意义。

(一)指标的类型

根据研究指标数字特性的不同,可分为定类指标、定序指标、定距指标和定比指标四类。

1.定类指标

定类指标(nominal indicator)是反映研究变量的性质和类别的指标,是研究对象的定性标志,以识别、分类变量为目的,如性别、职业、儿童所在家庭父母婚姻的完整性等。定类指标可用一定的数字来代表不同类的事物,如用"0"代表正常家庭,用"1"代表离异家庭。但定类指标不反映事物本身的数据状况,不能做加、减、乘、除等运算,一般只能计算频率和比例。

2.定序指标

定序指标(ordinal indicator)是反映研究变量所具有的不同等级或顺序程度的指标,如让被试对七种颜色的喜欢程度进行等级排序,其结果就是定序指标。定序指标没有相等的单位,也没有绝对零点,但可以衡量研究变量在高低、先后、大小、强弱等程度上的区别。其数字特性比定类指标高一个水平,可进行频率、比例运算。对于定序指标,可运用等级相关、秩次检验等方法进行处理。

3.定距指标

定距指标(interval indicator)是反映研究变量在数量上的差别和间隔距离的指标,如研究儿童时,可用五点计分量表进行衡量,其中 1、2、3、4、5 分别代表攻击性行为很少、较少、一般、较常、十分经常。定距指标除具有定类指标、定序指标的性质外,还可以反映变量在具体数量上的距离差异,因此其数字特性比定序指标高。但定距指标只有相对零点,没有绝对零点,只能进行加减法运算,不能做乘除法的运算。对于定距指标,可采用平均数、标准差、积差相关、t 检验、Z 检验、F 检验等统计检验方法。定距指标在心理学研究中应用十分广泛,有关能力、人格测量的许多分数都属于定距指标。

4.定比指标

定比指标(ratio indicator)是反映变量的比例或比率关系的指标,具有绝对零点,不仅能进行加减运算,还能进行乘除运算,是数字特征最高的指标。在实际研究中,由于能力、知识水平等心理特征的绝对零点难以确定,大多数变量在定距水平上已可很好地测定和统计分析,因此定比指标用得较少。

(二)研究指标设计的原则

科学地设计研究指标,应当注意遵循下述原则。

第一,设计研究指标应以一定的理论假设为指导。设计研究指标,收集有关数据与资料,目的在于检验研究提出的理论假设,因此,良好的研究指标必须反映理论假设的内容。在研究中,应当注意避免设计研究指标时存在的忽视理论指导作用,主观任意罗列研究指标的做法。用理论指导指标设计工作,常采用演绎的方法,即先由理论假设到研究变量,再由研究变量到研究指标。

研究指标设计的过程,实际上是一个理论=变量+指标的分解过程。设计时,应首先明确理论构思与假设,然后弄清理论假设涉及的各种研究变量,最后根据变量的客观要求,来制定收集实际数据与资料的指标,并由此构成一个有内在逻辑联系、完整的研究指标体系。

第二,所设计的研究指标应当具有完整性。在心理研究中,设计研究指标时,要注意使指标能全面、完整地反映理论假设与研究变量的主要维度。比如,用自陈问卷法分解被试自尊心的强弱,所选的几个指标(即项目)应当能较全面地代表被试在实际生活中自尊心的一般、典型、有代表性的表现情况;了解婚姻状况,所设计项目应当能反映实际婚姻的各种状况。贯彻完整性原则的方法是,注意从理论和实际两个方面分析研究变量的各个测量维度,检查所设计指标是否具有完备性、互斥性;是否残缺不全、有所遗漏;是否互相交叉、互相重复。

第三,研究指标要简明、可行。研究指标不是越多越好,更不是越复杂越好。复杂、繁多的研究指标,不但增加数据收集与分析的工作量,而且可能影响研究完成的质量。在设计研究指标时,应尽可能删去一切不必要的指标,注意使研究指标简化。

在实际研究过程中,所设计指标的可行性,是特别需要考虑的问题。有的研究指标虽然简单、明了,但被试由于种种原因可能不知道如何准确回答,或不愿意如实回答。在这种情况下如强求被试回答,所得结果可能是不真实的。在实际研究工作中,研究者可通过理论分析、参考先前的研究、日常生活经验、预试等方法来制定可行性强的研究指标。

第四,研究指标必须有明确的操作定义,对于定量指标还应该有统一的计分或计算方法。

四、变量的操纵

(一)变量的选择

下面以自变量与因变量的选择为例,说明选择和确立研究变量与指标的一般情况。

1.自变量的选择

自变量是在研究中加以改变、操作的条件或特征。在心理科学研究中,通常有以下几类自变量:①外部刺激,即客体变量,包括物理刺激和社会刺激;②被试的固有特性,即主体变量;③被试的暂时特征,即由研究者操纵外部刺激引起的影响被试行为的中间变量,如动机、疲劳等。

在确定和选择自变量时,应综合考虑自变量合适的数量、水平变化范围与水平层次。自变量太少,不利于全面考察;自变量太多,又会影响研究的可行性。自变量的水平变化范围是指自变量的值变化的合理范围。变化范围过大,被试反应会过于分散;过小,被试反应又会过于集中,两者都不利于结果的分析。自变量的水平层次是指实验中所操纵的自变量的每一个特定的值,对自变量的水平层次选择也应适当。一方面,如果自变量水平层次过高,被试反应会集中于较低区域,形成地板效应;另一方面,如果层次过低,被试反应又会集中于较高区域,形成天花板效应,导致区分度下降。因此,研究者必须选择恰当的自变量数量与水平层次,构成良好的自变量水平结构。

2.因变量的选择

因变量应该具备有效性、敏感性与可信性。有效性(validity)指因变量符合研究者的研究目的;敏感性(sensibility)指因变量应该具有较好的区别反应能力;可信性(creditability)指相同条件下,因变量的观测值具有唯一性。为达到上述要求,因变量要选取合适的指标作为衡量依据。通常的指标有:反应正确性、反应速度、反应难度、反应频率、反应次数、反应强度等。

(二)操作性定义

在心理学研究中,给研究变量或指标做出明确而恰当的操作定义,直接关系到研究的可重复性、结果的可检验性及研究结论的普遍适用性。

1.操作定义及其特征

在研究中,对研究变量或指标做出明确定义有两种方式:一是抽象定义,二是操作定义。

抽象定义(abstract definition)是对研究变量或指标共同本质的概括,其作用在于揭示它们的内涵,并将其与其他变量或指标区别开来。明确变量或指标的抽象定义,是设计好操作定义的重要基础。例如,研究学生的智力、学习态度、同情心等问题时,首先就应对它们的内涵做出明确说明。当然,抽象定义仅停留在概念水平,它不能解决实际研究过程中变量或指标的具体测定或操作的问题,为此,研究者还必须将其转化为明确的操作定义。

操作定义(operational definition)就是用可感知、可度量的事物、事件、现象和方法对变量或指标做出具体的界定、说明。比如,用韦氏智力测验分数代表学生智力水平,用各科成绩的平均数代表学生的学习成就,用学生到校率、迟到和早退的次数与时数、上课认真听讲情况、作业完成的认真程度等具体和可感知的现象代表学习态度。

操作定义与抽象定义是相对应的,与后者相比具有以下特征:

第一,在定义的内容上,操作定义是用具体的事物、现象或方法来说明变量或概念,而抽象定义则采用概念、同义语进行说明。

第二,在定义的方法上,操作定义采用经验的方法,即可直接感知和度量的方法,而抽象定义则使用逻辑的方法。

第三,在定义的着重点上,操作定义着重于界定变量或指标的外延或操作过程,而抽象定义则着重于揭示变量或指标的内涵和本质。

从上述分析可以看出,操作定义的最大特征就是可观测性,做出操作定义的过程就是将变量或指标的抽象陈述转化为具体操作陈述的过程。

2.操作定义的作用

在心理学研究中,操作定义具有十分重要的作用。

第一,有利于提高研究的客观性。由于操作定义是用看得见、摸得着的具体事物、现象、方法来界定、说明研究变量或指标,这就使得研究变量或指标成为可直接感知、操作的东西,有利于提高研究的客观性。

第二,有利于研究假设的检验。检验研究假设就是要看它对变量间关系的预测是否正确。要做到这一点,最关键的一步就是要对变量进行测量。而对变量进行测量的直接前提就是给变量做出恰当的操作定义。如果不能给变量做出明确的操作定义,就难以对研究假设进行检验。

第三,有利于提高心理学研究的统一性。心理学研究对象复杂,所研究的变量、测量的指标含义众多,如果研究者对研究变量、指标理解不同,就可能产生许多研究误差。有了明确的操作定义,不同研究者对不同的研究对象进行研究时,就可以按照统一的标准和方法进行研究,提高研究的统一性。

第四,有利于提高研究结果的可比性。心理学研究的许多课题常常需要进行横向对比或纵向对比。如果研究变量、指标无明确的、统一的操作定义,那么在不同研究地点或不同时间所得的研究结果就无法进行比较,自然也就无法达到研究的预期目标。

第五,有利于研究的评价,结果的检验和重复。给研究变量、指标下了明确的操作定义,也就提供了它们的具体含义、如何获得等方面的详细信息,有助于其他研究者对研究进行评价,或进行重复研究以检验研究结果的可靠性。在实际研究工作中,对同一问题的研究有时会得出不同的结论,变量与指标、操作定义的不同是常见的原因之一,这在评价得出不同结论的同类研究时尤需注意分析与考虑。

3. 操作定义设计的原则

科学地设计操作定义,必须遵循以下两条基本原则。

第一,对称性原则。给变量或指标设计出来的操作定义必须与其抽象定义的内涵相对称,而不能过宽或过窄。其原因在于,抽象定义决定着操作定义的本质内容,操作定义是抽象定义在研究过程中的具体体现。例如,"智力"的操作定义,一般来说应包括智力测验各项分测验得分之总和或平均,如果仅用词语测验分数代表,就犯了定义过窄的错误;反之,如果将数学能力测验分数和语文能力测验分数之和或平均作为"语文能力"的操作定义,就犯了定义过宽的错误。由此可见,只有与抽象定义的内涵相对称的操作定义,才是真正科学的操作定义。

第二,独特性原则。给变量或指标设计出来的操作定义必须使其具有有别于其他事物、现象的独特特征。比如,在操作上将"儿童攻击性行为"定义为"身体上的进攻(打、踢、咬)、言语上的攻击(大声叫嚷、叫喊名字、贬低人)以及侵犯别人的权利(如用暴力抢走别人的东西)"。一般来说,变量或指标的操作定义越独特,所包含的信息就越多越具体,因而就能更明确无误地与其他事物、特征区分开来,增加变量和研究的可重复性,提高研究的内部效度。但是,同时也必须看到,操作定义的独特性越大,就会大大限制研究变量、指标的普遍适用性和代表性,从而降低研究的外部效度。这样,在设计变量或指标的操作定义时,研究者就面临内部效度要求增大独特性和外部效度要求降低独特性的矛盾,这需要根据不同的研究目的、结论概化程度等因素做出抉择,或有所偏重,或争取二者适中。

4. 操作定义设计的方法

设计操作定义的方法很多,下面几种是比较常见的基本方法。

(1)方法与程序描述法

方法与程序描述法是通过特定的方法或操作程序来给变量下操作定义的一种方法。在心理学研究中,特别是在实验研究中,研究者常常要采用一定方法或程序去引起拟研究现象或状态的发生。如通过一定方法或程序使被试产生挫折、紧张、焦虑状态。在这种情况下,设计操作定义的关键不是对挫折、紧张、焦虑等心理状态本身做出描述,而是要创造或找到一种能引起上述状态的特定方法或程序。就是说,按照特定方法或程序去操作,就可以保证某种拟研究现象或状态的产生和存在。

(2)动态特征描述法

动态特征描述法是通过描述客体或事物所具有的动态特征来给变量下操作定义

的一种方法。比如,按照此方法,"一个聪明的人"在操作上可定义为善于解决问题、运算灵活、记忆速度快的人;"饥饿的老鼠"在操作上可定义成为得到食物而每分钟压低杠杆10次以上的老鼠。在心理学研究中,作为主要研究对象的人,具有许许多多的动态特征,并通过行为客观地表现出来,因此,动态特征描述法在设计操作定义时应用得比较普遍。

(3)静态特征描述法

静态特征描述法是通过描述客体或事物所具有的静态特征来给变量下操作定义的一种方法。比如,按照此方法,在操作上可将"一个聪明的人"定义为知识渊博、词汇丰富、运算技能多、记忆东西多的人。在心理学研究中,研究者常采用静态特征描述法,通过描述客体或事物的静态构造性质、内在品质和特征等,来给变量下操作定义。该方法与动态特征描述法的区别在于,动态特征描述法主要描述客体或事物具有的能动的、动态的行为表现,侧重的是过程;而静态特征描述法则主要描述客体或事物已经具备的静态特征和内在性质,侧重结果。静态特征描述法适用于采用测验法进行的研究,可以用来定义各种类型的变量。许多测验量表、研究问卷中的具体问题、项目的陈述,都是按照这种方法设计的。

对上述三种操作定义设计的方法加以分析,就不难看出:设计操作定义不外乎就是用可感知、可度量的具体事物(如学生的具体年龄、具体学习成绩分数),或具体现象(如迟到、早退、旷课、逃学、违反纪律次数),或具体方法与程度来描述、说明变量;同一概念、变量可以用不同的方法下操作定义;有的操作定义易于设计,简单、明了,有的则较复杂,设计起来难度较大。在研究中,研究者应善于选用最适宜的方法给假设的变量设计操作定义,使变量能被具体、客观的指标明确界定与测量。

第四节 无关变量的控制

在任何心理学的具体研究中,都存在着影响研究结果的大量多种多样的无关变量。提高研究的科学性,实质上就是要采取一定的方法、程序来消除或控制影响研究结果正确性的各种无关变量。为此,就必须了解无关变量的类别、效应,掌握控制无关变量的设计方法。

一、无关变量的主要类别

在心理学研究中,无关变量的类别很多,下面从五个方面做一简要概述。

(一)被试方面存在的无关变量

被试方面的无关变量,有的与被试长期的、稳定的特点有关,有的与被试在研究过程中的生理、心理状况有关。其类别很多,主要有以下几方面:①参与研究的动机。其直接影响着被试在研究中完成有关工作的态度、认真程度、注意力、持久性等。②焦虑。焦虑过高或过低,都会影响被试的操作水平,焦虑与被试的能力、抱负水平、对研究目的的认识和熟悉程度等有密切关系。③有关经验。被试是否参加过类似研究,对研究的内容、程序、反应方式是否熟悉,均会影响研究结果,"顺序效应"即属此类。④性格特点。被试性格特点不同,对待研究的态度、主试的态度、反应方式的特点等都会有所不同。⑤生理状态。生病、疲劳、失眠等生理因素也会影响研究结果。⑥被试的反作用。当被试知道研究的目的或自己正被研究时,可能会对研究产生许多心理反作用,并由此影响研究结果,"霍桑效应"与"安慰剂效应"即是此种反作用的典型表现。

(二)主试方面存在的无关变量

主试的性别、外表、言谈举止、态度、暗示等都有可能影响研究结果。此外,知晓研究目的的研究者做主试时,还可能自觉不自觉地产生"实验者效应",干扰研究结果。

(三)研究设计方面存在的无关变量

这方面的无关变量主要有:①研究方法本身不完善;②测量仪器、设备的安排、布置、调整不当;③测量工具不完善,如题目用词模棱两可、难度不当、指导语不明确;④被试选取、研究时间和环境选取等方面存在的不足;⑤研究程序安排不当。

(四)研究实施环境条件方面的无关变量

研究实施环境中的许多因素,如温度、光线、声音、布置、熟悉性、桌面好坏、空间阔窄等,均可能影响被试的行为与操作水平。此外,在研究实施现场发生的意外事件,如停电、有人生病、有人大声说话、计时表停了、仪器发生故障、临时发现题目印刷不清或装订错误等,也都会影响研究水平。

(五)数据处理方面存在的无关变量

在对研究数据进行定性与定量分析时,如果方法不当,也将影响研究结果。这方面的无关变量包括分类不合理、评分出现错误或标准不统一、统计方法使用不当等。

无关变量存在于整个研究过程的各个方面、各个环节。除上述五个方面的无关变量之外,还有许多影响研究结果的无关变量。在进行研究设计时,应当加以辨别,周密考虑,避免有所遗漏。

二、无关变量的两种影响

无关变量可产生两种影响:一是造成研究结果不一致;二是造成研究结果不准确。二者统称为研究误差。根据误差效应是否恒定、有无变化的规律,研究误差可分为随机误差和系统误差。

随机误差(random error)又叫可变误差,是由偶然、随机的无关变量引起的,较难控制。随机误差使对同一事物、现象或特征的多次测量与研究得出不一致的结果,其方向和大小的变化完全是随机的,无规律可循。

系统误差(systematic error)又叫常定误差,是由常定的、有规律的无关变量引起的。系统误差稳定地存在于每一次测量和研究结果之中,使得研究者对同一事物、现象或特征的多次测量与研究结果虽然一致,却不准确,其方向和大小的变化恒定而有规律。

从上可见,系统误差只影响研究结果的准确性,但不影响研究结果的一致性;而随机误差则既影响研究结果的准确性,又影响其一致性。与研究的信度与效度结合起来分析,就可发现,系统误差只影响研究的效度,但不影响信度;而随机误差则既影响研究的效度,又影响信度。在前面介绍的各类无关变量中,有的是随机、偶然的,可引起随机误差;有的是恒定、有规律的,可引起系统误差;还有的因在某一时间、一定条件下可能是随机、偶然的,而在另一时间、另一条件下则可能变成恒定、有规律的,因此,在不同时间、条件下,可引起不同的误差。

在实际研究中,辨别和控制随机误差和系统误差的难易程度不同。由于随机误差使对同一事物、现象或特征的多次研究结果不一致,因而易于识别;另一方面又由于它的变化是随机的,这样,当研究对象足够多或重复测量的次数足够多时,该误差便可相互抵消。而系统误差并不是每一次都引起研究数据的变化,因此不易被研究者察觉。就控制而言,有的系统误差可用平衡措施加以抵消,而有的则必须消除。

三、无关变量的控制

(一)排除法

排除法(elimination method)就是通过采取一定措施,将影响研究结果的各种无关变量排除,是控制无关变量的最主要、最理想、最基本的方法。

排除无关变量的方法多种多样,因无关变量产生原因的不同而有所不同。比如,为了消除"实验者效应""霍桑效应",可采用"双盲程序";为了消除被试不合作与不认真态度、各种心理反作用,可设法与被试建立良好的合作、信任关系,向他们讲明研究的科学意义;为了消除主试方面的一些无关变量,可加强对主试的训练,使其按规定程序操作;为了消除研究设计、数据分析方面的无关变量,可尽力完善测量工具,做到科学取样,分类合理,评分标准客观统一;为了消除研究实施环境条件和过程中的各种无关变量,可充分做好研究的各种准备工作,选择好研究场所,避免意外事件发生;为了消除无关视觉刺激与听觉刺激,可在暗室、隔音室中进行研究;为了消除过去经验或知识的影响,可选用新生儿,或生下来即被放在暗室中隔离饲养的动物,或刚做了复明手术的先天盲患者为被试。

在心理学研究中,指导语在消除无关变量方面起着重要的作用。研究者借助于指导语,一方面向被试介绍研究的目的、意义及基本情况,以消除被试的紧张、焦虑,取得被试的信任与配合,使他们在研究中态度认真、集中精力;另一方面向被试交代任务,说明他们在研究中应遵循的程序、如何填写问卷、填写方式如何、如何操作仪器、如何做出反应,从而消除被试因不明白在研究中应如何做时产生的各种随机与系统误差。制定和向被试交代指导语时应注意以下几点:①指导语应简要说明研究的基本情况;②指导语应明确说明要被试做什么和如何做;③指导语应简单、明了,少用专业术语,以保证每一位被试对其均有相同的理解;④指导语应标准化、前后一致,对所有被试一样,不可任意改动其内容;⑤交代后应让被试重述指导语,以检查其是否真正理解与记住。

(二)恒定法与平衡法

恒定法(constant method)指采取一定措施,使某些无关变量在整个研究过程中保持恒定不变。它也是控制无关变量最基本的方法。在心理学研究中,许多无关变量是无法消除的,如被试的年龄、性别、身高、体重、遗传、性格、能力、知识经验、动机、情绪、研究场所的一些条件与特征(如温度、湿度、光照)等。在这种情况下,就需要采用恒定法,使研究环境、测量的仪器与工具、指导语、主试、研究时间对不同被试或研究安排保持恒定,通过固定其效果来达到控制无关变量影响的目的。比如,使研究在同一时间、同一房间内进行。

平衡法(balancing method)就是对某些不能被消除,又不能或不便保持恒定的无关变量,通过采取某些综合平衡的方式使其效果平衡而对它们进行控制的方法。平衡法的具体方式很多,主要有对照组法和循环法。对照组法的基本设计思想是,按随机原则建立两个被试组。除研究变量因素外,在其他无关变量的效果方面均相等,两组结果之差,可以认为是研究变量之差造成的。在实验研究中,对实验组与对照组结果的比较和对实验处理效果的检验,也是以此思想为基础的。循环法主要用于平衡顺序效应。在心理研究中,当被试接受两种以上实验处理、先后呈现两种以上不同刺激或依次评价研究对象时,就会产生顺序效应,即先前的处理或反应对随后的处理或反应发生影响。在这种情况下,需采用循环法,变动变量项目或被试的顺序,以平衡顺序效应。变动的方式可采用拉丁方设计。下面是两个拉丁方设计的例子(见图3-1)。

```
    4×4                    5×5
A  B  C  D         A  B  C  D  E
B  A  D  C         B  A  E  C  D
C  D  B  A         C  D  A  E  B
D  C  A  B         D  E  B  A  C
                   E  C  D  B  A
```

图 3-1　拉丁方设计示例

(三)统计控制法(statistical control method)

当无关变量的影响无法消除或难以控制,而其影响已经测定和已知时,可用统计的校正或调整将这些影响从研究结果中排除。比如,在一项比较两种教学方式效果优劣的研究中,由于实验班原来的学习成绩、学习能力等变量不等,此时可求出原来的学习成绩或学习能力与实验效果的相关系数,应用协方差分析把这些变量的影响加以统计的控制。统计控制的方法除协方差分析外,还可用偏相关等方法。在采取问卷、测验的研究中,涉及的变量较多,可使用结构方程模型控制无关变量并分析变量间关系,一般需要较大的被试量。

第五节　研究设计的标准

研究设计的主要目标是提高整个研究的科学性水平,即保证研究结果、结论能真实地反映人的心理活动规律。研究的信度和效度正是用来评价研究和研究结果是否客观有效的科学性标准。研究中的每一个步骤都会影响研究的信度、效度,包括被试、主试、研究情境、研究设计等多种因素,因而对研究信度、效度的考虑要贯穿于研究设计各个环节的始终。要做到这一点,就必须在设计每项心理学的具体研究时贯彻客观性原则,强调研究的信度和效度。

一、研究的信度

研究的信度(reliability)是指研究所得事实、数据的一致性和稳定性程度。一项科学的心理研究,其结果必须稳定可靠,即重复研究的结果要保持稳定、一致,否则便不可信。例如,用同一思维研究工具在前后相隔较短的时间内测查某一年龄的儿童两次,结果发现两次测查结果不一致,第一次测查结果表明被试未达到逻辑思维水平,第二次结果却发现他们已达到逻辑思维水平。由于被试的思维水平在较短的时间内相对稳定,因此,两次结果的差异不可能来源于被试思维水平的发展变化,而只能来源于无关因素。因此,上述研究结果显然不可靠,将其作为被试思维发展的水平,就会导致错误结论的得出。因此,研究结果的稳定性和一致性是保证研究科学性的重要先决条件。

要保证研究的信度,研究工具首先必须准确、可靠,如果研究工具和仪器自身信度较低,就不宜用于研究。此外,研究结果的稳定性、一致性还会受到研究实施过程中各种因素的影响。如被试方面的因素有身心健康状况、动机、注意力、持久性、对待研究的态度等;主试方面的因素有不按规定程序实施研究、制造紧张气氛、给予特别帮助、评判主观等;研究设计方面的因素,有研究材料取样不当、题目过少、问题陈述不清等。研究实施方面的因素有研究环境的各种难以控制的变化条件等。在心理学研究中,要提高研究的信度,就必须注意上述各种因素的控制。

根据影响信度的误差来源,可以把信度划分为两大类:稳定性和同质性。稳定性(stability)指研究结果跨时间、跨情境的一致性。如果研究结果在不同时间、同一总体的不同样本群体中以及不同的评分者等条件下均保持一致,表明研究结果未受施测条件、被试身心状态、样本取样、研究者等方面可能误差的影响,具有很强的稳定性。同质性(homogeneity)指研究工具本身各项目内容的一致性。如果研究工具不同项目均围绕同一核心内容,则研究工具内部具有同质性,表明研究结果不受来自研究工具方面的可能误差的影响。

判定研究工具或研究结果信度的方法很多,主要有以下几种。

(一)复审法

指运用重复测量、重复研究的方法,在相同条件下采用相同方法进行两次以上的研究,然后考察它们能否取得相同结果。根据重复研究结果的一致性程度,可以直接判定研究工具或研究结果的信度水平,它是判定研究信度的基本方法。

(二)相似法

指通过比较同质或类似研究工作,或同类研究结果的一致性程度,来判断研究工具或研究结果的可靠性。目前,绝大多数心理学领域的具体研究都没有被重复,使得研究者难以确定有关研究的信度。因此,在这种情况下,将某一特定研究的结果与国内外同类研究的结果进行比较(相似法)是判定研究信度的常用方法。

(三) 独立评判法

即两个或两个以上的研究者同时对一个被试的行为、操作水平等各种表现进行独立判断或评价，然后比较他们之间的一致性，此法可以判定研究者之间一致性程度。目前，在采用观察法、访谈法、测验法等方法进行的研究中，日益注重观察者、评定者和记分者之间的信度。

二、研究的效度

效度（validity）通常指一个测量工具能够度量出其所要测量的事物或达到某种目的的程度。效度涉及两个基本问题：一个测量工具所要度量的事物是什么？其对所要度量的事物实际上测量得如何，即准确性怎样？就整个研究而言，研究的效度是指研究真实、准确地揭示了所研究问题的本质及其规律的程度，即研究结果符合客观实际的程度。效度是对研究结果准确性的评价，而信度则是对研究结果一致性（即稳定性）的评价。二者的关系是，信度是效度的基础，效度是信度的目的。由于研究的高效度必然以研究的高信度为前提，因此，效度可以说是评价研究设计与结果的最根本标准。

研究的效度主要有构想效度、内部效度、统计结论效度和外部效度四种。

（一）构想效度

进行理论构思，是研究设计工作中的首要内容。研究的构想效度（construct validity）是指理论构思的合理性及其转换为抽象与操作定义的恰当性程度，涉及建立可观测指标的理论设想及其操作化等方面的问题。

要使研究具有较高的构想效度，需要做好以下几点：①理论构思必须结构严谨、符合逻辑、层次分明，形成某种"构想网络"。②对研究的各种变量做出明确、严格的说明。③给变量下明确的操作定义，并制定相应的、客观的测量指标。④要消除或控制影响构想效度的各种因素。

影响构想效度的因素主要有以下几种：①对构想缺乏明确的说明，概念解释模糊，逻辑关系不清，层次不明。②单一方法和操作引起的偏差。对构思进行设计与测量时，如果采用单一方法或单一指标去代表，分析多维、多层次、多侧面的复杂心理活动，就会产生单一方法和单一操作偏差，削弱研究的构想效度。避免方法是用多种方法、多种指标，从不同角度分析所假设的理论构思。③构想水平之间的混淆。对变量之间的关系进行理论构思时，有时需要在不同的水平上假设不同的关系。例如，低、中、高三种强度的应试动机与考试成绩之间的关系是不同的，此时如果不加区分地进行总体分析，就可能产生构想水平之间的混淆，使研究者不能揭示变量在不同水平上

的真正关系,降低构想效度。④研究过程中主试的期望、被试因猜测而发生的心理与行为的改变、不同实验处理之间的交互作用等都会影响研究的构想效度。

总之,心理学研究中常常包含着复杂的、多维度的理论构思,如何提高研究的构想效度,改变目前许多心理学研究构想效度不够科学的状况,是心理学研究者在进行研究设计时需要加以特别重视的问题,也是提高研究理论水平的核心点。

(二) 内部效度

内部效度(internal validity)是指在研究的自变量与因变量之间存在一定关系的明确程度,其涉及的问题有:①所研究的两个或多个变量之间是否存在一定的关系?特别是研究的自变量与因变量之间是否有关系?②是否可以确证是自变量的变化引起了因变量的变化?其确切程度如何?一项研究的内部效度很高,就意味着在实验处理或条件控制方面具有某种效果,表明在研究或实验的设计和实施时的各种无关变量得到了较好的控制或排除,无关变量对研究结果没有影响或影响很小,研究变量之间(尤其是自变量与因变量之间)的关系是确定的、真实存在的。内部效度的目的是保证研究变量之间关系的确定性。对实验而言,就是要保证因变量的变化确实由自变量引起。在实际研究过程中,除自变量外,任何其他无关变量都可能对因变量产生影响,其效果与自变量的效果混淆在一起,使研究者难以判断研究变量之间关系的确定性,或对其关系做出错误的结论、推论。因此,要使研究有较高的内部效度,就必须控制各种无关变量,消除它们对研究结论的影响。

在心理学研究中,影响内部效度的因素主要有以下八种。

第一,成熟因素。在研究期间内,被试的身心功能(如运动协调性、语言表达能力、逻辑思维能力)会随着时间的推移而发生系统的变化(提高或降低),对于某些有实验处理、干预的研究来说,由于研究周期较长,对被试行为的测量是在前后两个不同时间点进行的,其效果就易受成熟因素的影响,从而降低内部效度。解决方法是设立未进行实验处理的控制组进行比较。

第二,历史因素。在研究所处的某一时间区间内,所发生的各种社会生活事件都可能影响被试的行为,混淆实验处理的效果,降低研究的内部效度。在研究儿童心理发展的一般正常过程或评估某些干预措施的效果时,尤须查明历史影响因素,并判断其对结果的作用。

第三,被试选择上的差异。对被试进行分组时,如果未采用随机挑选或随机分配的方式,就可能使各被试组之间在初始状态就存在各种系统差异(如能力、知识经验水平),从而影响对自变量效果或变量间关系的判定,降低内部效度。

第四,研究被试缺失产生的效应。在一些时间跨度较长的研究中,常常会出现被试数量减少的现象,如被试毕业离去、搬家、转学、调动工作、生病、结婚、发生事故、死亡、合作性差等。不同被试组缺失的原因和数量可能是不同的,这些均可能会影响研究的内部效度。

第五,前测的影响。对于有前测和后测的研究来说,前测经验可能会提高被试在后测时的分数。如在一项培养逻辑思维能力的研究中,事前测验暗示了事后测验的内容。

第六,实验程序不一致或处理扩散产生的效应。研究过程中,实验仪器控制方式不一致、测验程序的细微变化、实验处理的扩散与交流等都可能抵消、降低或夸大实验处理的效果,损害研究的内部效度。

第七,统计回归效应。在进行重复测量时,初测时获高、低极端分数者的成绩会出现向平均值移动的现象,即随着时间推移高分者成绩下降,低分者成绩升高。这种自然倾向被称为"统计回归效应"。研究中,如果选择具有极端特征的个体为被试,并建立对照组(如比较高成就动机组与低成就动机组、高焦虑组与低焦虑组、高收入组与低收入组),就可能发生此效应,混淆实验处理的效果,降低研究的内部效度。

第八,多种研究条件与因素间的交互作用。许多研究对不同条件或因素的效应进行比较,而在研究过程中往往会由于测试程序、变量控制和实验安排等方面原因造成多种条件与变量之间的交互作用,影响研究的内部效度。

实际上,在不同的心理学具体研究中,影响内部效度的因素种类、数量、作用大小可能是不同的,需要研究者根据具体情况加以分析、预估、识别,并采取相应措施予以控制或消除,以提高研究的内部效度。

(三)统计结论效度

统计结论效度(statistical validity)是检验研究结果的数据分析程序与方法有效性的指标,研究的基本问题是研究误差、变异来源与如何恰当地运用统计显著性检验。例如,当研究样本较小时,由于样本成分与测量的波动性较大,具有不稳定性,此时如果用统计显著性水平做推论是不可靠的。在这种情况下,应该运用功效分析,考虑一定的样本大小、变异程度和 α 水平上能够检验出多大的效应。

影响统计结论效度的因素主要有以下几种:①数据的质量差。数据分析程序效度或统计结论的有效性以数据的质量为基础。在一项研究中,如果所采用的测量工具信度较低,就会增大测量的标准误差。同样,如果实施实验处理的方式不够标准化,实验过程受到其他随机无关因素的影响,也会增大变异。这些都会影响数据的质量(如分布特征、信度和效度),进而降低统计结论效度。②违反统计检验的假设。分析数据的各种统计方法,都有其明确的统计检验假设或适用条件,只有满足了一定的假设和条件之后,才能用它们对数据进行分析,做出合理的、有意义的解释。如果在分析数据时违反有关统计检验的假设或条件(如违反对数据正态分布的要求,违反对数据定距水平的要求),就会降低统计结论效度。③统计检验能力低。在统计学上,不犯Ⅱ类错误的概率(1－β)反映着正确辨认真正差异的能力,因而被称为统计检验力。如果真实差异很小时,某个检验就能以较大的把握接受它,说明这个检验的统计检验力比较大。在研究中,当样本小而α值定得较低时,犯Ⅱ类错误的可能性就增加;如果α值定得较高,又容易犯Ⅰ类错误,这些都会降低统计检验能力,影响统计结论效度。

针对上述几类主要影响因素的分析可以发现,要提高统计结论效度,首先要保证数据的质量,这是统计结论效度高的必要前提。其次要明确各种统计检验方法的基本假设和适用条件,并根据数据的具体特征选用适宜的统计程序。此外,还应注意适当增大样本容量,当样本较小时,要进行统计功效分析,而不能仅凭统计显著性水平做出推论。

(四)外部效度

研究的外部效度(external validity)是指研究结果能够一般化和普遍化到样本的总体和其他同类现象中去的程度,即研究结果的普遍代表性和适用性,可细分为总体效度和生态效度两种。

总体效度指研究结果能够适用于样本所代表的总体的程度。要使研究结果适用于总体,就必须从总体中随机选取样本,使样本对总体具有代表性。如果研究所选样本有偏差或数量太小,不足以代表总体,其结果就难以对总体特征进行概括。

生态效度是指研究结果能够概括化和适用于其他同类现象的程度。要使心理学研究结果能推广到真实生活情境中,就必须考虑如何使进行某一特定研究的条件与情境对真实生活有一定的代表性。

心理学研究的重要目标是揭示心理活动的一般的、普遍的规律。因此,提高研究的外部效度具有十分重要的意义。一项研究的内部效度再高,如果其结果仅局限于特定的被试、测量工具和研究程序和特定的研究条件,那么从获取一般知识和揭示普遍规律的角度来说,其价值可能很低,甚至毫无价值。正因为如此,研究者往往对揭示普遍规律表现出更大的科学兴趣,不少心理学研究者认为研究的外部效度与内部效度同等重要,甚至比内部效度更重要。近年来跨文化研究的兴起,正是这一特点的反映。

总的来说,影响研究外部效度的因素主要有以下几种:①研究被试的代表性差。②研究变量的抽象与操作定义不明确,测量方式信度、效度差,致使研究可重复性较差。③研究对被试的反作用。在实际研究过程中,研究本身(如对被试行为、态度的测量)也能改变被试的典型行为。④事前测量与实验处理的相互影响。⑤多重处理的干扰。当被试多次接受实验处理或短时间参加多个实验时,就会因参加实验经验增多、各项处理的相互影响等形成干扰效应。⑥实验者效应。指实验者本身的个性、动机、情绪及其他细微而无意的行为影响被试,把研究目的、对结果的期望等信息无意中传递给被试。⑦研究与实际情景相差较大。⑧被试选择与实验处理的交互作用。指研究被试的各种特征(如年龄、动机、对研究的态度)会使实验处理的效果具有特定的含义,影响研究结果的普遍性。

要提高研究的外部效度,必须注意在研究中消除和控制上述各种影响因素。其中最关键的一环就是做好取样工作。取样不但包括被试的取样,而且包括有代表性的研究背景(如工作场所、学校、家庭、实验室)、研究工具、程序和研究时间等的选取。取样的背景越广泛,与实际情境越接近,研究结果的可用性、适用性、推广性就越强。因此,如何提高研究外部效度,必须在收集数据以前,即在研究设计时予以认真考虑。

需要注意的是,研究的构想效度、内部效度、统计结论效度和外部效度是相互联系、相互影响的。四种研究效度的相对重要性,主要取决于研究的具体目的和要求。一般来说,可以在保证研究内部效度和构想效度的情况下,提高统计结论效度和外部效度。但是,从影响研究效度的因素可知,用于提高某种研究效度的措施,很可能降低另一种研究效度。因此,研究者需要明确不同效度的优先顺序,在不同的措施之间做出适当权衡,避免不必要的效度损失,并采取相应措施,尽力提高研究的各种效度。

本章思考与练习

1.研究设计主要包括哪些方面的要点?请从中国知网中搜索2篇心理学领域的实证性研究报告,仔细阅读并整理其研究设计,然后进行比较。

2.研究变量的类型有哪些?在上述整理的研究设计中,主要涉及了哪些变量?根据文献,试提出相关变量的操作性定义。

3.研究取样的方法有哪些?试举例说明。

4.研究中的无关变量的主要来源有哪些?无关变量带来的误差该如何控制?试举例说明。

拓展阅读

罗杰·霍克.(2015).改变心理学的40项研究.北京:中国人民大学出版社.

该书以专题的形式介绍了心理学史上最有名的40项研究。每个专题包含4个具体研究,研究的内容包括题目、研究者、研究背景、理论假设、研究方法和结果、研究发现的意义、相关研究和近期应用以及作者结论。该书填补了心理学教科书和心理学研究之间的沟壑,从历史的角度展示了心理学各领域具有重大影响的研究,并介绍了这些研究的后续进展和相关研究。有助于读者由点及面,了解心理学研究的思路、方法及理论传承。

参考文献

董奇.(2004).心理与教育研究方法.北京:北京师范大学出版社.

董奇,申继亮.(2005).心理与教育研究方法.杭州:浙江教育出版社.

刘电芝.(2011).教育与心理研究方法.合肥:安徽教育出版社.

尼尔·萨尔金德.(2011).心理学研究方法精要.北京:中国人民大学出版社.

童辉杰.(2011).心理学研究方法导论.北京:中国人民大学出版社.

王重鸣.(2001).心理学研究方法.北京:人民教育出版社.

辛自强.(2012).心理学研究方法.北京:北京师范大学出版社.

约翰·肖内西,尤金·泽克迈斯特,珍妮·泽克迈斯特.(2015).心理学研究方法.北京:人民邮电出版社.

第四章 实验法

目　次

第一节　实验法概述
　一、实验法的概念和逻辑框架
　二、实验研究的变量
　　（一）自变量
　　（二）因变量
　　（三）无关变量
　三、实验设计的类型
　　（一）前实验、准实验与真实验设计
　　（二）单因素设计和多因素设计
　　（三）被试间、被试内和混合设计

第二节　准实验设计
　一、时间序列设计
　二、相等时间样本设计
　三、不等两组前后测设计
　四、不等两组前后测时间系列设计
　五、交叉滞后组设计

第三节　真实验设计
　一、被试间设计
　　（一）单因素被试间设计
　　（二）两因素被试间设计
　二、被试内设计
　　（一）单因素被试内设计
　　（二）两因素被试内设计
　三、混合实验设计
　　（一）两因素混合实验设计
　　（二）三因素混合实验设计

第四节　应用范例
　平面香水广告版面设计的眼动研究

文本结构和时间应激对网页阅读绩效的影响
场认知方式对心理旋转影响的实验研究

本章思考与练习
拓展阅读
参考文献

第四章 实验法

本章导读

实验法是心理学研究中最重要形式之一,也是从自然科学中转借、移植而来的研究方法。实验法作为可以揭示事物或现象间因果关系的方法,在心理学研究的发展中发挥了极其重要的作用。因此,本章将在说明实验法的概念和逻辑框架、变量及其类型的基础上,着重详细介绍各种准实验设计及真实验设计,在介绍各种实验设计逻辑、方案的基础上,列举了各方法的优缺点,适用情景等。

第一节 实验法概述

一、实验法的概念和逻辑框架

心理学中的实验法(experimental research)是指在观察和调查的基础上,对某些实验条件进行操纵和控制,创设一定的情境,探索心理现象的发生发展规律,从而考察自变量和因变量之间因果关系的一种方法。具体而言,实验研究可遵循如下的框架图(图4-1)。

首先,操纵自变量。变量是最主要的实验条件,通过创设或改变实验条件,系统地对被试施加影响,可以观测、比较不同实验条件下因变量的系统变化或差异。例如,如果要研究室内温度是否影响人际信任水平,可以系统地改变温度,即设置不同的温度条件,然后观察在不同温度时,被试表现出的人际信任水平是否有差异性。若因变量出现显著差异,则可推定可能是由自变量所致。这种对自变量的人为操纵是实验研究最突出的特征,在观察、测验、访谈等其他研究方法中是没有的。

其次,控制无关变量。为了确保自变量和因变量关系的纯净性,必须控制实验中

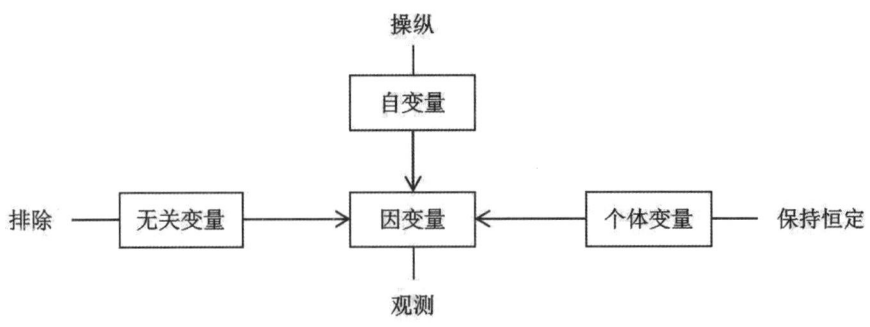

图 4-1 实验研究的逻辑框架

的无关变量。实验过程中存在各种可能导致实验结果变异的其他因素,包括环境中的额外刺激、实验过程带来的无关因素(如练习效应、疲劳效应)等,只有对这些因素的作用进行严格控制,排除或控制无关变量对因变量的影响,才能推论因变量的变化确实是由自变量导致的。在上述温度影响人际信任水平研究例子中,若研究者通过灯泡的发热来操纵温度高低,得出人们在温度较高时表现出更高的信任水平的结果。该结果的内部效度是不高的,因为灯泡不仅提供了热量,还导致了照明条件的改变,这样就可以怀疑人际信任水平的提高不是因为室内温度,而是照明。可见,唯有对无关变量进行严格控制,才能排除其他可能的解释,以确定自变量和因变量之间纯净的因果。

再次,使个体变量保持恒定。在实验研究中,一些个体自身因素(如被试的性别、年龄、教育程度)、与个体因素有交互作用的实验环境因素一般都无法消除,只要被试存在,这些无关因素的影响就存在。这时,可使个体之间或实验组和对照组之间的无关因素情况对等或恒定,就可确保自变量和因变量之间的因果关系,因为一个不变的因素不可能引起因变量的变化。同样,在上述温度影响人际信任水平研究例子中,不同被试原有信任他人的水平就是不同的,但如果每种实验条件下的样本量足够大且被试是按照随机选择和分配的,研究者就可以推定两组被试的基础信任水平是对等的。

最后,观测因变量的变化。在有效操纵了自变量且有效控制了无关变量的情况下,才能对因变量的变化进行观察和测量。观察到因变量系统、稳定的变化后,就能推定是自变量使然。上述人际信任的例子中,可通过真实的信任博弈实验,考察被试愿意投资给陌生人多少钱,投出的钱数就代表了信任水平。如果研究中确实观察到温度不同时投资数额有变化,就可能说明二者的因果关系。

基于上述逻辑框架和要求,实验法不仅如同观察法、测验法、访谈法等一样可以收集相关数据,而且更是一种设计思路和形式,即人为地控制和操作某些变量。从这个意义上讲,实验研究与观察法、测验法、访谈法等并不是并列的。在实验研究中,其他非实验研究方法都可以运用。在实验研究的设计里,也可以嵌套观察、测验、访谈等方法收集资料。

二、实验研究的变量

(一) 自变量

自变量即刺激变量,是由研究者在实验过程中有意操纵以影响因变量的刺激物或刺激条件。例如,在研究室内温度是否影响人际信任水平的实验中,室内不同的温度就是一个自变量,但它们处于不同的水平。自变量的种类很多,但大多学者将其分为刺激特点自变量,如噪声强度、药物剂量;环境特点自变量,如温度、是否有观众在场;被试特点自变量,如年龄、性别;被试暂时特性,如动机、疲劳。

在实验过程中,直接得到的自变量往往不够明确。比如,若研究者要探究疲劳对识记效果的影响,其中的疲劳程度是一个自变量,但疲劳这个概念是十分模糊的,如果不对其进行更明确的定义,该实验难以进行,并且外部效度也会大打折扣。为解决该问题,研究者常常采用明确、统一、可以量化的术语对自变量进行严格的规定,这就是对自变量操作定义的过程。在前面的例子中,如果把疲劳定义为从事某种体力劳动的时间量,那么研究者就可据此操纵这个变量了。在室内温度影响人际信任水平的研究中,可以把室内温度定义为空调调控的不同温度。

自变量的特定值被称为水平。例如,噪声强度可以有 40 分贝和 60 分贝两个水平;药物剂量可以有 0.2 毫克、0.4 毫克、0.6 毫克和 0.8 毫克四个水平;大学年级可以有大一、大二、大三和大四等四个水平;性别有男性和女性两个水平。而上文以温度为自变量的研究中,温度的水平可以有高温和低温两个水平,也可以有高温、中温和低温三个水平。可以看出,任一研究中的自变量至少具有两个水平数。另外,自变量水平的数目不宜过多,在与方差分析结合的实验设计中,自变量水平的数目是有限的,一般不超过 8 个。

自变量的选择与确定需要考虑以下几个方面的因素。

首先是理论因素。研究者应结合研究目的和已有的理论,提出研究假设,即对变量之间的因果关系做出假设,从而初步选择出自变量和因变量。

其次是实验设计因素,即实验设计是否恰当地控制了各种无关变量造成的误差。例如,有研究者要考察不同性别的主试对被试完成某项任务的效果的影响,此时自变量为主试性别,因变量为被试完成任务的效果。显然,被试性别是影响其完成任务效果的重要无关变量之一,如果在实验设计中不加控制,势必会影响对自变量与因变量关系的揭示。因此,有必要将被试性别带来的变异从组内变异中分离出来,方法之一就是将被试性别也作为一个自变量,该实验设计就成为两因素实验设计。

再次是可行性问题。从理论上讲,将所有影响因变量的因素作为自变量加以操作是最理想的实验设计。但是,各因素的作用程度往往是不相等的,对其平均地加以研究是不可行、不经济的。这就要求研究者结合相关理论和假设,从中精选出主要影响因素加以研究。此外,心理学研究中的某些因素难以操纵,往往将其作为无关变量加以控制,而不是作为自变量。

(二)因变量

因变量即反应变量,是由自变量引起的某种特定反应,自变量和因变量是相互依存的,即没有自变量就没有因变量,没有因变量也无所谓自变量。在实验过程中,自变量通常需要通过一定的程序创设或改变,而因变量需要观测,即精确客观地记录其变化,以确定自变量对因变量的影响程度或造成的效应大小。例如,要对观看暴力电视的儿童和没有观看暴力电视的儿童的攻击行为进行观测,可把他们带入与电视场景类似的情景中,然后观察他们是否表现出攻击行为以及攻击行为的强度和性质等。

为了更好地观测及控制因变量,可采用以下几种方法。

1.反应控制。实验者将被试的反应控制在主试所设想的方向上,一般通过指导语来实现。一个规范的指导语应内容明确、完整、简洁、标准化。

2.选择恰当的因变量指标。在实验中,被试的反应(因变量)应当和自变量一样能够具体度量,同样需要一个操作性定义,即选择恰当的因变量指标。一个恰当的因变量指标必须满足下列标准:①有效性,即是指标充分代表当时的现象或过程的程度,也称为效度。反应指标的效度直接关系到实验的效度。为了使所用的指标具有较高的效度,应了解指标本身的意义是什么、此指标的变化意味着什么、利用此指标对所研究的现象最多能了解到什么程度、有何局限性、如何补救。②客观性,即所选指标客观存在,可以通过一定的方法观察到。反应时、反应频率、完成量等都是客观存在的指标,可以用客观的方法测量和记录。一个客观的指标可以在一定的条件下重现。这样的指标能经得起检验,使实验能够重复进行,结果可以验证。③数量化,指标能数量化,也就便于记录、便于统计。量化的指标才能进行比较。

3.避免量程限制。在实验中,若反应指标的量程不够大,造成被试的反应停留在指标表的最顶端或最底端,将使指标的有效性遭受损失,这被称为天花板效应和地板效应。这两种效应都阻碍了因变量对自变量效果的准确反应,应努力避免。通常的方法是尝试着先通过预实验设计去避免极端的反应,然后再试着通过测试少量的先期被试来考察他们对任务操纵的反应情况。如果被试的反应接近指标量程的顶端或底端,那么实验任务就需修正。

(三)无关变量

无关变量,也称干扰变量、额外变量或控制变量,指在实验中除自变量之外所有可能对因变量产生影响的变量。无关变量的来源有:①被试方面,如年龄、性别、文化、身体状况,以及被试的情绪、动机、兴趣、态度等;②环境方面,如实验场所的噪声、照明、温度等;③主试方面,如主试的态度、语言的准确性、操作是否熟练等;④时间方面,如自然成熟、练习、疲劳。无关变量在实验中需要严格控制,如果对这些变量缺乏控制,会直接影响实验结果,从而降低实验的内部效度。对无关变量的控制技术主要有以下几种:

1.排除法

排除法是把无关变量从实验中排除出去,是最优的策略。例如,如果外界的噪声和光线影响实验,最好的办法就是进入隔音室或暗室,这样可以把无关因素排除掉。再如,为了消除实验者效应、被试身上的霍桑效应,可以采用"双盲法",使被试和实验员都不知道研究的真实内容和目的,从而避免主试、被试双方因为主观期望所引发的无关变量。从控制变量的观点来看,排除法确实有效,但所得结果外部效度较低,常常难以推广。

2.恒定法

若某种无关变量的影响不能被排除,则要使之在实验过程中保持恒定不变,即恒定法。例如,当实验中的强度变化的噪声无法消除时,研究者通常采用噪声发生器发出恒定的噪声来加以掩蔽。用恒定法控制无关变量也有缺点,如实验结果不能推广到无关变量的其他水平上去,操纵的自变量和保持恒定的无关变量可能产生交互作用。

3.匹配法

匹配法(matching method)是使实验组和对照组中的被试属性相等的一种方法。使用该方法时,先测量被试身上与实验任务呈高相关的属性,然后根据所测得的结果将被试分成属性相等的实验组和对照组。在实验中,力图使所有的额外变量均匹配相等而编成两组是很困难的,并且一些中介变量诸如动机、态度等是无法找到可靠依据进行匹配的。在实际运用中,匹配法常常配合其他技术共同使用。

4.随机化法和抵消平衡法

随机化法(randomizing method)是把被试随机地分配到各种实验条件下的技术。

若每个被试进入每个实验条件的概率相等,那么来自被试的各种无关变量也平衡地存在于不同的实验条件下,这些无关变量不会造成实验结果的系统误差。在样本量较大的情况下,随机分配被试的方法足以平衡大部分无关变量的影响。而抵消平衡法(counterbalancing method)指采用某些综合平衡的方法,使无关变量的效果互相抵消,达到控制无关变量的目的。例如,ABBA法和拉丁方设计法。

三、实验设计的类型

实验设计有广义和狭义之分。广义的实验设计是研究者在实验开始前所作的各项具体计划,包括提出问题、把问题转化为变量间的关系、形成研究假设、操纵自变量、控制无关变量、观察因变量、分析实验数据以及从数据推理结论的过程。狭义的实验设计是指合乎逻辑地配置或安排实验所包含的各种条件,从而使得研究者能够将因变量上的变化归于自变量的操纵。在心理学研究报告中,方法部分的内容、统计分析与狭义的实验设计总是密不可分的。实验设计的最终目的是建立变量之间的因果关系,这种目的一般通过系统操纵或改变自变量,同时严格控制各种无关变量,在此基础上观察因变量的变化来实现。根据不同的标准,实验设计的分类也不同,以下主要介绍在心理学实验中常用的几种实验设计类型。

(一)前实验、准实验与真实验设计

根据对无关变量的控制程度,是否随机选择和分配被试,能否主动操纵实验变量及操纵的程度,可将实验设计分为前实验、准实验和真实验三类。

前实验设计(pre-experimental design)是一种最为原始的实验类型。由于缺乏对无关变量的控制,实验组和对照组中的被试没有随机选取和分配,内部效度很低,自变量和因变量之间的因果关系并没有得到严格控制,这类研究算不上是实验研究,故称为前实验或非实验。这种情况下,研究者被局限于根据对已有重要现象的观察和测量,做一些因果性的推测。但应该认识到在科学知识的发展中,非实验设计方法也有特殊的重要性,它对发现现象、提出假设都有启发意义。前实验设计主要有三种类型,即单组后测设计、单组前后测设计和固定组比较设计。

准实验设计(quasi-experimental design)能够控制一部分随机因素,但没有对被试进行随机选择和分配,不能完全主动地操纵自变量,对无关变量的控制具有一定局限性。由于课题性质和客观条件的限制,心理学研究有时难以严格控制变量。在这种情况下,利用准实验设计在一定程度上把实验控制到基本合理的限度之内是非常有必要的。准实验设计包括时间序列设计、相等时间样本设计、不等两组前后测设计、不等两组前后测时间系列设计和交叉滞后组设计等类型。

实验研究中的实验设计一般指真实验设计(experimental design),是在随机化原则基础上选择和分配被试,严格而充分地控制各种影响内部效度的无关变量,以获取比较准确的实验结果的一种设计。真实验设计主要包括单因素完全随机设计、完全随机析因设计、单因素随机区组设计、区组析因设计四种主要类型,每种类型下又有许多具体类型。

上述三类实验设计的区别是导致实验研究"因果力"存在差异的根本原因。其中,设计良好的真实验能非常有力地得出因果关系,准实验在获得因果关系上有一定的效力,而前实验的因果效力较差,甚至只是为获得因果关系提供猜想方向。

(二)单因素设计和多因素设计

按照实验中所包含的因素(自变量)数目,实验设计可分为单因素设计和多因素设计两类。单因素实验设计(single-factor experiment design)是指实验中的自变量只有一个,自变量的水平可以是两个或两个以上。多因素实验设计(multiple-factor experiment design)是指实验中含多个自变量,被试接受几个自变量水平结合的实验处理。多因素实验设计不仅可以对各个变量的主效应进行分析,还可探讨这些变量共同起作用时的交互作用效应。

当心理学研究者同时考察两个因素的影响时,常常发现这样的情况,即一个因素的影响只表现在另一个因素的某个水平上,而在其他水平上并没有表现出来;或一个因素在另一个因素不同水平上对自变量的影响差异显著。例如,与正常讲授教学方法相比,使用独立学习和讨论的教学方法可能提升高能力学生的学习成绩,却可能使低能力学生的学习成绩下降。这种复杂的效应在单因素实验设计中无法被察觉,但会在多因素设计中体现出来。可见,自变量水平的交互作用往往比自变量的主效应能够提供更多信息。

(三)被试间、被试内和混合设计

按被试接受处理或处理结合的情况,或者按实验比较究竟是在被试之间进行还是在被试内部进行,实验设计可分为被试间、被试内和混合设计三类。

被试间设计(between-subjects design)是指实验中每个被试只接受一种自变量的水平或自变量水平的结合,完全随机、随机区组和拉丁方设计都属于被试间设计。被试间设计又叫非重复测量实验设计,实验中的自变量为被试间变量。被试间设计的优点是不存在实验处理之间相互"污染"的问题,而劣势是对实验中被试带来的无关变量控制得不够理想,即被试间个体差异可能混入实验条件的影响中而难以区分。当所研究的因素为被试变量(如年龄、性别)时,比较只能在不同被试之间进行。另外,当所研究的因素为刺激(或任务)变量时,若每名被试只能接受一种水平或水平的结合,或者说只能参加一个条件的实验,此时不同条件之间的比较也只能在不同被试之间进行，即只能选择被试间设计。

近年来，重复测量实验设计（repeated measurement design）成为实验设计发展的一个趋势。被试内设计（within-subjects design）是重复测量实验设计的一种形式，把随机区组设计进一步发展，即由一个被试（而不是一组同质被试）接受所有的自变量水平，或自变量水平的结合，其实验中的自变量被称为被试内变量。这种设计将被试的个别差异从被试（组）内变异中分离出来，提高了实验处理的效率。但是，该设计因为被试（组）要接受多个实验处理并重复测量，可能导致练习效应或疲劳效应，从而影响结果的可靠性。因此，选用被试内设计是有一定条件的，若实验存在学习、记忆效应，就不能使用被试内设计。

混合设计（mixed design）一般涉及两个或两个以上自变量的处理，而每个自变量采用的实验设计又是不同的，即该设计既有被试内变量，又有被试间变量。在混合实验设计中，对于实验中的被试内变量，每个被试接受所有的自变量水平或自变量水平结合的处理；对于实验中的被试间变量，每个被试仅接受一个自变量水平或自变量水平结合的处理。例如，在一个 2×3 两因素混合设计中，A 因素是被试间变量，有 a_1、a_2 两个水平，B 因素是被试内因素，有 b_1、b_2、b_3 三个水平。实验中应将被试随机分为两组，一组被试接受 a_1 水平与 B 因素所有水平的结合，即 a_1b_1、a_1b_2 和 a_1b_3 的处理。另一组被试接受 a_2 水平与 B 因素的所有水平的结合，即 a_2b_1、a_2b_2 和 a_2b_3 的处理。混合设计是重复测量实验设计的复杂形式，是最具实用价值的实验设计。

第二节　准实验设计

在心理学研究中，有时无法运用随机化原则和方法来选择和分配被试。例如，当考察一种新式思维训练方法是否能提高学生的数学成绩时，由于实验前班级的学生是固定的，不可能采用随机化的方法形成实验组和对照组，这时准实验设计便是一种可行的方法。准实验设计是介于前实验设计和真实验设计之间的实验研究设计，它对无关变量的控制比前实验设计要严格一些，能对一部分无关变量进行控制，但不如真实验设计对无关变量控制的充分和广泛。准实验设计运用原始群体（比如一个班级、一个部门、一个小组）作为被试，而不是随机安排被试进行处理，一般无法对被试进行随机取样、分配，设立的对照组是静态或不相等的。为克服或减少上述缺陷的影响，准实验设计力图通过程序的改变、测量的调整等来提高对无关变量的控制。同时，准实验研究作为一种有效的研究手段，不仅适用于现场背景的研究，也可以在某些模拟的实验室中进行。

准实验设计有许多类型，其中应用最多的主要是以下几种。

一、时间序列设计

时间序列设计(time series design)是指对一组非随机取样的被试实施实验处理,并在实验处理前后周期性地做一系列观察或测量,然后分析前后测量结果是否具有非连续性,从而推断实验处理的效果。时间序列设计的基本模式如下:

一系列前测──→实验处理──→一系列后测

例如,对某班中学生连续进行几个单元的学习测验,然后进行某项教改,该教改结束后再连续进行几个单元的学习测验,比较教改前后几个单元的学习测验结果。如果后面几个单元的测验成绩显著高于前面几个单元的测验成绩,则可推断教改取得了效果。可以看出,这种设计是单组设计,只有一个实验组,需要一系列的前测与后测(如图4-2)。

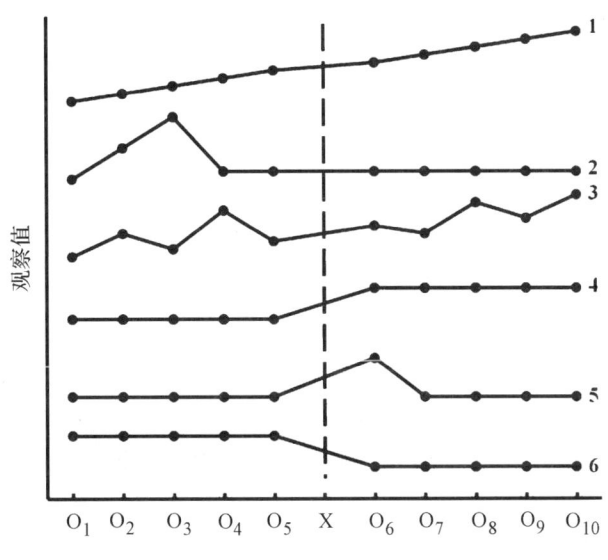

注:$O_1 \sim O_{10}$:观察与测定;X:实验处理。

图4-2 时间序列设计可能的结果模式

对于时间序列设计结果的分析和解释不能只看实验前后的两次观测结果的比较,而更要考察前后一系列观测分数的整体变化趋势。图4-2提供了6种可能的结果模式。结果1~3中,因变量的观测数据基本上是前后连续变化的,说明实验处理是无效的;结果4~6中,因变量的观测数据的变化具有不连续性,表明实验处理是有效的。其中,结果4说明实验处理有稳定的正效应,结果5说明处理只是临时有效,结果6说明处理产生了负面效果。

时间序列设计由于采用了一系列的前测和后测,成熟、历史因素和练习效应都得到一定的控制,但是时间序列设计没有设置对照组,不能控制与实验处理同时发生的偶发事件的影响,不能排除那些与自变量同时出现的额外变量的影响。此外,被试在该设计的实验过程中反复接受测量,也可能降低或增加被试对测验的敏感性,从而影响实验结果的客观性。时间序列设计是在一些行为矫正的小样本研究中逐渐发展起来的,适用于小样本研究。该设计的实验结果一般以时间作为自变量,时间点作为水平,进行单因素方差分析,考察实验处理在各时间点的效果变化。

二、相等时间样本设计

相等时间样本设计(equivalent time sample design)是指对一组被试选取两个相等的时间样本,在其中一个时间样本里出现实验变量,而在另一个时间样本中不出现实验变量,其基本模式如下:

$$X_1O_1 \quad X_0O_2 X_1O_3 \quad X_0O_4$$

其中 O_1、O_3 表示被试接受实验处理 X_1 后的观测结果,O_2、O_4 表示被试在无实验处理 X_0 下的观测结果。通过对两种实验条件下的结果进行分析比较,从而可考察实验处理产生的效应。通过对多次测量的差异进行比较,不仅可以检验实验处理的效果,也可对实验安排的顺序效应进行分析。相等时间样本设计有效地控制了历史、成熟因素的影响,其内部效度较高,但其外部效度可能受到实验安排产生的霍桑效应、练习效应、疲劳效应、实验变量的交互作用等影响。此外,这种设计一般适用于一次实验处理对被试心理、行为只有暂时影响的研究。

相等时间样本设计获取的实验数据可以从三个方面进行统计分析:①对两种实验条件下的观测结果进行比较,即用 O_1、O_3 的平均值与 O_2、O_4 的平均值进行比较,以分析实验处理和控制条件的效果差异性。②对两种实验条件下的顺序效应进行分析。这种方法同样是比较 O_1、O_3 的平均值与 O_2、O_4 的平均值,来确定顺序效应的大小。③对实验条件和顺序效应的交互作用进行分析,进一步检验不同的实验条件在不同时间序列上产生的不同效应。

三、不等两组前后测设计

不等两组前后测设计(nonequivalent-two groups pretest-posttest design)设置了对照组和前后测,但对照组和实验组的被试不是通过随机抽样和分配获得的。其基本模式如下:

实验组:前测 O_1 实验处理 X 　后测 O_2
对照组:前测 O_3 　　　　　　后测 O_4

从该模式中可以看出,该设计包括一个实验组和一个对照组,有前后测的比较,基本符合了典型实验的结构及其逻辑框架。然而,两组被试并非随机选取和分配的,不能严格控制被试自身的无关因素,故只能视为准实验。此类设计通常用在现存班级、企业、小组等无法保证随机取样和分组的情况下。在该设计中,研究者通过前测可取得两组是否等价或具有某种差异的指标,以提供固定整组在控制机体变量和因变量方面的最初数据,作为两个整组之间进行比较的基础。

由于该设计中增加了对照组和前后测的结合,从而可以控制历史、成熟、测验以及仪器等因素的干扰。相对于前实验设计有了很大的完善,但还不如真实验中的前后测设计。因为该设计的不等组没有使用随机化的方法来选择或分配被试,因而选择、成熟以及选择与实验处理的交互作用可能会降低实验的内部效度。又由于实验组、对照组都使用前测,因而该实验的结果不能直接推论到无前测的情境中,即也会影响实验的外部效度。

一般情况下,不相等实验组对照组设计的统计分析方法是对两组前后测的分数变化进行比较,即 O_2-O_1 和 O_4-O_3 比较,从而估计出实验处理的效果。可以采用独立样本 t 检验和协方差分析检验两组变化平均数的差异是否显著。

四、不等两组前后测时间系列设计

不等两组前后测时间系列设计(nonequivalent-two groups pretest-posttest of time series design)是将前面的时间系列设计和不相等实验组对照组设计结合起来的一种设计,其基本模式如下:

实验组:一系列前测──→实验处理──→一系列后测

对照组:一系列前测─────────→一系列后测

从该模式中可以看出,该设计既采用了系列前后测,又设置了非随机分配的对照组,不仅能了解每组的一系列观测成绩的变化趋势,还能比较两组的一系列前后测成绩,以估计实验处理的效果。同时,该设计能更好地控制历史、成熟、选择与成熟的交互作用等无关因素的影响。但是,系列测量可能引起的疲劳效应、练习效应等仍会影响实验处理的效果。

这种设计的统计方法一般是分别计算实验组和对照组的前测成绩平均数−后测成绩平均数再加以比较,从测量结果的变化说明处理的效果。也可以比较两组之间的一系列时间的前测或后测,以判断实验组和对照组接受不同处理所产生的效果。

五、交叉滞后组设计

交叉滞后组设计(cross-lagged panel design)的基本原理是通过对两个变量 A 与

B 的两次测量,然后对几个相关系数进行分析比较,以确定变量之间关系。"交叉滞后"意指一些数据点被视为滞后的结果变量,其设计模式如图 4-3。

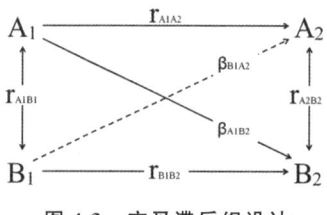

图 4-3　交叉滞后组设计

在图 4-3 中,A 和 B 代表两个变量,每一个都先后进行两次单独测量,分别记作 A_1、A_2 和 B_1、B_2。图中包括三对相关关系:稳定性相关、同步相关和交叉滞后相关。

两个稳定相关系数是 $r_{A_1A_2}$ 和 $r_{B_1B_2}$,通过比较大小,可以得知 A 因素和 B 因素在时间维度上的相关稳定性,分别涉及 A_1 和 B_1、A_2 和 B_2 之间的相关。两个同步相关系数是 $r_{A_1B_1}$ 和 $r_{A_2B_2}$,通过比较大小,可以得知 A 因素和 B 因素在时间维度上的相关稳定性,分别涉及 A_1 和 B_1、A_2 和 B_2 之间的相关。两个交叉滞后相关系数是 $\beta_{A_1B_2}$ 和 $\beta_{B_1A_2}$,表示两个数据点之间的关系,分别涉及 A_1 和 B_2、A_2 和 B_1 之间的关联。

这种设计中,研究者感兴趣的不是稳定性相关和同步相关,而是交叉滞后相关,即 $\beta_{A_1B_2}$ 和 $\beta_{B_1A_2}$,当交叉滞后相关有显著差异时,具有因果关系的意义。在此基础上,研究者可分别构建 A_1 对 B_2 的回归方程,B_1 对 A_2 的回归方程,若 $\beta_{A_1B_2}$ 显著而 $\beta_{B_1A_2}$ 不显著,则存在交叉滞后效应,即 A 与 B 具有准因果关系。

第三节　真实验设计

真实验设计,即通常所说的实验设计,综合采取了随机取样、前测和对照组等手段对影响内部效度的无关变量采取严格的控制并有效地操纵研究自变量。心理学研究中的真实验设计按被试接受实验处理的情况可以分为三大类:被试间设计、被试内设计和混合设计。真实验设计体系见图 4-4。

一、被试间设计

在被试间设计中,不同的被试接受不同的自变量水平或自变量水平结合的实验处理。在这种设计中,由于被试是随机取样并随机安排到不同实验处理,因而也称为完全随机化设计;各实验处理组之间相关性不显著,因而又称为独立样本设计。对被试间设计的数据进行统计分析时,通常是对实验组和对照组的结果进行差异显著性

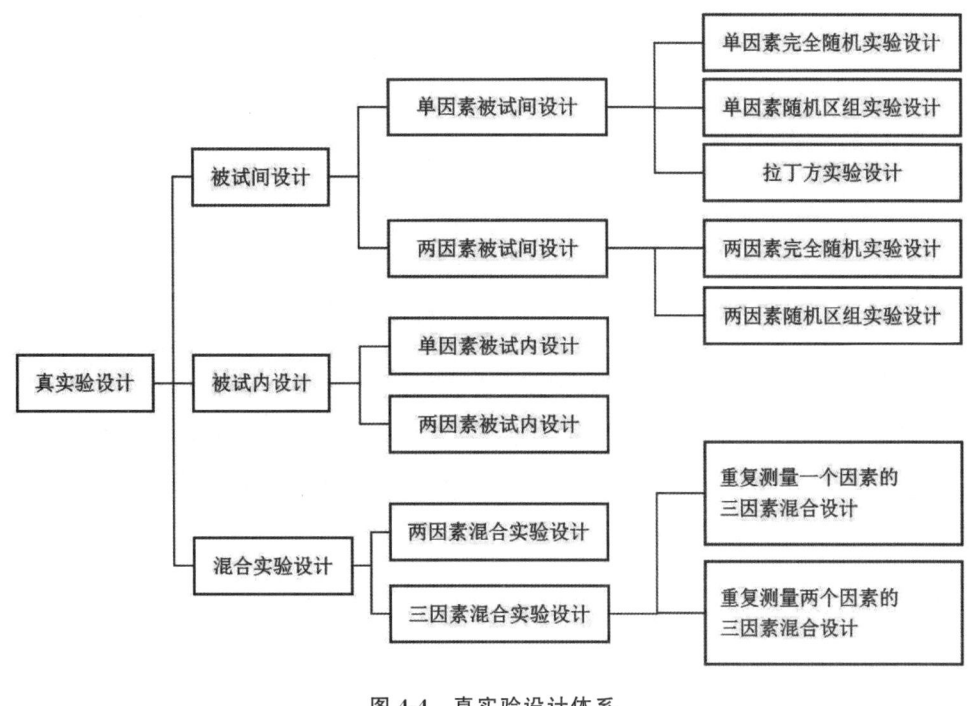

图 4-4 真实验设计体系

检验或方差分析,如果差异显著,就表明实验处理有效。而对该设计的结果进行解释和概括结论时,要结合被试赖以取样的总体,不能超过总体范围。根据设计中所包含的因素数目是一个还是多个,被试间设计可分成单因素被试间设计和多因素被试间设计两类,而单因素和多因素被试间设计又可分为多种。下面主要介绍单因素和两因素被试间设计。

（一）单因素被试间设计

1.单因素完全随机实验设计

单因素完全随机实验设计适用于这样的研究:研究中有一个自变量,自变量有两个或多于两个水平($p \geqslant 2$)。它的基本方法是:把被试(实验单元)随机分配给处理(自变量)的各个水平,每个被试只接受一个水平的处理。完全随机实验设计是用随机化的方式控制误差变异的。它假设,由于被试是随机分配给各处理水平的,被试之间的变异在各个处理水平之间也应是随机分布、在统计上无差异的,不会只影响某一个或几个处理水平。该设计分配被试的示意图例如图 4-5。

a_1	a_2	a_3	a_4
S_1	S_2	S_3	S_4
S_8	S_7	S_6	S_5
S_9	S_{10}	S_{11}	S_{12}
S_{13}	S_{14}	S_{15}	S_{16}

图 4-5 单因素完全随机实验设计的模式图

图 4-5 中显示了单因素完全随机实验设计的特点：实验中只有一个自变量，自变量有 4 个水平，每个处理组有 4 个被试，每个被试接受一个处理水平，16 个被试参加了实验。

当一个研究要探讨文章的生字密度对学生阅读理解的影响时，研究者假设阅读理解随着文章中生字密度的增加而下降。该实验中的自变量为生字密度，并将生字密度分为四种水平：5∶1（a_1）、10∶1（a_2）、15∶1（a_3）、20∶1（a_4），因变量是被试的阅读理解的测验分数。实施实验时，研究者将 32 名被试随机分为四组，每组被试阅读一种生字密度的文章，并回答阅读理解测验中有关文章内容的问题。这是一个典型的单因素完全随机设计。虽然研究者不再检验实验中其他因素的影响，但实际上存在着多种可能对因变量产生影响的无关变量，例如：文章的长度、文章的主题熟悉性、文章类型等，以及被试的年龄、受教育程度、阅读能力等。这时，控制无关变量可做的工作之一是在选取四篇文章时，使它们在除生字密度以外的其他方面尽量匹配。真实验设计的相关实验数据的计算通常都可用方差分析进行计算，而该例子中的单因素完全随机实验设计的平方和与自由度分解图解如图 4-6。

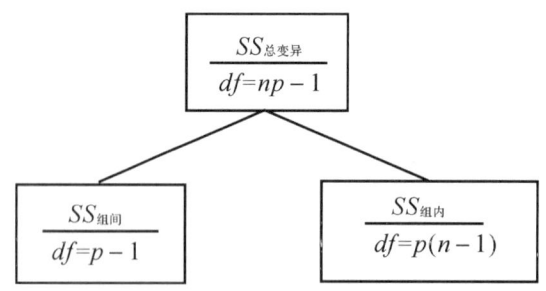

注：df：自由度；p：水平数；n：总被试数。

图 4-6 单因素完全随机实验设计的平方和与自由度分解

其中，各个平方和的含义为：

$SS_{总变异}$——总平方和或总变异是实验数据中所有的变异，包括实验处理效应、无关变异和误差变异。

$SS_{组间}$——组间平方和，或处理平方和，指所有由于实验处理引起的变异，在单因素设计中指 A 因素的处理效应。

$SS_{组内}$——组内平方和，或误差平方和，指所有不能用实验处理解释的变异，它可能包括被试个体差异、其他无关变异和实验误差。在单因素完全随机实验中，不再对组内平方和做进一步分离，因此在总变异中减去组间平方和就是组内平方和。

2. 单因素随机区组实验设计

心理学研究中，被试的个体差异是误差变异的重要来源。它常常会混淆实验处理的效应，因此是无关变异。随机区组设计使用区组方法减小误差变异，即用区组方法分离出由无关变量引起的变异，使它不出现在处理效应和误差变异中。

单因素随机区组设计适用于这样的情景：研究中有一个自变量，自变量有两个或多个水平（$p \geq 2$），研究中还有一个无关变量，也有两个或多个水平，并且自变量的水平与无关变量的水平之间没有交互作用。当无关变量是被试变量时，一般首先将被试在这个无关变量上进行匹配，然后将它们随机分配给不同的实验处理。这样，区组内的被试在此无关变量上更加同质，它们接受不同的处理水平时，可看作不受无关变量的影响，主要受处理的影响，而区组间的变异反映了无关变量的影响，可以利用方差分析技术区分出这一部分变异，以减少误差变异，获得对处理效应的更精确的估价。另外，环境因素也是潜在可考虑的区组变量，例如，每天的时间、地点、仪器等方面的因素也可以进行区组，以减少误差变异，时间是一个特别的有效的区组变量，因为它常常还会带来一些附加的变量，如身体的周期、疲劳等。该设计的被试分配如图 4-7。

	a_1	a_2	a_3	a_4
区组 1	S_{11}	S_{12}	S_{13}	S_{14}
区组 2	S_{21}	S_{22}	S_{23}	S_{24}
区组 3	S_{31}	S_{32}	S_{33}	S_{34}
区组 4	S_{41}	S_{42}	S_{43}	S_{44}

图 4-7 单因素随机区组实验设计模式图

从图 4-7 中可以看出实验中有一个自变量，自变量有 4 个水平。实验中还有一个无关变量，将 16 个被试在无关变量上进行匹配，分为 4 个区组，每个区组内 4 个同质被试，随机分配每个被试接受一个处理水平。

用文章的生字密度对阅读理解影响的研究做例子。由于考虑到学生的智力可能对阅读理解检测分数产生影响,但它又不是该实验中感兴趣的因素,研究者决定把学生的智力作为一种无关变量,通过实验设计将它的效应分离出来,以更好地探讨生字密度对阅读理解的影响。研究者选用了单因素随机区组实验设计。这时,研究假设,实验的自变量、因变量都是不变的,只是增加了一个无关变量。在实验实施前,研究者首先给 32 个学生做了智力测验,并按智力测验分数将学生分为 8 区组,然后随机分配每个区组内的 4 个同质被试分别阅读一种生字密度的文章。该单因素随机区组实验设计的平方和与自由度分解图解如图 4-8。

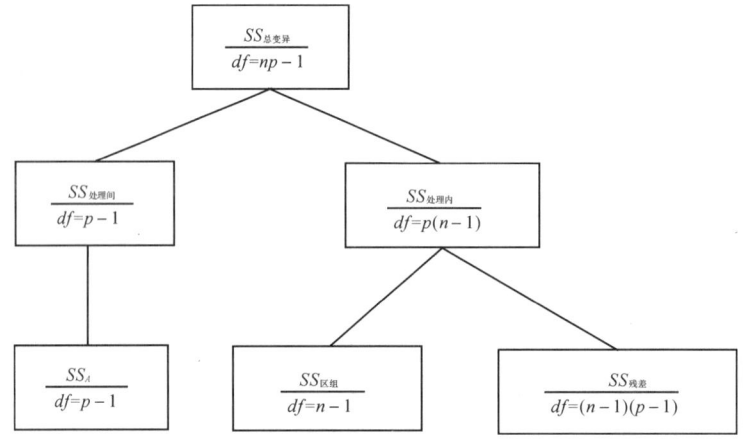

注:df:自由度;p:水平数;n:总被试数。

图 4-8 单因素随机区组实验设计的平方和与自由度分解图

其中,各个平方和的含义为:

$SS_{总变异}$——总变异是实验数据中所有的变异,在随机区组实验中,总平方和应首先分解为处理间平方和与处理内平方和。

$SS_{处理间}$——处理间平方和指所有实验处理引起的变异,在单因素设计中仅指 A 因素的效应 SS_A。

$SS_{处理内}$——在随机区组实验中,处理内平方和可进一步分解为两部分:区组平方和与误差平方和。

$SS_{区组}$——区组效应,在该实验中指总变异中由被试智力引起的变异。

$SS_{残差}$——残差指变异中不能被实验处理和区组效应解释的变异。在随机区组实验设计中,接受相同实验条件的同质被试只有一个,因此,不能计算单元内误差,而用残差作为误差变异的估价。残差的计算是从总变异中减去处理效应和区组变异。

随机区组实验设计的优点是,在许多研究情境中,它比完全随机实验设计更加有效。这是由于它使研究者从总变异中分离出了一个无关变量的效应,从而减小了实验误差,可获得对处理效应的更加精确的估价。随机区组实验设计可使用于含任何处理水平数到实验中,并且区组的数量也不受限制,因而有较好的灵活性。随机区组实验设计的缺点是,如实验中含有许多处理水平,可能给形成同质区组、寻找同质被试带来困难。另外,使用随机区组设计比使用完全随机设计有更多的限定,例如,使用随机区组实验设计的前提假设是,实验中的自变量与无关变量之间没有交互作用。如果交互作用是存在的,使用随机区组实验设计是不合适的。这在一定程度上限制了随机区组实验设计的应用。

3.单因素拉丁方实验设计

拉丁方设计是一个含 p 行、p 列,把 p 个字母分配给方格的管理方案,其中每个字母在每行中出现一次,在每列中出现一次。拉丁方实验设计扩展了随机区组实验设计的原则,可以分离出两个无关变量的效应。一个无关变量的水平在横行分配,另一个无关变量的水平在纵列分配,自变量的水平则分配给方格的每个单元。

拉丁方设计被广泛应用于农业和工业研究,以及心理学研究中。这种实验设计适合满足下列条件的实验:

①研究中有一个带有 $p \geq 2$ 个水平的自变量,还有两个带有 $p \geq 2$ 个水平的无关变量,一个无关变量的水平被分配给 p 行,另一个无关变量的水平被分配给 p 列。

②研究者事先假定处理水平与无关变量水平之间没有交互作用。如果这个假设不能满足,对实验中的一个或多个效应的检验可能有偏差。

③随机分配处理水平给 p^2 个方格单元,每个处理水平仅在每行、每列中出现一次。每个方格单元中分配 $n(n \geq 1)$ 个被试接受处理,因此,实验中总共需要的被试数量为 $N = np^2$。

当拉丁方格中的第一行和第一列是按字母排序的时候,叫作标准化方块,图 4-9 是一些标准化方块的例子。

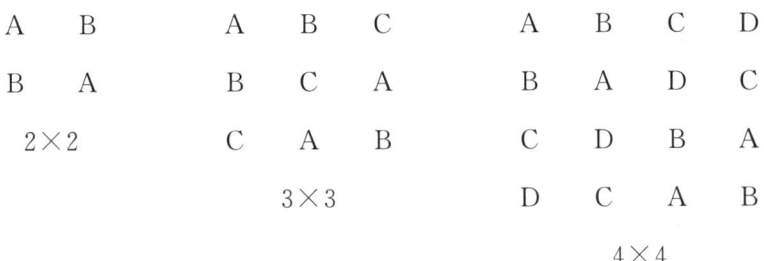

图 4-9 拉丁方格的标准方块

拉丁方格可能的组合随着 p 的增加而迅速增加,如一个 2×2 的拉丁方格可能的组合是2,一个3×3的拉丁方格可能的组合是12,一个4×4的拉丁方格可能的组合是24,……理论上说,使用拉丁方实验设计时应从可能的拉丁方格总体中随机选择一个方格。但当拉丁方格大于5×5后,很难操作。拉丁方格随机化的具体方法为:首先,任意选择一个拉丁方格标准块,然后先随机化标准块的行,再独立地随机化标准块的列。具体如图4-10。

标准块					随机化行					随机化列			
	1	2	3	4		1	2	3	4		4	3	2	1
1	A	B	C	D	3	C	D	A	B	3	B	A	C	D
2	B	C	D	A	1	A	B	C	D	1	D	C	A	B
3	C	D	A	B	2	B	C	D	A	2	A	D	B	C
4	D	A	B	C	4	D	A	B	C	4	C	B	D	A

图4-10 拉丁方格标准化的随机化

单因素拉丁方实验设计的被试分配如图4-11。

	c_1	c_2	c_3	c_4
b_1	a_1 S_1 S_2	a_2 S_9 S_{10}	a_3 S_{17} S_{18}	a_4 S_{25} S_{26}
b_2	a_2 S_3 S_4	a_3 S_{11} S_{12}	a_4 S_{19} S_{20}	a_1 S_{27} S_{28}
b_3	a_3 S_5 S_6	a_4 S_{13} S_{14}	a_1 S_{21} S_{22}	a_2 S_{29} S_{30}
b_4	a_4 S_7 S_8	a_1 S_{15} S_{16}	a_2 S_{23} S_{24}	a_3 S_{31} S_{32}

图4-11 单因素拉丁方实验设计的模式图

从图4-11中可以看出,实验中的自变量A有4个水平,无关变量B和无关变量C也各有4个水平,形成4×4的拉丁方格,32个被试参加了实验,每个方格内有2个被试,每个被试只接受一种独特的实验条件的处理。

研究者在做4种文章的生字密度对学生阅读理解影响的研究时,从4个班随机选取 32 名学生,每个班 8 人,实验在星期三、四、五、六下午分 4 次进行。在这个研究中,自变量——生字密度有 a_1、a_2、a_3、a_4 四个水平,考虑到来自不同班级的学生可能在阅读理解方面存在差异,从而影响实验结果,但班级的差异又不是研究者感兴趣的,可以把班级作为一个带 b_1、b_2、b_3、b_4 四个水平的无关变量。另外,实验时间的不同也可能影响学生的情绪,从而影响实验结果,因此可将实验时间作为第 2 个无关变量,有 4 个水平:c_1、c_2、c_3、c_4。实验实施前,研究者需要首先建构一个 4×4 的拉丁方格标准块,将每个班级的 8 名学生随机分配在 c_1、c_2、c_3、c_4 的拉丁方格中,每个方格中的 2 个学生接受完全相同的实验条件。然后,将拉丁方格标准块随机化,并按随机块的方案实施实验。该单因素拉丁方实验设计的平方和与自由度分解图解如图 4-12。

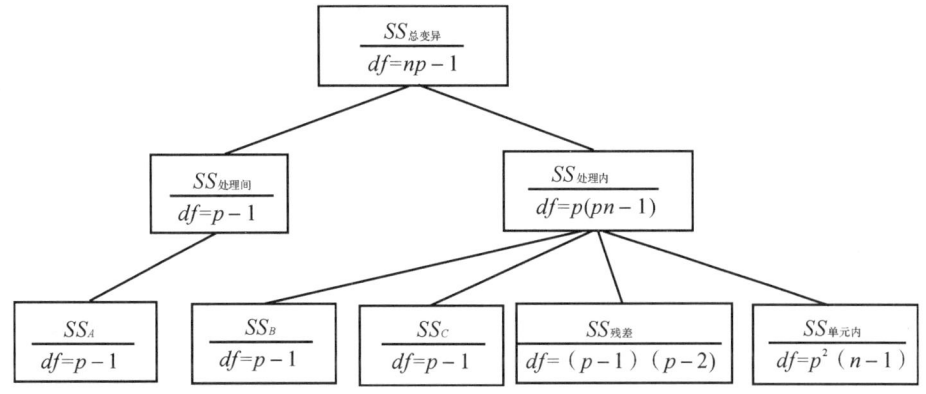

注:df:自由度;p:水平数;n:总被试数。

图 4-12　单因素拉丁方实验设计的平方和与自由度分解图

其中,各个平方和的含义为:

$SS_{总变异}$——拉丁方实验中,总变异应首先分解为处理间平方和和处理内平方和。

$SS_{处理间}$——实验处理引起的效应,在此相当于 A 因素的处理效应 SS_A。

$SS_{处理内}$——在单因素拉丁方实验中,处理内平方和被分解为三部分:无关变量 B 的平方和、无关变量 C 的平方和,以及误差平方和。当方格内被试数量大于等于 2 时,误差平方和可分解为单元内误差和残差两部分。

SS_B、SS_C——无关变量的效应,即总变异中由班级不同、实验时间不同引起的变异。

$SS_{单元内}$——方格单元内误差变异,当同一方格单元内接受同样处理的被试有两个或多个时,拉丁方实验中出现此项误差变异,它是接受相同处理条件的被试之间的实验误差,可用作整个实验中实验误差的估价。当方格单元内仅有一名被试时,拉丁方实验中没有此项误差变异。方格单元内误差变异与完全随机实验中的单元内误差变异性质相同。

$SS_{残差}$——残差变异指除单元内误差变异外,总变异中其余的不能被实验处理和无关变量解释的变异,其中包括 A 因素与无关变量 B 或 C 的交互作用的残差。拉丁方实验中残差变异的性质与随机区组实验中残差变异的性质相同。

拉丁方实验设计的优点是,在许多研究情境中,这种设计比完全随机和随机区组实验设计更加有效,它可以使研究者分离出两个无关变量的影响,因而减小实验误差,可获得对处理效应的更精确的估价。另外,通过对方格单元内误差与残差做 F 检验,可以检验实验设计的正确性。拉丁方实验设计的缺点是,它的关于自变量与无关变量之间不存在交互作用的假设在很多情况下是难以保证的,尤其当实验中含有多个自变量时。因此,拉丁方实验设计在多因素实验中不常使用。另外,拉丁方实验设计要求每个无关变量的水平数与自变量的水平数必须相等,这也在一定程度上限制了拉丁方设计的使用。

(二)两因素被试间设计

1.两因素完全随机实验设计

在一个实验中,研究者同时操纵两个或多个自变量时,应该使用多因素实验设计。与单因素实验设计相比,多因素实验设计的一个明显优点是可以对两个或多个自变量之间的交互作用进行估价,从而可获得比单因素实验更加丰富的信息。下面介绍两因素完全随机实验设计的适用研究条件:

①研究中有两个自变量,每个自变量有两个或多个水平。

②如果一个自变量有 p 个水平,另一个自变量有 q 个水平,实验中含 $p \times q$ 个处理的结合,研究者对所有处理水平的结合效应感兴趣。

两因素完全随机实验设计,即 2×2 被试间设计的基本方法是,随机分配被试接受实验处理的结合,每个被试接受一个实验处理的结合。与单因素完全随机设计不同,在两因素完全随机设计中,每个被试接受的是一个处理的结合,而不是一个处理水平,两种实验设计中分配被试如图 4-13。

从图 4-13 中可以看出,在这两个因素完全随机实验设计中,两个自变量的所有水平的结合都被测量了,这叫作处理水平完全交叉(crossed)。一个两因素完全随机设计需要的被试量是 $N = npq$,其中 n 是接受同一实验条件的被试的数量,p、q 分别是因素 A、B 的水平数。随着 n 的增加,实验中需要的被试数量迅速增加。

| a₁ | a₁ | a₁ | a₂ | a₂ | a₂ |
b₁	b₂	b₃	b₁	b₂	b₃
S₁	S₂	S₃	S₄	S₅	S₆
S₇	S₈	S₉	S₁₀	S₁₁	S₁₂
S₁₃	S₁₄	S₁₅	S₁₆	S₁₇	S₁₈
S₁₉	S₂₀	S₂₁	S₂₂	S₂₃	S₂₄

图 4-13　两因素完全随机实验设计中被试的分配

如果在文章生字密度的研究中,同时探究文章主题熟悉性对阅读理解的影响,可以做一个两因素完全随机实验设计。研究假设是,当文章主题熟悉性不同时,生字密度对阅读理解的影响可能产生变化。研究者可以选择两种类型的文章:主题是儿童不熟悉的(a_1),例如激光技术,和主题是儿童非常熟悉的(a_2),例如春游;使用的三种生字密度是 5∶1(b_1)、10∶1(b_2)和 20∶1(b_3)。这是一个两因素设计,实验中有 6 种处理水平的结合。研究者选择 24 名五年级学生,将他们随机分为 6 组,每组接受一种处理水平的结合。该两因素完全随机实验设计的平方和与自由度分解图解如图 4-14。

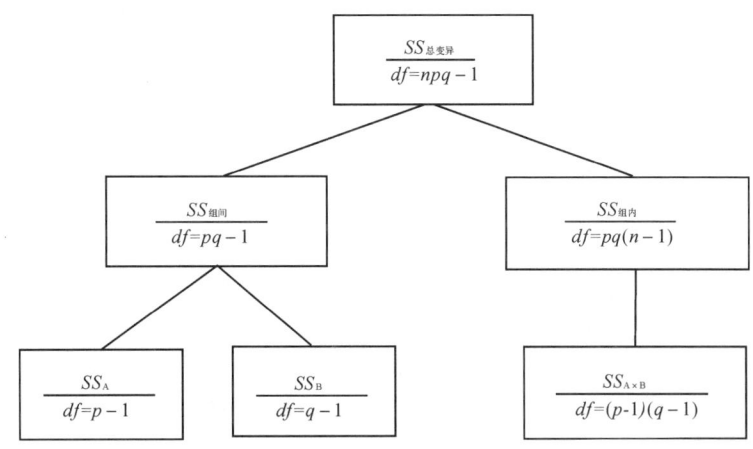

注:df:自由度;p:水平数;n:总被试数。

图 4-14　两因素完全随机实验设计的平方和与自由度分解图

其中,各个平方和的含义为:

$SS_{组间}$——组间平方和指所有由实验处理引起的变异。在两因素实验中它包括 A 因素、B 因素及其交互作用引起的变异。

SS_A——A 因素的处理效应。

SS_B——B因素的处理效应。

$SS_{A\times B}$——A因素与B因素的交互作用。

$SS_{组内}$——组内平方和指实验中接受相同实验处理的被试之间的变异之和,其均方用作A因素、B因素和$A\times B$交互作用的F检验的误差项。

一个两因素实验设计与单因素实验设计最重要的区别是前者可以估价交互作用的影响。交互作用的估价对于研究的深入是非常重要的,在几个因素同时作用的时候,经常会出现这样的情况:一个因素的各个水平在另一个因素的不同水平上变化趋势不一致,以致如果只区分每个因素单独的作用,并不能揭示因素水平之间的复杂关系。例如,在上述文章生字密度研究中,若实验得出数据如表4-1。

表4-1 不同熟悉度和生字密度条件下的阅读理解平均成绩

	b_1	b_2	b_3
a_1	16	16	19
a_2	15	32	48

从图4-15可以看到,在阅读不熟悉文章时,生字密度对阅读理解的影响没有显著差异;在阅读熟悉文章时,随着生字密度的降低,阅读理解成绩逐渐提高。熟悉性与生字密度之间的交互作用表明不同的文章可能适合不同阶段的学习,对词语学习阶段的学生,使用熟悉性高的文章更有助于其理解。显然,这种复杂的关系是不可能在单因素实验中观察到的。

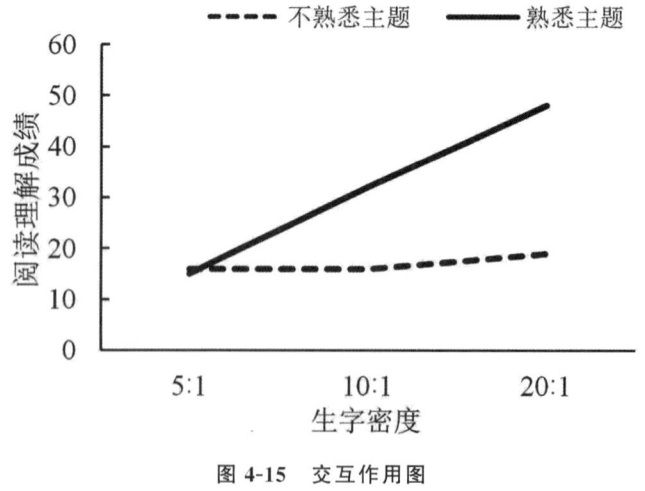

图4-15 交互作用图

2.两因素随机区组实验设计

两因素随机区组设计使用了区组技术,在估价两个因素的处理效应及其交互作

用的同时,还可以分离出一个无关变量的影响。两因素随机区组设计适合用于的研究条件是:

①研究中有两个自变量,每个自变量有两个或多个水平($p \geqslant 2, q \geqslant 2$),实验中含有 p×q 个处理的结合。

②研究中有一个研究者不感兴趣的无关变量,并且这个无关变量与自变量之间没有交互作用,研究者希望分离出这个无关变量的变异。

两个因素随机区组实验设计的基本方法是:事先将被试在无关变量上进行匹配(如果这个无关变量是被试变量),然后将选择好的每组同质被试随机分配,每个被试接受一个实验处理的结合。它的实验设计中分配被试的图解如图 4-16。

	a_1 b_1	a_1 b_2	a_1 b_3	a_2 b_1	a_2 b_2	a_2 b_3
区组 1	S_{11}	S_{12}	S_{13}	S_{14}	S_{15}	S_{16}
区组 2	S_{21}	S_{22}	S_{23}	S_{24}	S_{25}	S_{26}
区组 3	S_{31}	S_{32}	S_{33}	S_{34}	S_{35}	S_{36}
区组 4	S_{41}	S_{42}	S_{43}	S_{44}	S_{45}	S_{46}
区组 5	S_{51}	S_{52}	S_{53}	S_{54}	S_{55}	S_{56}

图 4-16　两因素随机区组实验设计的模式图

从图 4-16 中可以看出,每个区组需要 p×q 个同质被试,随着因素水平数的增加,每个区组内所需的同质被试迅速增加,给选择带来困难。

对于前文例题,若研究者还想进一步分离学生的听读理解能力对阅读理解成绩的可能的影响,他可以把听读理解能力作为一个无关变量,做一个两因素随机区组实验设计。实验设计中自变量文章主题熟悉性有两个水平,另一个自变量生字密度有三个水平。研究者首先将随机选取的 24 名学生按其听读理解测验分数分为 4 个区组,然后随机分配每个区组的 6 名学生,每个学生接受一种实验处理的结合。但做这样的实验设计的前提是,应当事先假设文章熟悉性、生字密度与学生听读理解能力之间是没有交互作用的。该两因素随机区组实验设计的平方和与自由度分解图解如图 4-17。

其中,各个平方和的含义为:

SS_A——A 因素的处理效应。

SS_B——B 因素的处理效应。

$SS_{A \times B}$——A 因素与 B 因素的交互作用。

$SS_{组内}$——在随机区组设计中,处理内平方和被进一步分解为区组效应和残差平

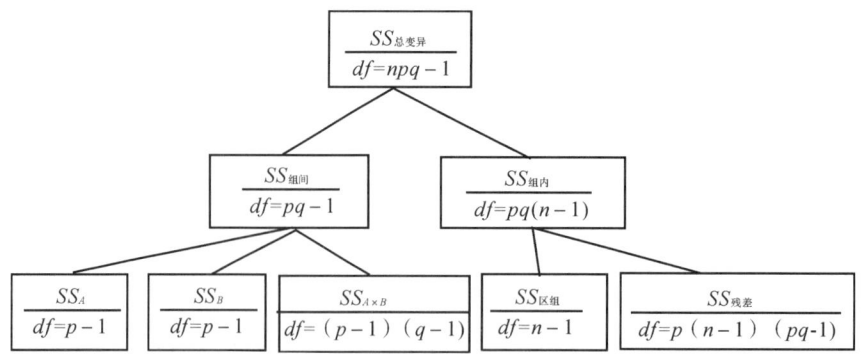

注：df：自由度；p：水平数；n：总被试数。

图 4-17　两因素随机区组实验设计的平方和与自由度分解图

方和两部分。

$SS_{区组}$——区组内被试个体差异导致的变异。

$SS_{残差}$——残差平方和是随机区组设计中的误差变异，它的均方用作 A 因素、B 因素、$A \times B$ 交互作用和区组的 F 检验的误差项。

二、被试内设计

在单因素完全随机实验中，组内变异实际上是由两部分组成的：实验中测量误差引起的变异和未控制的无关变量带来的变异，其中主要是被试个体差异带来的变异。减少误差变异的一个方法是控制个体差异引起的无关变异，达到这个目标的途径之一是使用随机区组设计，而控制个体差异的一个更有效的方法是被试内设计，也叫重复测量实验设计。在一个非重复测量实验设计或被试间设计中，例如前文介绍的完全随机设计和随机区组设计中，一个共同的特点是实验中每个被试仅接受一个处理水平，被试的个体差异带来的变异混杂在误差变异中。被试内设计的基本方法是：实验中每个被试接受所有的处理水平。这种实验设计的目的是利用被试自己做控制，使被试的各方面特点在所有的处理中保持恒定，以最大限度地控制由被试的个体差异带来的变异，具体如图 4-18。

被试呈现顺序	1	2	3	4
$S_1 S_2$	a_1	a_2	a_3	a_4
$S_3 S_4$	a_2	a_1	a_4	a_3
$S_5 S_6$	a_3	a_4	a_2	a_1
$S_7 S_8$	a_4	a_3	a_1	a_2

图 4-18　被试内设计的模式图

使用被试内设计的前提是研究者必须事先假设,当若干处理水平连续实施给同一被试时,被试接受前面的处理对接受后面的处理没有长期影响。重复测量设计在有些情况下是不合适的,当处理的实施对被试有长期影响(如学习、记忆效应)时,不能使用重复测量设计。例如,在一个教学研究中,要比较两种教学方法对学生学习成绩的影响。研究者不能使用同一班学生先后接受两种教学方法然后比较教学方法对学生学习成绩的影响,因为前一种教法教学不可避免地对学生接受后一种教法的教学产生影响。在心理学研究中,许多实验处理会对被试产生学习、记忆效应,因此使用被试内设计要特别谨慎。另外,被试连续接受处理时,会产生练习、疲劳等效应,因此被试内设计需考虑平衡顺序效应的问题。

(一)单因素被试内设计

这种设计的特点是,研究中只包含一个因素,该因素为被试内变量,水平数有两个或多个。

以4种文章的生字密度对学生阅读理解的影响研究为例。为了更好地控制被试变量,研究者仅用8名被试,每个被试阅读4篇生字密度不同的文章(a_1为5∶1,a_2为10∶1,a_3为15∶1,a_4为20∶1),并测他们对各篇文章的阅读理解分数。选择使用重复测量实验设计是由于研究者假设,当实验安排合适时,被试阅读一篇文章不会对阅读另一篇文章产生影响。但是,在这种实验设计中,疲劳效应和顺序效应是必须考虑的。为了减少疲劳效应,研究者决定将4篇文章在四个下午分4次施测。平衡顺序效应的方式有两种:以随机顺序实施4种生字密度的文章,以拉丁方排序实施4种生字密度的文章。后一平衡顺序效应的方法举例如前述图4-18。

该单因素被试内设计的平方和与自由度分解图解如图4-19。

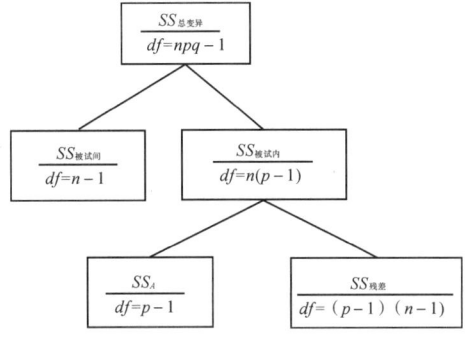

注:df:自由度;p:水平数;n:总被试数。

图4-19 单因素被试内设计的平方和与自由度分解图

其中,各个平方和的含义为:

$SS_{总变异}$——在重复测量实验中,总变异应首先分解为被试间平方和与被试内平方和。

$SS_{被试间}$——被试间平方和,即总变异中所有由被试的个体差异引起的变异。

$SS_{被试内}$——被试内平方和包括同一被试在接受不同实验处理时产生的变异(被试内因素的处理效应),以及偶然因素引起的实验误差。在单因素重复测量实验设计中被试内平方和被分解为两部分:A因素的处理效应和误差变异。

$SS_{残差}$——重复测量实验中的残差变异与随机区组实验中的残差性质相同,重复测量实验方差分析中残差的计算是先从总变异中减去被试间平方和,然后再减去处理效应。由于事先从总变异中分离出了所有的由被试个体差异带来的变异,重复测量实验中的$SS_{残差}$一般很小。

(二)两因素被试内设计

这种设计的特点是,研究中包含两个因素,这两个因素均为被试内变量,每个因素可有两个或更多个水平,适于这样的研究条件有:

①研究中有两个自变量,每个自变量有两个或多个水平,如果一个自变量有p个水平,另一个自变量有q个水平,实验中含p×q个处理的结合。

②研究中的两个自变量都是被试内变量。其基本方法是,每个被试都接受所有的实验处理的结合。实验刺激呈现给被试的先后次序是随机的,或按拉丁方排序的。与两因素完全随机设计相比,两因素被试内设计中分配被试的图解如图4-20。

	a_1			a_2		
	b_1	b_2	b_3	b_1	b_2	b_3
	S_1	S_1	S_1	S_1	S_1	S_1
	S_2	S_2	S_2	S_2	S_2	S_2
	S_3	S_3	S_3	S_3	S_3	S_3
	S_4	S_4	S_4	S_4	S_4	S_4

图4-20 两因素被试内设计的模式图

从图4-20中可以看出,在一个两因素被试内实验设计中,每个被试接受p×q个处理水平的结合。与上文的两因素完全随机设计相比,所需的被试量大大减少。

对上文中的例题,如果研究者想进一步控制被试变量,还可以做一个两因素被试内设计,即把生字密度和主题熟悉性都作为被试内因素。由于主题熟悉性有两个水平:a_1、a_2;生字密度有三个水平:b_1、b_2、b_3,共有 6 个处理水平的结合,这时,只用 4 名被试,每个被试阅读 6 篇文章,其中 3 篇生字密度不同、主题熟悉的,3 篇生字密度不同、主题不熟悉的。做这样的实验设计的前提是,研究者假设被试阅读前一篇文章不会对阅读后一篇文章产生系统的影响。为了克服疲劳和顺序效应,实验分 6 次进行,每个被试每次阅读一篇文章,阅读顺序按拉丁方格平衡。该两因素被试内设计的平方和与自由度分解图解如图 4-21。

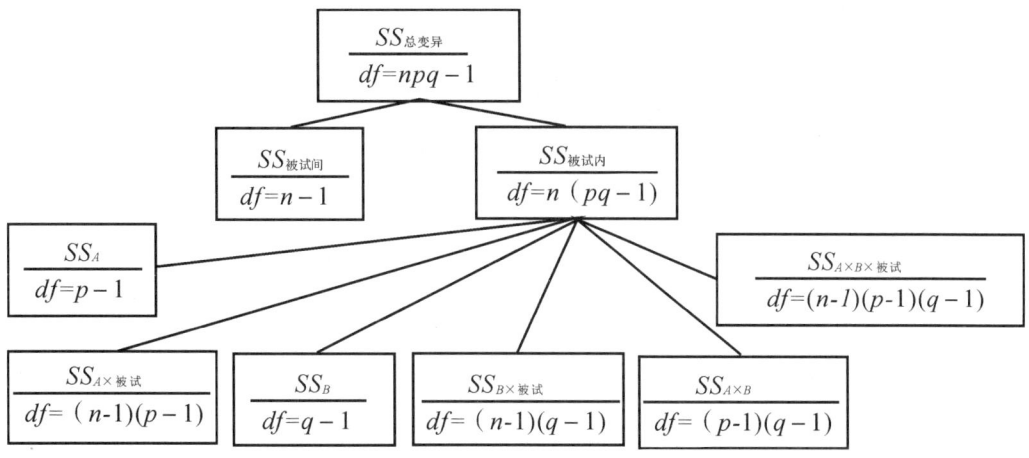

注:df:自由度;p:水平数;n:总被试数。

图 4-21　两因素被试内设计的平方和与自由度分解图

其中,各个平方和的含义为:

$SS_{被试间}$——在两因素被试内实验中,被试间平方和包含了所有由被试个体差异引起的变异。

$SS_{被试内}$——在两因素被试内实验中,被试内平方和包括所有由实验处理引起的变异及误差变异。

SS_A——A 因素的处理效应。

$SS_{A×被试}$——残差,其均方用作 A 因素的 F 检验的误差项。

SS_B——B 因素的处理效应。

$SS_{B×被试}$——残差,其均方用作 B 因素的 F 检验的误差项。

$SS_{A×B}$——A 因素与 B 因素的互交作用。

$SS_{A×B×被试}$——残差,其均方用作 $A×B$ 互交作用的 F 检验的误差项。

三、混合实验设计

当一个实验设计既包含被试内变量,又包含被试间变量,那么该设计就是混合设计。混合设计是现代心理学实验中应用最为广泛的一种实验设计。由于同时包含被试间和被试内变量,因此混合实验设计同时兼备被试间设计和被试内设计的优点。与被试间设计相比,混合设计不仅可以节省被试,而且可以更好地控制无关变异,从而获得更好的实验精度。而被试间和被试内设计所分别遇到的问题,即创设相等组和序列效应问题,在混合设计中仍然存在。前一问题可通过随机分配或匹配被试来解决,后一问题则主要通过使用各种抵消平衡技术来解决。同样,混合实验设计也可根据设计中所含的因素数目,可分为两因素混合实验设计和多因素混合实验设计两类。下面主要介绍两因素和三因素的混合实验设计。

(一)两因素混合实验设计

两因素混合设计的特点是,研究中包含两个因素,其中一个因素为被试内变量,另一个因素为被试间变量,每个因素可有两个或更多个水平。两因素混合实验设计用于以下研究条件:

①研究中有两个自变量,每个自变量有两个或多个水平。

②研究中的一个自变量是被试内的,即每个被试要接受该因素所有水平的处理;另一个自变量是被试间的,即每个被试只接受该因素一个水平的处理,或者其本身是一个被试变量,而且是每个被试独有而不能同时兼备的,如年龄、性别、智力等。

③研究者更感兴趣于研究中的被试内因素的处理效应,以及两个因素的交互作用,希望对它们的估价更加精确。相比之下,被试间因素的处理效应不是研究者最感兴趣的。

两因素混合设计的基本方法是:首先确定研究中的被试间变量(共 p 个水平)和被试内变量(共 q 个水平),将 N 个被试随机分配给被试间变量的各个水平,每个水平有 n 个被试。然后使每个被试接受与被试间变量的某一水平相结合的被试内变量的所有水平。混合实验设计既具有完全随机设计的特点,又有重复测量实验设计的特点。一个两因素混合设计分配被试的图解如图 4-22。

从图 4-22 中可以看出,在一个两因素混合设计中,对于 A 因素来说,实验设计很像完全随机设计,每个被试只接受一个水平的处理;对于 B 因素来说,实验设计是一个重复测量设计,每个被试接受所有水平的处理。同时,它又是一个因素设计,每

	b_1	b_2	b_3
a_1	S_1	S_1	S_1
	S_2	S_2	S_2
	S_3	S_3	S_3
	S_4	S_4	S_4
a_2	S_5	S_5	S_5
	S_6	S_6	S_6
	S_7	S_7	S_7
	S_8	S_8	S_8

图 4-22 两因素混合设计的模式图

个被试接受的是 A 因素的某一个与 B 因素所有水平的结合。一个两因素混合设计所需的被试量是 N=np，少于一个两因素完全随机设计（N=npq），多于一个两因素被试内设计（N=n）。

在上文关于文章生字密度和主题熟悉性对阅读理解影响的研究例子中，当采用随机区组设计分离出一个被试变量——学生听读理解能力时，提高了检验的敏感性。要想很好地控制被试变量，最好的方法是采用重复测量实验设计。研究者选择将生字密度作为一个被试内变量，有 b_1、b_2、b_3 三个水平，将主题熟悉性作为一个被试间变量，有 a_1、a_2 两个水平，这是一个 2×3 两因素混合设计。8 名五年级学生被随机分为两组，一组学生每人阅读 3 篇生字密度不同的、主题熟悉的文章，另一组学生每人阅读 3 篇生字密度不同、主题不熟悉的文章。实施实验时，阅读 3 篇文章分三次进行，用拉丁方平衡学生阅读文章的先后顺序。该两因素混合实验设计的平方和与自由度分解图解如 4-23。

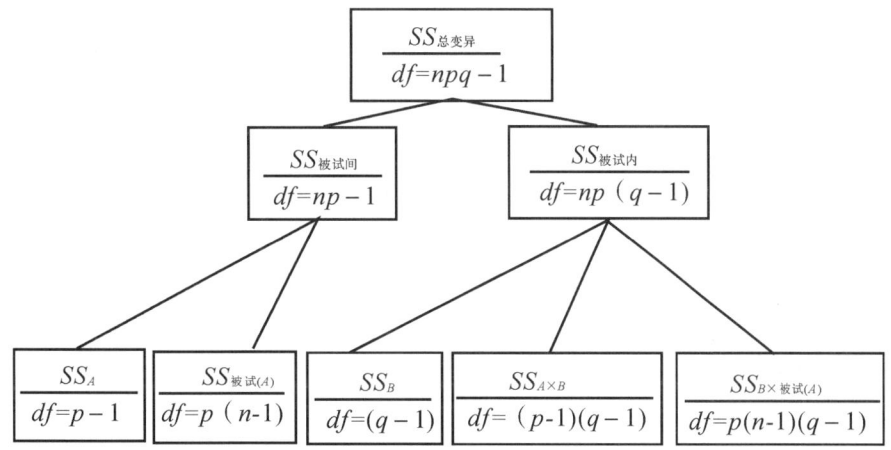

图 4-23　两因素混合实验设计的平方和与自由度分解图

其中，各个平方和的含义为：

$SS_{总变异}$——在重复测量实验中，总平方和首先被分解为被试间平方和与被试内平方和。

$SS_{被试间}$——在两因素混合实验中，被试间平方和包括被试间因素引起的变异和与被试间因素有关的误差变异。

SS_A——被试间 A 因素的处理效应。

$SS_{被试(A)}$——与被试间因素有关的误差变异，其均方用作 A 因素的 F 检验的误差项。

$SS_{被试内}$——在两因素混合实验中，被试内平方和包括被试内因素的处理效应、被试内与被试间因素的交互作用，以及与被试内因素有关的误差变异。

SS_B——被试内因素 B 因素的处理效应。

$SS_{A×B}$——B 因素与 A 因素的交互作用。

$SS_{B×被试(A)}$——与被试间因素有关的误差变异,其均方用作 B 因素及 AB 因素交互作用的 F 检验的误差项。

混合设计在心理学研究中应用广泛,在下列几种情况中需要使用混合设计:

①当研究中的两个变量中有一个是被试变量,如被试的性别、年龄、能力、人格,研究者感兴趣于这个被试变量的不同水平对另一个因素的影响。这时,每个被试不可能同时具有这个变量的几个水平,因此,这是一个被试间变量。如果实验中选择了这样一个被试变量作为两个自变量之一,就必须使用混合设计。

②当研究中的一个自变量的处理会对被试产生长期效应,如学习效应时,不宜作为被试内设计。因为如果将对被试有长期影响的变量反复施测给同一被试,学习效应会导致结果失去真实性。

③有时选用混合设计是出自对实验可行性的考虑。例如,当实验中两个因素的水平数都较多,使用完全随机设计,所需要的被试量很大,而选用被试内设计,每个被试重复测量的次数很多,会带来疲劳、练习等效应。这时,混合设计可能是一个很好的选择。但是,把哪一个变量作为被试内变量,哪一个作为被试间变量更好呢?

在混合实验设计中,被试间因素的处理效应与被试的个体差异相混淆,因此结果的精度不够好。但是,实验中被试内因素的处理效应及两个因素的交互作用的结果的精度都比较理想,如果研究中的一个自变量的处理效应不是研究者最关心的,可以把它作为被试间因素,牺牲它的结果精度,以获得对另一个变量的主效应及两个变量间交互作用的估价的精度。

(二)三因素混合实验设计

三因素混合实验设计有两种,即重复测量一个因素的三因素混合设计和重复测量两个因素的三因素混合设计。接下来将分别介绍这两种三因素设计。

1.重复测量一个因素的三因素混合设计

这种设计的特点是,研究中包含三个因素,其中一个因素为被试内变量,另外两个因素为被试间变量。它适合下列的研究条件:

①研究中有三个自变量,每个自变量有两个或多个水平,其中有两个自变量是被试间变量,一个自变量是被试内变量。

②如果实验中的三个自变量分别有 p、q、r 个水平,则研究中共有 $p×q×r$ 个处理水平的结合。

重复测量一个因素的三因素设计的基本方法是,在两个被试间因素上,随机分配被试,每个被试接受一个处理水平的结合。在一个被试内因素上,每个被试接受所有的处理水平。重复测量一个因素的三因素混合设计分配被试的图解如图 4-24。

	b_1	b_2	b_3
$a_1 c_1$	S_1 S_2 S_3 S_4	S_1 S_2 S_3 S_4	S_1 S_2 S_3 S_4
$a_1 c_2$	S_5 S_6 S_7 S_8	S_5 S_6 S_7 S_8	S_5 S_6 S_7 S_8
$a_2 c_1$	S_9 S_{10} S_{11} S_{12}	S_9 S_{10} S_{11} S_{12}	S_9 S_{10} S_{11} S_{12}
$a_2 c_2$	S_{13} S_{14} S_{15} S_{16}	S_{13} S_{14} S_{15} S_{16}	S_{13} S_{14} S_{15} S_{16}

图 4-24 三因素混合设计的模式图

从三种实验设计的图解中,可以清楚地看到引起的一系列问题。在所举的 $2\times3\times2$ 三因素实验中如果使用完全随机设计,需要被试 $N=npqr=48$ 人。需要的被试量较大会使实验的实施费时费力。

如果使用完全被试内设计,需要的被试量可以大大减少,仅需要 $N=n=4$ 人,但又会带来其他问题。除了以前提到的在有些变量本身是被试间变量或有些变量的施测对被试有长期效应时,不可能使用被试内设计外,顺序效应的影响在多因素实验设计中会变得十分重要。随着实验中因素、水平数的增加,每个被试重复测量的次数也会迅速增加,疲劳、练习等问题变得不容忽视。在上面所举的例子中,使用被试内设计需要每个被试接受 12 个实验处理,当实验任务较复杂、费时较长时会给实验的实施带来很多困难。

从图 4-24 中可以看到,混合设计可以减少上述两种实验设计带来的问题。在上面所举的例子中,如果使用重复测量一个因素的三因素设计,需要的被试数量是 $N=npr=16$,每个被试接受 3 个实验处理,这是一个可行的方案。因此,混合设计是一种非常有实用价值的实验设计。

若想研究文章生字密度、文章类型和平均句长对学生阅读理解影响的研究,研究者可以将其中一个自变量——文章类型作为一个被试内因素,其余两个自变量——生字密度和平均句长仍是被试间因素,这时可做一个 2×2×2 重复测量一个因素的三因素混合实验设计。研究者仍然选择 8 篇特点不同的文章,然后将 16 名被试随机分为 4 组,分别在 a_1c_1、a_1c_2、a_2c_1、a_2c_2 四种情境中,每个被试阅读两篇文章:一篇说明文和一篇叙述文。例如,一组中的被试阅读 $a_1b_1c_1$(生字密度为 20∶1、平均句长为 20 个词的说明文)和 $a_1b_1c_2$(生字密度为 20∶1、平均句长为 20 个词的叙述文)。所有被试阅读两篇文章的顺序应以 ABBA 方式平衡。重复测量一个因素的三因素混合实验设计的平方和与自由度的分解图解如图 4-25。

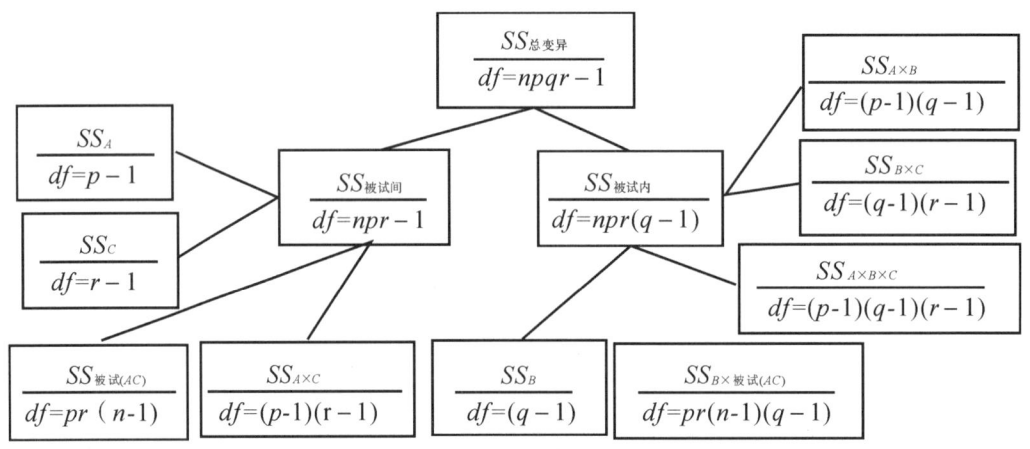

注:df:自由度;p:水平数;n:总被试数。

图 4-25 三因素混合实验设计的平方和与自由度分解图

其中,各个平方和的含义为:

$SS_{被试间}$——被试间平方和,在重复测量一个因素的三因素实验中,包括 A 因素、C 因素及其交互作用引起的变异,还包括与被试间因素有关的误差变异。

SS_A——被试间因素,即 A 因素的处理效应。

SS_C——被试间因素,即 C 因素的处理效应。

$SS_{A×C}$——A 因素与 C 因素的两次交互作用。

$SS_{被试(AC)}$——误差变异,其均方用作 A 因素、C 因素的处理效应及 A×C 交互作用的 F 检验的误差项。

$SS_{被试内}$——被试内平方和在重复测量一个因素的三因素实验中,它包括 B 因素的处理效应、A×B、B×C、A×B×C 交互作用,以及与被试内因素有关的误差变异。

SS_B——被试内因素,即 B 因素的处理效应。

$SS_{A\times B}$——A 因素与 B 因素的两次交互作用。

$SS_{B\times C}$——B 因素与 C 因素的两次交互作用。

$SS_{A\times B\times C}$——A 因素、B 因素与 C 因素的三次交互作用。

$SS_{B\times 被试(AC)}$——误差变异,其均方用作 B 因素的处理效应及 $A\times B$、$B\times C$、$A\times B\times C$ 交互作用的 F 检验的误差项。

2.重复测量两个因素的三因素混合设计

在有些研究中,需要使用另外一种混合因素设计——重复测量两个因素的三因素设计,适合用于以下研究条件:

①研究中有三个自变量,每个自变量有两个或多个水平,其中一个自变量是被试间变量,另两个自变量是被试内变量。

②如果实验中的三个自变量分别有 p、q、r 个水平,则研究中共有 p×q×r 个处理水平的结合。

重复测量两个因素的三因素设计的基本方法是,在一个被试间因素上,随机分配被试,每个被试接受一个处理水平。在两个被试内因素上,每个被试接受所有的处理水平的结合。重复测量两个因素的三因素混合设计的图解如图 4-26。

	b_1	b_1	b_2	b_2	b_3	b_3
	c_1	c_2	c_1	c_2	c_1	c_2
a_1	S_1	S_1	S_1	S_1	S_1	S_1
	S_2	S_2	S_2	S_2	S_2	S_2
	S_3	S_3	S_3	S_3	S_3	S_3
	S_4	S_4	S_4	S_4	S_4	S_4
a_2	S_5	S_5	S_5	S_5	S_5	S_5
	S_6	S_6	S_6	S_6	S_6	S_6
	S_7	S_7	S_7	S_7	S_7	S_7
	S_8	S_8	S_8	S_8	S_8	S_8

图 4-26 重复测量两个因素的三因素混合设计的模式图

与上一节中介绍的实验设计相比,重复测量两个因素的三因素设计同样具有重复测量一个因素的三因素设计的特点,不同的是它所需要的被试量进一步减少,例如,在同样的 2×3×2 实验中,需要的被试是 N＝np＝8,每个被试接受 6 个实验处理。

当研究者希望更好地控制被试变异,或希望减少被试数量时,可将前一节研究中的两个因素,例如文章类型和平均句长,都作为被试内因素,仍保留生字密度作为被试间因素。这时,实验设计中只需 8 名被试。研究者首先将 8 名被试随机分为两组,分别在 a1、a2 两种情景中。然后,每组中的每个被试阅读 4 篇文章,即一组中每个被试阅读 4 篇生字密度小的文章($a_1b_1c_1$、$a_1b_1c_2$、$a_1b_2c_1$ 和 $a_1b_2c_2$),另一组中每个被试阅读 4 篇生字密度大的文章($a_2b_1c_1$、$a_2b_1c_2$、$a_2b_2c_1$ 和 $a_2b_2c_2$)。由于该实验中任务比较复杂,应采取有效措施克服疲劳和顺序效应。例如实验分四次实施,每个被试每次阅读一篇文章,阅读文章的先后顺序按拉丁方格平衡。该重复测量两个因素的三因素混合实验设计的平方和与自由度的分解图解如图 4-27。

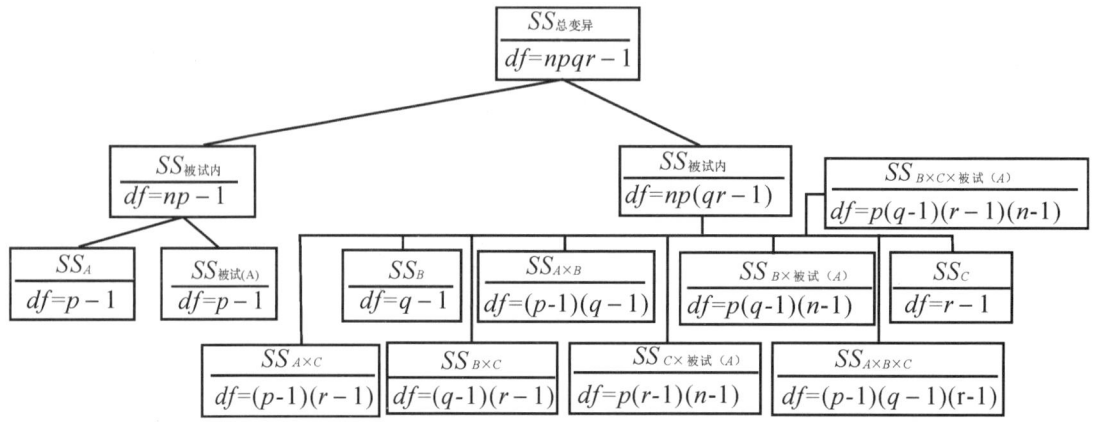

注:df:自由度;p:水平数;n:总被试数。

图 4-27 重复测量两个因素的三因素混合实验设计的平方和与自由度分解图

其中,各个平方和的含义为:

$SS_{被试间}$——被试间平方和,在重复测量两个因素的三因素实验中,它包括被试间因素的处理效应,和与被试间因素有关的误差变异。

$SS_{被试(A)}$——与被试间因素有关的误差变异,其均方用作 A 因素处理效应的 F 检验的误差项。

$SS_{被试内}$——被试内平方和,在重复测量两个因素的三因素实验中,它包括 B 因素和 C 因素的处理效应、$A\times B$、$A\times C$、$B\times C$、$A\times B\times C$ 交互作用,以及与被试内因素有关的误差变异。

$SS_{B\times 被试(A)}$——与被试内因素有关的误差变异,其均方用作 B 因素处理效应和 $A\times B$ 交互作用的 F 检验误差项。

$SS_{C\times 被试(A)}$——与被试内因素有关的误差变异,其均方用作 C 因素处理效应和 $A\times C$ 交互作用的 F 检验误差项。

$SS_{B\times C\times 被试(A)}$——与被试内因素有关的误差变异,其均方用作 BC 因素处理效应和 $A\times B\times C$ 交互作用的 F 检验误差项。

第四节　应用范例

平面香水广告版面设计的眼动研究

摘要　本研究探讨被试在观看香水广告时的眼动特征。实验设计为4(香水瓶位置:左上角、右上角、左下角、右下角)×3(背景图案:人物、广告词、风景)×2(兴趣区:香水、背景)的被试内设计。结果发现:(1)当香水瓶位于广告的下半部分时能够吸引消费者更多的注意。(2)当以人物为背景图案时,被试对位于广告左下角的香水瓶的注意更多;当以广告词为背景图案时,被试对位于广告的左上角的香水瓶的注意更多。(3)被试对香水广告版面设计时背景图案为风景的香水广告的喜爱甚于人物(名人或模特)和广告词。

1　研究背景

广告是商家向消费者推销商品最有效的途径之一。平面广告通过内容新颖的形式来吸引人们的眼球,使人们增加购买的欲望。因此,如何对广告版面进行有效设计,达到引人注目而又推销商品的双重效果成为广告心理学研究的热点。

有研究表明,图像呈现的位置会影响人们的注视过程。人们在观看图画时趋向于注视物体中心的区域,注视区域的水平方向范围要大于垂直方向范围;与物体中心的上部相比,人们趋向于注视物体中心的下部。丁锦红等人对被试观看平面广告进行眼动研究,结果表明:(1)瞳孔大小是比较敏感的指标,在观看广告时,文本的位置(左上、左下、右下、右上)及评价水平都可以引起瞳孔大小的改变,但不会对注视时间产生影响;(2)人们对文本和图形的加工方式上存在差异,它不仅表现在眼动指标上,同时也表现在再认成绩上,广告中适当的文字有助于广告内容的记忆。

目前,大部分香水广告常用平面设计,其内容常用著名的模特和影星作为香水的代言人,名人广告源的可信度对消费者形成积极的品牌态度和购买意向是一个重要的影响因素,名人与商品的一致性也是制约名人广告效果的重要因素。王怀明等人通过实验考察了名人与产品一致性对名人广告效果的影响,结果表明,名人为高档商品做广告时,广告效果优于非名人广告效果;为低档商品做广告时,非名人广告效果优于名人广告效果。另外,香水广告中一段精美的文字(广告词),一幅绝美的风景画面都会给广告带来不错的宣传效果。在广告的记忆中,非言语线索(如音乐)可以激发更多的视觉形象反映,而且它还可以增加人们从记忆中提取广告信息。丁锦红的研究结果也表明,广告中适当的文字内容也有助于广告内容的记忆。所以香水广告的背景形象设计对香水广告的宣传也是广告设计者研究的重点。

那么在香水广告中,香水摆放在什么位置最能吸引消费者的注意呢?在消费者的心目中,什么样的背景内容与香水易让消费者产生深刻的记忆呢?本研究采用眼动记录技术,并结合主观评定法,考察被试对不同位置的香水、不同内容的背景图案注视过程中的眼动特征以及香水位置和背景图案对被试评定香水广告喜好程度的影响,从而为平面广告设计的合理性提供科学依据。

2 方法

2.1 被试

22名大学本科生,其中男生11人,女生11人,裸眼视力或矫正视力在1.0以上。每名被试在实验结束后获得一份礼品。

2.2 实验材料

实验材料的选择主要经过以下几个步骤:(1)搜集了60张香水广告的彩色图片,组成实验材料库。(2)对材料库中的材料进行分析,确定了香水瓶的位置(简称香水位置)和背景图案两个考察维度。其中香水瓶的位置(即香水瓶在广告中所处的位置):左上、右上、左下、右下;背景图案:人物(即模特)、广告词、风景。(3)根据实验设计选取了24幅香水广告的图片,并根据实验需要重新进行了排版修改,作为正式实验材料。另选1张图片作为练习材料。(4)对每幅图片进行了加工处理,去除了商标和一些可能会干扰被试评价的线索。

2.3 实验设计

本实验为4(香水位置:左上、右上、左下、右下)×3(背景图案:人物、广告词、风景)×2(兴趣区:香水、背景)的被试内实验设计。

2.4 实验仪器

实验仪器为EyeLinkⅡ型头盔式眼动仪。该设备由两台Pentium 4计算机组成,通过以太网连接。其中一台计算机呈现实验材料,另一台计算机记录眼动数据。实验材料由19英寸纯平显示器呈现,显示器的刷新率为85 Hz,分辨率为1024×768像素。被试与显示器中心的距离约为0.8米,眼睛正对显示器中心,眼动仪采样频率为250 Hz。材料呈现和数据记录均由眼动仪专用软件完成。

2.5 实验程序

实验分为眼动实验和记忆测验两个阶段。被试先完成眼动实验,然后再完成记忆测验,两个实验均在隔音和控光的实验室进行。

眼动实验的程序为:(1)被试进入实验室后,坐在仪器前面0.8米的地方,头戴眼动仪头盔。主试对仪器进行校准。(2)主试说明实验指导语,指导语如下:本实验任务要求你观看一些香水广告的图片,请你仔细认真观看每一张广告图,看完后立即对图片进行喜好程度的评定,请您回答"喜欢"、"一般"或"不喜欢",并简单说出 1~2 条理由。评定结束后,请按手柄上的反应键翻屏,呈现下一张图片。测验的内容涉及图片中的所有细节。(3)练习实验:屏幕呈现一张香水广告图片,被试进行评定,并说出理由,主试在记录纸上记录评定结果和理由。结束后,被试按手柄上的反应键翻屏,呈现下一张图片。练习图片共 1 张。(4)正式实验:程序与练习实验相同。整个实验过程大约需要 15 分钟。

2.6 兴趣区的划分

本实验的兴趣区是根据香水广告图片的成分划分的,具体分为两个区域,即香水产品区域和背景图案区域。

3 结果分析

数据经过 SPSS for Windows11.0 统计处理。

3.1 注视时间

被试对不同位置香水瓶的注视时间见表 4-2。

表 4-2 被试观看香水广告图片的注视时间(ms)

香水瓶位置	人物		广告词		风景	
	香水瓶	背景	香水瓶	背景	香水瓶	背景
左上角	2021.55(1539.47)	1444.27(826.85)	1965.18(1021.09)	3550.09(4183.09)	2682.45(1414.79)	2815.00(1719.95)
右上角	1556.09(895.85)	1490.18(827.16)	2197.73(1679.91)	2438.27(1610.38)	2585.45(1495.05)	1884.27(1115.16)
左下角	2975.18(1537.09)	3749.45(2493.66)	2973.82(1184.67)	3792.45(2102.73)	5204.09(2535.02)	3265.73(1689.67)
右下角	3764.91(1815.12)	3838.27(1843.86)	3155.00(1744.53)	2820.18(2329.88)	3352.64(1314.98)	4589.00(2564.79)

注:括号内为标准差,以下同。

经过多因素方差分析,结果发现:

(1)香水瓶位置的主效应显著,$F_{(3,63)}=30.030$,$p<0.001$。进一步分析发现:被试对放在左上角的香水瓶的注视时间显著长于放在右上角的香水瓶,显著短于放在左下角和右下角的香水瓶;被试对放在右上角的香水瓶的注视时间显著短于放在左下角和右下角的香水瓶。

(2)背景图案的主效应显著,$F_{(2,42)}=12.247$,$p<0.001$。进一步分析发现,被试对背景图案为风景的香水广告的注视时间显著长于背景图案为人物和广告词的香水广告。

(3)香水瓶位置和背景图案的交互作用显著,$F_{(6,126)}=4.746$,$p<0.001$。进一步分析发现,当香水瓶位置在左上角时,被试对以广告词为背景的广告的注视时间显著长于人物和风景,$F_{(2,261)}=8.947$,$p<0.001$。当香水瓶位置在右上角、左下角和右下

角时,被试对三种不同背景图案的广告的注视时间无显著差异。

(4)香水瓶位置、背景图案和兴趣区的交互作用显著,$F_{(6,126)}=8.750,p<0.001$。对这三者进行简单效应分析:

①当背景图案为人物时,兴趣区的主效应显著,$F_{(1,344)}=15.517,p<0.001$,被试对背景图案的注视时间显著长于对香水瓶的注视时间;香水瓶位置的主效应显著,$F_{(3,344)}=4.036,p<0.01$,当香水瓶位于广告的左下角时的注视时间显著长于其他位置;两者之间的交互作用不显著。

②当背景图案为广告词时,兴趣区的主效应显著,$F_{(1,342)}=66.890,p<0.001$,被试对背景图案的注视时间显著长于对香水瓶的注视时间;香水瓶位置的主效应显著,$F_{(3,342)}=7.056,p<0.001$,当香水瓶位于广告的左上角时,注视时间显著长于其他位置;兴趣区和香水瓶位置的交互作用显著,$F_{(3,342)}=4.724,p<0.01$,进一步分析发现,当香水瓶位于广告的左上角时,被试对背景图案的注视时间显著长于对香水瓶的注视时间,$F_{(1,86)}=16.438,p<0.001$;当香水瓶位于广告的左下角时,被试对背景图案的注视时间显著长于对香水瓶的注视时间,$F_{(1,86)}=41.931,p<0.001$;当香水瓶位于广告的右下角时,被试对背景图案的注视时间显著长于对香水瓶的注视时间,$F_{(1,86)}=46.514,p<0.001$;当香水瓶位于广告的右上角时,被试对香水瓶和背景图案的注视时间无显著差异。

③当背景图案为风景时,兴趣区的主效应显著,$F_{(1,344)}=26.669,p<0.001$,被试对背景图案的注视时间显著长于对香水瓶的注视时间;兴趣区和香水瓶位置的交互作用显著,$F_{(3,344)}=4.846,p<0.01$,进一步分析发现,当香水瓶位于广告的左上角时,被试对背景图案的注视时间显著长于对香水瓶的注视时间,$F_{(1,86)}=4.829,p<0.05$;当香水瓶位于广告的右下角时,被试对背景图案的注视时间显著长于对香水瓶的注视时间,$F_{(1,86)}=30.902,p<0.001$;当香水瓶位于广告的右上角和左下角时,被试对香水瓶和背景图案的注视时间无显著差异。

3.2 注视次数

被试对不同位置香水瓶的注视次数见表 4-3。

表 4-3 被试观看香水广告图片的注视次数

香水瓶位置	人物		广告词		风景	
	香水瓶	背景	香水瓶	背景	香水瓶	背景
左上角	6.61(4.70)	5.61(3.52)	8.30(4.24)	12.86(14.62)	10.61(6.20)	10.73(7.15)
右上角	6.43(3.09)	5.86(3.20)	8.75(7.39)	8.98(6.31)	9.50(5.24)	7.55(4.45)
左下角	12.39(6.40)	15.20(11.60)	12.09(5.00)	14.57(9.29)	22.73(11.07)	15.95(8.66)
右下角	16.60(8.55)	17.52(8.13)	13.34(8.73)	11.70(11.41)	13.39(6.31)	18.98(12.91)

经过多因素方差分析,结果发现:

(1)香水瓶位置的主效应显著,$F_{(3,63)}=43.543,p<0.001$。进一步分析发现:被试对放在左上角的香水瓶的注视次数显著多于放在右上角的香水瓶,显著少于放在左下角和右下角的香水瓶;被试对放在右上角的香水瓶的注视次数显著少于放在左下角和右下角的香水瓶。

(2)背景图案的主效应显著,$F_{(2,42)}=14.852,p<0.001$。进一步分析发现:被试对背景图案为风景的香水广告的注视次数显著多于背景图案为人物和广告词的香水广告。

(3)香水瓶位置和背景图案的交互作用显著,$F_{(6,126)}=9.117,p<0.001$。进一步分析发现,当香水瓶位置在左上角时,被试对以广告词为背景的广告的注视次数显著多于人物和风景,$F_{(2,261)}=10.774,p<0.001$;当香水瓶位置在右上角、左下角和右下角时,被试对三种背景图案的广告的注视次数无显著差异。

(4)香水瓶位置、背景图案和兴趣区的交互作用显著,$F_{(6,126)}=8.443,p<0.001$。对这三者进行简单效应分析:

①当背景图案为人物时,兴趣区的主效应显著,$F_{(1,344)}=23.389,p<0.001$,被试对背景图案的注视次数显著长于对香水瓶的注视次数;香水瓶位置的主效应显著,$F_{(3,344)}=3.018,p<0.05$,香水瓶位于广告左下角时,被试的注视次数显著多于其他位置;两者之间的交互作用不显著。

②当背景图案为广告词时,兴趣区的主效应显著,$F_{(1,342)}=94.960,p<0.001$,被试对背景图案的注视次数显著长于对香水瓶的注视次数;香水瓶位置的主效应显著,$F_{(3,342)}=5.784,p=0.001$,当香水瓶位于广告的左上角时的注视次数显著长于其他位置;兴趣区和香水瓶位置的交互作用显著,$F_{(3,342)}=2.707,p<0.05$,进一步分析发现,当香水瓶位于广告左上角时,被试对背景图案的注视次数显著长于对香水瓶的注视次数,$F_{(1,86)}=20.433,p<0.001$;当香水瓶位于广告的右上角时,被试对背景图案的注视次数显著长于对香水瓶的注视次数,$F_{(1,86)}=5.706,p<0.05$;当香水瓶位于广告的左下角时,被试对背景图案的注视次数显著长于对香水瓶的注视次数,$F_{(1,86)}=43.321,p<0.001$;当香水瓶位于广告的右下角时,被试对背景图案的注视次数显著长于对香水瓶的注视次数,$F_{(1,86)}=65.042,p<0.001$。

③当背景图案为风景时,兴趣区的主效应显著,$F_{(1,344)}=28.578,p<0.001$,被试对背景图案的注视次数显著长于对香水瓶的注视次数;兴趣区和香水瓶位置的交互作用显著,$F_{(3,344)}=3.405,p<0.05$,进一步分析发现,当香水瓶位于广告的左上角时,被试对背景图案的注视次数显著长于对香水瓶的注视次数,$F_{(1,86)}=5.028,p<0.05$;当香水瓶位于广告的左下角时,被试对背景图案的注视次数显著长于对香水瓶的注视次数,$F_{(1,86)}=6.040,p<0.05$;当香水瓶位于广告右下角时,被试对背景图案的注

视次数显著长于对香水瓶的注视次数，$F_{(1,86)}=25.272$，$p<0.001$。

3.3 主观评定结果

被试对不同排版方式的香水广告的喜好程度的主观评定结果（得分越低表示越喜欢）见表4-4。

表4-4 被试对香水广告喜好程度的主观评定结果

香水瓶位置	人物	广告词	风景
左上角	1.91(0.96)	2.09(0.88)	1.55(0.82)
右上角	2.34(0.89)	1.84(0.94)	1.59(0.82)
左下角	1.93(0.87)	1.93(0.93)	1.73(0.87)
右下角	2.36(0.84)	1.91(0.96)	1.91(0.88)

经过多因素方差分析，结果发现：

背景图案的主效应显著，$F_{(2,516)}=10.980$，$p<0.001$。进一步分析发现：被试对背景图案为风景的香水广告的喜爱程度显著高于背景图案为人物和广告词的香水广告。

其他自变量的主效应及交互作用不显著。

4 讨论

4.1 在广告中香水瓶的位置对其宣传效果的影响

商品平面广告的不同位置是一个外在的物理因素，由于人们在浏览时存在一定的眼动习惯，所以广告商品的位置可能会影响人们对广告的注意和兴趣。在本研究中，香水瓶位置对注视时间、注视次数等影响显著，香水瓶位于广告左下角和右下角时的注视时间显著长于香水瓶位于广告左上角和右上角，香水瓶位于广告左下角和右下角时的注视次数显著多于香水瓶位于广告左上角和右上角，而左右之间没有这种差异。这与前人的研究结果是一致的。丁锦红等人认为，被试对文本位于下方的广告比文本位于上方的广告更感兴趣。另外，本研究结果表明，当以人物为背景图案时，被试对位于广告左下角的香水瓶的注视时间和注视次数显著长于其他位置；当以广告词为背景图案时，被试对位于广告的左上角的香水瓶的注视时间和注视次数显著长于其他位置。因此，当香水瓶位于广告下半部分时能够吸引消费者更多的注意；当以人物为背景图案时，被试对位于广告左下角的香水瓶的注意更多；当以广告词为背景图案时，被试对位于广告的左上角的香水瓶的注意更多。

4.2 背景图案对香水广告宣传效果的影响

广告中选择恰当的背景图案对商品的宣传具有锦上添花的效果。有些研究者对广告中的背景图案进行了研究。Lohse 等人的研究结果表明，被试注视了 84% 有图案的广告，但是有图案和无图案广告之间的注视没有显著差异。本研究结果表明，被试对背景图案为风景的香水广告的注视时间和注视次数都显著大于背景图案为人物和广告词的香水广告。这可能是因为消费者对平面香水广告一般的设计模式（多以人物，如名人、美女为背景图案）产生了视觉疲劳，人们在评价人物这种背景图案时带有主观色彩，评价标准也不尽相同，所以影响到对这种背景图案的广告的注视时间和注视次数；另外，广告词的设计简洁易懂，消费者很容易看完并记住，所以注视时间和注视次数减少。本研究结果还表明，被试对背景图案为风景的香水广告的喜爱程度也显著高于背景图案为人物和广告词的香水广告，这可能和当下"回归自然"这一新的流行风尚有关系。

5　结论

在本研究条件下，研究结果发现：(1)当香水瓶位于广告的下半部分时能够吸引消费者更多的注意。(2)当以人物为背景图案时，被试对位于广告左下角的香水瓶的注意更多；当以广告词为背景图案时，被试对位于广告的左上角的香水瓶的注意更多。(3)被试对香水广告版面设计时背景图案为风景的香水广告的喜爱甚于人物（名人或模特）和广告词。

文本结构和时间应激对网页阅读绩效的影响

摘要：本研究旨在探讨文本结构和时间应激对网页阅读绩效的影响效应。采用 2×3 被试间设计，自变量为文本结构和阅读时间，因变量为找到相关信息的时间及途径的额外节点数。结果发现：(1)主效应及交互作用的影响均十分显著。(2)当阅读时间为 10 min 和 20 min 时，超文本阅读的绩效均显著低于线性文本，而在 30 min 时两者无显著差异。(3)对超文本，三种阅读时间的效应存在显著差异，而对线性材料，阅读时间的效应无显著差异。由此得出，时间应激对超文本阅读绩效的影响更为明显。

1　研究背景

多媒体和远程教学已成为用户学习和获取知识的重要途径。在采用这种新型的学习方法时，学习材料一般以网页的形式呈现，而"超文本"是网页信息的结构基础，因此对超文本的设计是影响用户学习绩效的一个重要因素。与传统"线性文本"不同,超文本以非线性的方式组织信息,阅读时具有较大的灵活性,更符合人类联想思维的特征。

但是,超文本在方便用户阅读和搜索信息的同时也产生了一些不利影响。"迷路"(Disorientation)便是影响超文本阅读绩效的重要因素之一。采用适宜的导航可降低用户的认知负荷,减少迷路现象。超文本迷路的不利效应还体现在时间应激上。由于迷路等现象的存在,时间应激对超文本阅读的影响不同于对线性文本阅读的影响,在实际中我们不能按时间应激对线性文本阅读的影响规律来设定多媒体课件或其他超文本网页的阅读时间。因此,时间应激对超文本阅读效率影响规律的研究具有重要的意义。

鉴于目前尚缺少时间应激对超文本(尤其是汉字)阅读绩效影响的资料,本研究通过对线性文本与超文本两种文本结构阅读效率的实验比较来探讨时间应激对用户超文本阅读行为的影响规律,希望以此能为中文超文本阅读材料的优化设计提供指导依据。

2 方法

2.1 被试

从某高校选取48名自愿参加本实验的大学生,男、女各半,视力正常。

2.2 实验设计

实验采用2×3被试间设计。自变量为文本结构和阅读时间,文本结构分线性文本和超文本,阅读时间设10 min、20 min和30 min。实验分为网页阅读和问题测试两个连续的阶段。在阅读阶段,要求被试在规定时间内阅读完特定文本结构的网页材料;在测试阶段,要求被试尽快找到10个相关问题的正确答案。因变量以被试找到所有正确答案所需的平均时间和在查找正确答案过程中所途径的额外节点指数平均值为指标。

2.3 阅读材料

阅读材料摘自湖南教育出版社出版的《星空初探》,长约1万字。根据内容,文章被修改并划分为52个独立的段落(节点)。线性文本和超文本均使用上述材料,但以不同的文本结构编辑。具体地说,线性文本按文章原有顺序组织段落,阅读者只能按页面顺序依次阅读,在阅读过程中允许顺次返回上一个页面,但不能跳转;超文本采用一种以层次结构为主的混合型结构,各个段落除按自然的层次结构链接外,还增加了27个跨层次的内容相关的超链接,阅读者可通过超链接跳转到其他层次的节点上。

2.4 设备和程序

实验采用VB编程。被试选择的答案、在查找答案过程中途径的节点名称、顺序和数目以及在每个节点所停留的时间均由计算机详细记录。

正式实验前先进行适当的练习。练习和正式实验均要求被试在力保正确找到答案的前提下尽可能提高查找速度。

3 结果

3.1 找到正确答案所需的平均时间

为避免查找每个正确答案所需途径的最少节点数(理论节点数)差异可能产生的影响,本研究先将找到每个正确答案所需的实际时间除以其相应的理论节点数,然后再计算平均值,以此作为衡量被试阅读绩效的指标之一。即:

$$平均时间(ms) = \frac{1}{10} \sum_{i=1}^{10} \frac{实际时间}{理论节点数}$$

不同文本结构和阅读时间下被试找到正确答案所需的平均时间值如图4-28所示。方差分析表明,文本结构、阅读时间及两者的交互作用均达到了显著的水平,显著性水平分别为($F=38.67, p=0.000$)、($F=7.49, p=0.002$)和($F=3.52, p=0.039$)。

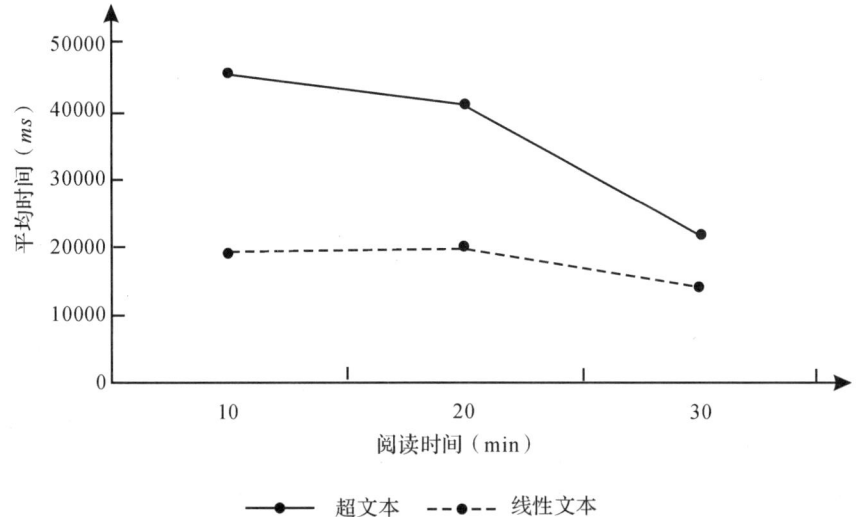

图4-28 不同文本结构和阅读时间下被试找到正确答案所需的平均时间(ms)

对交互作用做进一步分析发现,在阅读时间为10 min和20 min时,超文本阅读的效率均显著低于线性文本(F值分别为25.04和18.53,p值均小于0.001),在阅读时间为30 min时两者无显著差异($F=2.14, p>0.05$);对超文本材料,三种阅读时间所产生的效应存在显著差异($F=10.62, p<0.001$),而对线性材料,三种阅读时间所产生效应的差异不显著($F=0.39, p>0.05$)。上述数据表明,虽然在阅读时间较短时两种文本的阅读绩效存在差异,但随着阅读时间的延长,这种差异将逐渐减少直至消失,即:超文本阅读绩效受时间应激的影响尤为严重。

3.2 查找正确答案所打开的额外结点数

与平均时间类似,本研究以平均额外节点指数作为衡量额外节点数的指标。

平均额外节点指数按下述公式计算:

$$\text{平均额外节点指数} = \frac{1}{10}\sum_{i=1}^{10}(\frac{\text{实际节点数}-\text{理论节点数}}{\text{理论节点数}})$$

不同文本结构和阅读时间下被试查找正确答案的平均额外节点指数如图 4-29 所示。结果与平均时间十分一致,文本结构($F=19.95, p=0.000$)、阅读时间($F=7.42, p=0.002$)及交互作用($F=4.62, p=0.015$)也都达到了显著的水平。

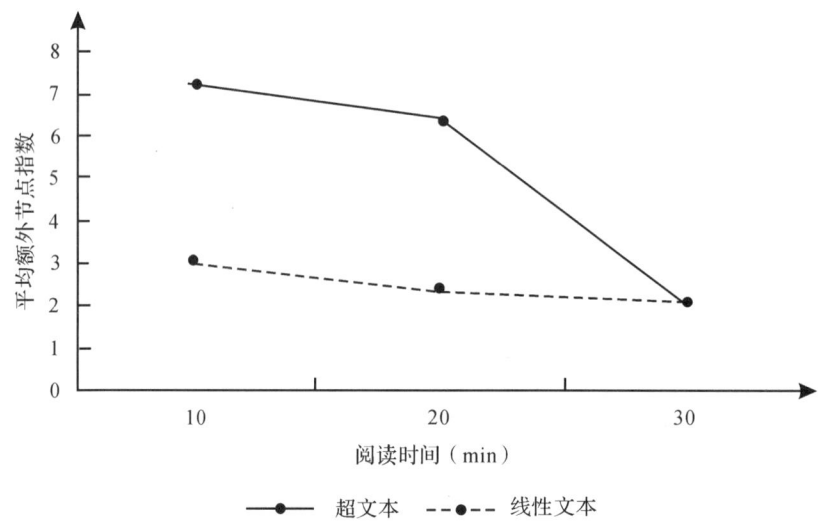

图 4-29 不同文本结构和阅读时间下被试查找正确答案的平均额外节点指数

更进一步,当阅读时间为 10 min 和 20 min 时,超文本阅读的效率均显著低于线性文本(F 值分别为 14.07 和 15.12,p 值均小于 0.001),当阅读时间为 30 min 时,两者则无显著差异($F=0.04, p>0.05$);当所阅读材料为超文本结构时,三种阅读时间的效应存在显著差异($F=11.67, p<0.001$),而当所阅读的材料为线性结构时,三种阅读时间的差异不显著($F=0.37, p>0.05$)。

4 讨论

本研究表明,文本结构对阅读成绩有显著影响,超文本阅读的绩效显著低于线性文本阅读。这与我们预期的结果一致。虽然超文本所具有的灵活性十分有利于用户搜寻所关注的信息,但这种灵活性是以认知负荷的增加为代价的。在线性文本中,各信息单元的关系十分简单,用户只需通过"向前"或"向后"寻找,就能发现答案。而在超文本中,从一个节点到另一个节点往往有多条路径,用户既可以借助超链接迅速到达目的地,也可能因多次跳转而迷失自己的位置。更具体地说,如果需多次跳转,则用户在跳转过程中不仅需要搜寻和学习主题信息,而且还需要保持各信息之间的复杂关系,认知负荷非常高。当认知负荷水平超出能力时,用户容易出现迷路,这时只能回到主页后重新开始搜索。

本研究还表明,阅读时间对阅读成绩有显著影响。这一结果不言而喻!但值得注意的是,文本结构与阅读时间存在显著的交互作用。无论从平均时间还是从平均额外节点指数看,时间应激对线性文本的影响效应均不显著而对超文本的影响效应均非常显著;文本结构对阅读绩效的影响在阅读时间为 10 min 和 20 min 时非常显著,而在 30 min 时变得不显著。这说明,在本研究条件下,10 min 的时间基本能保证对线性文本的阅读绩效,进一步增加阅读时间对线性文本绩效的改善影响不大;而无论是 10 min 还是 20 min 的阅读时间,对超文本阅读都会产生时间应激,阅读时间只有延长到 30 min 时才能消除应激,这时超文本阅读绩效可达到与线性文本相仿的水平。因此,时间应激对超文本阅读所产生的效应更大。

5 结论

文本结构和时间应激对网页阅读的绩效均有显著影响。在本研究中,这种影响主要通过文本结构与时间应激的交互作用显示出来。就线性文本来说,时间应激对阅读绩效所产生的影响并不明显,而就超文本来说,时间应激对阅读绩效所产生的影响非常显著。当阅读时间为 10 min 和 20 min 时,被试阅读超文本的绩效显著低于线性文本,而当阅读时间延长至 30 min 时,超文本与线性文本无显著差异。因此,时间应激对超文本阅读绩效的影响尤其明显,在超文本网页设计中应充分考虑时间应激所产生的不利效应。

场认知方式对心理旋转影响的实验研究

摘要 采用 2 个 2×2×6 三因素混合设计实验,以图形和数字为实验材料,探讨能反映个体能力水平差异的场认知方式对心理旋转的影响。两个实验结果均表明:(1)场认知方式的主效应显著,场独立性的被试比场依存性的被试反应时短,且正确率高;两类被试的反应时、正确率曲线具有一致的变化趋势。(2)图形和数字的心理旋转反应时呈倒"V"形状,反应时随着旋转角度的增加而增加,180°时反应时最长,以180°为界,曲线两侧的变化趋势对称。(3)正确率随着旋转角度的增加而降低,呈现"V"状,180°时正确率最低,曲线两侧的变化趋势对称。

1 研究背景

认知风格又称认知方式,是指个体的特征及在信息组织和表征过程中的偏好和习惯性方式。在众多与认知方式有关的研究中,以 Witkin(1964)提出的场独立性和场依存性的认知方式类型最为常见。场依存者在信息加工时倾向于以外部环境线索为指导,而场独立者则倾向于凭借内部感知线索来加工信息。认知风格作为个体差异的一个重要变量,不论在以前作为个性心理特征方面的研究中,还是近些年在作为个体的能力水平方面的研究中,都备受关注。此外,心理旋转的研究是当前认知心理学表象理论的重要组成部分,它有力地支持了表象是一个独立的心理表征的观点。心理旋转作为一种空间认知能力,与语言相同的是,都属于个体认知发展过程中一种相对高水平的能力;不同的是,心理旋转是一个没有标记的、不用计算的、连续的、类比的过程。心理学界对心理旋转主体的特性(如神经机制、个体差异、练习效应、年龄效应等)进行了详尽的研究,同时对客体旋转(如字符、图形)和身体部位旋转的研究已经取得了很多研究成果。例如,Andreas 等在 1998 年进行了客体和主体实际的旋转实验。同时,也有研究者进行了客体旋转的 ERP 研究。国内王鹏等探讨了心理旋转的主体方面的角色效应。但众多的关于心理旋转的研究中很少探讨旋转主体的特性对旋转客体的影响。本研究设计了两个平行的混合三因素实验,试图将旋转中的主客体联系起来,采用数字和图形两种实验材料证明主体的认知方式在对不同的客体进行心理旋转时的影响。

2 实验一:场认知方式对图形心理旋转的影响

2.1 被试

对西安理工大学 269 名本科生先进行镶嵌图形测验(embedded figures test,简称 EFT),此测验经由北京师范大学心理系修订(1998)。由于场独立性与场依存性具有双极性、相对性的特点,选出上端分数和下端分数作为合格被试,故未与常模进行比较,场依存性组的平均分为 9.12,场独立性组的平均分为 19.51,最终选出 42 名学生参与两个实验,场依存性组和场独立性组各 21 人,年龄在 18~22 岁之间,裸视力或矫正视力正常,均为右利手。实验一从 42 名学生中随机选取 22 人,场依存性组和场独立性组各 11 人,其中男生 16 人,女生 6 人。

2.2 实验设计

采用 $2\times2\times6$ 的混合设计,其中认知方式(场依存性/场独立性)为被试间因素,任务类型(二维/三维)和旋转角度(0°、60°、120°、180°、240°、300°)为被试内因素。因变量是反应时和正确率。

2.3 仪器和实验材料

实验利用 Visual Basic 6.0 编制而成,程序在 SY 2.4 的 CPU 处理器上运行,显示器为 17 英寸纯平彩显,分辨率为 1024×768,其刷新率为 85 Hz。被试眼睛与显示器齐平,视距为 57 cm。二维图形参考的是 Roberts & Bell 在 2003 年《男性和女性在对二维和三维心理旋转时会出现不同的顶叶偏侧化活动》一文中使用的"小人"平面图形,三维图形采用的是心理旋转实验中常用的 Shep-ard 3D 图形。平面刺激形状的面积不超过 5.8 cm×9.6 cm,相应的视角大约为 5.8°×11.0°。三维刺激形状的面积不超过 5 cm×6 cm,相应视角大致是 5.73°×6.88°。

2.4 程序

每个实验均分为按键练习阶段、任务学习阶段和正式实验阶段。指导语及测验内容由计算机呈现。三个阶段的具体介绍如下:

(1)按键练习阶段。让被试熟悉计算机键盘上的"V"键与"不同"对应,"M"键与"相同"对应。被试端坐在距离计算机 57 cm 处,双眼观测计算机显示器,身体保持不动,对屏幕上随机出现的不同颜色的 10 个"相同"、"不同"字样做出判断,每个字样(刺激)间隔时间为 1000 ms,正确率达到 100% 才能进入到练习实验阶段,否则要重新开始。

(2)任务学习阶段。实验材料是难度低和熟悉度大的材料,目的在于能使被试更好地掌握随后正式实验的操作。每个刺激由两个刺激组成,左边呈现标准刺激,具体为正立的数字(正像或镜像)或图形(二维/三维),右边呈现探查刺激,即对应的经过旋转的正像或镜像数字、二维或三维图形,被试对左右刺激进行一致性匹配或镜像判断。学习阶段一共有 25 个人为随机的测试单元,即同一测试单元不能连续出现两次,且要求包括探查刺激的所有旋转角度。每个测试单元的间隔时间与正式实验阶段一样,通过率达到 80% 才能进入到正式实验阶段,否则练习阶段需要重新进行。

(3)正式实验阶段。实验的任务是要求被试尽可能快地判断测试单元里左右两个刺激经过平面旋转是不是一样的。每次呈现的测试单元里,左边是正立的正像的二维或三维图形,右边则是对应的经过旋转的二维或三维图形。一共有 90 个连续出现的刺激对,并采用人为随机方式出现,即在每个角度上,出现的刺激数一半为一致性关系判断,另一半为镜像关系判断,并且每个角度的随机次数差不大于 2。

2.5 实验结果

2.5.1 反应时

由多元方差分析(MANOVA)可知:场认知方式的主效应显著[$F_{(1,20)}=32.876$,$p<0.001$],场独立组的平均反应时($M=1482\pm63$ms)小于场依存组的平均反应时($M=1993\pm63$ms);任务类型(二维/三维)主效应显著[$F_{(1,20)}=5.432,p<0.05$],二维图形的平均反应时($M=1689\pm41$ms)小于三维图形的平均反应时($M=1786\pm$

55ms);旋转角度主效应显著[$F_{(5,100)}=166.258, p<0.001$];旋转角度和场认知方式的交互作用显著[$F_{(5,100)}=5.172, p<0.01$],任务类型和认知方式[$F_{(1,20)}=1.403$]、任务类型和旋转角度[$F_{(5,100)}=1.932$],以及任务类型、旋转角度和场认知方式[$F_{(5,100)}=0.167$]的交互作用均不显著($p>0.05$)。

2.5.2 正确率

由 MANOVA 分析可知:场认知方式主效应显著[$F_{(1,20)}=114.852, p<0.001$],场独立组的平均正确率($M=0.9268\pm0.282$)高于场依存组的平均正确率($M=0.8841\pm0.282$);任务类型(二维/三维)主效应显著[$F_{(1,20)}=34.151, p<0.001$],二维图形的平均正确率($M=0.91\pm0.21$)高于三维图形的平均正确率($M=0.89\pm0.28$);旋转角度主效应显著[$F_{(5,100)}=199.542, p<0.001$];任务类型和认知方式[$F_{(1,20)}=6.091, p<0.05$]、旋转角度和场认知方式[$F_{(5,100)}=16.842, p<0.001$],以及任务类型和旋转角度[$F_{(5,100)}=2.971, p<0.05$]的交互作用均显著,而任务类型、旋转角度和场认知方式三个因素之间的交互作用不显著[$F_{(5,100)}=1.589, p>0.05$]。

2.5.3 三个因素两两关系的实验结果

表 4-5 反映了场认知方式和旋转角度之间反应时和正确率的关系。无论是场独立组还是场依存组,在 180°的平均反应时最长,而且场独立组的反应时在各个旋转角度上都短于场依存组,反应时的距离差最大值出现在 120°,最小值出现在 0°。相应的正确率在各个角度的变化趋势场独立组和场依存组具有一致性,且在每个旋转角度场独立组的正确率高于场依存组的正确率,两组都是在 0°的正确率最高,180°的正确率最低,而且可以明确地看到在 180°场独立组和场依存组正确率差异最大,差异最小值出现在 0°。

表 4-5 场独立组和场依存组在不同旋转角度上的平均反应时(ms)和正确率(%)

组别	反应时(ms)						正确率(%)					
	0°	60°	120°	180°	240°	300°	0°	60°	120°	180°	240°	300°
场独立组	1111 (71)	1389 (76)	1676 (79)	2049 (81)	1538 (90)	1128 (78)	98.11 (0.83)	94.70 (0.88)	91.13 (1.01)	89.10 (1.15)	90.17 (0.95)	92.86 (0.93)
场依存组	1406 (69)	1797 (77)	2332 (83)	2736 (91)	2046 (93)	1643 (81)	96.89 (0.84)	90.86 (0.95)	86.02 (1.05)	80.91 (1.20)	84.59 (0.98)	91.14 (0.96)

注:括号内数据为标准差。

不论是对二维图形的旋转还是对三维图形的旋转,被试的反应时都是在 0°最短,在 180°最长,不同任务类型反应时最大差距出现在 180°,最小则出现在 300°。根据被试在不同角度的正确率描绘的曲线呈现正"V"形状,与在反应时的表现差异不同,被试在不同任务类型的正确率最大差距在240°,最小在0°。

表4-6反映了场认知方式和任务类型之间的关系。从表4-6可以清晰地看出,无论是场独立组还是场依存组,三维图形旋转的平均反应时都比二维图形的平均反应时长;相应组的平均正确率则是三维图形比二维图形低。

表4-6 场独立组和依存组在二维和三维图形的平均反应时(ms)和正确率(%)

组 别	反应时(ms)($\bar{X}\pm S$)		正确率(%)($\bar{X}\pm S$)	
	二维	三维	二维	三维
场独立组	1458±78	1505±86	93.18±0.73	92.17±0.62
场依存组	1921±57	2066±76	89.64±0.54	87.16±0.56

3 实验二:场认知方式对数字心理旋转的影响

3.1 被试

除参与实验一之外的20人参加。其中,场依存组和场独立组各10人;男生12人,女生8人。

3.2 实验设计

实验设计与实验一基本相同。所不同的是,学习阶段的材料采用数字"7",正式实验阶段则采用"2、5、9"。所呈现刺激的面积不超过4 cm×6 cm,相应的视角为4.58°×6.88°。

3.3 实验结果

3.3.1 反应时

场独立组的平均反应时 $M=1138\pm28$ ms,场依存组的平均反应时 $M=1531\pm28$ ms。正像数字旋转的平均反应时为 $M=1186\pm26$ ms,镜像数字旋转的平均反应时为 $M=1484\pm26$ ms。MANOVA结果表明:场认知方式[$F_{(1,18)}=97.586$]、任务类型(正像/镜像)[$F_{(1,18)}=74.910$]以及旋转角度[$F_{(5,90)}=167.336$]的主效应均显著($p<0.001$);任务类型和认知方式的交互作用不显著[$F_{(1,18)}=3.940, p>0.05$],旋转角度和场认知方式的交互作用显著[$F_{(5,90)}=8.517, p<0.001$],任务类型和旋转角度的交互作用显著[$F_{(5,90)}=5.706, p<0.001$],任务类型、旋转角度和场认知方式三个因素之间的交互作用不显著[$F_{(5,90)}=0.842, p>0.05$]。

3.3.2 正确率

场独立组的平均正确率($M=0.9742\pm0.321$)高于场依存组($M=0.9562\pm0.321$)。正像数字旋转的平均正确率($M=0.9668\pm0.231$)略高于镜像数字旋转的平均正确率($M=0.9636\pm0.224$)。MANOVA结果表明:场认知方式的主效应显著[$F_{(1,18)}=15.709, p<0.01$],任务类型(正像/镜像)的主效应显著[$F_{(1,18)}=84.092$,

$p < 0.001$],旋转角度的主效应极其显著[$F_{(5,90)} = 84.289, p < 0.001$];旋转角度和场认知方式的交互作用显著[$F_{(5,90)} = 5.885, p < 0.001$],而任务类型和认知方式[$F_{(1,18)} = 0.913$]、任务类型和旋转角度[$F_{(5,90)} = 0.503$]以及任务类型、旋转角度和场认知方式[$F_{(5,90)} = 0.953$]之间的交互作用不显著($p > 0.05$)。

3.3.3 三个因素两两关系的实验结果

场认知方式和旋转角度之间的关系可从表 4-7 中反映。无论是场独立组还是场依存组,在 180°的平均反应时最长,而且场独立组的反应时在各个旋转角度上都短于场依存组;反应时的距离差最大出现在 180°,最小出现在 0°,相应的正确率在各个角度的变化趋势场独立组和场依存组具有一致性,且在每个旋转角度上场独立组的正确率都高于场依存组的正确率,两组都是在 0°的正确率最高,180°的正确率最低;在 180°场独立组和场依存组正确率差距最大,将近 3%;而在 0°差距最小,为 0.85%。

表 4-7 场独立组和场依存组在不同旋转角度上的平均反应时(ms)和正确率(%)

组别	反应时(ms)($\bar{X} \pm S$)						正确率(%)($\bar{X} \pm S$)					
	0°	60°	120°	180°	240°	300°	0°	60°	120°	180°	240°	300°
场独立组	874 (63)	1085 (83)	1323 (93)	1543 (95)	1124 (92)	882 (78)	99.25 (0.80)	97.75 (0.86)	96.92 (0.93)	96.11 (1.01)	97.09 (0.88)	97.38 (0.85)
场依存组	1090 (69)	1507 (88)	1827 (96)	2135 (98)	1525 (89)	1105 (86)	98.40 (0.85)	96.45 (0.89)	94.85 (0.93)	93.40 (1.13)	94.6 (0.89)	96.00 (0.86)

注:括号内数据为标准差。

不论是对正像的旋转还是对镜像数字的旋转,被试的反应时都是在 0°最短,在 180°最长;不同任务类型反应时最大差距出现在 60°,最小则出现在 300°。根据被试在不同角度的正确率描绘的曲线也呈现正"V"形状,与在反应时的表现不同,被试在不同任务类型的正确率最大差距在 240°,最小在 60°。

场认知方式和任务类型之间的关系可从表 4-8 中反映,表 4-8 中可以清晰地看出,不管是场独立组还是场依存组,镜像数字旋转的平均反应时都比正像数字的平均反应时长。对应组的平均正确率则是镜像数字旋转比正像数字低。

表 4-8 场独立组和场依存组在正像和镜像数字的平均反应时(ms)和正确率(%)

组 别	反应时(ms)($\bar{X} \pm S$)		正确率(%)($\bar{X} \pm S$)	
	正像	镜像	正像	镜像
场独立组	1024±72	1253±79	97±0.55	97±0.58
场依存组	1348±81	1715±86	95±0.80	95±0.63

4 讨论

从两个实验结果可以看到,场认知方式的主效应非常显著,场依存组被试实验结果与场独立组被试之间有明显的差别,具体表现在场独立组被试反应时短且正确率高,而场依存被试两个反应指标都不如场独立组的成绩好。这种显著性差异主要可能是由个体场认知方式不同导致元认知监控水平差异和认知加工过程差异所致。

4.1 从认知加工过程分析场认知方式对心理旋转的影响

场认知方式的分类是从个体对外在刺激信息的认知加工过程,以及对客观事物提取的线索的依赖程度这个角度进行划分的结果。在完成实验任务的过程中,场独立性被试习惯于利用大脑里存储的信息,且对信息的表征具有清晰准确的特点。因此,可推测,在进行实验任务时,场独立性被试首先将测试单元左边的标准刺激进行表征,随后在将其与右边的探查刺激做一致性匹配时,并不进行左右刺激的一一对比,而是直接将探查刺激与大脑里已有的表征进行比较。因为大脑里的表征准确清晰,所以所需加工时间较短。而场依存性被试倾向于凭借外部信息进行判断,且对信息的表征缺乏精确性,在完成实验任务时,将探查刺激与标准刺激的表象进行一一对应,然后得出判断结果。这样,耗时较长,且容易在对比过程中遗漏一些细节特征或因为信息表征的准确性低而导致出错率升高。另外,因为实验任务是刺激驱动加工,场独立性被试习惯使用自己内在的信息,在完成实验任务过程中,大脑对信息的调用、处理具有同步性、结构性和整体性,而场依存性被试习惯用外在信息为指导线索,对外界信息的加工处理往往是渐进的、模糊的和概括的。这两种不同的对信息处理的方式也可能导致两组被试在反应时和正确率上的差异。

4.2 从元认知角度分析场认知方式对心理旋转的影响

场依存性被试和场独立性被试在面对同一实验材料时,元认知知识水平是相当的。但是,因为认知方式不同,两组被试通过元认知监控发挥元认知知识时出现差异给被试带来不同的元认知体验,导致心理旋转时的显著性差异。即两组被试在应用元认知知识进行心理旋转这一认知过程的开始阶段处在同一水平,但由于两组被试认知方式的不同,在实验过程中元认知监控个体出现差异,具体表现在:场独立性被试以自己大脑存储的信息作为标准进行衡量、判断和完成心理旋转过程,被试能够有效控制自己去执行任务、排除干扰、保证活动的顺利进行,进而带来积极的情感体验,带来快的反应速度和高的正确率。而场依存性被试根据外在客观情况提供的信息做出决策,在完成实验任务的过程中,需要对左右刺激图片不断地进行比较,使得被试在完成实验任务过程中耗时又不省力且容易出错,减弱被试对自己的监控能力,进而带来消极的情感体验,出现慢的反应速度和低的正确率就变得不难理解了。

5 结论

本研究主要得出以下三条结论：

(1)图形和数字的心理旋转反应时呈现倒"V"形状,反应时随着旋转角度的增加而增加,180°时反应时最长,以180°为界,曲线两侧的变化趋势是对称的。

(2)图形和数字的反应正确率随着旋转角度的增加而降低,呈现"V"形状,180°时正确率最低,以180°为界,曲线两侧的变化趋势是对称的。

(3)场认知方式主效应显著,场独立性的被试比场依存性的被试反应时短,而且正确率高;两类被试的反应时、正确率曲线趋势相似。

本章思考与练习

1.假设有一位临床心理学家开发了一套针对抑郁情绪干预的治疗方案,试选用合理的实验设计检验该方案的效果。

2.在一项心理学两因素实验中,A因素有三个水平,B因素有两个水平,试画出以下情况的线性图:

(1)A无主效应,B有主效应,无交互作用;

(2)两个因素均无主效应,但有交互作用;

(3)两因素均有主效应,但无交互作用;

(4)两因素均有主效应且交互作用显著。

3.某实验拟采用拉丁方实验设计探讨5种心理训练程序对某种技能学习成绩的影响。现从5个群体中分别随机选取6名被试,并将实验分别安排在星期一、二、三、四、五进行。试以不同群体为行变量,实验时间为列变量,设计出具体的实验方案。

4.试设计一项两因素混合实验,其中一个变量为人格类型变量(被试间),另一变量为认知变量(被试内)。

拓展阅读

舒华.(2015).心理与教育研究中的多因素实验设计.北京:北京师范大学出版社.

该书在介绍各种实验设计原理的基础上,将实验设计、统计分析和计算机数据处理三方面内容紧密结合,通过大量的例子,详细介绍了如何根据研究课题进行实验设计、方差分析、得出研究结论,以及如何编制SPSS方差分析程序对书中的例题进行数据处理,特别是交互作用中的简单效应检验,以及如何阅读输出结果。因而能使读者较好地把三方面知识结合起来,快速掌握实验设计的模式与操作。

金志成,何艳茹.(2005).心理实验设计及其数据处理.广州:广东高等教育出版社.

该书全面论述了实验研究的全过程。从如何确定一个研究问题开始,论述了形成假设、确定自变量、选择因变量、控制额外变量的干扰、进行统计分析,直到评价和解释实验结果的全过程。为了使读者能很好地掌握实验研究的原理,该书介绍各种实验设计时都辅以例子,在例子中还介绍了这种设计应使用哪一种统计检验、如何进行统计检验等、该书案例翔实,内容全面,适合作为心理学实验设计的工具书。

彼得·哈里斯.(2009).心理学实验的设计与报告.北京:人民邮电出版社.

该书上编主要介绍实验报告的撰写,详略得当地点出了报告的每个主要组成部分,指出了各部分在撰写中应注意的问题。下编涉及实验设计与统计方法,就心理学研究中经常采用的几种实验设计方法以及相关的统计方法做出了概要的介绍和评价。该书旨在为撰写实验报告和设计实验提供具体的指导。

曾祥炎,陈军.(2009).E-Prime 实验设计技术.广州:暨南大学出版社.

该书共四编八章,前三编包括"心理实验程序设计的理论框架""E-Prime 基本实验程序设计""E-Prime 的数据处理",主要介绍心理实验程序设计的模式化方法、E-Prime 的基本知识和基本设计技巧,数据的合并、提取和修复等基础内容。第四编是"E-Prime 高级实验程序设计",着重介绍心理实验程序设计的常用技术和高级使用技巧。该书用语简洁,案例翔实,可作为 E-Prime 的入门工具书。

冯成志.(2009).心理学实验软件 Inquisit 教程.北京:北京大学出版社.

该书共分 11 章,主要介绍了 Inquisit 的脚本语言、程序的编辑、实验程序的编制、实验的运行、调查的编制、程序的调试和数据文件格式及与 ASL 眼动仪的连接等内容。该书提供了大量的实验示例程序来帮助巩固对 Inquisit 实验软件的学习。

陈立翰.(2017).心理学研究方法:基于 MATLAB 和 PSYCHTOOLBOX.北京:北京大学出版社.

该书共 11 章,首先介绍心理学研究基本的科学方法、基于 MATLAB 程序结构和流程控制的编程基础知识。其次,在简要介绍心理学实验研究的常用 MATLAB 函数后,重点讲解如何使用 PSYCHTOOLBOX 编制心理学实验所需的视觉刺激与听觉刺激,如何用 MATLAB 进行数据分析并进行合乎国际期刊规范的制图,以及常用的心理物理法和对应的 MATLAB 代码实现。该书不仅将心理学研究方法渗透于具体的实验设计实例中,还结合实例列举了基于 MATLAB 与 PSYCHTOOLBOX 工具包的常见科学研究设备(脑电仪、眼动仪、运动捕捉系统以及 DIY 设备)的接口编程。

参考文献

白学军,张钰,姚海娟,臧传丽.(2006).平面香水广告版面设计的眼动研究.心理与行为研究.4(3),172-176.

白学军.(2017).实验心理学.北京：中国人民大学出版社.

郭秀艳.(2004).实验心理学.北京：人民教育出版社.

郝德元,周谦,郭春彦,方平.(1989).心理实验设计统计原理.北京：首都师范大学出版社.

舒华,张亚旭.(2008).心理学研究方法：实验设计和数据分析.北京：人民教育出版社.

王才康.(2000).实验设计体系初探.心理科学.23(5)，590-594.

王重鸣.(2001).心理学研究方法.北京：人民教育出版社.

杨治良.(1988).基础实验心理学.兰州：甘肃人民出版社.

袁登华，王重鸣.(2002).心理实验设计的程序化思路.心理科学.25(3)，300-302.

朱智贤.(1989).心理学大辞典.北京：北京师范大学出版社.

朱滢.(2000).实验心理学.北京：北京大学出版社.

张学民.(2011).实验心理学.北京：北京师范大学出版社.

张智君,韩淼,朱祖祥,朱伟.(2002).文本结构和时间应激对网页阅读绩效的影响.心理科学(04)，422-424＋510.

赵晓妮,游旭群.(2007).场认知方式对心理旋转影响的实验研究.应用心理学，(4):334-340.

第五章 测验法

目　次

第一节　测验编制
  一、测验法概述
    (一)测验的含义
    (二)测验的特征
    (三)测验的标准化
  二、测验编制
    (一)研究目的与假设
    (二)拟订编制计划
    (三)编选测验项目
    (四)广泛征求意见,修订项目
    (五)预测
    (六)项目分析
    (七)建立常模
    (八)鉴定测验
  三、测验的评价
    (一)信度
    (二)效度
    (三)项目分析

第二节　测验施测及关系模型构建
  一、测验的实施
    (一)被试的选取
    (二)分发测验
    (三)回收测验
    (四)结果处理与分析
  二、共同方法偏差
  三、关系模型构建
    (一)相关分析(Correlation Analysis)
    (二)回归分析(Regression Analysis)

(三)中介效应分析(Mediation Analysis)

(四)调节效应分析(Moderation Analysis)

第三节 应用范例

大学生人际自我价值感权变性量表编制

学习效能感在护理本科生专业认同与学习倦怠关系中的中介作用

"蚁族"群体知觉压力与主观幸福感的关系:希望的调节作用

本章思考与练习

拓展阅读

参考文献

第五章 测验法

本章导读

测验法是心理学研究中一种最常用的收集资料的方法。由于心理学研究对象的特殊性和测验法的日益完善,目前,测验法在研究中应用得越来越广泛,在揭示人的心理活动规律中发挥着重要作用。本章首先介绍了测验编制的一般过程,包括理论基础、测验项目编选要求、测量指标分析。在此基础上,交代了测验实施过程中被试选取、分发测验、回收测验等方面需注意的问题。最后,提出了共同方法偏差的概念以及中介、调节等测验关系模型。

第一节 测验编制

一、测验法概述

测验法是通过心理测验来研究心理规律的一种方法,即用一套标准化题目,按规定程序,通过测量的方法来收集数据资料。

(一)测验的含义

心理测验(psychological test)是根据一定的法则和心理学原理,通过标准化的操作程序对一部分人有代表性的行为进行测量的一种工具。下面三点有助于科学地把握测验的含义。

首先,测验遵循一定的标准和程序,而非凭主观经验进行。例如,测量人的智力,就应当根据智力理论来编制测验,根据被试在测验上的得分判断其智力水平。因此,用于心理科学研究中的测验,无论是编制、施测,还是评分、解释,都依据一套系统的程序。

其次,测验是测量人的行为,即用标准化的程序来测量个体的某种行为。因此,各种测验都是由一系列能引起个体反应的项目组成,只有测量出一个人对测验题目所产生的反应,才能达到测验目的。

最后,一个测验通常只能测量人的一部分行为,并非人的全部行为。因此测验题目的取样必须有代表性,且与其他样本等值。

在心理科学研究中,以测验作为工具的测量都必须具备两个要素:一个是参照点,另一个是单位。参照点是计算事物量的起点,心理测验中的参照点都是人为标定的,例如智商为0,并不是说没有智力。单位也是测量的基本要求,没有单位,数的多少、大小就无法表示。一般来说,心理测量所用的单位都是不等值的,即每两个单位之间的距离是不相等的。

(二)测验的特征

心理测验具有以下几个特征:

(1)间接性。心理测验测量的是被试对测验题目的外显反应,而非内隐过程。人们只能根据被试的外显行为来推论其内在心理过程或心理特质,所以心理测验是一种由"果"至"因"的科学研究形式,因而具有间接性。

(2)相对性。心理测验所测得的结果,一般只是从个体在群体中的等级顺序反映出个体间的差异。因此,科学地讲,心理测验所测得的结果只是一个相对量数,是与被试所在团体中大多数人的行为相比较而言的。

(3)客观性。心理测验虽然是间接的、相对的,但仍然具有客观性。这是因为:①心理测验所测量的心理现象是客观存在的;②心理测验在编制、施测、评分和解释方面都有一套严格的程序,无关变量的影响得到了尽可能的控制。

(三)测验的标准化

测验和心理测验有很大的共性,如:都提供一些项目,要求被试作答;都可以采用纸笔形式施测,以此进行实际情况调查和心理测量;二者都可归入调查法的范畴。然而,测验和心理测验的根本不同在于,后者的标准化程度高于前者。

测验标准化(test standardization)指测验的编制、实施、计分以及测验分数解释程序等方面的一致性和统一性。这种标准化有助于减少误差,控制无关因素对测验结果的干扰,确保心理测验的准确性和有效性。

第一,测验的内容标准化。标准化首先指测验内容的标准化,即给所有被试施测相同的测验项目,以确保所有被试接受的刺激内容是相同的,这样才能使得不同被试的测试结果具有可比性。测验的制作还要保证物理特性上的一致。例如,要确保纸质测验的印制、操作测验中的实物等方面对于所有被试是一致的。

第二,测验的实施标准化。除了对所有被试施测相同的测验题目,还要保证测验条件相同。实施的标准化包括:①统一的指导语。指导语包括对被试的和对主试的两个方面。这两个方面的指导语,都要明确无误,以控制可能来自这两个方面的误差。②统一的施测程序。施测程序,包括测验的发放与回收、测验的顺序和时间安排、测验的场景与材料、主试的行为规范等,都要做到统一。

第三,测验的计分标准化。这方面的标准化,既包括计分与分数合成方法的标准化,也包括对方法的使用要做到标准化。对于完全使用客观题目的测验,只要按照统一的计分方法,测验分数的整理与合成比较容易保证一致性。然而,主观题目(如创造力测验中的认知作业、投射测验等)的评分、计分方法相对复杂,且对评分者的要求很高,因此要严格训练评分者,以确保最后测验分数的可比性。一般认为,两个评分者之间所给分数的平均一致性应该达到 90% 以上,才可认为计分是可靠的、客观的。

第四,测验分数的解释标准化。测验分数必须与某种参照系相比较,才能显出其意义。例如,仅知道自家孩子的语文成绩为 85 分,家长无法判定其含义,但如果知道了全班的平均分等,就可以判定这个分数的含义。在测验中,用作分数解释参照系的是"常模"(norm),它是根据测验对象总体的代表性样本测得的分数分布。根据该分布的主要描述统计指标,如平均数、标准差等,就可以有效解释某一被试得分的含义。除了以常模作为参照来解释分数含义外,还可以使用某种绝对标准作为参照,前者称为常模参照测验(norm-reference test),后者称为标准参照测验(criterion-reference test)。例如,体能达标测验、驾驶执照考试等都规定了绝对的标准。

二、测验编制

虽然测验编制的方法和过程依测验的性质不同而有所不同,但由于测验原理大致相同,因而测验编制的程序也基本相同。主要包括以下几个步骤:

(一)研究目的与假设

编制测验首先要明确测验目的。具体包括测验对象、测验用途、测验目标。在编制测验前,首先要明确测量对象,也就是该测验编成后要用于哪些个体或团体;还应明确所编测验是用于描述、诊断、选拔还是预测;也应明确测验要用来测量什么,是能力?是人格?还是学业成就?

收集所需资料,构建测验假设。除通过查阅文献、实地考察、个案研究等途径外,测验项目的构建主要可通过以下两个途径实现:

1.设计开放性测验,提前做小规模预测性调查。在开放性测验中,并不预先给定可供选择的答案,而是被试根据自己的情况自由回答。开放性测验主要用于探索性研究,如"社会生活价值观"的研究,通过开放性测验,可归纳出人们对待生活的态度有:享乐型、事业型、沉溺型等13类。

2.以充分的理论为依据,构建测验项目。如研究人生价值观,根据心理学家Rokeach的观点:价值观可分为工具性价值观(实现人生价值的手段)和终极性价值观(实现人生价值的目的),由此可把人生价值观研究的内容分为两大系列。再围绕这两大系列设计具体的项目来编制该测验,如,通过"人活着是为了什么"等问题来考察实现人生价值的目的,通过"人不为己,天诛地灭"等考察人生价值实现的手段。

(二)拟订编制计划

编制计划,通常是一张双向细目表,指出测验所包含的内容和要测定的各种技能,以及对每个内容和技能的相对重视程度。不同的测验包括不同的内容和技能。

(三)编选测验项目

测验计划编好后,下一步即是收集有关资料作为命题取材的依据,并选择项目形式。在收集资料时,应选择具有丰富性和普遍性的资料。项目形式的选择要依据测验目的、材料性质、测验对象的特点和其他各种实际因素。这两项工作的目的都是更好地编制测验项目,在编制测验项目时还需考虑测验时间、测验项目的数量、测验刺激的形式和计分方法等因素。一般说来,测题的数量要比最后所需的数目多一倍至几倍,以备筛选和编制复本,同时,题目难度必须符合测验目的的要求,如编著"中学生学业拖延量表",在结合相关理论的基础上,可进行包括以下访谈题项的个案访谈和半开放式测验调查:"你或者你的同学在学习中存在哪些拖拖拉拉的现象";"是什么原因导致你或者你的同学没有及时完成相关的学习任务";"哪些学习任务是你们容易拖拉的"等。

(四)广泛征求意见,修订项目

将前一阶段编选的项目做进一步的推敲,可寻找专家和同行学者对项目内容及表达方式进行修改。具体可将编选的测验项目设置成半开放式的测验,并对专家及学者进行发放,使其做出"同意"与"不同意"的选择并提出意见,最后回收修订。

(五)预测

预测是测验设计的重要步骤。预测样本一般为30至50人。预测主要有两个目的:一是考查测验的信度和效度;二是进一步发现具体的缺陷,如问题的难度、题数、顺序是否合适,问题的内容是否合理,问题的表述是否确切。

(六)项目分析

将预测后形成的测验进行发放,试测一般选择与预测对象相近的团体进行,人数为500~1000人,同时,试测的实施过程及情境应力求与以后正式测验时的情况相似,并随时记录被试的反应情况,在时限上可宽松一些。

项目分析是指对题目的质和量进行分析,既包括评价取样内容的适当性、题目的思想性以及表达是否清楚等方面,也包括对试测结果进行统计分析,确定题目难度、区分度和备选答案的合适度等内容。通过项目分析,对不适当的题目进行修正或删除,最后筛选出准备编入正式测验中的题目。

(七)建立常模

一套标准化的测验除了在内容、指导语、时限和评分等方面都具有严格的要求和规定外,对分数的解释也必须标准化,这就需要设立常模。常模(norm)是根据标准化样本的测验分数经过统计处理而建立起来的具有参照点和单位的测验量表。在这个量表上,被试可根据自己的测验分数找到自己在团体中所处的地位。一个被试的得分只有与常模进行比较,才具有意义。

建立常模的方法是,在将来要使用测验的全体对象中,选择有代表性的一部分(标准化样本)进行施测,并将所得分数加以统计整理,得出一个具有代表性的分数分布,这个标准化样本的平均数,即为该测验的常模。如以某学校中学生的测验结果编制而成的中学生学业拖延量表,研究者以此样本作为量表成型的依据,并将本次的研究结果作为一个参照,那么这个"某学校中学生"就成为了该测验的常模群体,这些被试的测验分数就是常模分数。

(八)鉴定测验

测验编制的最后一项工作是鉴定测验,即鉴定测验的信度和效度。鉴定信度主要是为了了解测验的可靠性或一致性;鉴定效度旨在考查测验的有效性,即测验能否测出所要测量的行为或心理特征。

三、测验的评价

一份测验编好后,需要对其测量的可靠性和有效性加以评估,因此需搜集信度和效度资料,对其进行测量学方面的分析;除此之外,还要做项目质量的分析。

(一)信度

信度(reliability)指测量结果的可靠性、稳定性和一致性。举个通俗的例子,用钢卷尺去量一个人的身高,所得结果大致是可靠的,因为无论是由一个人量数次还是分别由几个人去量,所得结果都较为一致。然而,如果改用橡皮筋做的软尺去测量身高,则会因拉力大小不同,多次或多人测量所得结果就难以取得一致。因此,用橡皮筋做的软尺测量长度或高度是不可靠的,也就是说,这样的测量工具是缺乏信度的,而钢卷尺的信度相对较高。类似的,心理测验作为一种测量工具,其信度也有高低之分。

根据经典测量理论,一个测验分数的变异由真分数和随机误差两部分变异组成。真分数,可理解为一个被试无数次反复测量的平均结果。虽然每次测量都受随机误差影响,但是当测验次数足够多时,随机误差的影响相互抵消,平均误差值为0,这时测量结果的平均值就代表了所测量事物特性的真实情况。然而,真分数的变异无法直接计算(因为实际上不能反复测量足够多次),但可通过计算出随机误差的方差和测量结果的总方差,再计算出二者的比值,用1减去这个比值,即为信度。换言之,信度代表了非随机误差的方差占总方差的比例。计算信度的具体方法有多种,通常要考查如下四种信度指标:

1.重测信度(又称稳定性系数)(retest reliability)。该系数通过"重测法"获得,即采用同一测验,相隔一定时间(几周或几个月)两次测量同一群体,前后两次测量分数的相关系数(通常用积差相关系数表示),就代表了测验的稳定程度,或跨时间的一致性。

2.分半信度(split half reliability)。它是指将一个测验中的所有项目分成等值的两半,所有被试在这两半上所得分数的一致性程度。

3.同质性信度(homogeneity reliability)又称内部一致性系数。它是指测验内部所有题目间的一致性程度。当一个测验所有项目之间的相关都很高时,表明测验项目可能测量了单一的特质,这种相关代表了测验的同质性信度。分半信度和同质性信度,都反映了测验跨项目的一致性。

4.评分者信度(scorer reliability)。一些测验分数的获得依赖于评分者的打分。例如,两名教师对同一篇作文进行打分,多名研究者对一件作品的创造性予以评分。这时的两名或多名评分者之间所给分数的一致程度,就称为评分者信度。如果是两人评分,则计算两列分数的积差相关(用于等距数据)或斯皮尔曼等级相关(用于顺序数据);如果是三人或更多人做等级评定时,则计算不同人评分结果之间的肯德尔和谐系数。

通常,信度系数越接近1越好。对于内部一致性信度,如果在0.70以上,表明该测验可用于团体层面的描述和比较;如果在0.85以上,可用于个体的诊断和鉴别;评分者信度最好能在0.90以上;而重测信度往往要低一些,它容易受到测验内容、性质和间隔时间的影响。不过这些标准都是习惯标准,仅供大致参考,判定一个测验的信度高低还要考虑其他的复杂因素。例如,对于儿童发展研究,可能就难以像通常那样考查重测信度,因为他们的心理变化很快,所以两次测验的结果不一致是很正常的。

(二)效度

效度(validity)指测量的有效性或正确性,是对测量工具的根本要求。一个测量工具是否有效,关键在于它所测量到的是否是其需要测的内容。例如,钢卷尺测量身高是有效的,但不能用它称量体重,不管它每次测量结果之间是否一致,都是无效的,因此,对量体重来说,钢卷尺是个无效或效度很低的工具。优秀的心理测验,既应是可靠的,还应是有效的,即不仅要有信度,更要有效度。

一般用真分数的方差和测量结果的总方差之比来定义效度。真分数的变异除了包括所需测量心理特质的真实变异,还包含某种系统误差导致的变异,可能还包含随机误差的影响。例如,一个钢卷尺开头的一厘米被折断而丢掉,若每次都从原来的一厘米处开始计量,每次测量结果仍然是稳定的、一致的(即有信度),但是,这些结果还包含了系统误差,其测量的有效性(效度)就降低了。所以,在排除掉系统误差和随机误差后,测验所测心理特征的真实变异占整个测量分数变异的比值,就代表了测验效度。

综上,测验的效度是比信度更严格的指标,二者的关系是:一个测验有较高的信度,但未必有较高的效度;反过来说,有较高的效度,一定会有较高的信度。提高信度的方法是控制随机误差;而要提高效度,须同时控制随机误差和系统误差;若两种误差都控制了,那么这个测验既有信度又有效度。

要评估所编制测验的效度,有以下方法:

1.内容效度(content validity)。如果测验项目"恰当地"代表了测验规定范围内的内容,则它具有内容效度。例如,从思维的流畅性、灵活性和独特性三个角度来衡量创造性,然而,若所用的题目中根本没有考虑到思维的独特性问题,则这个测验的题目设置缺乏内容效度。不过,实际上如何评价这种"恰当性"是很复杂的问题,通常请专家根据自己的经验来判定,若专家认可度很高则表示有内容效度。内容效度最适用于学业成就测验、职业成就测验。

2.效标关联效度(criterion validity)。效标指某种外部标准(如实际工作表现、学业成就、临床诊断结果),如果测验结果与效标有很高的相关系数,就表明它有较好的效标关联效度。效标关联效度包括预测效度和同时效度。以被试未来的某种实际表现为效标,一项测验的结果若能预测被试的未来表现,这就表明测验有预测效度。例如,高考成绩若能预测大学时期学生的表现,则说明高考试卷有预测效度。如果测验结果和效标资料同时收集,二者的相关系数就体现了同时效度。例如,学习能力测验结果应该和通常的考试成绩有较高相关,这种相关代表了学习能力测验的同时效度。

若一种测验的效标关联效度较高,则该测验就较适合被采用。比如,临床上诊断一个人是否有网瘾,是很费时费力的事情,若某个网络成瘾量表能预测临床诊断结果,以后只要通过该量表来诊断就行了,而免去了临床诊断的麻烦。能力测验和人格测验都应该考查效标关联效度。

3.构想效度(construct validity)。它也称为结构效度,指一项测验测量到理论所构想特质的程度。如果根据理论构想的模型,能较好地拟合实际测量数据,则说明测验测到了理论构想关注的内容,或者说理论构想是正确的。能力测验和人格测验的编制通常建立在某种理论构想的基础上,因此需要考查构想效度。

因素分析是考查构想效度最常用的方法之一。因素分析(factor analysis)本质上是分析资料相互关系的一种精确的统计技术。因素分析将为数众多的观测变量缩减为少数不可观测的潜变量(又称因素,或共同因素、公共因素、公因子等),用最少的因素概括和解释大量的观测数据,从而达到简化观测数据、建立起简单结构的目的。因素分析所发现的因素是高度概括的,用它们能描述观测变量中的大部分信息,并且使观测数据更容易解释。

经过因素分析,观测变量的总变异被分解为共同变异(与其他因素共有的变异)、该变量所独有的特殊变异和随机误差变异三部分。因素分析就是通过发现共同变异,找到有普遍性影响的若干共同因素,进而探讨各观测变量与共同因素之间的关系。观测变量与因素间的相关,即变量在因素上的贡献量(负荷),称为因素效度。因素效度越大,说明变量在该因素(心理特质)上越有效。

上面讲的是因素分析中的探索性因素分析,目的在于查明变量的结构。提取共同因素的个数与研究者对特征根的设置(不小于1)、对碎石图拐点的判断、依据事先确定的理论架构对共同因素个数的限定等主观因素有很大关联,另外还涉及转轴的旋转角度等主观性较强的问题。因此探索性因素分析得到的只是有一定数据支持的客观化表达的主观模型,如果要验证这个结构是否具有一定的通用性,还需进行验证性因素分析,用另外的样本数据与探索性因素分析所得结构之间的拟合程度来说明结构的有效性。研究者在验证性因素分析中会就某些参数(因素负荷、因素间的相关和独特因素等)的数值做出假设。最典型的就是提出某种因素负荷的假设。譬如,可能有人会假设韦克斯勒智力量表中言语量表在操作量表上的负荷为0,操作量表在言语量表上的负荷为0。结果可能支持韦克斯勒量表言语与操作的划分,也可能表明分测验的归属不当,甚至也会不支持言语与操作的两类划分。总之,用这种方法可以验证探索性因素分析所得结构是否有效。

(三)项目分析

除了对测验整体的有效性和可靠性进行评价外,还要分析测验中每个项目的质量。这种分析既可以是定性的,也可以是定量的。定性的分析主要是分析项目的内容效度及项目表述的恰当性等;定量分析主要是分析项目的难度和区分度。项目的难度,可以用在该项目上的通过率来表示,即通过的人数在所有作答人数中的百分比。通过率越高,项目难度越小。项目的区分度,是项目对心理特性的区分程度。高分组和低分组在某一项目上通过率的差值表示项目区分度。计算项目得分和测验总分的相关系数也是表示项目效度的一种方法。

1.难度

项目难度(difficulty)指项目的难易程度。二分法记分项目与非二分法记分项目难度的计算方式有所不同。

(1)二分法记分项目的难度计算

二分法记分又叫二值记分,即只有答对和答错两种情况,记为1或0。具体包括通过率法和两端分组法。

①通过率法。用题目的通过率估计难度。通过率是指被试正确回答项目的人数与所有被试人数之比,即:

$$P = R/N$$

其中,P 值表示项目难度,R 表示被试正确回答或通过项目的人数,N 表示参加测验的所有被试人数。

②两端分组法。先将被试依照测验总分从高到低排列,分成三组。若测验总分的分布符合正态分布,高分组和低分组的最适当比率是各占27%;如果分布较平坦,应高于27%。用两端分组法计算难度的公式如下:

$$P = (P_H + P_L)/2 \quad \text{或} \quad P = 1/2(R_H/N_H + R_L/N_L)$$

其中,P 是难度,P_H、P_L 分别表示高分组、低分组在该项目上的通过率,R_H、R_L 分别表示高分组和低分组通过该项目的人数,N_L、N_H 分别表示高分组和低分组的人数。

(2)非二分法记分项目的难度计算

对于简答题、论述题等题型,每个项目不只有答对和答错两种结果,而是从0分至满分有多种可能结果,对于此类项目,常用下面的公式来计算难度:

$$P = X/X_{MAX} \text{ 或 } P = M/W$$

其中,P 为难度,X 或 M 为所有被试在该项目上的平均得分,X_{MAX} 或 W 为该项目的最高得分(满分)。

理论上,在测验中,题目的难度在接近或等于0.50时,是比较理想的难度,此时项目具有最大的鉴别力。但是,实际工作中并非如此简单。对于校标参照测验和掌握测验,一般不考虑难度。对于选拔测验,难度最好接近录取率。对于选择题,难度一般应大于猜测率。

2.区分度

项目区分度(item discrimination)即项目之间是否有一定的鉴别力和区分程度，良好的区分度能将不同水平的被试区分开来。例如，在一次语文测试中，语文能力高的学生是否能够较好地区别于语文能力较低的学生，即高水平的学生取得高分，低水平的学生取得低分。区分度的计算主要包括项目鉴别指数法和相关法。

(1)项目鉴别指数法。这是项目区分度分析的一种简便方法，以高分组和低分组的测验总分在某一项目上通过率的差异，作为项目鉴别指数。计算公式为：

$$D = P_H - P_L$$

其中，D 为鉴别指数，P_H 为高分组在该项目上的通过率，P_L 为低分组在该项目上的通过率。D 值越大，项目的区分度越大。

一般情况下，取高分端27%作为高分组，低分端27%作为低分组。这样取值在正态分布下能够有效地使两个对比组的差异尽可能大。另外，对项目鉴别力的计算，也可以将高分组与低分组进行独立样本 t 检验，检验结果差异显著，则表示高分组显著高于低分组，即可证明项目鉴别力良好。

例如，某高中物理测验，被试共18人，高分组和低分组各取总人数的27%，则两组各为5人，第五题高分组5人全部答对，低分组只有1人答对，$1-0.2=0.8$ 即为该题的鉴别指数。表5-1中列出了根据鉴别指数取舍题目的标准。

表5-1 鉴别指数判定表

鉴别指数 D	题目评价
0.40 以上	很好
0.30~0.39	良好、修改会更好
0.20~0.29	仍需修改
0.19 以下	差、必须淘汰

(2)相关法。一般以总分(或效标分数)来衡量被试能力或成就的高低，被试在某个项目上的得分和总分都高，说明该项目与总分具有一致性，从这个项目上就可以鉴别出被试水平的高低，那么这个项目的鉴别力就高；反之亦然。也就是说，项目与总分的相关高，项目的鉴别力就高。所以，可以用项目的得分与总分的相关来衡量项目的区分度。

第二节　测验施测及关系模型构建

一、测验的实施

测验编制好之后,下一步工作就是实施测验,用其收集研究所需数据和资料。测验实施过程的质量,直接影响研究结果的科学性。下面,将着重讨论测验实施过程以及影响测验回收率、有效率的相关因素。实施测验的一般程序包括:被试的选取、分发测验、回收测验和分析测验以及结果处理。

(一)被试的选取

被试的选取通常用抽样的方法。抽样方法包括随机抽样、分层随机抽样等,具体采用何种方法应根据某项测验研究的具体情况来确定。

测验回收的有效数量至少为测验总题数的 4~5 倍。其中,排除漏答、不认真作答等情况后,剩余测验称为有效测验,其份数与发放测验总份数之比为有效回收率。目前,在心理学研究中,测验的有效回收率在 90% 以上是可以接受的标准。

(二)分发测验

心理测验的分发方式分为发送测验、访问测验和邮寄测验三种。在测验的实际实施过程中,测验一般都是按照上述三种方式进行分发的,具体采用哪一种形式根据研究的具体情况而定。

(三)回收测验

测验的回收情况依分发测验方式的不同而异。一般来说,访问测验的回收效果最好,通常可达 100%;发送测验的回收率也比较好。如果安排好从发送测验到回收测验的整个过程并及时派人回收,或在被试集中的地方请有关人员协助,还可能取得更高的回收率。邮寄测验则不同,由于整个测验实施过程的控制程度很低,其回收率往往也较低。

(四)结果处理与分析

测验回收以后,为了保证研究的科学性和精确性,以及便于结果的处理和分析,通常需要对所有测验进行逐一审查,内容主要包括:分类整理、淘汰不合格的无效测验(不完整或不可靠)和进行编号、登记等。整理好所有合格测验以后,就可以根据既定的分析维度对结果进行处理和分析。

在进行结果处理与分析时,需注意以下两点:一是运用计算机时必须事先认真做好测验设计工作,使设计的测验便于计算机处理和发挥"社会科学统计软件包"的效用;二是在对开放式测验进行结果处理与分析时,应当尽力避免研究者的主观倾向,认真做好定性分析。通常,对于开放式测验,研究者也应当事先设计好可能出现的答案,并经专家评价和小范围测试,确定每种答案的强度或顺序性,这样在进行定性分析时,可以大大降低研究者的主观性,从而保证测验结果的科学性。

二、共同方法偏差

共同方法偏差(common method biases)指的是因为同样的数据来源或评分者、同样的测量环境、项目语境以及项目本身特征所造成的预测变量与效标变量之间人为的共变。这种人为的共变会对研究结果产生严重的混淆并对结论产生潜在误导,是一种系统误差。共同方法偏差在心理学、行为科学研究中,特别是采用测验法的研究中广泛存在。

共同方法偏差的控制方法包括程序控制和统计控制。程序控制是指研究者在研究设计与测量过程中所采取的控制措施,比如从不同来源测量预测变量与效标变量,对测量进行时间上、空间上、心理上、方法上的分离,保护反应者的匿名性、减小对测量目的的猜测度,平衡项目的顺序效应以及改进量表项目等。研究者首先应该考虑采用程序控制,因为这些方法直接针对共同方法偏差的来源。

但是,在某些研究情境中,受条件限制,上述的程序控制方法无法实施,或者无法完全消除共同方法偏差,这个时候就应该考虑在数据分析时采用统计方法来对共同方法偏差进行检验和控制。

本书介绍其中一种控制方法:Harman 单因素检验。这种技术的基本假设是:如果方法变异大量存在,进行因素分析时,要么析出单独一个因子;要么一个公因子解释了大部分变量变异。传统的做法是把所有变量放到一个探索性因素分析中,检验未旋转的因素分析结果,确定解释变量变异所需的最少因子数,如果只析出一个因子或某个因子解释力特别大,即可判定存在严重的共同方法偏差。现在更普遍的是采用验证性因素分析,设定公因子数为1,这样可以对"单一因素解释了所有的变异"这一假设做更为精确的检验。

三、关系模型构建

在心理学研究中,量表一般不会单独发放,研究者的目标通常在于揭示两个或两个以上变量之间的关系,因此在发放测验时,常常将多份测验装订在一起进行发放,回收后再加以统计分析。本书介绍目前流行的心理学数量关系分析,包括相关分析、回归分析、中介效应分析和调节效应分析。

(一)相关分析(Correlation Analysis)

相关分析是分析变量之间是否存在依存关系的统计方法。最早由 Galton 发明，后由他的学生 Pearson 发展而来。在心理学研究中，相关分析的使用最频繁。例如，在描述信度和效度时，主要就是使用相关系数的概念。

描述相关关系常用相关系数 r 来表示，当 $r>0.7$ 时，常认为是高度相关；当 $r=0.5$ 时，常认为是中度相关；当 $r<0.2$ 时，常认为是低度相关。但是，实际上还要根据样本量的大小、相关系数的显著水平以及统计效力来判断相关程度。另外，当两个变量具有显著的相关关系时，必须清楚这只是表示二者之间有确定的依存关系，并不能表明二者具有因果关系，不能确定其中一个变量具有决定另一个变量的关系。

(二)回归分析(Regression Analysis)

回归分析是确定因变量和两个或两个以上自变量之间相互依赖关系的一种统计分析方法。按照涉及自变量的多少，只有一个自变量称为一元回归分析；两个或两个以上自变量称为多元回归分析。另外，按照自变量和因变量之间的关系类型，又可分为线性回归分析和非线性回归分析。

回归分析通过最小二乘法估计参数，建立自变量与因变量之间的数学模型，并判断自变量的影响是否显著；在多元回归分析中，还要分析多个自变量的影响，将影响显著的自变量选入模型，并剔除影响不显著的变量，据此建立起预测方程。

与相关分析不同的是，相关分析主要分析变量之间的相互依存关系，而回归分析更确定变量之间的预测关系，建立回归模型，并根据数据估计模型的参数，评估回归模型的拟合效果。评估回归模型拟合效果的指数主要有 R^2、F 值和 t 值。R^2 为回归方程的决定系数，用来表示回归方程中自变量 X 对因变量 Y 的影响程度。例如，$R^2=0.8$，表示回归方程可以解释因变量 Y 的变化的 80%。F 值用于检验回归方程的线性关系是否显著，显著性水平小于 0.05 才有统计学意义。然而，F 值只是表示整个方程是显著的，并没有表示所有的回归系数都是显著的，因此还需要对每个回归系数进行 t 检验，这些回归系数只有 t 检验显著才有意义。

(三)中介效应分析(Mediation Analysis)

当考虑自变量 X 对因变量 Y 的影响时，如果 X 通过影响变量 M 来影响 Y，则称 M 为中介变量。例如，关于职业倦怠的研究：组织公平→心理资本→职业倦怠，其中"心理资本"为中介变量。可用图 5-1 所示的路径图和相应的方程来说明变量之间的关系。

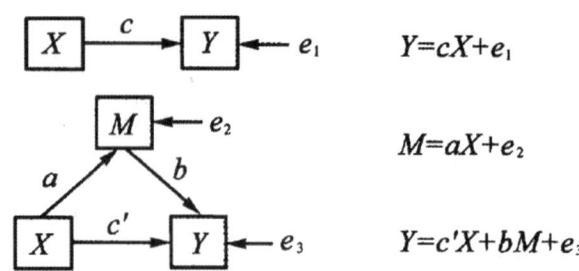

图 5-1 中介路径模型

图 5-1 中,自变量为 X,因变量为 Y,中介变量是 M。方程① $Y=cX+e_1$ 中,c 是 X 对 Y 的总效应;方程② $M=aX+e_2$ 中,系数 a 为自变量 X 对中介变量 M 的效应;方程③ $Y=c'X+bM+e_3$ 中,系数 b 是在控制了自变量 X 的影响后,中介变量 M 对因变量 Y 的效应;系数 c' 是在控制了中介变量 M 的影响后,自变量 X 对因变量 Y 的直接效应;e_1、e_2、e_3 都是回归残差。对于这样的简单中介模型,中介效应等于间接效应,即等于系数乘积 ab,它与总效应和直接效应有下面关系:$c=c'+ab$。

中介效应的检验有三种方法,分别是逐步法、系数乘积项检验法和 bootstrap 法。

1.逐步法。检验中介效应最常用的方法是逐步检验回归系数,即通常说的逐步法:

(1)检验方程①的系数 c(即检验 $H_0:c=0$)。

(2)依次检验方程②的系数 a(即检验 $H_0:a=0$)和方程③的系数 b(即检验 $H_0:b=0$),有文献称之为联合显著性检验。

如果(1)系数 c 显著,(2)系数 a 和 b 都显著,则中介效应显著。完全中介过程还要加上:

(3)方程③的系数 c' 不显著。

2.系数乘积项检验法。此种方法主要检验 ab 乘积项的系数是否显著,检验统计量为 $z=ab/s_{ab}$,实际上熟悉统计原理的人可以看出,该公式和总体分布为正态的总体均值显著性检验差不多,不过分子换成了乘积项,分母换成了乘积项联合标准误而已,而且此时总体分布为非正态,因此这个检验公式的 Z 值和正态分布下的 Z 值检验是不同的,同理临界概率也不能采用正态分布概率曲线来判断。分母 s_{ab} 的计算公式为:$s_{ab}=\sqrt{a^2s_b^2+b^2s_a^2}$,在这个公式中,$s_a^2$ 和 s_b^2 分别为 a 和 b 的标准误,这个检验称为 sobel 检验。

3.bootstrap 法。现今被认为最好的方法是用 bootstrap 程序来直接检验中介效应。bootstrap 法是一个非参数的重新抽样程序,其对中介效应的分布并没有要求,可以克服中介效应的非正态分布的问题。bootstrap 法的具体操作步骤为:

(1)通过对现有样本进行 n 次($n>1000$)有放回的重复抽样,即将原始样本当作 bootstrap 总体,从这个总体中有放回的重复取样以获得类似于原始样本的 bootstrap 样本;

(2)然后计算每个抽样后所得样本中的效应估计值 ab,所有这 n 个样本的效应估计值的平均值即为总的效应估计值;

(3)将它们从小到大排列,就可以得到中介效应的非参数近似抽样分布,其中第 2.5 百分位点和第 97.5 百分位点就构成了置信度为 95% 的中介效应置信区间;

(4)如果效应值在 95% 的置信区间没有包括 0,则表明中介效应显著。

(四)调节效应分析(Moderation Analysis)

如果因变量 Y 和自变量 X 的关系(回归斜率的大小和方向)随第三个变量 M 的变化而变化,则称 M 在 X 和 Y 之间起调节作用,此时称 M 为调节变量(见图 5-2)。调节变量可以是定性的(如性别、种族、学校类型等),也可以是定量的(如年龄、受教育年限、刺激次数等),它影响因变量和自变量之间关系的方向(正或负)和强弱。

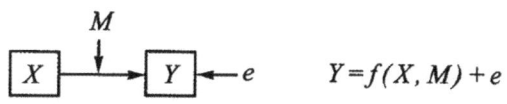

图 5-2 调节路径模型

在做调节效应分析时,通常要将自变量和调节变量做中心化变换(即变量减去其均值,或进行标准化处理),然后构造自变量和调节效应的乘积项作为调节效应。简单常用的调节模型,假设 Y 与 X 有如下关系:

$$Y=aX+bM+cXM+e \quad 即:Y=bM+(a+cM)X+e$$

对于固定的 M,这是 Y 对 X 的直线回归。Y 与 X 的关系由回归系数 $a+cM$ 来刻画,它是 M 的线性函数,c 衡量了调节效应的大小。从公式中可以看出,c 其实代表了 X 与 M 的交互效应,所以这里的调节效应就是交互效应。这样,调节效应与交互效应从统计分析的角度看可以说是一样的。然而,调节效应和交互效应这两个概念不完全一样。在交互效应分析中,两个自变量的地位可以是对称的,其中任何一个都可以解释为调节变量;也可以是不对称的,只要其中有一个起到了调节变量的作用,交互效应就存在。但在调节效应中,哪个是自变量,哪个是调节变量,是很明确的,在一个确定的模型中两者不能互换。

当自变量和调节变量都是类别变量时应进行方差分析。当自变量和调节变量都是连续变量时,用带有乘积项的回归模型,做层次回归分析:

(1)做 Y 对 X 和 M 的回归,得测定系数 R_1。

(2) 做 Y 对 X、M 和 XM 的回归得 R_2，若 R_2 显著高于 R_1，则调节效应显著；或者，做 XM 的偏回归系数检验，若显著，则调节效应显著。

当调节变量是类别变量、自变量是连续变量时，做分组回归分析。但当自变量是类别变量、调节变量是连续变量时，不能做分组回归，而是将自变量重新编码成为伪变量，用带有乘积项的回归模型，做层次回归分析。

第三节 应用范例

大学生人际自我价值感权变性量表编制

摘要：本研究旨在编制大学生人际自我价值感权变性量表。通过访谈以及开放式问卷调查了解112名大学生对自我价值感的理解及其受人际关系和事件影响情况，编制初测问卷。再用初测问卷第一稿和第二稿分别调查350名、478名大学生以收集数据并进行统计处理，编制大学生人际自我价值感权变性正式量表，最后检验量表的信效度。结果表明：(1)自编的大学生人际自我价值感权变性量表包含三个维度；(2)信效度检验各指标系数良好。本研究提出了大学生人际自我价值感权变性的内涵，并通过量表编制探究其结构，可作为测量大学生的工具使用。

1 研究背景

一个多世纪以前，James提出了自我价值感或自尊（self-esteem 或 self-worth）这个概念，当时虽未受到重视，但在20世纪80年代，它却在美国掀起研究的热潮。而现在无论是西方还是东方，自我价值感或自尊一直被心理学界广泛关注，它成为研究的热点话题，尤其是发现它与人们的幸福感等心理健康因素有着显著关系。人们采取行动提高自我价值感，并且感受到生活的充实、精彩、幸福，努力成为具有较高自我价值感的人。但有研究发现，自我价值感的高低不一定就与心理的健康与否匹配对应，甚至有的高自我价值感个体会更感受到生活工作的压力，有情绪问题的产生。这些研究的发现与最初对自我价值感的重视相矛盾，于是研究者继续深入探讨是否有其他潜在变量来解释这种现象，自我价值感的权变性研究就是在这样的背景下产生的。

Crocker 和 Kernis 等学者发现问题后就把对自我价值感的高低研究转向了它的权变性研究上，并且提出我们每个人都有自我价值感的权变性和非权变性领域，归属于权变性领域内的事件对个人的自我价值感影响较大，明显地提高或降低个体的自我价值感,从而影响心理健康、情绪情感等,而非权变性领域内的事件或经历引起自我价值感的波动则很微弱。并且每个人的自我价值感权变性领域和非权变性领域构成是不同的,有的人将自我价值感权变于学业、事业等,有的人则是外表、体型等。有的人因为人际关系而影响自我价值感,有的人却毫不在乎。所以不同的个体或群体其自我价值感权变性有着不同的领域分布,更具体针对性地去研究自我价值感权变性,研究结果也更有实际的价值和意义。国外已经进行了十几年的自我价值感权变性研究,而国内本土化的研究才刚刚起步,对于国外的研究结论以及假设等还需验证,并且也需要更有本土化的研究内容和设想。

大学生是祖国未来的建设者,但近些年来不断产生各种各样的大学生心理健康问题,牵动着社会的关注。据统计,大学生的人际问题是其心理健康问题的重要组成部分,一直严重影响着他们平时的情绪情感,甚至无心投入学业中。并有研究发现,大学生的人际问题(包含人际关系、人际互动等)与自我价值感有着紧密联系,不同人际关系中人际需求满足与否影响着自我价值感的高低。

因此本研究旨在编制大学生人际自我价值感权变性量表,这有助于了解大学生人际自我价值感权变性现状,并为进一步提升高校大学生心理健康水平奠定基础。

2 访谈与开放式问卷调查

2.1 研究目的

通过访谈与开放式问卷调查了解大学生对自我价值感的理解以及受人际问题的影响内容,验证大学生人际自我价值感权变性的理论构想并为编制对应量表项目题库提供基础资料。

2.2 研究方法与程序

2.2.1 调查被试

研究采用方便取样,选取河北师范大学、河北科技大学和石家庄铁道大学 3 所高校的三个专业类别(文、理、工)、四个年级(大一、大二、大三、大四)的 15 名学生访谈和 97 名学生开放式问卷调查。被试详细分布见表 5-2。

表 5-2 访谈和开放式问卷调查被试分布

	性 别		年 级				专 业		
	男	女	大一	大二	大三	大四	文	理	工
访谈	6	9	5	4	3	3	5	8	2
开放式问卷	30	67	24	36	21	16	51	32	14

2.2.2 研究工具

采用自编的开放式问卷。在查阅大量自我价值感权变性和人际自我价值感相关文献资料的基础上,总结国内外最新的研究结果,提出人际自我价值感权变性的定义,参考已有的人际自我价值感的理论构架,设计出针对中国大学生的有关自我价值感受人际影响的开放式问卷题目,经过心理学专家指导,最终包含4道题目。第一道题目(你是如何理解自我价值感这个概念的?)是为了了解大学生对自我价值感概念的理解,确保与本研究中的自我价值感内涵一致。第二道题目(大学期间哪些人际关系会影响你的自我价值感?)是为了了解大学生自我价值感受哪些校园人际关系影响,并会细致询问其影响程度。第三、四道题目(在你的人际交往中,发生哪些事会让你觉得自己更有价值? 在你的人际交往中,发生哪些事会降低你的自我价值感?)是为了了解大学生自我价值感受哪些校园人际事件影响以及其影响程度。访谈提纲也使用开放式问卷题目。

2.2.3 研究程序

采用方便取样的方法,保证访谈对象在性别、年级、专业比例上分布均衡,通过同学、老师帮忙约访,选择安静不被打扰的地方对被试进行半个小时左右的访谈并在知情同意的情况下录音。对访谈提纲不断进行修缮,并为设计开放式问卷提供依据。

利用同学下课的时间,邀请他们参与开放式问卷调查,进行团体施测,保证足够的时间回答问题,并及时收回答完的开放式问卷。

对访谈内容和开放式问卷结果进行整理分析,以可以独立理解分析并与调查问题相关的词语为分析单位,进行统计,计词语出现的频数,并进行分类处理。

2.3 研究结果

通过访谈和开放式问卷调查发现大学生能较好地理解自我价值感的含义,认为一个人有良好的自我价值感就是代表这个人觉得自己是有价值的,能很好地接纳自我,喜欢自我,对自己有积极的评价;较低的自我价值感就会表现为觉得自己没用,别人不喜欢自己,自己也不喜欢自己,对自己有很消极的自我评价。这和本研究对自我价值感的定义相符,可以对大学生进行更深入的调查了解。经统计整理分析,影响大学生自我价值感的校内人际关系可以分为三大类:团体关系(组织、社团、班级、同学)、亲密朋友(舍友关系、好朋友、男女朋友)、师生关系(辅导员、老师),这与程科研究大学生的人际自我价值感结构构想模型中的主要社会关系相一致。而对人际事件影响自我价值感及影响程度的回答中,发现大学生是围绕着其人际需要是否得到满足而影响其自我价值感的,并且人际需要得到满足的程度与自我价值感受到影响的程度紧密相关。这与本研究最初理论构想相符合,为编制大学生人际自我价值感权变性初始问卷题库提供了很好的实践性依据。具体词语频数分布如表5-3所示。

表 5-3　访谈与开放式问卷调查关键词词频表

词语	频数	人际关系		人际事件	
		正性词	频数	负性词	频数
宿舍(寝室)	64	受欢迎	47	否定	35
组织	33	肯定	42	忽视	22
社团	13	受尊重	35	孤独	19
班级	27	喜欢	44	质疑	23
同学	34	重视	35	冷漠	15
好朋友	72	领导	29	孤立	37
男女朋友	45	被信任	27	拒绝	20
辅导员	23	认可	33	不尊重	23
老师	19	威信	28	误解	11
		关心	33	不相信	27
		帮助	19	批评教育	9
		支持	15	虚伪	16
		快乐	19	嫉妒	10
		不可或缺	6	不公平	3
		理解	21	敌意	2
		包容	11	嘲笑	3
		真诚	8	反感	3
		鼓励	4	没印象	4
		赞赏	4	挑剔	3
		有所作为	3	不在意	3

2.4 小结

访谈和开放式问卷调查结果说明最初的大学生人际自我价值感权变性的理论构想可作为下一步量表编制的参考,使用调查结果中的关键词作为初测量表题库编制的重要资料,同时还需参考以往有关自我价值感权变性量表的题目编制形式,进行下一步的大学生人际自我价值感权变性量表编制研究。

3 大学生人际自我价值感权变性初测量表的编制

3.1 研究目的

探索大学生人际自我价值感权变性的因素构成,编制题库并在题库中筛选出初测问卷的条目,为编制正式问卷做准备。

3.2 研究方法

3.2.1 研究工具

自编大学生人际自我价值感权变性初测问卷。根据前面的文献综述以及访谈和开放式问卷调查分析结果形成初步的理论构想,将总量表分为团体关系、亲密朋友和师生关系三个子维度,并在三个子维度下面以人际需求是否得到满足的相关事件为方向编制部分题目,还有部分题目是通过查阅人际相关文献自编而成,题目形式参考Crocker、王磊、杨烨和黄远等人的量表题目,通过与心理学专家和研究生讨论,删除一些不易理解、语言表达不清晰以及表达重复的题目,最终形成包含50道题目的大学生人际自我价值感权变性的初测问卷第一稿(见附录一)。量表采用李克特5点计分法,"1"代表"非常不同意",计1分;"2"代表"基本不同意",计2分;"3"代表"不确定",计3分;"4"代表"基本同意",计4分;"5"代表"非常同意",计5分。

3.2.2 被试

抽取河北师范大学、河北科技大学、石家庄铁道大学、河北经贸大学和河北医科大学5所高校的350名文科、理科和工科大学生展开调查,剔除25份无效问卷,共收回有效问卷325份,有效回收率为92.9%。基本资料见表5-4。

对无效问卷的筛选标准为:人口学变量信息缺失;问卷题目漏答;问题回答数字呈现一定规律的。

表 5-4 被试分布情况

人口学变量	类别	人数
性别	男	161
	女	164
居住地	农村	181
	城镇	144
独生	是	113
	否	212
专业	文	99
	理	118
	工	108
年级	大一	71
	大二	60
	大三	93
	大四	101
学生干部	是	107
	否	218

3.2.3 研究程序

以班级或自习室为单位,进行课下的团体施测。问卷发放人员提前向同学们说明调查缘由和统一的指导语。问卷当场立即收回。进行有效问卷的筛选,进行编号录入。

3.2.4 统计方法

采用 SPSS 17.0 进行统计分析。

3.3 研究结果

3.3.1 项目分析

3.3.1.1 特异性水平分析:天花板或地板效应

通过 SPSS 17.0 对大学生人际自我价值感权变性初测问卷第一稿条目进行描述统计分析,计算出全部条目的平均值以及标准差,来判定条目是否存在天花板效应或者地板效应。天花板效应也就是某题得分值全为 5,地板效应即为得分值全为 1。如果存在天花板或地板效应,对应条目要进行修改或直接删除掉。并以条目得分的标准差为标准来判定条目的特异性水平。从表 5-5 中可以看出,第一稿初测问卷结果表明:各条目的平均值在 3.21~4.34,各条目的标准差在 0.677~1.196,说明问卷条目不存在天花板效应和地板效应,也基本上没有特异性。

表 5-5 初测问卷第一稿各项目平均分和标准差

题号	平均分	标准差	题号	平均分	标准差	题号	平均分	标准差
1	3.77	1.015	18	4.22	0.751	35	4.17	0.788
2	4.23	0.772	19	3.93	0.914	36	3.83	0.677
3	3.45	1.123	20	3.54	1.150	37	3.97	0.883
4	4.33	0.752	21	3.93	0.914	38	3.54	1.081
5	4.12	0.765	22	4.21	0.712	39	4.09	0.885
6	4.06	0.853	23	3.29	1.079	40	3.91	0.798
7	4.26	0.709	24	4.13	0.21	41	3.33	1.196
8	4.34	0.690	25	3.37	1.171	42	4.05	0.845
9	3.10	1.185	26	4.18	0.729	43	3.60	1.072
10	4.25	0.776	27	4.17	0.788	44	4.07	0.796
11	3.54	1.078	28	3.60	1.130	45	4.13	0.810
12	3.21	1.171	29	3.30	1.145	46	4.10	0.732
13	3.94	0.888	30	4.18	0.837	47	3.63	1.122
14	4.28	0.764	31	4.00	0.884	48	3.87	0.785
15	4.30	0.684	32	4.22	0.799	49	3.99	0.839
16	4.16	0.741	33	3.47	1.164	50	3.42	1.145
17	3.54	1.150	34	4.10	0.858			

3.3.1.2 区分度分析(CR 值和题总相关法)

临界比率值(CR 值)分析法,就是按照量表题目设计,先将反向计分题目转换成正向计分,然后计算得出每个被试的量表总分,然后从高到低或从低到高排序,以分数的前 27% 和后 27% 为临界点将被试得分分为高分组(标注为 1)和低分组(标注为 2)被试,最后对所有问卷题目进行独立样本 T 检验,以刚才 1、2 分组,将计算出来的 t 值作为 CR 值。CR 值(t 值)越高显示此题目的区分度越好。一般将统计量的标准 CR 值设为 3.00,如果 CR 值小于 3.00,表明此题目的区分度较差,给予删除。或者如果该题目的显著性水平很低($p > 0.05$),也说明该题目无鉴别不同被试反映程度的能力即区分度较差,要删除这样的题目。

表 5-6 初测问卷第一稿临界比率值

题号	CR	p	题号	CR	p	题号	CR	p
1	−4.839	.000	18	−10.638	.000	35	−9.407	.000
2	−2.490	.014	19	−12.525	.000	36	−1.131	.260
3	−6.711	.000	20	−12.042	.000	37	−8.848	.000
4	−7.256	.000	21	−7.413	.000	38	−9.862	.000
5	−2.851	.005	22	−7.901	.000	39	−9.334	.000
6	−9.837	.000	23	−10.573	.000	40	−3.293	.001
7	−12.621	.000	24	−8.975	.000	41	−6.707	.000
8	−10.107	.000	25	−11.608	.000	42	−10.448	.000
9	−12.179	.000	26	−11.310	.000	43	−8.564	.000
10	−2.431	.015	27	−12.601	.000	44	−6.624	.000
11	−12.496	.000	28	−6.820	.000	45	−7.630	.000
12	−8.709	.000	29	−8.493	.000	46	−11.058	.000
13	−8.626	.000	30	−10.100	.000	47	−14.190	.000
14	−11.314	.000	31	−8.210	.000	48	−9.650	.000
15	−8.247	.000	32	−10.496	.000	49	−10.262	.000
16	−9.763	.000	33	−9.248	.000	50	−10.449	.000
17	−12.345	.000	34	−11.162	.000			

由表 5-6 中的 CR 值和 p 值可以看出,第 2 题、第 5 题、第 10 题、第 36 题的 CR 值的绝对值小于 3.00,所以删除这四道题目,剩余 46 道题目继续进行项目分析。

题总相关分析法,也就是求每个题目得分与问卷总分的相关程度,如果问卷题目得分与总分相关程度不高,说明这道题目与总体问卷联系程度不紧密,也就是说这道题目不能充分反映出量表需要测量的内容,可以考虑删除掉。一般标准为相关系数值不能小于 0.2。从表 5-7 中数据可以看出剩余 46 道题目与总分相关系数均大于 0.2,均保留。

表 5-7 题总相关系数

题号	1	3	4	6	7	8	9	11
总分	.386**	.478**	.439**	.538**	.615**	.645**	.621**	.622**
题号	12	13	14	15	16	17	18	19
总分	.596**	.495**	.633**	.479**	.606**	.637**	.646**	.640**
题号	20	21	22	23	24	25	26	27
总分	.610**	.466**	.512**	.597**	.516**	.569**	.639**	.660**
题号	28	29	30	31	32	33	34	35
总分	.447**	.518**	.541**	.563**	.592**	.556**	.634**	.615**
题号	37	38	39	40	41	42	43	44
总分	.556**	.596**	.524**	.465**	.478**	.599**	.541**	.426**
题号	45	46	47	48	49	50		
总分	.458**	.570**	.663**	.570**	.602**	.591**		

3.3.2 探索性因素分析

3.3.2.1 探索性因素分析适切性检验标准

KMO 检验全称为取样适切性量数检验。它的基本原理是通过因素分析得出数据的简单相关系数,即 KMO 值,它反映的是变量之间的净相关程度,KMO 值在 0～1 之间,值越大表明净相关系数越小,则说明变量之间有共同的因素存在,反过来 KMO 值越小,净相关系数越大,说明变量之间共同因素越少,则不太适合做探索性因素分析。一般标准为,KMO 值<0.5 时,条目数据不适合做探索性因素分析;KMO 值>0.7 时,尚可做探索性因素分析;当 KMO 值>0.8 时,条目反映的变量之间具有良好关系,适合做探索性因素分析;当 KMO 值>0.9 时,说明条目变量间的关系非常好,非常适合做探索性因素分析。

Bartlett 球形检验:根据条目数据球形检验的显著性水平,来判断变量净相关矩阵是否为单元矩阵,单元矩阵意味着净相关矩阵中的非对角线数值也就是净相关系数均为 0。如果球形检验结果没有达到 0.05 的显著水平,则说明此变量间的净相关系数矩阵并不是单元矩阵,也就是说整体的相关矩阵间没有共同的因素存在,不适合做探索性因素分析;如果达到显著性水平,表明净相关系数矩阵是单元矩阵,也就是说整体相关矩阵间有共同的因素存在,适合做探索性因素分析。

对数据进行以上检验得出，KMO 值为 0.930，Bartlett 球形检验近似卡方值为 8465.259，p＜0.001，二者均显示大学生人际自我价值感权变性初测问卷第一稿数据很适合做探索性因素分析。

3.3.2.2 探索性因素分析筛除标准及结果

依据探索性因素分析结果，因子筛选标准有：首先，因子的特征值大于1；其次，看碎石图坡度，坡度底端的因子不具有重要作用，可以舍掉不要；再次，在旋转前该因子能够解释总变异量的2%；最后，因子包含的条目不能少于3个，否则不能有效测量出该因子所代表心理层面的特质。本研究根据以下五个标准来筛选条目，并删除不符合统计学标准的条目：第一，条目被包含在内的公因子条目少于3个，删除。当条目太少时，也就没有办法测量出条目代表的心理层面的状态或特征。第二，载荷值标准，一个条目的载荷值代表了它与公因子的关系程度，载荷值越小也就意味着它与公因子的相关程度越低，也就是说它不具备能很好反映此公因子所代表的心理状态或特征的能力，一般当某条目的载荷值小于0.45时，删除。第三，某个条目有多重载荷，而且数值接近，一般来说在多个公因子上的载荷值之差小于0.25，删除。第四，条目的共同性标准，共同性说明公因子对量表题目的贡献程度，用来估计量表题目的效度系数。第五，某些条目没有合适的公因子归入或者得不到合理的解释，删除。

根据以上标准共删除14个条目，剩余32个条目进行修改和分析，形成大学生人际自我价值感权变性量表的预测问卷第二稿。

4 大学生人际自我价值感权变性正式量表的编制

4.1 研究目的

对第一稿初测问卷筛选出来的32个条目进行修改，形成第二稿问卷并发放，筛选出正式量表题项，并检验。

4.2 研究方法

4.2.1 研究工具

经过第一轮筛选出来的32个条目修改整理形成的大学生人际自我价值感权变性的初测问卷第二稿（见附录二）。量表采用李克特5点计分法，"1"代表"非常不同意"，计1分；"2"代表"基本不同意"，计2分；"3"代表"不确定"，计3分；"4"代表"基本同意"，计4分；"5"代表"非常同意"，计5分。

4.2.2 被试

抽取河北师范大学、河北科技大学、石家庄铁道大学、河北经贸大学和河北医科大学5所高校的478名文科、理科和工科大学生展开调查，剔除28份无效问卷，共收回有效问卷450份，有效回收率为94.1%。对无效问卷的筛选标准同初测问卷第一稿。基本资料见表5-8。

表 5-8 被试分布情况

人口学变量	类别	人数
性别	男	188
	女	262
居住地	农村	240
	城镇	210
独生	是	148
	否	302
专业	文	125
	理	195
	工	130
年级	大一	88
	大二	145
	大三	103
	大四	114
学生干部	是	135
	否	315

4.2.3 研究程序

以班级或自习室为单位，进行课下的团体施测。问卷发放人员要提前向同学们说明调查缘由和统一的指导语。问卷当场立即收回。进行有效无效问卷的筛选，进行编号录入。

4.2.4 统计方法

采用 SPSS 17.0 进行统计分析。

4.3 研究结果

4.3.1 项目分析

项目分析所包含标准同初测问卷第一稿中的特异性水平分析（天花板或地板效应）和区分度分析（CR 值和题总相关法）。本次分析所有条目的项目分析结果均符合标准。

4.3.2 探索性因素分析

在对数据进行探索性因素分析之前，要先检验数据的取样适宜性系数 KMO 值以及 Bartlett 球形检验是否显著，如果数据的 KMO 系数大于 0.9，并且 Bartlett 球形检验的显著性水平达到 0.05，表明此数据很适宜做探索性因素分析；如果 KMO 值在

0.8 与 0.9 之间并且 Bartlett 球形检验的显著性达到 0.05 水平,表明此数据适宜做探索性因素分析。经 SPSS 17.0 检验数据结果表示 KMO 系数是 0.909,Bartlett 球形检验的 p 值小于 0.001,说明适宜对数据进行探索性因素分析。

当数据符合做探索性因素分析的标准时,就采用主成分分析法提取问卷数据的公因子,然后再使用正交旋转的方法得到旋转后的因子载荷矩阵。对经过初次项目分析、探索性因素分析筛选出来的 32 个条目进行再一次的探索性因素分析,同第一次探索性因素分析筛选标准,筛选公因子和题项。结合筛选标准与碎石图(见图 5-3)的拐点走向,特征值大于 1,筛选出来三个公因子,包含 18 个条目,删除 14 个不符合标准的条目,结果显示,三个公因子一共可以解释项目总方差的 55.92%,每个因子分别解释的变异量为 20.309%、17.933%、17.677%。这与最初的理论设想相符合,三个公因子分别命名为:团体关系自我价值感权变性、师生关系自我价值感权变性、亲密朋友自我价值感权变性(如表 5-9)。

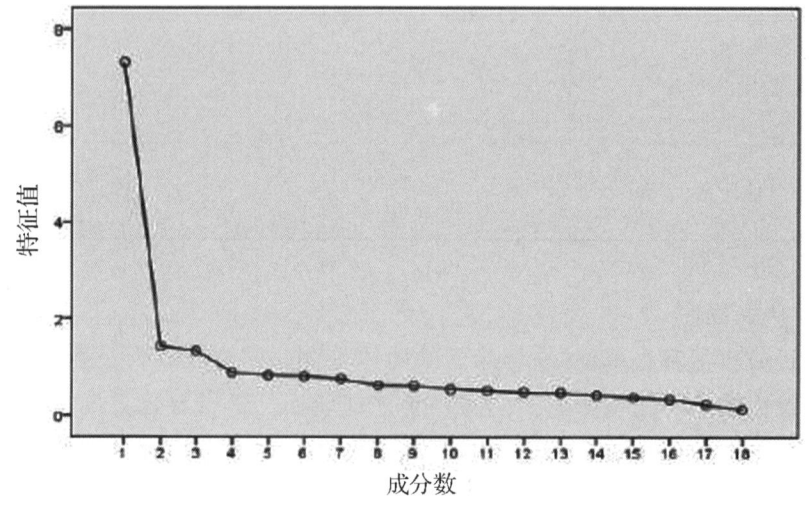

图 5-3 探索性因素分析碎石图

表 5-9 探索性因素分析结果

题 项	团体关系	师生关系	亲密朋友
5	.555		
9	.764		
13	.811		
18	.817		
21	.677		

续表

题　项	团体关系	师生关系	亲密朋友
24	.549		
4		.591	
8		.702	
17		.527	
25		.670	
27		.675	
29		.709	
2			.459
7			.591
10			.777
22			.739
26			.646
28			.610

4.4 小结

本研究在查阅文献资料并经访谈与开放式问卷调查，初步编制了大学生人际自我价值感权变性初测问卷第一稿，并经过一轮数据分析筛选出 32 个条目作为初测问卷第二稿再次进行正式量表题项的筛选，最后筛选出 18 个条目作为大学生人际自我价值感权变性正式量表题项，并根据最后的探索性因素分析结果，形成三个因子，与本研究最初的理论构想相匹配，再结合每个因子所包含题项的含义表达，最终确定大学生人际自我价值感权变性量表由团体关系自我价值感权变性、师生关系自我价值感权变性和亲密朋友自我价值感权变性三个维度构成。团体关系自我价值感权变性指的是大学生的自我价值感受到班级、学生社团以及校园组织中的人际事件或经历的影响程度；师生关系自我价值感权变性就是指大学生自我价值感受到辅导员或是课堂教师等与学生之间的师生关系或相处事件的影响程度；亲密朋友自我价值感权变性指的是大学生自我价值感受到亲密宿舍关系、同性或异性朋友关系以及生活事件的影响程度。这些人际关系涉及的生活事件或经历与大学生的人际需要比如控制、包容、情感是否得到满足相关联。

5 大学生人际自我价值感权变性正式量表的信效度检验

5.1 研究目的

检验大学生人际自我价值感权变性正式量表的信效度，评估其可靠性、稳定性和有效性,确保其可应用的价值。

5.2 研究方法

5.2.1 研究工具

自编的大学生人际自我价值感权变性正式量表(见附录3)与王磊的大学生自我价值感领域权变性量表中的人际接纳分量表。

5.2.2 被试

选取河北师范大学、河北科技大学、石家庄铁道大学、河北经贸大学和河北医科大学 5 所高校的 318 名文科、理科和工科大学生展开调查,剔除 14 份无效问卷,共收回有效问卷 304 份,有效回收率为 95.6%。对无效问卷的筛选标准同初测问卷一、二稿。基本资料见表 5-10。

5.2.3 研究程序

同大学生人际自我价值感权变性初测问卷第一稿和第二稿研究程序。

5.2.4 统计方法

使用 SPSS 17.0 和 Amos 17.0 进行统计分析。

表 5-10 被试分布情况

人口学变量	类别	人数
性别	男 女	120 184
居住地	农村 城镇	150 154
独生	是 否	110 194
专业	文 理 工	107 109 88
年级	大一 大二 大三 大四	78 93 71 62
学生干部	是 否	131 173

5.3 信度检验(Cronbach α 系数和分半信度)

在对问卷数据进行探索性因素分析以后,为了确保量表是可靠、稳定、有效的,需要进一步对总量表和分维度量表进行信度检验。信度检验,就是考察一个量表的可靠性与稳定性。常用的信度检验指标包含了内部一致性系数检验,也就是 Cronbach α 系数,还有分半信度检验和重测信度检验。一般认为当 Cronbach α 系数值大于等于0.70时,量表就是高信度;当Cronbach α系数值大于等于0.60小于0.70时,量表信度属于尚可接受;Cronbach α系数值小于0.60时,量表信度太低,不具有良好的可靠性和稳定性。在Likert量表法中除了内部一致性信度检验还有分半信度检验。所以本研究结合内部一致性信度检验和分半信度检验来考察量表的内在信度。

5.3.1 Cronbach α 系数

根据统计结果可知,量表总的Cronbach α系数是0.916,表明总的量表信度水平很高,具有很好的可靠性和稳定性。各分维度的Cronbach α系数介于0.820~0.871之间,同样也具有较高的信度水平,即内部一致性信度很好。具体结果见表5-11。

表5-11 一致性信度系数

量　　表	α系数
团体关系	0.871
师生关系	0.826
亲密朋友	0.820
总量表	0.916

5.3.2 分半信度

分半信度就是指将量表题项按照奇偶题号的方法分成两部分,然后分别计算得分,再对两部分的得分做相关,得出相关系数,即分半信度系数,由此再估计总体量表的信度。分半信度法也是计算量表内部一致性信度的方法,考察的是量表两半题项之间的一致性。因为量表每个维度的题项数目小于等于6,所以计算分半信度的结果见表5-12。从表5-12中数据可以得知,大学生人际自我价值感权变性量表的分半信度系数值为0.920,具有很好的分半信度。

表5-12 分半信度检验表

	类　别	数　值	项　数
α系数	第一部分	0.836	9
	第二部分	0.852	9
两部分相关系数		0.852	
分半信度	等长	0.920	
	不等长	0.920	

注:第一部分:1、2、3、4、5、6、7、8、9;第二部分:10、11、12、13、14、15、16、18。

5.4 效度检验

量表的效度检验,是指此量表能够有效准确地测量出要测的心理状态或特征的程度。通常包含量表的内容效度、效标关联效度和结构效度。

5.4.1 内容效度

内容效度,就是指测量工具所包含的题项内容能否很好地代表所要研究的心理概念或品质,实现测量的目的和意义。本研究所编制的大学生人际自我价值感权变性量表的题库条目综合了国内外已有的文献研究和我国的社会文化特点,并通过访谈与开放式问卷调查收集与研究概念密切相关的关键词语,经过整理与不断修改筛选编制出大学生人际自我价值感权变性的初测问卷一稿、二稿,且都经 7 名心理学专业研究生与有关专家的审阅,然后反复综合多方意见并结合研究目的进行题项的筛选与修改,使题库条目内容尽可能全面真实地反映出大学生的人际自我价值感权变性内涵。所以本量表的内容效度良好。

5.4.2 效标关联效度

校标关联效度指的是量表测验与其效标量表之间的相关程度,通常效标量表的选择都是要求一定要和本研究中的量表要测量的内容相似接近,若测验量表与外在的效标量表相关程度高,说明此量表的效标关联效度就越高。经过筛选,并征求相关专家的意见,选择王磊的《大学生自我价值感领域权变性》中的分量表人际接纳维度作为大学生人际自我价值感权变性量表的外在效标检验量表,来评估本研究编制量表的效标关联效度。该量表包含三个分量表,分别是人际接纳、道德原则、个人目标,每个分量表内包含 5 个题项。经检验总量表和三个分量表均具有良好的信度。内部一致性信度系数均在 0.70 以上,重测信度在 0.56~0.65 之间。

对录入数据的反向计分题项首先重新编码为正向计分,然后计算出大学生人际自我价值感权变性得分和王磊的分量表人际接纳自我价值感权变性得分,通过双变量相关计算出来二者相关系数是 0.648,这说明编制的大学生人际自我价值感权变性量表和王磊的人际接纳自我价值感权变性量表二者得分显著正相关,具有统计学意义。结果见表 5-13。

表 5-13　人际自我价值感权变性与人际接纳自我价值感权变性分析表

项 目	N	Pearson 相关系数	p
两者总得分	304	0.648	小于 0.001

5.4.3 结构效度

结构效度是指某测量工具能多大程度上测验出理论构想出来的概念或特征品质,也就是说测量得分可以解释某种心理品质的程度。结构就是想要描述解释某种个体行为的假设性的理论结构,所以结构效度就是说通过测量能够评估出理论架构出来的概念或特质的程度,比如说根据以往研究结果架构出某个概念或特质的维度结构,然后通过编制一个量表来测验这个概念或特质,如果经这个量表测验分数能够很好地解释被试的此心理概念或特质,就说明编制的这份量表结构效度良好。具有统计学意义的检验量表的结构效度有两种方法:一是相关分析法,用来分析量表的各题项与总量表之间、各维度之间、维度与总量表之间的相关程度;二是验证性因素分析,即在探索性因素分析的基础上,对已有理论模型以及数据的拟合程度进行验证。

5.4.3.1 相关分析法

相关分析法,也就是检验量表各题项与总量表之间、各维度之间、总量表与各维度之间的相关程度。依据心理统计测量学理论,量表各维度之间的相关应该符合中等程度标准,因为如果相关程度太高,表示各维度之间可能有重合,例如多元共线性,这样有的维度可能不是必要的,但如果维度之间的相关程度太低,有可能是维度测验的内容与预想的内容不同质。对于结构效度中的相关分析法,目前认为比较合理的相关系数范围标准是:各题项与量表总分的相关系数介于 0.30 与 0.80 之间,各维度之间以及维度与量表总分之间介于 0.10 到 0.60 之间。对本量表数据进行分析,得出各题项与量表总分之间的相关系数为 0.497 到 0.748,在统计学上呈现显著相关($p<0.01$);各个维度之间的相关系数介于 0.493 到 0.531 之间,在统计学上呈现显著相关($p<0.01$);各个维度与量表总分之间的相关系数为 0.747 到 0.771 之间,在统计学上呈现显著相关($p<0.01$)。从以上相关分析结果可知本量表各个维度之间具有适宜的独立性和一定的归属性,结构效度良好(如表 5-14、表 5-15)。

表 5-14 题项与量表总分之间的相关

题 项	r	题 项	r	题 项	r
1	.704**	7	.708**	13	.667**
2	.667**	8	.497**	14	.699**
3	.585**	9	.658**	15	.689**
4	.577**	10	.520**	16	.657**
5	.701**	11	.646**	17	.679**
6	.748**	12	.591**	18	.705**

表 5-15 各个维度以及维度与量表总分之间的相关

饮用水类型	团体关系	亲密朋友	团体关系
师生关系	.531**		
亲密朋友	.493**	.526**	
总分	.771**	.770**	.747**

5.4.3.2 验证性因素分析

验证性因素分析的出现是以探索性因素分析为基础逐渐发展出来的,它是为了验证理论结构的模型与实际数据是否匹配,也就是拟合程度。探索性因素分析不需要背后有某种特定的概念理论或者理论框架做支撑,但验证性因素分析却必须有这种理论基础,再通过某种计算程序来判定评估这个概念理论所支持的计量模型恰当与否。验证性因素分析其实是结构方程模型(简称 SEM)分析应用的一种,属于一种次模型,它可以用来反映潜在变量,并作为解释,它也可以连接很多线性方程。

验证性因素分析中通常使用两种方法来检验理论结构与实际数据的拟合匹配度。首先通过拟合指数,常用的有 χ^2/df、NFI、NNFI、RFI、CFI、GFI、AGFI、IFI、RMR、RMSEA 等;然后就是通过看因素之间的路径分析图,查看相关系数值和负荷值。

对于拟合指数的标准,因为每一个拟合指数都有一定的局限性,所以不能单独观测某一个或者理想状态的全部符合,选取重要的几个来综合考量拟合程度即可。一般来说,理想状态的情况是 NFI、NNFI、RFI、CFI 都能大于 0.90,而 RMSEA 小于 0.10。卡方值与自由度之比更适合嵌套模型的比较,因为它更容易受到被试数量也就是样本量的影响。多数人认为 NFI 和 NNFI 比较稳定,多数情况下也常用 RMSEA。具体数值上,卡方值与自由度之比小于等于 5,RMR 小于等于 0.10,而 NFI、CFI、GFI、AGFI 等的数值范围介于 0 到 1 之间,越接近 1 代表拟合程度越好。结合以往研究的拟合指数判定标准,本研究选取 χ^2/df、NFI、CFI、IFI、RMSEA 作为判定指标,通常认为,$\chi^2/df \leqslant 5$,NFI、CFI、IFI 大于 0.80,RMSEA<0.10,就可以判定这个模型比较好。使用 Amos 17.0 分析结果如表 5-16,结果显示大学生人际自我价值感权变性量表的理论建构与实际调查数据有比较好的拟合,表明本研究中设想的大学生人际自我价值感权变性理论结构比较合理,具体的因素之间的路径分析图见图 5-4。

表 5-16　大学生人际自我价值感权变性模型的拟合指标结果

x^2	df	χ^2/df	NFI	CFI	IFI	RMSEA
527.981	132	4.00	0.872	0.900	0.901	0.082

5.5 讨论

5.5.1 有关量表的结构

大学生人际自我价值感权变性量表的编制过程严格遵守心理学测量标准与要求。在最初的大量查阅文献的基础上,听取心理学有关专家的意见与指导,对所要研究的理论概念人际自我价值感权变性进行操作性定义,并结合调查对象大学生群体,

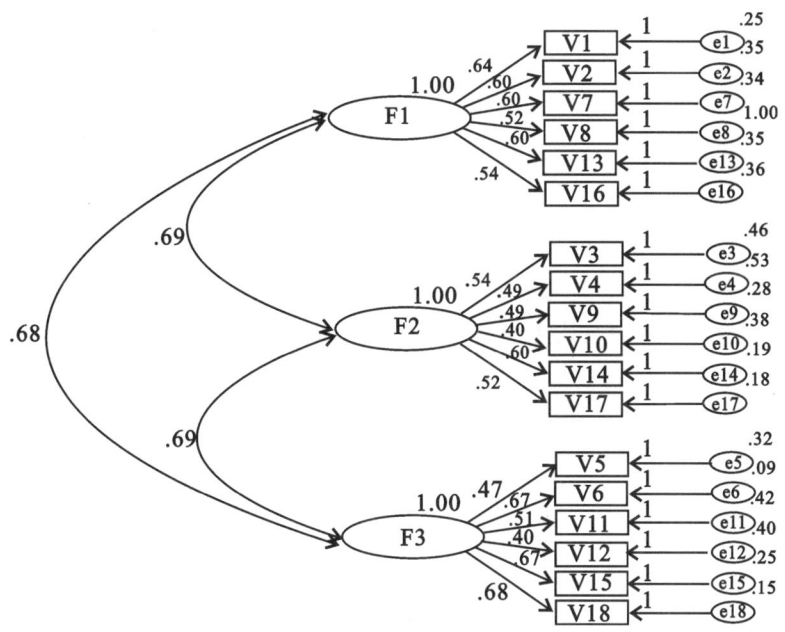

图 5-4 验证性因素分析路径分析图

进行访谈和开放式问卷调查,搜集实证性资料和数据,编制大学生人际自我价值感权变性量表的题库,经过 7 名心理学专业研究生对原始题库条目的审阅和建议,筛选出来 50 个条目作为初测问卷第一稿。

按照基本的量表编制过程,对初测问卷第一稿的 50 个条目进行筛查,首先通过项目分析(天花板或地板效应、区分度分析)筛除 4 个条目,再进行简单的探索性因素分析,把公因子包含条目太少或者无法合理归类的条目删除,最后剩余 32 个条目作为初测问卷的第二稿。收集初测问卷第二稿的实际数据进行分析,32 个条目均符合项目分析标准,然后经过多层探索性因素分析,最后筛选出特征值大于 1 的三个公因子进行命名,对应 18 个条目,分别是团体关系自我价值感权变性、师生关系自我价值感权变性和亲密朋友自我价值感权变性。通过探索性因素分析得出的这三个维度构成是否与实际的大学生人际自我价值感权变性结构相符合还需要检验。量表结构的检验包含在信效度检验的结构效度检验中。

5.5.2 有关量表信效度检验

参考量表编制信效度检验标准以及过往已编制量表的信效度检验选择,本研究在信度检验方面采用内部一致性信度检验和分半信度检验,在效度检验方面使用内容效度、效标关联效度和结构效度,其中结构效度又包含相关分析法和验证性因素分析,验证性因素分析用来验证编制的大学生人际自我价值感权变性量表的理论结构是否与实际情况匹配。整体的信效度检验过程以此来保证编制量表的可靠性、稳定性和有效性。经过计算程序结果显示,编制的大学生人际自我价值感权变性量表的总量表和分维度的 Cronbach α 系数均在 0.80 以上,分半信度系数为 0.920,说明该量表的信度较高。效度检验中的内容效度是前期编制量表中条目是否有足够的文献资料、专家的指导以及实际调研(访谈和开放式问卷)作为支持,本量表编制过程均包含这些工作。外在的效标选取和本研究量表意义相近的王磊的大学生自我价值感领域权变性量表中的人际接纳自我价值感权变性分量表,二者显著相关,说明效标关联效度良好。最后的结构效度至关重要,相关分析法中的实际相关系数均符合一般标准,而验证性因素分析结果表明,本研究编制的大学生人际自我价值感权变性量表的理论结构与实际数据拟合度较好,综合实际选取的 χ^2/df、NFI、CFI、IFI、$RMSEA$ 指标数值均符合一般标准。最后表明团体关系自我价值感权变性、师生关系自我价值感权变性和亲密朋友自我价值感权变性构成了大学生人际自我价值感权变性,三者能够解释总变异量的 55.92%。

6　结论

严格遵守量表编制程序,自编的《大学生人际自我价值感权变性量表》具有较好的信效度,可以作为测量大学生人际自我价值感权变性的有效工具。量表包含 18 个题项,分为三个维度:团体关系自我价值感权变性、师生关系自我价值感权变性和亲密朋友自我价值感权变性。

附录一　大学生人际自我价值感权变性初测量表一

亲爱的同学:

您好!我是河北师范大学应用心理学研三的学生,正在进行硕士毕业论文研究!非常感谢您的参与!请您仔细阅读问卷中的每一个句子,然后根据自己的实际情况来回答。答案无对错之分,所得资料仅做学术研究之用,我会对您的一切资料保密,您对全部问题的认真回答对我的研究非常重要,非常感谢您的支持与付出!(注:自我价值感是在对自己进行正面评价基础上产生的喜欢自己、接纳自己,并且觉得自己是有价值的一种情感体验)

第一部分　基本信息

请在符合自己基本情况的选项上打"√"。

性别:①男;②女

居住地:①农村;②城镇

独生子女与否:①是;②否

所读学校:

专业类别:①文科;②理科;③工科

年级:①大一;②大二;③大三;④大四

担任学生干部与否:①是;②否

第二部分 问卷1

此部分问题均是您在人际交往中遇到类似经历或事件时的感受或体验。请仔细阅读题目,按照自己的真实情况在右边合适的选项中打"√"。

题号	题目	非常不同意	基本不同意	不确定	基本同意	非常同意
1	我在班级或学校组织中表现的自然大方会提升我的自我价值感。	1	2	3	4	5
2	我与亲密朋友在一起感觉充实快乐会提升我的自我价值感。	1	2	3	4	5
3	我在班级或学校组织中与他人相处融洽会提升我的自我价值感。	1	2	3	4	5
4	我与亲密朋友在一起感觉愁苦烦闷会降低我的自我价值感。	1	2	3	4	5
5	我在班级或学校组织中与他人合群不孤僻会提升我的自我价值感。	1	2	3	4	5
6	我被老师或辅导员误解会降低我的自我价值感。	1	2	3	4	5
7	我与亲密朋友在一起感觉孤独寂寞会降低我的自我价值感。	1	2	3	4	5
8	我在班级或学校组织中被同学挑剔会降低我的自我价值感。	1	2	3	4	5
9	我被老师或辅导员挑毛病会降低我的自我价值感。	1	2	3	4	5
10	我与亲密朋友在一起感觉自信乐观会提升我的自我价值感。	1	2	3	4	5
11	我在班级或学校组织中受到同学的冷漠对待会降低我的自我价值感。	1	2	3	4	5
12	我得到老师或辅导员的鼓励支持会提升我的自我价值感。	1	2	3	4	5
13	我在班级或学校组织中受到同学欢迎喜爱会提升我的自我价值感。	1	2	3	4	5
14	我与亲密朋友在一起感觉被朋友厌恶反感会降低我的自我价值感。	1	2	3	4	5
15	我被老师或辅导员公正对待会提升我的自我价值感。	1	2	3	4	5
16	我与亲密朋友在一起能够无拘无束会提升我的自我价值感。	1	2	3	4	5
17	我感觉老师或辅导员对我有偏见会降低我的自我价值感。	1	2	3	4	5
18	我在班级或学校组织中受到同学孤立排斥会降低我的自我价值感。	1	2	3	4	5
19	我得到老师或辅导员的关心爱护会提升我的自我价值感。	1	2	3	4	5

续表

题号	题　　目	非常不同意	基本不同意	不确定	基本同意	非常同意
20	我在班级或学校组织中受到同学鄙视嘲笑会降低我的自我价值感。	1	2	3	4	5
21	我与好朋友能够畅快地沟通真情实感会使我更容易接纳自己。	1	2	3	4	5
22	我在班级或学校组织中做事勤快积极会提升我的自我价值感。	1	2	3	4	5
23	我得到老师或辅导员对我的热心帮助会提升我的自我价值感。	1	2	3	4	5
24	我与亲密朋友在一起表现的木讷呆板会降低我的自我价值感。	1	2	3	4	5
25	在团体中展现自己良好处事能力会使我觉得自己很有价值。	1	2	3	4	5
26	我与亲密朋友在一起被朋友体贴照顾会提升我的自我价值感。	1	2	3	4	5
27	我感觉老师或辅导员对我很反感会降低我的自我价值感。	1	2	3	4	5
28	我被好朋友忽视内心感受的时候会影响我的自我价值判断。	1	2	3	4	5
29	我在班级或学校组织中有影响力会提升我的自我价值感。	1	2	3	4	5
30	我与亲密朋友在一起被朋友包容体谅会提升我的自我价值感。	1	2	3	4	5
31	我在班级或学校组织中有威信会提升我的自我价值感。	1	2	3	4	5
32	我与亲密朋友在一起相处默契会提升我的自我价值感。	1	2	3	4	5
33	我感觉老师或辅导员对我真诚有耐心会提升我的自我价值感。	1	2	3	4	5
34	我与亲密朋友在一起受到朋友尊重会提升我的自我价值感。	1	2	3	4	5
35	我得到老师或辅导员的认可会提升我的自我价值感。	1	2	3	4	5
36	我在班级或学校组织中被同学赞赏会提升我的自我价值感。	1	2	3	4	5
37	我给老师或辅导员留下深刻印象会提升我的自我价值感。	1	2	3	4	5
38	我在班级或学校组织中有所作为会提升我的自我价值感。	1	2	3	4	5
39	我与亲密朋友在一起被朋友信赖会提升我的自我价值感。	1	2	3	4	5
40	我在班级或学校组织中的人际交往不会影响我的自我价值感。	1	2	3	4	5
41	我与亲密朋友在一起被怀疑会降低我的自我价值感。	1	2	3	4	5
42	我与老师或辅导员的关系不会影响我的自我价值感。	1	2	3	4	5
43	我与亲密朋友在一起不可或缺会提升我的自我价值感。	1	2	3	4	5
44	我在老师或辅导员眼里不受重视会降低我的自我价值感。	1	2	3	4	5
45	我与亲密朋友的关系问题不会影响我的自我价值感。	1	2	3	4	5
46	我感觉老师或辅导员对我不抱希望会降低我的自我价值感。	1	2	3	4	5

续表

题号	题　　目	非常不同意	基本不同意	不确定	基本同意	非常同意
47	我与亲密朋友在一起被坦诚相待会提升我的自我价值感。	1	2	3	4	5
48	我被老师或辅导员寄予厚望会提升我的自我价值感。	1	2	3	4	5
49	我在班级或学校组织中能够起领导作用会提升我的自我价值感。	1	2	3	4	5
50	我对自己的价值判断不受老师或辅导员忽视不屑的态度影响。	1	2	3	4	5

附录二　大学生人际自我价值感权变性初测量表二

亲爱的同学：

您好！我是河北师范大学应用心理学研三的学生，正在进行硕士毕业论文研究！非常感谢您的参与！请您仔细阅读问卷中的每一个句子，然后根据自己的实际情况来回答。答案无对错之分，所得资料仅做学术研究之用，我会对您的一切资料保密，您对全部问题的认真回答对我的研究非常重要，非常感谢您的支持与付出！（注：自我价值感是在对自己进行正面评价基础上产生的喜欢自己、接纳自己，并且觉得自己是有价值的一种情感体验）

第一部分　基本信息

请在符合自己基本情况的选项上打"√"。

性别：①男；②女

居住地：①农村；②城镇

独生子女与否：①是；②否

所读学校：

专业类别：①文科；②理科；③工科

年级：①大一；②大二；③大三；④大四

担任学生干部与否：①是；②否

第二部分　问卷1

此部分问题均是您在人际交往中遇到类似经历或事件时的感受或体验。请仔细阅读题目，按照自己的真实情况在右边合适的选项中打"√"。

题号	题　　目	非常不同意	基本不同意	不确定	基本同意	非常同意
1	我在班级或学校组织中表现的自然大方会提升我的自我价值感。	1	2	3	4	5
2	我与亲密朋友在一起感觉充实快乐会提升我的自我价值感。	1	2	3	4	5
3	我在班级或学校组织中与他人相处融洽会提升我的自我价值感。	1	2	3	4	5
4	我与亲密朋友在一起感觉愁苦烦闷会降低我的自我价值感。	1	2	3	4	5
5	我被老师或辅导员挑毛病会降低我的自我价值感。	1	2	3	4	5
6	当我觉得好朋友不能包容体谅我时，我会质疑自己的存在价值。	1	2	3	4	5
7	老师或辅导员鼓励支持我会让我更相信自己的价值。	1	2	3	4	5
8	我在班级或学校组织中受到同学欢迎喜爱会提升我的自我价值感。	1	2	3	4	5
9	我与好朋友的关系状况不会影响我的自我价值判断。	1	2	3	4	5
10	我在团体组织中受到同学的冷漠对待会降低我的自我价值感。	1	2	3	4	5
11	我感觉老师或辅导员对我有偏见会降低我的自我价值感。	1	2	3	4	5
12	我的自我价值不受团体组织中同学对我的态度影响。	1	2	3	4	5
13	我得到老师或辅导员的关心爱护会提升我的自我价值感。	1	2	3	4	5
14	我在班级或学校组织中受到同学鄙视嘲笑会降低我的自我价值感。	1	2	3	4	5
15	我在亲密关系中表现的木讷呆板会降低我的自我价值感。	1	2	3	4	5
16	老师或辅导员对我的热心帮助会让我觉得自己很有价值。	1	2	3	4	5
17	我在班级或学校组织中有无影响力会影响我的自我价值判断。	1	2	3	4	5
18	我感觉老师或辅导员对我很反感会降低我的自我价值感。	1	2	3	4	5
19	我与亲密朋友相处默契会提升我的自我价值感。	1	2	3	4	5
20	我在班级或学校组织中有无威信会影响我的自我价值判断。	1	2	3	4	5
21	朋友对我的尊重会使我更相信自己的价值。	1	2	3	4	5
22	我感觉老师或辅导员对我真诚有耐心会提升我的自我价值感。	1	2	3	4	5
23	我在班级或学校组织中有所作为会提升我的自我价值感。	1	2	3	4	5
24	我会因为给老师或辅导员留下怎样的印象而影响自我价值判断。	1	2	3	4	5
25	当朋友对我坦诚相待时，我觉得自己是一个很有价值的人。	1	2	3	4	5
26	我会因为老师或辅导员对我的认可而更相信自己的价值。	1	2	3	4	5
27	朋友对我的信赖会使我觉得自己是很有价值的。	1	2	3	4	5

续表

题号	题　　目	非常不同意	基本不同意	不确定	基本同意	非常同意
28	我在亲密关系中不可或缺会提升我的自我价值感。	1	2	3	4	5
29	我在班级或学校组织中能够起领导作用会提升我的自我价值感。	1	2	3	4	5
30	我在亲密关系中被怀疑会降低我的自我价值感。	1	2	3	4	5
31	我在班级或学校组织中能够起领导作用会提升我的自我价值感。	1	2	3	4	5
32	我在亲密关系中被怀疑会降低我的自我价值感。	1	2	3	4	5

附录三　大学生人际自我价值感权变性正式问卷

亲爱的同学：

您好！我是河北师范大学应用心理学研三的学生，正在进行硕士毕业论文研究！非常感谢您的参与！请您仔细阅读问卷中的每一个句子，然后根据自己的实际情况来回答。答案无对错之分，所得资料仅做学术研究之用，我会对您的一切资料保密！（注：自我价值感是在对自己进行正面评价基础上产生的喜欢自己、接纳自己，并且觉得自己是有价值的一种情感体验）

第一部分　基本信息

请在符合自己基本情况的选项上打"√"。

性别：①男；②女

居住地：①农村；②城镇

独生子女与否：①是；②否

所读学校：

专业类别：①文科；②理科；③工科

年级：①大一；②大二；③大三；④大四

担任学生干部与否：①是；②否

第二部分　问卷1

此部分问题均是您在人际交往中遇到类似经历或事件时的感受或体验。请仔细阅读题目，按照自己的真实情况在右边合适的选项中打"√"。如果您从未经历过某些语句所描述的情况，那就请考虑，将来在这些情况下您会有怎样的感受，并据此选择适当的数值。

题号	题 目	非常不同意	基本不同意	不确定	基本同意	非常同意
1	我会因为老师或辅导员对我的认可而更相信自己的价值。	1	2	3	4	5
2	老师或辅导员对我寄予厚望会让我感觉自己更有价值。	1	2	3	4	5
3	当我觉得好朋友不能包容体谅我时,我会质疑自己的存在价值。	1	2	3	4	5
4	我与好朋友能够畅快地沟通真情实感会使我更容易接纳自己。	1	2	3	4	5
5	我在班级或学校组织中有所作为会提升我的自我价值感。	1	2	3	4	5
6	我的自我价值不受团体组织中同学对我的态度影响。	1	2	3	4	5
7	我会因为给老师或辅导员留下怎样的印象而影响自我价值判断。	1	2	3	4	5
8	我对自己的价值判断不受老师或辅导员忽视不屑的态度影响。	1	2	3	4	5
9	朋友对我的信赖会使我觉得自己是很有价值的。	1	2	3	4	5
10	当朋友对我坦诚相待时,我觉得自己是一个很有价值的人。	1	2	3	4	5
11	我在班级或学校组织中有无威信会影响我的自我价值判断。	1	2	3	4	5
12	在团体组织中展现自己良好处事能力会使我觉得自己很有价值。	1	2	3	4	5
13	老师或辅导员鼓励支持我会让我更相信自己的价值。	1	2	3	4	5
14	我与好朋友的关系状况不会影响我的自我价值判断。	1	2	3	4	5
15	我在班级或学校组织中有无影响力会影响我的自我价值判断。	1	2	3	4	5
16	老师或辅导员对我的热心帮助会让我觉得自己很有价值。	1	2	3	4	5
17	朋友对我的尊重会使我更相信自己的价值。	1	2	3	4	5
18	我在班级或学校组织中受同学的欢迎喜欢会使我觉得自己很有价值。	1	2	3	4	5

学习效能感在护理本科生专业认同与学习倦怠关系中的中介作用

摘要: 探讨学习效能感在专业认同和学习倦怠关系中的中介作用。采用护理本科专业认同问卷、大学生学习倦怠问卷和学习效能感问卷调查509名护理本科生。结果显示:(1)护理本科生学习倦怠得分为56.17±8.86,学习倦怠发生率为27.70%,以行为不当最为突出;(2)护理本科生专业认同、学习效能感与学习倦怠各维度呈显著负相关,学习效能感在专业认同与学习倦怠之间起部分中介作用。由此得出,护理本科生学习倦怠水平较高,主要表现为行为不当;专业认同是学习倦怠的重要影响因素,且学习效能感是专业认同影响学习倦怠的中介变量。

1 引言

近年来,为了缓解护士的持续短缺,高等护理教育不断扩招,护理本科学生数量大量增加。然而,目前我国护理专业队伍不稳定,尤以大专以上学历的护理人才流失严重,并有逐年升高的趋势,其重要原因之一在于护生对自身专业的认同度不高。专业认同是指认同所从事专业工作的社会价值以及认为自身有能力胜任所从事的专业工作,喜欢所学专业,依据专业选择职业,认可专业及职业的价值,感到在专业工作中体现自身价值,愿意接受专业及职业规范,希望把这一职业作为个人终身发展目标等。认同影响个体的思维、情感和行为,个体的认同感越强,可促进其展现所属群体的价值,对自身的知识、技能持肯定评价,进而促进积极的自我效能感。研究表明,护生的专业认同与学习效能感呈显著正相关,加强护生专业认同培养,有助于提高其学习效能感。学习倦怠是指学生因为长期的课业压力而产生的精力耗损过度、丧失学习热情和感情冷漠的现象。护理本科生作为护理队伍的后备力量,他们的学习态度和行为影响的不仅是自身的素质,更重要的是严重影响到我国护理事业的健康发展。国外研究表明,学习效能感、专业认同与学习倦怠的关系密切。本研究目的在于探讨学习效能感在专业认同与学习倦怠中是否有中介作用,从而揭示专业认同对学习倦怠影响的内在机制,为提升护理本科生的专业认同水平、增强其学习效能感,进而有效缓解其学习倦怠提供依据。

2 对象与方法

2.1 被试

采用方便整群抽样,在长沙市某高校选取大二至大四的全日制护理本科生进行取样调查,共发放问卷 550 份,回收有效问卷 509 份,有效率为 92.5%。其中男生 52 人,女生 457 人;大二 202 人,大三 207 人,大四 100 人;高考文科生源 273 人,理科生源 236 人;农村生源 386 人,城市生源 123 人。

2.2 测量工具

2.2.1 护理本科生专业认同问卷由胡忠华编制,包括专业认识、专业情感、专业意志、专业技能、专业期望、专业价值观 6 个维度,共 25 个条目,采用 1～5 级评分,总分为 25～125,分值越高,表明该生的专业认同程度越高。

2.2.2 大学生学习倦怠问卷由连榕编制,包括情绪低落、行为不当和成就感低 3 个维度,共 20 个条目,采用 1～5 级评分,总分为 20～100,分值越高,表明学习倦怠程度越高。学习倦怠得分除以总项目数为个体学习倦怠程度的得分,以中间值 3 分为参照值,≤3 分为无倦怠;大于 3 小于 4 分为轻中度倦怠;≥4 分为重度倦怠。

2.2.3 学习效能感问卷由万伟编制,共有 20 个条目,1~5 级评分,分值越高,学习效能感越高。

3 结果

3.1 护理本科生学习倦怠现状

护理本科生学习倦怠总发生率为 27.70%(141 名),其中轻中度倦怠为 26.72%,重度倦怠为 0.98%。学习倦怠及各维度倦怠发生率见表 5-17。

表 5-17 护理本科生学习倦怠及各维度倦怠发生率($n=509$)

	无倦怠		轻中度倦怠		重度倦怠	
	人数	百分数(%)	人数	百分数(%)	人数	百分数(%)
情绪低落	401	78.78	103	20.24	5	0.98
行为不当	203	39.88	280	55.01	26	5.11
成就感低	394	77.41	112	22.00	3	0.59
倦怠总分	368	71.32	136	26.72	5	0.98

3.2 专业认同、学习效能感和学习倦怠的相关

积差相关分析表明,护理本科生专业认同、学习效能分别与学习倦怠的 3 个维度呈显著负相关;专业认同与学习效能呈显著正相关。见表 5-18。

表 5-18 专业认同、学习效能感与学习倦怠相关分析

	$\bar{X}\pm S$	专业认同	学习效能	情绪低落	行为不当	成就感低
专业认同	85.40±8.57	1				
学习效能	61.36±5.33	0.21***	1			
情绪低落	21.22±4.40	−0.32***	−0.17***	1		
行为不当	18.13±3.47	−0.28***	−0.26***	0.66***	1	
成就感低	16.82±2.79	−0.35***	−0.41***	0.44***	0.43***	1

3.3 学习效能感在专业认同与学习倦怠关系中的中介效应

中介效应检验结果显示,专业认同对学习效能感($\beta=0.21, t=4.93, p<0.001$)、情绪低落($\beta=-0.32, t=-7.55, p<0.001$)、行为不当($\beta=-0.28, t=-6.68, p<0.001$)、成就感低($\beta=-0.35, t=-8.27, p<0.001$)具有显著的预测作用。当因变量为情绪低落时,学习效能感的纳入使得专业认同对情绪低落的预测作用下降,但仍然显著($\beta=-0.30, t=-6.87, p<0.001$),且学习效能感显著预测情绪低落($\beta=-0.11$,

$t=-2.51, p<0.05$),说明学习效能感在专业认同与情绪低落之间起部分中介作用;当因变量为行为不当时,学习效能感的纳入使得专业认同对行为不当的预测作用下降,但仍然显著($\beta=-0.24, t=-5.63, p<0.001$),且学习效能感显著预测行为不当($\beta=-0.21, t=-4.86, p<0.001$),说明学习效能感在专业认同与行为不当之间起部分中介作用;当因变量为成就感低时,学习效能感的纳入使得专业认同对成就感低的预测作用下降,但仍然显著($\beta=-0.27, t=-6.78, p<0.001$),且学习效能感显著预测成就感低($\beta=-0.35, t=-8.91, p<0.001$),说明学习效能感在专业认同与成就感低之间起部分中介作用。具体结果见表5-19。

表 5-19 学习效能感在专业认同与学习倦怠关系中的中介效应分析表

	情绪低落		行为不当		成就感低	
	标准化回归方程	回归系数检验	标准化回归方程	回归系数检验	标准化回归方程	回归系数检验
第一步	$Y=-0.32X$	$SE=0.02, t=-7.55^{***}$	$Y=-0.28X$	$SE=0.02, t=-6.68^{***}$	$Y=-0.35X$	$SE=0.01, t=-8.27^{***}$
第二步	$M=0.21X$	$SE=0.03, t=4.93^{***}$	$M=0.21X$	$SE=0.03, t=4.93^{***}$	$M=0.21X$	$SE=0.03, t=4.93^{***}$
第三步	$Y=-0.30X$	$SE=0.02, t=-6.87^{***}$	$Y=-0.24X$	$SE=0.02, t=-5.63^{***}$	$Y=-0.27X$	$SE=0.01, t=-6.78^{***}$
	$-0.11M$	$SE=0.04, t=-2.51^{*}$	$-0.21M$	$SE=0.03, t=-4.86^{***}$	$-0.35M$	$SE=0.02, t=-8.91^{***}$

注:X表专业认同,Y表学习倦怠的三个维度,M表学习效能感。

4 讨论

本调查结果显示,护理本科生的学习倦怠水平较高,倦怠现象的总发生率为27.70%,其中以行为不当的发生率最高,成就感低次之,这与任竹妮等的结论一致。表明护理本科生的学习倦怠现象较为普遍,主要表现为行为不当,成就感低。

专业认同和学习效能感是学习倦怠的重要影响因素。本研究显示,专业认同与学习倦怠的各维度呈显著负相关,即专业认同水平越高,其学习倦怠就越低。由于护理专业的社会、经济地位不高,多数学生选择护理专业是迫于就业压力,对其不感兴趣,存在严重的专业自卑感。因此,学校在进行护理专业教育时要注重提高护生对本专业的认识和技能水平,注重培养专业情感和意志,形成积极的专业价值观和合理的专业期望,从而促进护生专业认同感,降低学习倦怠的发生率;学习效能感与学习倦怠各维度呈显著负相关,即学习效能感水平越高,其学习倦怠就越低。学校应通过多渠道的方式提高护生的学习效能感。Bandura的社会学习理论表明,成功的学习经验有助于提高学生的学业自我效能感,失败的学习经验则会降低学生的学业自我效能感。学校应引导学生设立适宜的学习目标,控制好学习任务的难易程度,使用灵活的学习策略,增加学生成功的学习经验,从而增强学习效能感;学校还可以通过榜样示范作用,举行新老生交流会,为护生提供经验交流的平台和借鉴学习的榜样;学校应关注学生的消极情绪,建立有效的激励机制,从而激发学生的积极性和主动性。研究表明,在成功时多进行能力和努力的归因,或在失败时多进行努力的归因,将有利于个体自信心和能力的发展,因此引导护理本科生对学业成败进行正确的归因具有重要的意义。

以往研究表明,自我效能是引起职业倦怠的中介变量,对缓解倦怠有重要作用。本研究证实了学习效能感影响护理本科生专业认同与学习倦怠之间的关系,是专业认同与学习倦怠的中介变量,一方面,专业认同直接影响学习倦怠,这说明要降低学习倦怠现象首先要提高护理本科生的专业认同水平;另一方面,专业认同又通过学习效能间接地影响学习倦怠。社会认同理论指出,认同最基本动机是个体自尊的增强,认同可以促进积极的自我概念,进而增强自我效能感。当护生对专业认同感强时,可促使其展现所属专业的价值、信念,对自身的知识、技能持肯定评价。认同促进自我感知,具有积极专业认同的护生,大多对自身学习能力持肯定评价,其专业学习效能较高。不同学习效能感个体的认知加工方式、选择归因及应对方式也各不相同。在面对所学专业不感兴趣、学习遇到困难时,学习效能感强者会将此当作可以提高现实的机会,并且认为自己有能力改变现状,集中注意力到解决问题的过程中,从而提高学习成就感、降低倦怠水平;学习效能较低的学生,被动、消极地对待自己的学习,将失败归于自己的能力不足,把精力集中在失败的后果上,在学习过程中容易产生沮丧、厌倦等消极情绪,丧失对学习的兴趣和动力,进而诱发学习倦怠。

5 结论

5.1 农村留守老人的感恩和情绪智力水平较高,自我和谐程度偏低。

5.2 自我和谐在健康状况上的主效应显著,健康状况和子女联系状况的交互作用也显著。

5.3 感恩与农村留守老人的自我和谐呈显著负相关。

5.4 情绪智力在感恩与自我和谐的关系中发挥着部分中介效应。

5.5 情绪智力不是调节变量,不会显著影响感恩与自我和谐之间关系的强度和方向。

"蚁族"群体知觉压力与主观幸福感的关系:希望的调节作用

摘要 本研究旨在探讨"蚁族"群体知觉压力与主观幸福感的关系,以及希望在二者关系中的调节作用。采用知觉压力量表、成人希望特质量表、生活满意度量表和情感平衡量表对389名"蚁族"群体进行施测。结果表明:(1)"蚁族"群体知觉压力与生活满意度、积极情感呈显著负相关，与消极情感呈显著正相关。(2)希望与生活满意度、积极情感呈显著正相关，与消极情感呈显著负相关。同时，希望可调节知觉压力对消极情感的影响。根据以上结果，希望对知觉压力与"蚁族"群体主观幸福感某些方面的关系有调节作用。

1 引言

在城市化和劳动力市场转型的背景之下，一些大城市出现了一个特殊群体——"蚁族"。因该群体数量庞大且蕴含着巨大的社会力量，"蚁族"日益受到社会各界的广泛关注。"蚁族"是对"大学毕业生低收入聚居群体"的典型概括。该群体高知、弱小、聚居，是继三大弱势群体(农民、农民工、下岗职工)之后的第四大弱势群体。该群体具有三个突出的特点：①受教育程度高；②收入相对偏低；③在大城市周边地区聚居。国内学者对"蚁族"群体健康状况进行了初步考察。马敏等人发现，"蚁族"心理健康状况较差。李颖认为"蚁族"群体容易出现焦虑、抑郁、情感淡漠等情绪问题。另有一些研究者从理论上提出了解决"蚁族"群体健康状况的对策。然而，以往"蚁族"研究大多停留在思辨论述阶段，实证研究较少。零星的实证研究初步探查了"蚁族"群体的心理状况，缺乏对该群体幸福感等健康状况影响因素的实证研究。主观幸福感是心理健康水平的重要指标之一。探讨"蚁族"群体主观幸福感的影响因素，能够为"蚁族"群体的心理干预提供理论依据，有利于提高该群体心理健康水平，从而促进和维护社会和谐与稳定，因此具有重要的现实意义。

积极心理学为我们系统考察"蚁族"群体幸福感的影响因素提供了新的视角。积极心理学认为，压力等消极事件会对个体幸福感产生影响，但是积极心理品质能够对风险压力事件的消极影响起到缓冲作用。近年来，希望作为一种积极心理品质，日益受到学者关注。Snyder等人的希望理论认为，希望是经由后天学习而形成的思维和行为倾向，可分为两个组成部分：动力(agency)和路径(pathway)。动力部分能够启动个体行动并支持个体朝向目标不断迈进；路径部分是一系列有效达到目标的方法、策略，它负责寻找最佳策略，以及此路不通时能够及时变通的方法。希望的动力和路径部分，能够通过自我引导的决心、能量和内控知觉来达到目标，在出现消极压力事件而导致目标受阻时，高希望个体能够找到替代性途径来实现所期望的目标，因而可以缓解消极压力事件的不良影响。同时，以往相关实证研究表明，希望作为一种心理能量能够有效缓解风险性因素对心理健康的影响，是个体应对压力的重要心理资源。因此，本研究拟以"蚁族"群体为被试，旨在探讨知觉压力对其主观幸福感的影响，以及希望在二者关系中的调节作用。

2 对象与方法

2.1 被试

选择节假日时间在广州、深圳两地的"蚁族"居住聚集处进行问卷调查,共发放问卷 500 份,回收有效问卷 389 份,有效回收率为 77.8%。其中,男性 207 人,女性 182 人;19～25 岁 286 人,26～30 岁 103 人;专科学历 177 人,本科学历 212 人;月工资收入 1000 元以下 26 人,1000～2000 元 167 人,2000～3000 元 196 人。

2.2 测量工具

2.2.1 知觉压力量表

采用杨廷忠和黄汉腾修订的中文版知觉压力量表(Chinese Perceived Stress Scale,CPSS)。该量表采用 5 点计分,由 14 个反映压力紧张感和失控感的条目组成。分值越高表明感知的压力越大。

2.2.2 成人希望特质量表

采用 Snyder 编制,陈灿锐修订的成人希望特质量表(Adult Dispositional Hope Scale,ADHS)。它分为路径思维和动力思维两个维度。采用 4 点计分,量表总分越高表示个体的希望水平越高。

2.2.3 主观幸福感量表

采用 Diener 等人编制的生活满意度量表(SWLS)和 Bradburn 等人编制的情感平衡量表(PANAS)。前者用于评价主观幸福感的认知成分;后者用于测量主观幸福感的情感成分——积极情感和消极情感。

3 结果

3.1 描述性统计结果和变量间的相关

表 5-20 列出了各变量的描述性统计结果和相关矩阵。知觉压力与生活满意度、积极情感呈显著负相关,知觉压力与消极情感呈显著正相关;希望与生活满意度、积极情感呈显著正相关,而希望与消极情感呈显著负相关;知觉压力与希望呈显著负相关。

表 5-20 各变量的描述统计与相关矩阵

	$\bar{X} \pm S$	知觉压力	希望	生活满意度	积极情感	消极情感
知觉压力	38.74±5.80	1				
希望	22.46±3.30	−0.390***	1			
生活满意	17.56±5.36	−0.267***	0.251***	1		

续表

	$\overline{X}\pm S$	知觉压力	希望	生活满意度	积极情感	消极情感
积极情感	23.89±6.50	−0.275***	0.440***	0.358***	1	
消极情感	21.19±6.90	0.417***	−0.461***	−0.359***	−0.394***	1

3.2 希望的调节作用

采用层次回归分析对希望在知觉压力与主观幸福感间的调节效应进行检验。第一步，将人口学变量纳入回归方程。第二步，将自变量(知觉压力)和调节变量(希望)纳入回归方程。第三步，将自变量和调节变量构成的调节项(知觉压力×希望)纳入回归方程。如果调节项对主观幸福感具有显著的预测作用，则认为希望的调节作用显著。为了减少多重共线性的影响，回归分析中使用的预测变量都已中心化。具体结果见表5-21。

表5-21 希望、知觉压力对主观幸福感的分层回归分析

	变 量	生活满意度	主观幸福感	
			积极情感	消极情感
第一步	性别	0.172**	0.224***	−0.024
	年龄	−0.096	0.017	0.035
	学历	0.072	−0.064	0.098
	月工资收入	0.308***	0.125*	−0.293***
	R^2	0.113***	0.059***	0.072***
第二步	知觉压力	−0.116*	−0.112*	0.240***
	希望	0.119*	0.375***	−0.327***
	R^2	0.148***	0.232***	0.279***
	ΔR^2	0.035**	0.174***	0.207***
第三步	知觉压力×希望	0.007	0.024	−0.100*
	R^2	0.148***	0.233***	0.289***
	ΔR^2	0.000	0.001	0.100*
	知觉压力	0.172**	0.224***	−0.024

简单斜率检验结果表明,知觉压力对消极情感的影响仅在低希望组达到统计显著水平($\beta=0.367, p<0.001$),即知觉压力越大,所体验到的消极情感越多,而在高希望组没有达到统计显著水平($\beta=0.182, p>0.05$)。这表明,希望在知觉压力与消极情感之间起着显著的调节作用。见图5-5。

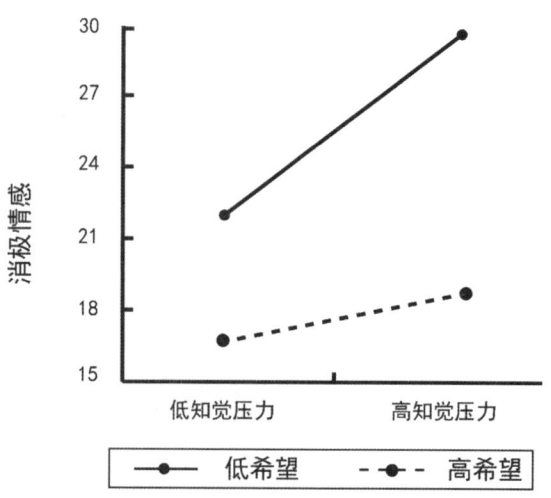

图5-5　希望调节知觉压力与消极情感之间关系的示意图

4　讨论

本研究发现,"蚁族"群体知觉压力对主观幸福感的三个维度都具有显著预测作用。压力对个体幸福感的影响已受到众多研究者关注。以往研究发现,客观压力事件与个体幸福感具有显著的相关。然而,客观压力事件对个体的影响,在很大程度上取决于个体对压力的知觉。个体知觉到的压力要比客观压力事件本身对个体心理影响更大。本研究在以往研究基础上进一步发现"蚁族"群体知觉压力对个体幸福感有显著影响。根据Selye的压力理论,个体具有最合适的压力水平,一旦压力水平过高或持续时间过长,个体应对压力的资源就会减少,能量消耗,从而影响个体的心理健康状况,导致幸福感水平降低。"蚁族"群体顶着巨大的生存压力在大城市苦苦挣扎、奋斗,面临着住房、经济、就业等各方面的压力,持久的压力感会不断减少他们的个体资源,甚至耗尽他们的个体能量,长此以往必然导致其对生活的满意度和积极情感下降,消极情感增加。

希望对"蚁族"群体主观幸福感具有显著正向影响,同时希望可以调节知觉压力对主观幸福感的影响。这验证了希望作为一种心理力量,是个体应对消极事件的弹性资源。Farran等人提出,个人情绪结果与个人如何解释目标的实现过程紧密相关,消极的情感来自于个人对目标实现可能面临失败的知觉。Snyder 的希望理论认为，尽管个体在目标实现过程中的障碍会引起消极的情绪反应，但不同希望水平个体的应对策略有所差异。高希望特质者具有较强的动力思维（will thoughts）和较多的路径思维（way thoughts）。较强的动力思维不仅可以启动和推动高希望个体沿着设计的路径趋向目标行动，而且可以支持个体在遇到消极压力事件时依然坚持不懈。更多的路径思维则使高希望个体在遇到阻碍和挫折时，知觉到更多的可供选择的路径。若在实现目标的过程中，个体感知到路径是无效的，就会尝试另外一条路径趋向其所渴望的目标，从而缓解了压力对个体心理的消极影响，表现出较少的消极情感。而低希望特质者由于动力思维太弱、路径思维太少，在遇到压力阻碍出现路径不通时，容易消极退缩、回避，出现更多的消极情感。希望有效缓解了"蚁族"群体知觉压力对消极情感的不良影响。本研究启示我们，"蚁族"群体虽然处境不利，容易感受到各种压力，然而，生活压力并不一定必然导致较低的幸福感水平。希望可以显著缓解压力对"蚁族"群体幸福感的不良影响，应当深入挖掘"蚁族"群体身上积极的希望特质，同时施加相应的心理干预，以帮助他们缓解生活压力对其心理健康的影响。

本章思考与练习

1. 根据测验编制的步骤，试编制一份针对本课程某章的单元测验。
2. 选择某项人格测验，对你熟悉的人进行施测，并根据常模进行分数解释。
3. 什么是共同方法偏差？如何检验共同方法偏差？
4. 什么是中介效应？请举例说明并画出模型图。
5. 什么是调节效应？试举例说明并画出变量关系的效应示意图。

拓展阅读

吴明隆.(2011).问卷统计分析实务：SPSS 操作与应用.重庆大学出版社.

该书完整介绍了问卷调查法中的数据处理与其统计分析流程以及结果的解释，统计分析技术以 SPSS 统计软件包的操作界面与应用为主，内容除基本统计原理的解析外，着重的是 SPSS 统计软件包在量化研究上的应用。

吴明隆.(2009).结构方程模型：AMOS 的操作与应用.重庆大学出版社.

该书旨在通过结构方程来检验测验之间的关系模型，并在 AMOS 软件中实现多种结构方程模型分析方法和操作步骤。

温忠麟,刘红云,侯杰泰.(2012).调节效应和中介效应分析.教育科学出版社.

该书系统全面介绍了调节效应和中介效应分析相关知识。

汪向东,王希林,马弘.(1993).心理卫生评定量表手册(增订版).中国心理卫生杂志社.

该书详细介绍了临床心理领域量表的功能和结构、实施、计分方式和解释方法,并附有完整的条目。

戴晓阳.(2010).常用心理评估量表手册.人民军医出版社.

该书详细介绍了常用量表的功能和结构、实施、计分、结果分析和解释方法,并附有完整的条目。

杨志明、张雷.(2003).测评的概化理论及其应用.教育科学出版社.

概化理论是继经典测量理论之后发展而来的一种新型测量理论,它旨在研究测验误差控制和测验整体设计。该书内容包括测评的基本问题、概化理论的基本原理和方法以及应用实例,对心理评估、教育考试、人事选拔等方面的理论与应用工作具有指导价值。

杜文久.(2016).高等项目反映理论.科学出版社.

项目反应理论是继经典测量理论之后发展而来的另一种新型测量理论,它重在研究测验项目作答概率模型。该书旨在较全面地介绍项目反应理论的基本思想和方法,讨论了一维项目反应模型、多维项目反应模型、能力参考估计、项目参数估计、算法等内容。

参考文献

董奇.(2006).心理与教育研究方法(修订版).北京:北京师范大学出版社.

江红艳,余祖伟,陈晓曦.(2011)."蚁族"群体知觉压力与主观幸福感的关系:希望的调节作用.中国临床心理学杂志,19(4):540-542.

童辉杰.(2012).心理学研究方法导论.北京:中国人民大学出版社.

温忠麟,侯杰泰,张雷.(2005).调节效应与中介效应的比较和应用.心理学报.37(2):268-274.

辛自强.(2012).心理学研究方法.北京:北京师范大学出版社.

杨阳.(2016).大学生人际自我价值感权变性量表编制及现状研究(硕士学位论文).石家庄:河北师范大学.

周浩,龙立荣.(2004).共同方法偏差的统计检验与控制方法.心理科学进展,12(6):942-950.

张斌,周怡,蒋怀滨,蔡太生 & 邱致燕.(2014).学习效能感在护理本科生专业认同与学习倦怠关系中的中介作用.中国临床心理学杂志(06),1121-1123.

第六章 访谈法

目 次

第一节 访谈法概述
一、访谈法的概念与特点
二、访谈法的类型
  (一)结构访谈和非结构访谈
  (二)直接访谈和间接访谈
  (三)一般访谈和特殊访谈
  (四)一次性访谈与重复性访谈
  (五)个人访谈和焦点小组访谈

第二节 访谈法的设计与实施
一、准备阶段
  (一)详细说明访谈目的与变量
  (二)访谈问题形式的设计
  (三)具体访谈问题的编制
  (四)访谈问题反应方式的选择
  (五)访谈者的选择与训练
  (六)预访谈与访谈设计的修订

二、正式实施阶段
  (一)访谈前的准备工作
  (二)接近访谈对象
  (三)对付拒绝的技巧
  (四)谈话与提问的技巧
  (五)倾听的技巧
  (六)追问的技巧
  (七)回应的技巧
  (八)访谈的记录
  (九)访谈的结束与再次访谈

三、结果整理阶段
  (一)资料整理

　　　　（二）资料编码
　　　　（三）资料分析
　　　四、访谈法的评价
　　　　（一）访谈法的优点
　　　　（二）访谈法的局限性
　第三节　扎根理论
　　　一、扎根理论
　　　二、扎根理论在访谈法中的操作程序
　　　三、扎根理论方法流程
　　　四、扎根理论的检验与评价
　第四节　应用范例
　　　上网的利与弊——对大学生网络成瘾者上网利弊认知的质性研究
　　　关于某校食堂满意度的焦点小组访谈报告
　　　女性服刑人员的人际冷漠维度探索：基于扎根理论的研究

本章思考与练习
拓展阅读
参考文献

第六章 访谈法

本章导读

访谈法是心理学以及各种社会科学广泛使用的基本研究方法之一。较之其他方法,访谈法更为灵活和主动,适用范围也较广,所获得的有关研究对象的心理活动情况和心理特征方面的信息往往更为丰富、深层,具有独特的价值。本章主要就访谈法的设计思路与实施过程做出阐述,并介绍一些实施过程中需要用到的访谈技巧以及注意事项。在此基础上,本章还呈现了最新发展的扎根理论,包括理论基础及其结果分析过程。这些方法的实际应用你都可以在本章第四节看到。

第一节 访谈法概述

一、访谈法的概念与特点

访谈法(interview)又称晤谈法,是指访谈者通过和被访谈者进行口头交谈来收集有关心理和行为数据的一种研究方法。虽然访谈法在形式上类似日常谈话,但作为科学方法的访谈有着严格的方法学要求。

首先,访谈法具有特定的科学目的。在心理学研究中,访谈法是根据研究课题需要,为解决一定问题而进行的,其目的在于直接获取有关访谈对象心理与行为方面的数据资料。所有的访谈设计与安排都是为实现研究目的服务的。而日常谈话也可能有明确目的,如了解实情、求得帮助、交流感情等,但不涉及研究目的,不是为了解决研究问题。

其次,访谈法有着一整套设计、编制、实施的原则。访谈计划的编制、访谈问题的设计、访谈过程的实施、访谈活动的记录、访谈结果的整理与分析等都需要按照一定

的科学原则来进行,这就在很大程度上保证了访谈法的科学性、有效性以及访谈结论的客观性,使访谈法完全不同于日常生活中的交谈。

最后,访谈法注重访谈者对整个访谈过程的控制。为了达成研究目的,确保访谈资料的可靠性和有效性,研究者或者访谈者(研究者可以自己访谈,也可以训练访谈者进行访谈)要负责控制谈话过程以及其他访谈安排。这一过程中的"控制"并非指所有话语权都是由访谈者把握,不给被访谈者表达和发挥的机会,而是指谈话进程以及被访谈者的表现等都是由访谈者有目的地加以控制的。例如,访谈者可以调控谈话的节奏和进程,确保谈话不跑题,从而有效地收集对研究目的"有用"的信息。相较之下日常谈话则可能显得漫无目的,整个谈话过程是由交谈双方自然互动决定的,缺乏明确的控制性。

综上所述,访谈法是根据研究目的和问题,由访谈者控制谈话过程,通过与被访谈者的交谈,以有效收集研究所需信息和资料的方法。大量的心理学研究已经表明,通过访谈法获得的有关人的心理活动资料,常常比传统心理学实验中最常用的反应时、错误率等指标所提供的信息更为丰富、完整和深刻。因此,访谈法对于一些研究具有难以替代的特殊意义和作用。

二、访谈法的类型

访谈法并非一种单一的研究方法,依据研究性质、对象和媒介的不同,可以将其划分为多种类型。

(一)结构访谈和非结构访谈

根据访谈研究的控制水平或标准化水平,可以将访谈法区分为结构访谈和非结构访谈。

结构访谈又称标准化访谈,在这种方法中,必须按照统一的标准和方法选取被访谈者,一般采用随机抽样法。访谈过程也是高度标准化的,即访谈问题、提问的次序和方式以及对访谈问答的记录、整理等都完全统一。但是,对每个被访谈者都提供相同的问题,这将使访谈者难以对某些特定问题进行深入探讨,访谈过程缺乏弹性,不利于发挥访谈双方的积极性和主动性。

非结构式访谈又称非标准化访谈、深度访谈、自由访谈。这种方法事先没有统一的访谈提纲,而只有一个大致的问题范围,访谈者与被访谈者在此基础上自由交谈,具体问题可在访谈过程中边谈边形成边提出。对于提问的方式和顺序、回答的记录、访谈时的外部环境等也没有固定要求,可根据访谈过程的实际情况作相应安排。同结构式访谈相比,非结构式访谈的最主要特点是弹性和自由度大,能充分发挥访谈双方的主动性、积极性、灵活性和创造性,也正因如此,这种访谈收集的数据资料不适用于定量分析。

此外,还有半结构化访谈,是指按照一个粗线条式的访谈提纲来进行的非正式访谈。该方法对提问的方式和顺序、访谈对象回答的方式、访谈记录的方式和访谈的时间、地点等只有粗略的基本要求,可由访谈者根据实际情况灵活处理。

(二)直接访谈和间接访谈

根据研究所采取的会话媒介手段,可以将访谈分为直接访谈和间接访谈。直接访谈是指访谈者与被访谈者之间发生的面对面的访谈活动。直接访谈的突出特点是,访谈者与被访谈者直接发生相互作用,这不仅有助于访谈者较为广泛、深入地与被访谈者探讨相关问题,了解他们的真实想法,还能够直接对被访谈者的特征及其在访谈过程中的许多非言语信息进行观察,从而加深对谈话内容的理解,判断访谈结果的真实可靠性。但直接交往这种形式的访谈对访谈者的要求较高,且比较费时、费力。

间接访谈法就是访谈者通过电话、网络等通信工具与被访谈者进行非面对面的交谈。目前,在间接访谈中,使用较多的是电话访谈。与直接访谈相比,在电话访谈中,被访谈者在回答某些敏感问题时受社会赞许性的影响程度可能较小;同时,电话访谈更易于对抽样、访谈者偏差、数据录入等环节进行控制,有助于确保访谈质量;另外,电话访谈还具有速度更快、效率更高的优点。但是,电话媒介不利于长时间的交流,且被访谈者在回答开放式问题时给出的答案往往比较简短,因此难以对较为复杂的问题进行深入访谈;而且研究者无法观察到被访谈者的非言语信息,这也限制了所获信息的数量和访谈者对信息可靠性的判断。

(三)一般访谈和特殊访谈

一般访谈是指对正常的访谈对象所进行的访谈。这类访谈研究只需按照一般的访谈程序和方法进行就可以了。本章第二节讨论的访谈设计和实施,都是就一般访谈而言的。

特殊访谈指对特殊访谈对象(儿童、老人、罪犯、某些知名度很高的人等)或有身心疾病的非正常访谈对象所进行的访谈。由于访谈对象的特殊性,进行这类访谈时需要注意一些重要问题。比如,将儿童作为被访谈者时,应充分考虑他们的心理年龄特征、有限的理解能力和语言表达能力等;对聋哑人进行访谈时,必须掌握聋哑人的特殊语言方式;对老人进行访谈时,应尽可能从侧面了解老人的家庭情况,灵活地避开敏感话题。当老人产生情绪波动时,应用适当的心理学技巧平复老人的情绪,避免为达研究目的而忽略伦理道德以及人道帮助。

应该注意的是,一般访谈与特殊访谈的区分是相对的。如访谈某一正常儿童,对于一般成人的访谈来说属于特殊访谈,而相对于某些特殊儿童的访谈来说则属于一般访谈。

(四)一次性访谈与重复性访谈

一次性访谈是指在一个时段内,对被访谈者进行整个一次的访谈。此类访谈可以在较短的时间内获取大量信息,但其所获结果多为静态信息,不易了解心理现象变化过程与发展趋势。

重复性访谈也叫纵向访谈,指在较长时间内对同一组被访谈者进行多次访谈。例如,在灾害事故发生后,对受害人的研究,可采用定期或不定期随访,以了解受害人随着时间、环境等方面的变化及其适应状况的改变。这种访谈有助于获取动态信息,了解被访谈者内在心理过程的变化和规律,但因其耗费的周期较长而往往受到限制。

(五)个人访谈和焦点小组访谈

个人访谈是指访谈者对每位被访谈者单独进行的访谈。这种个人访谈的形式使得访谈者与被访谈者之间易于就具体情况灵活地处理问题。例如,正式访谈开始之前,可以先以建立关系为主,随后再进入正题。在访谈过程中,同样可以较灵活地控制访谈进度。另外,这种访谈对一些敏感问题的研究也具有重要作用。这些特点在焦点小组访谈中很难体现出来。

焦点小组访谈(focus group)也叫焦点团体访谈,是社会科学经常使用的一种研究方法。一般包括8~12位小组成员,由主持人负责引导小组成员讨论的主题(即焦点)、促进小组成员之间的相互作用并保证讨论集中在研究主题上。这种方法主要有三个重要作用:第一,深入探索知之不多的研究问题。焦点小组访谈适用于迅速了解顾客对某一新产品、新计划、新服务等的印象以便于对潜在问题进行诊断和改进;通过了解焦点小组访谈成员对特定问题或现象的看法和态度,还可以为问卷、调查工具或其他量化研究所采用研究工具的设计收集资料。第二,为分析大规模、定量调查结果提供基础和补充。第三,焦点小组访谈还是一种检验研究假设的方法,当研究者有充分的证据相信一个假设正确与否时可使用该方法检验假设。

第二节 访谈法的设计与实施

在确定采用访谈法收集资料之后,为确保研究过程和研究目的之间的一致性以及研究的有效性,研究者需要对整个访谈研究进行精心设计。

一、准备阶段

(一)详细说明访谈目的与变量

在访谈设计中,明确访谈研究的目的并将其进一步具体化,即确定访谈研究的各种具体变量。研究目的指明了总目标,因此也就对研究的范围、对象等做出了相应的要求。但是,研究目的往往是比较笼统、概括的。如果直接问一名成人"请谈谈你对金钱有什么看法吧",他可能不知该从何答起,只好拿一句流行说法草草应付,如他会说"钱不是万能的,但没有钱是万万不能的"。很显然,这样笼统的问题不适用于访谈法。

那么,如何做到将研究问题具体化呢?研究者在明确了研究问题之后,首先要做的是详细列出具体研究问题所涉及的所有变量的类别与名称,形成一个研究变量简表,进一步明确回答研究问题、检验研究假设需要收集的信息。研究者通过认真查阅与访谈内容有关的国内外文献,特别是研读近期相关的研究报告,可以从中吸取有重要参考价值的资料。有时研究者还需要深入实际进行初步了解和调查,这同样有助于明确访谈研究目的。在明确了要收集的变量信息之后,研究者需要对其中的变量概念进行操作化定义。操作化定义(operational definition)就是将抽象的概念转化为能够体现这一概念的具体现象或指标。例如,"同情心"这一概念可以操作化为"给灾区捐款""为弱者做义工"等,然后询问被访谈者是否在最近一次大灾难时为灾区捐款,或者过去一年做过多少次义工以帮助弱者。对于被访谈者而言这类具体问题更容易回答,根据其回答也较易判断被访谈者是否有"同情心"。需要注意的是,理论概念被操作化定义后的内容应是被访谈者了解和熟悉的具体现象,这样被访谈者才能做出有针对性的回答。

(二)访谈问题形式的设计

详细说明访谈目的与变量之后,研究者就需要考虑访谈问题的具体形式,以便随后编制相关的访谈问题。

1.开放型问题与封闭型问题

从问题所要求的答案是否标准化来分类,研究者可以把访谈的问题分为开放型问题与封闭型问题。开放型问题指对被访谈者的回答没有限制,允许其自由发表意见、想法的问题,如"请您谈谈您做班主任以来的一些感受"这种问题,它所需要的回答内容是被访谈者自己的感受,没有任何的限制;封闭型问题则对被访谈者的回答内容和方式有严格的限制,如"您认为做班主任是一项很辛苦却是很重要的工作吗",那么被访谈者回答的内容往往就是"是的"或者"不是"。

在选择开放型或封闭型问题的时候,应当考虑访谈的目的是什么,被访谈者是谁等。通常情况下,当访谈的目的是为了解被访谈者看待研究问题的方式和想法时,应采用开放型的问题,因为这个时候封闭型的问题会极大地限制被访谈者的思维,导致访谈结果的不客观、不准确。而当访谈的目的是为获取事实型的内容,使用开放型的问题则容易导致整个访谈过程冗长、无用信息过多。另外,研究者还需针对不同的被访谈者选择与之相应的问题类型,如当被访谈者对访谈毫无概念时可先采用封闭型的问题对其进行引导,然后根据其回答展开下一步的提问。

2.具体型问题与抽象型问题

根据预期所获访谈内容的具体程度,研究者可以将访谈的问题分为具体型问题与抽象型问题。具体型问题有利于受访者回忆事件相关的细节。当研究目的主要是了解一个过程性的内容时,宜采用具体型问题,如:"请问您平时与子女的亲子阅读主要涉及哪些主题?"这样直接的询问可以在较短的调查时间里得到较为准确的相关信息。而抽象型问题主要收集的是被访谈者对某类现象的概括和总结,或者对一些事件比较笼统、整体性的陈述。这种问题一般多用于了解被访谈者的某些态度、想法或情感,但往往较难得到实质性的内容,因此通过具体型问题来对抽象型问题进行补充是一个很好的途径,如:先问被访谈者"你喜欢上艺术课吗?"被访谈者回答:"喜欢。"则可以继续追问:"你在上艺术课的时候主要做什么呢?最喜欢艺术课里的什么活动?"将回答内容具体化。

3.清晰型问题与含混型问题

从语义清晰程度来看,访谈的问题还可以进一步分成清晰型问题和含混型问题。前者指那些结构简单明了、意义单一、容易理解的问题;而后者指那些语句结构复杂、承载着多重意义的问题。在进行访谈时研究者会采用一些语意很准确的词语来进行提问,如:"你每天用几小时备课?"这样的问题需要被访谈者回答一个小时、半个小时或者其他准确的答案,所以一般用于搜集事实型材料。而含混型的问题则应当避免在访谈中出现,因为提问的基础就是要让对方明了自己的意思,若结构复杂、包含多重语意则无法实现预期的访谈目的。

4.一般型问题与追问型问题

一般型问题是指访谈者根据访谈目的,计划性地提出较具独立性的问题。而追问型问题则是访谈者根据被访谈者的回答而追加的问题,有利于挖掘出更多的内容。追问一般基于以下三点原因:一是访谈者需要被访谈者更详细的回答;二是访谈者在被访谈者的回答中得到了预期与研究目的相关的内容,希望能就此进行更加深入的交谈;三是验证访谈者是否正确理解了被访谈者的回答。在访谈的过程中应当多注意被访谈者的神情及其语言中的深层含义,以判断是否需要追问。在访谈的最初阶段,一般还未进入较深层次的访谈,此时最好不要追问,否则容易使被访谈者产生抵触情绪。

不同的问题类型适合在不同的情景下根据不同的访谈目的,针对不同的被访谈者提出。同时,这些问题的类型并不是独立存在互无关系的,在提问中应当根据研究需要,结合不同类型的问题进行提问,以获得有效的访谈资料。

(三) 具体访谈问题的编制

确定访谈问题的形式之后,访谈设计就进入第三步,即拟定出具体访谈问题。总的来说,拟定具体访谈问题时,要紧密围绕具体研究变量进行,每一问题都应满足某一变量操作定义的相关要求,成为对应变量的具体度量指标之一。

1.问题要清楚明确不含糊。含糊问题的表现之一是双重问题,即在一个问题中同时询问两个问题,如"您和您双亲的关系融洽吗?"这样的问题实际上包含了"您和您父亲的关系融洽吗?"和"您和您母亲的关系融洽吗?"两个问题。

2.问题的文字表述要通俗易懂,避免使用专业术语。需要注意的是,访谈问题对研究者来说是比较熟悉的,但是对被访谈者来说则并非如此。例如,访谈者到某农村去询问"近年蝗虫多吗",当地农民可能不知道你在问什么,因为当地不说"蝗虫",而管它叫"蚂蚱"。若去访谈出租车司机,问"你们同行有不按计价器收取乘客费用的情况吗?"这句话或许准确,但不如这样来的亲切:"你们同行拉活,有不打表,砍价收费的吗?"

3.问题应中立客观,避免使用引导性的词语。如"你是一个正派的人吗?"这类问题往往会因为社会规范作用而得到肯定的答案,因此难以获得有意义的信息。其他诸如:"你同意……吗?""你爱好……对吧?""你是不是想说……?""你可能难以……对吗?"等也都属于引导性问题。

上述几点既是拟定具体访谈问题需要注意的方面,同时也是衡量具体访谈问题设计水平的标准,研究者在访谈设计时应当加以认真考虑。

(四) 访谈问题反应方式的选择

拟定具体访谈问题的同时,还需要考虑被访谈者的作答方式。

封闭型问题有确定的备选答案,要求被访谈者从问题给定的几个选项中选出一个作为答案,例如:"您喜欢看哪类电视节目?新闻、体育、娱乐、影视、其他(请说明)。"而开放型问题则允许被访谈者根据自己的想法,用自己的语言来进行回答,例如:"在培养和教育孩子方面,您觉得最大的困难是什么?"

开放型问题有利于被访谈者充分表达自己的思想、情感,有利于访谈者了解额外信息,对不明确的回答进行追问等。其主要缺点是计分困难,更具主观性。封闭型问题则易于计分,能更好地保证反应形式的标准化和结果的客观性,但是可能难以反映被访谈者的具体相关情况,缺乏灵活性。

在访谈设计中,为了选择最佳、最恰当的反应方式,必须综合考虑以下几方面:①所研究变量的性质;②统一处理需要的数据类型;③反应的灵活性;④完成访谈所需时间的多少;⑤反应方式可能存在的反应误差大小;⑥计分的难易程度。

(五)访谈者的选择与训练

访谈者是访谈过程的中心人物,研究结果在很大程度上取决于访谈者的个人品质、特征和能力。非结构式访谈对访谈者的质量要求更高。

1.访谈者的选择

访谈者的选择条件应当包括两种:一种是任何研究的访谈者都应具备的条件;另一种是由研究主题的性质和被访谈者的特点等所规定的条件。前者称一般条件,后者称特殊条件。

(1)一般条件包括:①诚实与精确(这是访谈者必须具备的最基本品质);②兴趣与能力;③勤奋负责;④谦虚耐心。

(2)特殊条件包括:①性别:一些深入女性个人或家庭生活的访谈,女性访谈者的效果会更好;②年龄:从事访谈者工作的一般以年轻人为多,但对一些职位较高、影响力较大的领导人进行访谈,年龄大的访谈者效果会更好;③教育:受教育程度高的访谈者在访谈中的效果更好;④语言与社会背景:访谈者与被访谈者社会及生活背景越相近(民族、宗教、职业、居住地区等),访谈效果越好,尤其是对于民族、宗教等敏感性问题。

2.访谈者的训练

访谈者的培训步骤:①研究者向访谈者简单介绍访谈流程;②访谈者阅读访谈者手册、指南、访谈提纲及其他与该项研究有关的材料;③举行模拟访谈;④集体讨论;⑤建立监督管理办法。

访谈者调查守则:①外观与举止得体;②熟悉访谈提纲;③严格遵循提纲的要求提问;④如实记录被访谈者的回答;⑤认真保管和及时上交访谈资料,并严格保密;⑥依法行事和遵守伦理规范。

(六)预访谈与访谈设计的修订

经过以上五步后,研究者基本已经完成了访谈提纲的初步编制工作。第六步就是预访谈与访谈设计的修订。预访谈是发展和完善访谈设计工作不可缺少的重要组成部分,其主要目的是检验预想的访谈要点和相关设计安排的合理性、可行性、存在的问题,如提问措辞是否妥当、提问顺序安排是否合理、整个访谈提纲是否符合研究目的等。在此基础上对访谈设计进行修订,以形成正式的访谈提纲。

要做好预访谈工作,必须注意以下几个问题:

1.预访谈是对正式访谈的模拟,其被访谈者应与正式访谈时的被访谈者为同质对象,只是人数上可以少一些。其他各方面的工作应基本按照正式访谈的设计要求进行。

2.在预访谈时,应当尽可能对整个过程做详细的记录。包括记录访谈提纲存在的问题、访谈者与被访谈者在交往过程出现的问题、被访谈者对整个谈话的态度等。在条件允许的情况下可以对整个预访谈过程进行录音。

预访谈工作结束后,就应当及时对访谈设计进行适当修订。研究者应充分重视修订过程,并进行以下三方面工作:第一,全面检查所有的问题,防止文字表述方面存在遗漏和疏忽之处;第二,重点分析问题的措辞,根据预访谈结果排查含糊不清、模棱两可的问题,然后针对性地对其进行斟酌或添加相关说明;第三,考虑是否需要在某些问题后面增加追问型问题。

总之,访谈是发生在特定情境下的一个会话过程,包含访谈者、被访谈者、问题、情境、媒介、会话内容以及结构等多个要素。访谈研究的准备阶段,就是从这些要素对于被访谈者回答的影响出发,来对访谈过程进行整体性设计。

二、正式实施阶段

(一)访谈前的准备工作

充分做好访谈前一系列的准备工作,是保证访谈成功的重要前提,其主要包括以下几个方面:

1.协商、安排访谈事宜。与被访谈者事先进行沟通以确定访谈时间、地点,其原则是以被访谈者的便利为主,每次访谈时长为 0.5~2 个小时。在与被访谈者协商时,研究者要做好自我介绍、研究介绍,说明交谈规则、保密原则、录音或记录要求等事项。

2.充分熟悉访谈提纲的内容。访谈前对访谈提纲的内容充分熟悉,甚至到能背诵程度,将有利于访谈者掌握访谈的主动权,把主要精力集中在倾听对方谈话、观察对方行为表现、思考对方谈话内容、追问和记录上。进行结构访谈时,访谈者必须仔细阅读、理解统一设计的访谈提纲;进行非结构访谈时,访谈者应当牢记访谈的粗略提纲及基本访谈问题。

3.带齐进行访谈所需要的相关材料。在进行访谈研究时,有关访谈研究的简要文字说明、单位介绍信、身份证、工作证或学生证等都可能是需要的。此外,还应带上记录本和各种颜色的铅笔或圆珠笔,以便记录时使用。如果访谈研究需要录音、照相,则还需带上录音笔、照相机等。

4.尽可能了解被访谈者。在进行实际访谈之前,访谈对象已基本确定,在条件允许的情况下,尽量充分认识、了解被访谈者的性别、年龄、职业、文化、专长、经历、性格、兴趣、爱好等。这将有利于研究者选择适当的、更具针对性的访谈方法,取得被访谈者的配合并与其建立良好的人际关系。比如,与教师谈话或与学生谈话、与中学生谈话或与小学生谈话,其访谈方法和技巧应有所不同。

5.选择好访谈的合适时间、地点。访谈时间、地点的选择应以有利于被访谈者准确回答问题、畅所欲言为原则。一般来说,最佳访谈时间是被访谈者学习、工作、劳动、家务不太繁忙,而且心情比较舒畅的时候。当然,这也视研究的目的而定,当被访谈者遇突发事件时,则应停止访谈,如被访谈者临时发现这个时间段还有其他事情或出现强烈情绪反应等。访谈地点的选择有赖于访谈的内容和被访谈者的意愿。一般来说,有关工作方面的问题,以在工作地点访谈为宜;有关个人或家庭方面的问题,则在家里访谈为好。但是,同样是有关家庭方面的问题,如要向丈夫了解妻子在家庭管理、孩子教育方面的情况,可能当他到学校接孩子时向其了解有关情况比在家里访谈效果更佳。可见,访谈地点的选择应考虑多方面的因素。另外,有些被访谈者不愿意在家里或工作地点接待访谈者,在这种情况下可以选择一些公共场所。访谈时,最好找一安静处。总之,访谈时间、地点的选择,应有利于访谈过程的顺利进行,以取得真实、可靠的数据资料。

(二)接近访谈对象

实际访谈的第一步是接近访谈对象,步骤如下:

1.如何称呼对方的问题。一般来说,称呼要恰如其分,既不可对人不尊重,又不可一味奉承,否则易引起对方的反感。此外,还应考虑到被访谈者的身份、职业、文化水平等因素,如对同样年龄和性别的工人、领导干部、一般市民和知识分子,称呼时就应有所差别。如可能,尽量了解被访谈者所在地的风俗习惯,做到入乡随俗、亲切自然。

2.向被访谈者介绍自己。自我介绍是一种艺术,应做到不卑不亢、简洁明了,其目的在于让对方了解自己,消除紧张和戒备心理。必要时,应当主动出示单位介绍信、工作证、身份证或学生证,以使对方感到放心。

3.简要说明访谈研究的目的、意义、内容、完成访谈所需时间以及选择该访谈对象的原因,以激发被访谈者接受访谈的动机,提高他们的兴趣。说明研究的具体目的和内容时,应考虑到研究的性质。如果研究涉及偏见问题,则不宜向被访谈者直接说明,而可以对他们讲"我们正在了解人们对一些事情的态度、观点"。

4.在开始之前,访谈者应该向对方承诺,在研究的过程中被访谈者有权随时退出,而且不必对研究负任何责任,即访谈遵循自愿原则。同时,研究者应该向被访谈者做出明确的保密承诺,保证对其提供的信息保守秘密。在访谈开始时,有的被访谈者在听到保密原则后可能会对访谈内容有所怀疑,存在抵触心理,所以根据特定情况再申明保密原则,这也是对访谈者研究素质的考验,假如遇到被访谈者只愿意回答部分访谈内容,访谈者要申明自愿原则。

(三)对付拒绝的技巧

由于种种原因,一些被访谈者可能会拒绝交谈。比如,有的人说对此调查研究不感兴趣,有的说这些调查研究没有什么用,有的说自己太忙没有时间,有的对访谈者持戒备心理,有思想顾虑等。对此,访谈者一方面要有耐心,甚至忍耐对方一些无礼的言行;另一方面要尽力弄清被拒绝的原因并采取相应的方法。

如果对方对自己的身份不放心,就应当尽可能多地提供有关介绍信和身份证、工作证等;如果对方对研究不感兴趣或认为其没有价值,就应当更详细地向对方说明研究的意义;如果对方对访谈内容的保密性感到担心,就应向对方说明研究结果将如何处理和呈现;如果对方确实很忙,则应与其另约时间;如果访谈者与被访谈者之间因存在较大差异(如年龄、民族)而不能交谈,则最好有礼貌地告退,再由另一个有更多相似特点的访谈者来进行访谈。

(四)谈话与提问的技巧

在被访谈对象接纳后,即可开始进行交谈,通过提问向对方了解有关情况。所提问题可分为两类:一类是研究问题,即访谈研究所要探讨的一些问题,如被访谈者的思想、观点、态度、情感、行为特点等;另一类是非研究问题,即不是访谈研究所要探讨的一些问题,如"近来学习很忙吧""今年你们厂生产如何""你在这个单位工作多久了"等非研究问题。提出非研究问题的目的,不是要了解这些问题本身,而是为了使访谈连贯、过渡自然。在实际访谈过程中,一个熟练的访谈者不但要善于以适当方式提出各种研究问题,而且要善于灵活地运用各种非研究问题,以促进访谈过程的顺利进行。

一般来说,访谈者提问的方式、词语的选择以及问题的内容范围都要适合被访谈者的身心发展程度、知识水平和谈话习惯。在访谈中应遵循口语化、生活化、通俗化和地方化的原则,尽量熟悉被访谈者的语言并用他们听得懂的语言进行交谈。

提问的方式是多种多样的。究竟采用哪种方式,需要考虑问题本身的性质和特点、被访谈者的具体情况以及访谈双方之间的关系。比如,对情况不太熟悉、理解能力差的访谈对象,应采取耐心解释、循循善诱、逐步深入的方式提出问题;在访谈双方尚未建立初步信任的情况下,则应采取细心、谨慎的方式提出问题。

要做好访谈和提问工作,需要注意以下几点:①严格按照访谈提纲上的问题编排顺序提问;②严格按照访谈提纲上的每个问题的原话进行提问;③访谈者在提问时态度应真诚、自然;④避免对被访谈者进行引导;⑤交谈过程中应注意保持同被访谈者的交流,认真倾听对方讲话,并做出必要的反应;⑥要善于以礼貌的方式驾驭整个谈话过程,使对方离题的话回到本题,或中止对方冗长而不得要领的话;⑦如发现遗漏内容,应请对方再次回答;⑧访谈过程中,既要重视言语信息,又要重视非言语信息,注意观察对方的行为、动作、姿态和表情,并在评价和解释谈话内容时加以综合考虑。

(五)倾听的技巧

在访谈中,特别是在被访谈者回答开放性问题时,访谈者需要注意倾听,不要轻易打断对方的谈话。一方面,倾听有助于让被访谈者感受到尊重,以维系良好的访谈关系。另一方面,耐心倾听"跑题的谈话",可能会发现对于回答研究问题新的、有价值的线索。

此外,访谈者还需要特别注意"倾听"沉默。当被访谈者沉默时,应当首先判断对方沉默的原因,然后再根据具体的情况做出相应的反应。访谈者需要认识到沉默的价值并相信自己的研究能力和对访谈过程的控制能力,保持心态平和,这样被访谈者也会因此感到轻松、更加自然地表达自己。

(六)追问的技巧

追问是指访谈者就被访谈者前面所说的某一观点、事件、行为进行进一步探询,将其挑选出来继续向对方发问。在有些情况下,研究者就需要进行适当的追问,如:有的回答残缺不全、不完整;有的回答含糊不清、模棱两可;有的回答过于笼统、不准确;有的答非所问等。追问的主要功能是引导被访谈者更全面、精确地回答问题,此外,还可使被访谈者的回答结构化,保证所要探讨的问题都已经问及,减少其他无关信息。

追问可以预先写在访谈提纲上,即为了取得更详细的信息而在一般型问题后面加上更具体的问题,也可以由访谈者参考双方的交谈之后在访谈后期进行。在访谈初期,可能被访谈者对于访谈问题有许多自己想要说的内容,即使这些内容与访谈目的没有太大关系,他(她)也会"顽强"地把它说出来。这时候,如果他(她)的谈话被打断,则会破坏他(她)对于访谈者的信任。因此,如果访谈者听到了自己希望继续追问的内容,不应该立刻打断对方,而是等待时机,在对方谈话告一段落时再对这些内容进行追问。

从频次上看,访谈者要控制追问的数量。如果问题对于被访谈者来说比较尖锐,应避免直截了当地追问而考虑采用比较迂回的方式。例如,调查被访谈者是否是遗孀,就可以问:"您的另一半今年多大年纪?"

(七)回应的技巧

在访谈过程中,访谈者不仅要提问和倾听,还需要对被访谈者的言行做出适当的反应。回应是控制性问题在访谈实施过程中的具体运用,其目的是通过将自己对被访谈者言行的态度、想法(如接受、理解、疑问等)及时传递给对方,从而在一定程度上控制访谈过程的节奏,并与被访谈者建立融洽的访谈关系。

一般回应方式有以下几种:

1.认可:表示已经听到对方的讲话,并希望对方能继续说下去。访谈者可以通过言语行为(如"嗯""是吗""很好")和非言语行为(如点头、微笑、鼓励的目光)两种方式表示认可。

2.重复:将对方所说的话或意义进行重述。可以是对被访谈者的原话的重复,也可以是访谈者以自己的方式进行的、概括性的重复。

3.自我表露:说明自己的亲身经历或体验以对被访谈者的言行做出反应。其作用在于拉近自己与被访谈者之间的距离,促进平等的交流关系,同时还能起到示范作用,感染对方,促进被访谈者更加积极地探索自己的内心。

4.鼓励:从对方的期望出发来肯定对方的某些特定言行。有时访谈者的问题可能让被访谈者感到为难(如涉及个人隐私和伤心回忆等),这种情况下,访谈者可以使用一定的回应方式安抚对方,表示自己并不要求对方一定要回答,并鼓励对方按照自己觉得可以谈的话题继续下去。

(八)访谈的记录

记录的方式有两种:一是纸笔记录;二是用录音笔记录。一般来说,被访谈者都不愿意被录音,故使用前必须征得对方同意,否则容易引起对方误会和不安,影响访谈过程的顺利进行。一般情况下,封闭型问题的回答方便记录。而对于开放型问题,被访谈者可以自由表达自己的观点,而研究者很难知道哪些资料有用,哪些资料没有用。特别是有时候研究者可能会认为被访谈者所说的话"离题",没有记录的必要,但是在分析资料的时候,却发现那部分资料非常有价值。因此,对于采用开放型问题的

访谈,研究者的最佳记录原则是:尽力记下整个访谈过程。要做到这一点,研究者一般需要采取录音加笔录的方式进行记录。

为了做好记录工作,应注意以下几个问题:①尽可能详细记录被访谈者对开放型问题的所有回答和回答封闭型问题时主动做出的额外说明,通常后者对随后的资料分析很有价值。②记录过程中,不要试图去总结、分段或改正语法。③同时记录言语信息和非言语信息。④在实际访谈中,有些被访谈者总想看访谈者记录了什么或试图纠正记录,因此,访谈者坐的位置最好是对方不能看到记录内容的地方。⑤在记录的同时,还应注意同被访谈者保持联系,以保证访谈顺利进行。应用速记的方式记录,以免被访谈者感觉不被关注。⑥访谈结束后,应尽快整理访谈记录,对记录时所使用的各种符号、缩写做出翻译和说明。

(九)访谈的结束与再次访谈

访谈活动的最后一步就是访谈的结束工作,如果需要还应为再次谈话做好安排。访谈的结束工作是完整访谈过程中不可缺少的一个环节,无论是否要进行再次访谈,做好结束工作都是十分必要的。

以下几个方面是做好访谈结束工作应当注意的一些问题:

1.应严格控制和掌握访谈时间,避免超时。无论从保证访谈研究的质量还是从建立访谈者信誉的角度来说这一点都是必要的。在预约访谈时,访谈者应向被访谈者说明此次访谈所需要的大概时间且尽可能按预定时间准时结束访谈,如果因种种原因未能完成访谈内容,则应安排再次访谈;如果确定需要在这次访谈时延长时间,则应该和被访谈者协商,征得对方同意。

2.访谈应该尽可能以一种轻松、自然的方式结束。在实际的访谈中,常常会出现下述一些情况。随着访谈的进行,被访谈者对访谈研究的问题产生了很大的兴趣,临近结束时还谈意正浓,这种情况下,如其他条件允许,可以适当延长访谈时间;相反,随着访谈的进行,有的被访谈者明显表现出疲劳、厌倦,或因交谈不当而情绪变坏、不愿意继续合作,这时就应尽早提前结束访谈活动。总之,访谈活动必须在良好的交谈气氛中进行,如果良好的交谈气氛一经破坏,就应马上结束访谈。另外,如果需要的话,访谈者可以用一些行为或言语来向被访谈者暗示访谈即将结束,如开始收拾录音笔或记录本,也可以谈一些轻松的话题,如询问对方:"您今天还有什么活动安排?"

3.应注意感谢被访谈者的合作和帮助。访谈者应真诚地感谢被访谈者对研究工作的支持,感谢对方奉献的宝贵时间和所提供有价值的信息资料,同时还应表示从对方那里学到了许多知识,以通过访谈建立友谊。有的人不注意访谈的结束工作,资料到手后便扬长而去或简单应付两句,最后给对方留下不好的印象,这种情况应当避免。

4.如果需要,应为以后的访谈做好铺垫和安排。结束时,应向被访谈者表示,今后可能还要再次同其交谈、了解及请教有关问题。如果这次没有完成访谈任务,则应约定再次访谈的时间和地点。

5.如可能,对被访谈者的某些合理要求应当予以满足。在心理学研究中,访谈结束后,有的被访谈者往往会想咨询或讨论一些专业问题(如心理学在生活中的应用、如何教育子女等)。如果时间允许,研究者应给予简要的介绍和说明。此外,还常有一些被访谈者想要了解今后的研究分析报告。其中,极个别者是出于某种顾虑,而绝大多数则是出于对研究课题的兴趣。因此,如果科研经费允许,可答应被访谈者文章发表后给他(她)寄送一份;如有为难,也应坦率地向对方说明,千万别采取当时答应下来,后来不寄的做法。

三、结果整理阶段

访谈研究可以获得大量原始资料,譬如长达上百小时的访谈录音,或者几百页的访谈记录。研究者只有通过对这些资料进行深入分析,才能有效解决研究问题。所谓资料分析,就是通过对原始访谈资料的系统整理,将资料或数据与所研究的问题建立直接联系,进而从中得到研究问题答案的过程。

对于以封闭型问题形式进行的访谈来说,其数据分析工作较为便捷。由于被访谈者的回答在研究现场就已经被归入某一类别之中(或者说被归入某变量的某一水平),只要按照一定法则予以赋值即可转化为数字形式。因而在数据分析阶段,这些资料经过初步的整理,就可以采用相应的统计学方法加以量化分析。

与封闭型问题不同,开放型问题的访谈结果往往以文字形式呈现且十分庞杂,每一个被访谈者表述的内容和措辞方式彼此不同,这给资料的分析造成了一定的难度。

(一)资料整理

当研究者以录音的方式记录访谈数据时,首先需要将录音整理为文本,这一过程称为转录。之所以要进行转录,是因为与声音材料相比,文本形式的材料更适合作为分析对象。转录最基本的要求是忠实于原始的访谈资料,而无须将之整理为流畅的书面文字。另外,整理时应该将被访谈者说的话和访谈者或记录者的解释或总结区分开来。如果通过做笔记而不是录音进行记录,就需要在文本中精确地标出什么地方是引用被访谈者的原话,什么地方是研究者的总结。

根据不同的研究目的,资料转录可以在不同水平上进行。对于一些开放型问题的访谈,如果研究者感兴趣的是被访谈者的话语意义,就需要转录其语义的内容要点;如果研究者不仅对被访谈者的话语意义感兴趣,而且关注其表达意义的过程和方式,那么需要转录的内容就不仅要包括被访谈者的言语行为,还要包括他们的非言语行为(如叹气、哭、笑、沉默、语气中所表现的迟疑,诸如"嗯""哦"等语气词,以及停顿的时间)。

在转录结束之后,需要将每份转录后的文本按照一定的规则编号,建立编号清晰的资料库,并将编号后的资料库保存副本。编号系统通常包括以下几方面的信息:①被访谈者的基本信息,如姓名、性别、职业等;②收集资料的时间、地点和情境;③访谈者的姓名、性别和职业等;④资料的访谈序号(如对某人的第一次访谈)。研究者可以给所有的书面资料都标上编号和页码,以便今后分析时查找。

(二)资料编码

在转录之后,研究者会发现所要面对的是多达几万字甚至几十万字的访谈文本资料,而且这些资料结构凌乱,内容庞杂。只有将这些资料在一定程度上予以简化,才能分析其中所包含的事物间的内在联系,并从中得到有价值的结论,最终回答研究者所关心的研究问题。在访谈研究中,访谈资料的简化也是一个给资料编码的过程。这个过程一般包括两个环节:

1.建立编码表。编码表的设计可以有两种途径:一种是理论驱动的途径。研究者依据先前的文献分析,或者依据研究设计和概念框架建立编码表。另一种是经验驱动的"扎根"过程(具体可参考本章第三节关于扎根理论的介绍),即研究者在仔细阅读原始访谈文本时,从中找出那些与研究问题相关的、有价值的资料,并将之归纳为概念、主题和事件,据此建立编码表。

2.对文本进行编码。在建立了编码表之后,研究者就可以根据编码表对原始访谈文本进行编码。所谓编码,就是用简单的记号在访谈文本中标注出那些体现了编码表中概念、主题和事件的具体文本内容。对文本进行编码主要包括以下几个步骤:①在开始编码之前,仔细阅读和充分熟悉原始文本资料。只有准确理解了文本内容,才能进行可靠的编码。②确定分析单元。所谓分析单元,就是研究者编码的最小文本单位,可以是词、句子、段落等。一般来说,分析单元应该较为精细,以词或句子为佳。③对分析单元进行编码。编码时,可以将码号写在相应片段的页边空白处。④对资料进行归类,即将编码后的资料重新整理,将相同编码的分析单元放置在一起,建立编码系统,这样研究者就可以方便地抽取并考察所有涉及同一概念的不同分析单元。编码常用的工具主要有 Nvivo、Maxqda、Atlas.ti 等分析软件。

(三)资料分析

可以看出,编码实际上就是将千差万别的访谈资料进行类别化处理。在资料被类别化之后,研究者可以根据自己的研究问题,选取不同的资料分析思路,建构对于研究问题的理论解释。

访谈资料可以做量化分析。有时候,研究者需要对某个群体的特点和个体间差异情况进行推断,从而采用标准化程度很高的结构访谈,但是研究者对于被访谈者预期的回答方式没什么了解,因而只能主要采用开放型问题进行访谈。这时,研究者可以采用量化手段分析资料。具体来说,研究者在所获得的资料中建立编码方案,并通过这一方案对资料分类和赋值,进而可以通过统计方法对总体特征和个体差异情况进行推断。需要注意的是,如果编码表是基于经验驱动途径建立的,也就是说对资料进行编码时所依据的概念体系是在搜集资料当中生成的,而并非在取得资料之前就已存在,那么这时研究者进行的统计推断过程,本质上就是一种探索性的数据分析过程。

访谈资料也可以做质性分析。量化的分析往往假定,文本资料就代表了真实的世界,只要编码这些资料并赋值,就可以量化地分析变量关系,反映客观事实。然而,质性研究关心的不是用数据代表世界,而是考察被访谈者建构世界的方式以及文本的意义结构。

以上简要说明了访谈法的实施过程和各个环节,以及在每一环节所需要的一些技巧、应注意的一些问题。清楚地了解这一过程和熟练地掌握各种访谈技巧,对于提高研究的质量和效率具有重要的意义。

四、访谈法的评价

在心理学研究方法中,访谈法是一种使用十分广泛的方法,特别是将其与其他方法结合使用时,效果更佳。访谈法之所以在心理学的研究领域中占重要地位,与其优点是密不可分的。

(一)访谈法的优点

访谈法的主要优点有以下几种:

1.有利于对研究问题进行深入、广泛的研究。访谈法以口头交谈方式进行,因此,可以用语言交流的内容,基本都适合用访谈法来研究。它既可用于收集现有资料,又可收集过去资料;既可用于定性研究,又可用于定量研究;既可了解客观事实、行为方面的问题,又可了解主观动机、情感、观念方面的问题;既可用于验证某种假设或理论,又可用于提出某种假设或理论。总之,与其他收集研究资料的方法相比,访谈法可以获得更为丰富、广泛的资料,有助于对人的心理活动及规律进行多层次、多方面的探索。

2.具有很大的灵活性。访谈法是访谈者和被访谈者相互影响、相互作用的过程,因此,研究者可以借助这种人际互动过程,灵活地探知研究需要的信息和资料,及时处理研究过程中产生的疑问、误会及其他各种问题。比如,当被访谈者表现出对问题的不理解或误解时,研究者可针对具体情况以适当方式重复提问;当被访谈者的回答含糊不清、态度不明确时,研究者可对其做详细的解释说明;当被访谈者说出研究者事先未预料到的、有价值的内容时,研究者可以根据具体情况进行追问或加以记录。此外,研究者还可以根据被访谈者的知识水平或理解程度灵活变换提问方式,当被访谈者自由发表看法时在一定程度上控制谈话方向。

3.可以保证收集到的研究资料具有较高的可靠性。当被访谈者不理解研究者的问题,或者研究者认为被访谈者的回答不完整、不明确时,都可以采取追问的方式,进而了解更为确切的信息;研究者可以对访谈环境进行控制,防止干扰,也可以严格控制问题顺序,避免因访谈提纲的结构受到破坏造成的误差;此外,在进行访谈时,研究者可以在提问或被访谈者回答时观察对方的非言语信息(如表情、姿势、动作等),结合这些非言语信息可以对获得的资料进行信度和效度的评估,保证研究资料的可靠性。

4.适用范围广。访谈法是口头进行的,研究者可以对问题进行诠释、说明,它适用于一切具有口头表达能力(思维正常)的不同文化程度的被访谈者。与问卷法相比,访谈法的适用对象更为广泛,如被访谈者可以是文盲、半文盲或因种种原因不能书写的人。

(二)访谈法的局限性

当然,访谈法并非一种完善的资料收集方法,它仍然有一些缺点和局限性,具体如下:

1.访谈结果的准确性、可靠性可能受到访谈者素质的影响。访谈法是由访谈者进行的,因此,其优点的发挥有赖于访谈者的素质。如果访谈者素质较差、能力不强,可能对被访谈者的回答产生误解或在记录时发生错误;如果访谈者没有掌握必要的访谈技巧、态度生硬、语言不礼貌,可能影响访谈的相互作用过程,造成被访谈者的不合作或提供虚假信息,这样就难以获得可靠的研究资料。同时,访谈结果还易受到访谈者的主观偏见、价值取向的影响。因此,对访谈者进行访谈技巧的培训是必要的。此外,访谈者的性别、性格、年龄、社会阶层、衣着、口音和身材等都可能影响被访谈者的回答。

2.某些问题不宜进行访谈。对于被访谈者比较敏感、不愿意回答的属于个人隐私的问题,不宜进行访谈。如果强行进行访谈,可能使被访谈者中止访谈或不做真实回答,影响访谈结果。一些无法用语言表达的情感、体验、社会关系变化、动作变化或心理过程等资料不能用访谈法取得,而需要用其他方法(如观察法、实验法等)获得。此外,访谈法获得的许多资料需要进一步核实,如对与被访谈者有关系的人进行访谈,或采用其他方法对照检验。

3.与其他方法相比,访谈法费时、费力、费财。采用访谈法,需要聘请访谈者并对其进行培训。访谈需要抽样,印制各种访谈提纲,准备录音设备或记录纸张,还要支付访谈者和被访谈者的劳务费、差旅费等,因此,访谈法需要花费较多的人力和财力。访谈法一般每次只对一个被访谈者进行,访谈过程及对其记录、整理需要较多的时间。在被访谈者分散的情况下,访谈时间可能更长。

4.访谈法获得的研究资料难以量化。一方面,由于被访谈者的文化程度不同,可能对问题的理解不同,而访谈者对问题的解释也可能不同,这种灵活性造成问题的表述缺少标准化。另一方面,访谈结果缺乏量化的指标,一般只能以某一答案出现的次数、百分比作为指标;被访谈者的回答可能有很大的差异,可能答案很多,也难以定量计算。结果量化的困难使研究难以做出精确的结论,也难以推广。

此外,访谈法还受到环境、时间和被访谈者情绪状态的限制,被访谈者思考问题时间较短等特点,也会影响访谈法的使用。

第三节 扎根理论

扎根理论(grounded theory,GT)是研究者根据数据产生理论的过程,该过程中的数据主要来自访谈。

一、扎根理论

扎根理论最初由 Barney Glaser 和 Anselm Strauss 两位学者于 1967 年所创,最后 Strauss 与 Corbin 在 1990 年将扎根理论定义为:通过归纳的方式对现象加以整理、分析以获得结果,即一种放弃先有的理论与假设,通过深入的访谈,采用编码分析等方法直接从第一手资料中发现与发展理论的质性研究方法。扎根理论本身不是一种理论,而是发展理论的一种方法。

通过对扎根理论特点的归纳有助于研究者更好地理解其含义。(1)扎根的特征。所谓扎根,就是要不带着预先已有的理论,切实深入该研究领域进行实地研究。(2)直接发展理论的特征。要在该研究领域土壤中"根"的基础上,直接发展理论,即强调搜集并分析第一手资料。(3)质化的特征。它通过扎根于实地的观察与访谈,不断进行思考,提出一些假设,形成一些概念,然后进行理论抽样(theoretical sampling),回到实地观察与访谈,不断在第一手资料与思考之间循环,直到概念与理论假设能够贴切地解释第一手资料,也即达到饱和状态(theoretical saturation),这时理论也就"出炉"了。

扎根理论的思路如下:

1.从资料中产生理论。扎根理论特别强调从资料中提升理论,认为只有通过对资料的深入分析,才能逐步形成理论框架。

2.对理论保持敏感。扎根理论的主要宗旨是建构理论,因此它特别强调研究者对理论保持高度的敏感。不论是在设计阶段,还是在收集和分析资料时,研究者都应该对自己现有的理论、前人的理论以及资料中呈现的理论保持敏感,注意捕捉新的理论建构线索。

3.不断比较的方法。扎根理论的主要分析思路是比较,在资料和资料之间、理论和理论之间不断进行对比,然后根据资料与理论之间的相关关系提炼出有关的类属及其属性。

4.理论抽样的方法。在对资料进行分析时,研究者可以从资料中初步生成的理论作为下一步资料抽样的标准。

5.灵活运用文献。原始资料、研究者个人的理解以及前人的研究成果之间可以构成一个三角互动关系,研究者在运用文献时必须结合原始资料和自己个人的判断了解自己与原始资料和文献之间的互动关系。

6.理论性评价。扎根理论对理论的检验与评价有自己的标准,总结起来可以归纳为如下四条:(1)概念必须来源于原始资料,可以找到丰富的资料内容作为论证的依据。(2)理论中的概念本身应该得到充分发展,密度应该比较大,即理论内部有很多复杂的概念及其意义关系,这些概念坐落在密集的理论性情境之中。(3)理论中的每一个概念应该与其他概念具有系统的联系,各个概念之间应该紧密地交织在一起,形成一个统一的、具有内在联系的整体。(4)由成套概念联系起来的理论应该具有较强的运用价值,适用于较广范围,且具有较强的解释力,对当事人行为具有理论敏感性,可以就这些现象提出相关的理论性问题。

二、扎根理论在访谈法中的操作程序

扎根理论的研究方法主要由三个级别的编码程序组成,折叠一级编码(开放式编码,open coding)、折叠二级编码(关联式编码,axial coding)和折叠三级编码(核心式编码,selective coding),通过这三个程序将研究所获得的原始叙述性数据逐渐概念化、范畴化,再对原始数据进行关联和验证,使得理论得以构建。

1.折叠一级编码(开放式编码)

一级编码是将数据分解、检查、比较、概念化和范畴化的一个过程,其目的是在研究的现象中发现各种概念和类属。首先需要把数据转化成概念,也就是概念化;其次赋予每个概念一个可以代表它们现象的名字;再次将相关的概念聚成一类;最后发掘这些相似概念的性质和维度,进一步发展类属,这样一个概念统合的过程就称为范畴化,如图6-1所示。

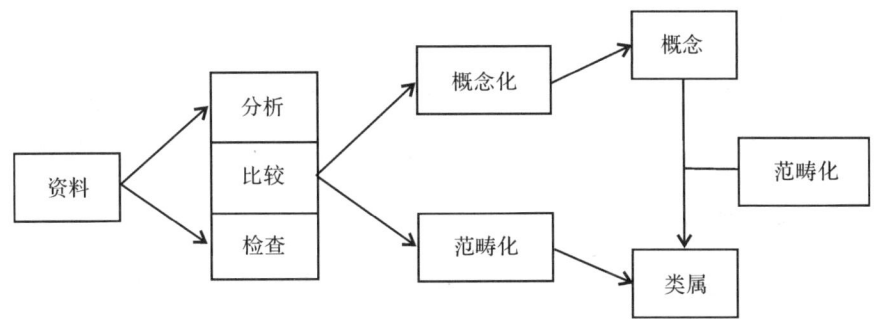

图 6-1 折叠一级编码模型

对于该过程的操作,研究者必须明了以下几个概念:(1)概念,即附着于个别事件或现象的概念性标签。(2)范畴,即一组概念。研究者通过对多个概念进行比较后发现它们都指代同一现象时,就可以把这些概念聚合为一组,由一个较高层次、较抽象的概念统摄。(3)性质,即一个范畴的特性和特质。

2.折叠二级编码(关联式编码)

二级编码的主要任务是发现和建立概念、类属之间的各种联系,这些联系可以是因果关系、时间先后关系、情境关系、过程关系、策略关系等。在二级编码中,研究者每一次只对一个类属进行深度分析,围绕着这一个类属寻找相关关系,因此也将之称为关联式编码。随着分析的不断深入,有关各个类属之间的各种联系变得越来越明晰。研究者可以借用"译码典范",依照所分析的现象及其脉络、因果条件、干预条件、行动/互动的策略和结果把各概念和类属联系起来,使数据组合到一起,如图 6-2 所示。

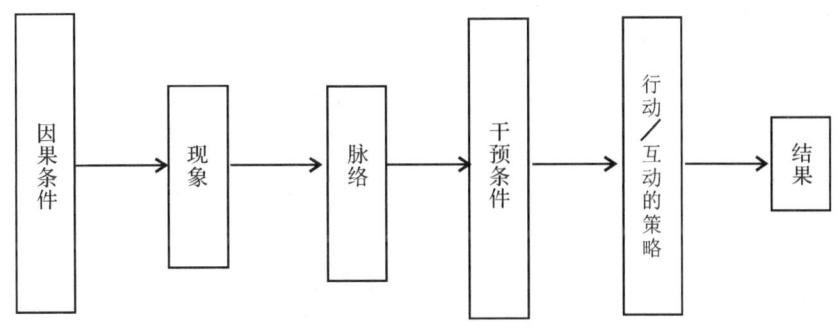

图 6-2 折叠二级编码模型

图 6-2 中各个环节的具体解释如下:(1)因果条件:致使一个现象产生或发展的条件。(2)现象:针对具有核心地位的观念、事件,会有一组行动/互动来管理、处置、

发生。(3)脉络:指一个现象的事件在它们维度范围内的位置的综合。(4)干预条件:一种结构性条件,它会在某一特定维度范围之中,针对某一现象而采取促进或抑制的行动/互动策略。(5)行动/互动的策略:针对某一现象在其可见、特殊的一组条件下所采取的管理、处理和执行的策略。(6)结果:行动/互动的结果。

3.折叠三级编码(核心式编码)

三级编码主要是选择核心类属,把它有系统地和其他类属进行联系,验证它们之间的关系,并进一步完善各种类属的过程。在前面两种编码中已发现的概念、类属,经过再次系统的分析后选出一个"核心类属"。核心类属必须具有统领性,能够将最大多数的研究结果囊括在内,如图6-3所示。

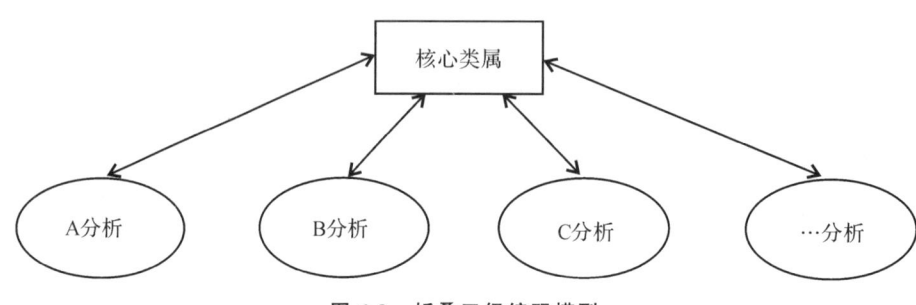

图6-3 折叠三级编码模型

研究者进行多组不同并反复地分析,如 A 分析、B 分析、C 分析……不仅要检查这些分析与核心类属之间的关系,更要检查和检验多组分析之间的关系。在三级编码过程中,研究者同样要把握以下几个概念:(1)故事:针对一项研究的中心现象所做的描写式记叙;(2)故事线:概念化后的故事;(3)核心范畴:所有其他范畴以之为中心而结合在一起的中心现象。

三种编码程序间的界限并非固定不变,即研究者并非要按研究的三个阶段分别使用这三种程序。在编码时,很可能开始用一种编码方式,之后不知不觉地由一种编码转到另一种编码,尤其是在一级编码与二级编码间,这种更迭是被允许的。

此外,在编码过程中研究者可能会随时产生大量的想法想要记录下来,此时可以用备忘录来记录这些想法,这同时也反映了随着扎根理论编码的推进,研究者思考和建立理论的过程。

三、扎根理论方法流程

在研究开始之前研究者一般没有理论假设,而是带着研究问题,直接从原始资料中归纳出概念和类属,然后上升到理论。扎根理论严格遵循归纳与演绎并用的科学原则,它同时也进行了推理、比较、假设检验与理论建立。如果前人建立的有关理论可以用来深化对研究结果的理解,可以适当借鉴既存理论。但是,如果这些理论与本研究的结果不符,研究者应尊重自己的发现,真实地再现被研究者看问题的方式和观点。它强调理论的特殊性和情景性,通过理论取样、数据收集和数据分析等一整套系统的操作程序,来建立并完善关于某种现象的实质理论。

扎根理论的操作流程如图 6-4 所示。

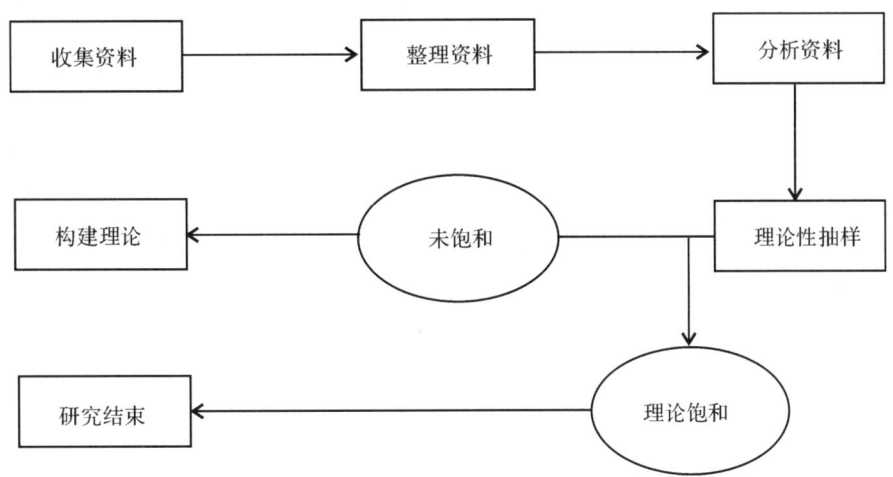

图 6-4 扎根理论操作流程图

四、扎根理论的检验与评价

检验扎根理论的标准如下:

1.理论适合资料。理论与资料是不能脱节的,二者是互动的。不能脱离资料去任意炮制臆想的理论,更不能歪曲或粉饰资料。如果扎根研究所发展出的理论能够很好地解释资料,所有资料能够很好地支撑理论,那么,这一扎根研究就是成功的、优质的。

2.理论的有效性。这种理论的有效性表现在两方面:一方面能够对资料进行合理组织以解释所研究的现象;另一方面,理论能够指导行动。

3.研究程序与其他的分析解释相关。研究的基本程序与对实际问题的分析解释必须相关,需经得起常识、常理的检验。

4.理论的可修正性。扎根研究发展的理论永远是"暂时的",需要不断修正。随着研究条件的变迁与资料的进一步收集,研究者需要不断修改发展出来的理论。

扎根研究在以下两方面是值得推崇的:第一,有助于发现和发展原创性理论。扎根研究强调从第一手资料中直接发展理论,其发展的一整套研究程序有助于组织资料,产生理论。第二,推进了质性研究的发展。扎根研究的另一重要贡献是开拓了一个质性研究的新领域。正像量化研究一样,扎根研究以它严谨的逻辑、规范的程序,同样可以有效地解释研究现象,提出理论假设,指导行动。而且,正如 Glaser 所说的那样,扎根研究的程序必须与其他的分析解释相关、一致,这就意味着扎根研究的理论发现是可以得到实证研究印证的,从理论上说二者应该是相关的。因此,扎根研究不仅推进了质性研究的发展,实际上也可以促进量化研究与质性研究的互补与整合。

当然,扎根研究也存在一些局限,并且也遭遇到一些批评与挑战。首先是过于依赖研究者的理论敏感性。如果一个研究者缺乏足够的理论敏感性,将无从进行扎根研究。在三级编码过程中,从洞察关系、操作概念、归纳异同到概括理论,是对研究者逻辑思维水平极为严峻的考验。研究者理论思维水平的高低,直接关系到扎根研究理论的优质与否。其次是"资料的碎化"和循环研究导致的烦琐工作。一方面,扎根研究编码程序的复杂性会导致"资料的碎化",因此在编码过程中,研究者可能要面临极其艰巨的脑力劳动;另一方面,当发现了某些概念与理论后,还要再进行"理论抽样",重复返回收集资料的过程,因此,扎根研究的工作量非常大。

第四节 应用范例

上网的利与弊

——对大学生网络成瘾者上网利弊认知的质性研究

摘要 本研究对 15 名大学生网络成瘾者进行访谈,了解他们对上网所带来的利弊的认知。经过分析发现,上网好处的认知内容可以分为 6 个类别:方便获取信息、帮助学习、方便交流、娱乐放松、逃避压力、成就满足。而上网坏处可分为 9 个类别:浪费时间、影响学习、影响情绪、影响身体、影响人际、不良信息、依赖性、虚幻性、不求上进。

1 研究背景

大学生网络成瘾已经成为当前影响人口素质、危害社会和谐的一个突出问题。那么,是什么因素影响大学生网络成瘾行为的呢?国外在物质成瘾领域,如吸烟、饮酒等成瘾行为上开展了很多研究,利弊权衡被认为是影响个体行为改变的重要因素,它是指个体对某行为的好处和代价的权衡。国外已经有不少研究考察对饮酒、吸烟、体育锻炼、HIV 与健康性行为、减肥等行为的利弊权衡，并且开发了专门的测量工具。在网络成瘾方面，万晶晶（2007）通过访谈发现网络成瘾大学生在网络使用中主要满足了七类心理需求，但该研究并没有直接考察对利弊的认知。而且网络成瘾与其他物质成瘾等行为存在一些不同的方面，需要通过访谈研究来了解，建构出新的评价维度，以加深对网络成瘾行为的了解，而且可以为后续干预研究提供指导，为测量工具的发展提供框架。

2 研究方法

2.1 研究对象

采用广告招募的方式招募自愿参加本研究的某高校大学生 21 名。报名条件是自认为有上网依赖问题。经过访谈和网络成瘾诊断量表的筛查，排除明显不存在网络成瘾问题的被试，最后得到有效被试 15 名。被试的基本信息如表 6-1 所示。

表 6-1 被试的基本信息

编号	性别	年龄	年级	主要上网内容	每周上网时间（小时）	成瘾量表得分
A1	女	19	大一	QQ 聊天	18.5	5
A2	男	26	硕二	下载音乐	42	8
A3	男	27	博一	看新闻	21	3
A4	女	23	硕二	搜索信息	19	4
A5	男	22	大三	玩网络游戏	35	7
A6	男	25	硕三	浏览网页	7	6
A7	女	23	硕一	搜索信息	33	3
A8	男	24	硕一	看电影	8	7
A9	男	22	大四	玩网络游戏	28	4
A10	男	23	大四	写博客	23	5
A11	男	23	大二	浏览网页	23	6
A12	男	21	大二	QQ 聊天	26.5	3
A13	男	26	硕一	查看邮件	27.5	5
A14	男	25	大二	看新闻	28	3
A15	女	19	大一	搜索信息	17	3

2.2 研究工具

2.2.1 访谈提纲。在前人文献的基础上结合大学生网络成瘾行为的实际,编制半结构化的访谈提纲。经过对8名大学生网络成瘾者的预访谈,对访谈提纲进行修改和完善。本文只选择其中利弊认知部分的结果进行报告。

2.2.2 网络成瘾诊断量表。这是由美国心理学家Young编制的网络成瘾诊断量表。该量表有8个题目,回答"是"计1分,回答"否"计0分。如果量表得分在5分或者5分以上可被诊断为网络成瘾者(Young,1998)。在本研究中,将3分以下的被试界定为明显非网络成瘾者,不予分析。

2.3 研究程序

2.3.1 访谈。访谈员由3名研究生担任,他们都受过质性研究方法的培训。首先告知被访谈者自己的身份及访谈的目的和意义,然后说明访谈资料只用于研究,强调研究的匿名性和对访谈资料的严格保密,并在得到被试许可的情况下进行录音。访谈结束后邀请被试填写一份有关上网情况的调查问卷。对被试表示感谢,并解答被试的问题。访谈员在访谈结束后及时撰写访谈日志。

2.3.2 转录。由3名心理学研究生将录音资料转录为文本。

2.3.3 分析。采用计算机质性分析软件Atlas.ti 5.0辅助资料的编码与分析。

3 研究结果

通过对15名大学生网络成瘾者访谈资料的分析,了解了他们对上网所带来利弊的认知内容,并对其进行分类。

3.1 上网带来的好处

关于上网带来的好处,在对访谈资料的分析中共得到41个一级编码。其中被提到的次数最多的编码是"放松"(10次),其次是"方便快捷联络"(8次)。经过对编码的比较和分析,可以将上网的好处划分为以下6个类别:

1. 方便获取信息

定义:通过浏览网页或搜索引擎等方法,能够很快地了解到最新发生的事情或者找到自己感兴趣的信息,扩大自己的知识面。包含的编码:(1)查资料方便;(2)了解信息成本低;(3)获得新鲜的东西;(4)方便了解新闻;(5)更新自己的观念;(6)能够了解最新的动态;(7)可以跟得上社会的步伐;(8)能很快地获取感兴趣的信息;(9)对感兴趣的信息了解更充分;(10)开阔视野;(11)和别人聊天的范围有扩展;(12)满足自己的好奇心。

访谈示例:"我觉得一个人脑子需要多一些东西。上网就是一个获取知识的最快捷的途径。比如一条新闻,自己上百度一搜,一切方面你都可以很清楚地了解了。"(A1)"可以节约成本,想了解新闻,你去买报纸,还是需要钱的,比如《体坛周报》是

1.5元,如果上网浏览的话,就节省很多。"(A6)

2.帮助学习

定义:通过网络可以很方便地查到对学习有帮助或者是学习所需要的知识,并且可以促使自己学习更多的内容。包含的编码:(1)方便查学习方面的资料;(2)接触更多计算机方面的知识;(3)对学习方面有好处;(4)促使自己学习知识。

访谈示例:"再次,就是对学习的帮助。最大的体会就是这次六级考试,平时没怎么看,我要上网的话就打开金山词霸(网络版),很快就都查下来了。对后面的背诵就很有帮助,不然就得拿词典一个个翻。"(A12)

3.方便交流

定义:通过网络聊天或电子邮件等工具可以方便、快捷、低成本地与身边或者远方的朋友进行沟通,对人际关系的维持和情感交流带来了积极的作用。包含的编码:(1)方便快捷联络;(2)可以跟在外地的朋友交流;(3)交流比较省钱;(4)增进与同学的感情;(5)认识了很多朋友;(6)交流不会给人带来压力;(7)在网上可以敞开心扉交流;(8)在网上更容易发泄情绪。

访谈示例:"在网络上谁也不认识谁,大家都比较客气,也不会太顾忌什么,可以敞开心扉地交流。这在现实生活中是很难的,什么都能说的很少,包括宿舍同学都很少有心与心的交流。"(A12)

4.娱乐放松

定义:网络是一种很便捷的娱乐消遣方式,可以打发时间,带来放松和快乐。包含的编码:(1)消磨时间;(2)方便消遣;(3)放松;(4)游戏能带来快乐;(5)可以下载音乐、电影;(6)得到心理刺激;(7)丰富课余生活。

访谈示例:"我也觉得应该给自己找点事情做,因为空闲时间太多了,写博客纯粹是消磨时间。别人用打游戏消磨时间,我用写博客消磨时间。"(A10)

5.逃避压力

定义:在遇到不顺心或者不想学习的时候,通过上网可以暂时缓解这些压力和烦恼。包含的编码:(1)躲避了真实生活中不如意的事情;(2)缓解学习生活中的压力;(3)不用写东西;(4)不用看书;(5)缓解不好的心情。

访谈示例:"平时学习生活压力比较大的人,一上网玩游戏,那种虚拟的世界嘛,比较放松,至少没有压力。"(A9)

6.成就满足

定义:通过网络互动可以向他人展现自己某方面的能力,获得别人的认可和尊重,得到自我满足。包含的编码:(1)得到装备;(2)战胜别人;(3)获得成就感;(4)被人尊重的感觉;(5)得到精神满足感。

访谈示例:"游戏比较容易上手,玩着玩着就会了,有水平之后在网上也有一种被

人尊重的感觉。"(A12)

3.2 上网带来的坏处

被访者在谈到上网带来的坏处时提到很多,分析后共得到72个一级编码。在这些编码里面排在最前面的是"浪费大量时间"(频次达到20次),其次是"对身体不好"(频次达到9次)。这些编码经过分析被归类为以下9个类别:

1.浪费时间

定义:由于将大量时间用于非预期用途的上网,导致时间的浪费。包含的编码:浪费大量时间。

访谈示例:"耽误时间太多了,挺可惜的。我想早点把论文写出来,但时间又很紧。虽然时间这么紧但还是忍不住要上网,自己还浪费了这么多的时间,就觉得很可惜。"(A1)

2.影响学习

定义:由于上网引发的学习兴趣、学习时间、学习效率的下降,导致学习成绩降低,甚至不能升学或不能毕业等后果。包含的编码:(1)影响学习;(2)逃课不学习;(3)占用学习时间;(4)影响期末复习;(5)静不下心学习;(6)心思不在正事上;(7)耽误正事;(8)学习计划没有完成;(9)熬夜影响第二天的事情;(10)学业上的很多东西都不在意;(11)较少去图书馆;(12)影响学习成绩;(13)影响升学的机会;(14)不能毕业。

访谈示例:"玩网游时,学业上的很多东西都不在意了,比如虽然老师上课点名但照样逃课去玩网游,不写作业也不抄作业。"(A9)

3.影响情绪

定义:由于非预期的上网行为带来不良后果所引发的情绪困扰,比如自责、心情烦躁等。包含的编码:(1)上网后自责;(2)感到空虚;(3)感到苦恼;(4)上网后心情很不好;(5)上网后觉得烦躁;(6)心情浮躁。

访谈示例:"我感到很多时间浪费在上网上了,每次上网以后,我都感到非常空虚。"(A8)"心里挺难受的,有时候感到很苦恼。"(A1)

4.影响身体

定义:由于长时间上网所导致的身体在生理或功能上的受损。包含的编码:(1)对身体不好;(2)对眼睛不好;(3)电脑辐射;(4)影响睡眠;(5)腰不好;(6)腿不舒服;(7)脖子难受;(8)身体疲乏;(9)脑子反应迟钝;(10)吃饭没有味道;(11)延误了吃饭时间;(12)较少参加体育锻炼;(13)户外活动减少;(14)生活不规律。

访谈示例:"首先是身体,因为长期坐在电脑前面,对脖子、腰都很不好;长期没有参加任何体育锻炼。"(A9)

5.影响人际

定义:由于上网所导致的跟现实生活中的朋友或家人在交流次数和交流质量上的下降。包含的编码:(1)与外界隔绝;(2)影响人际交往;(3)能聊的话题少;(4)与朋友聚会减少;(5)跟同学交流少;(6)跟家人相处的时间减少;(7)跟朋友电话联络少;(8)较少跟朋友见面;(9)网络交流感觉不如面对面。

访谈示例:"还有就是因为玩网游,跟高中同学、大学同学交流少了,疏远了,因为玩网游以及网游的附带活动要付出大量的时间和精力。"(A9)

6. 不良信息

定义:在上网过程中有意或无意地接触到不良信息,并产生不好的影响。包含的编码:(1)接触不良信息;(2)乱七八糟的信息的影响;(3)接触暴力色情方面的内容;(4)影响自我修养;(5)让自己淹没在信息之中。

访谈示例:"网上还有乱七八糟的信息,论坛中还有阴暗、猥琐的事情,看了也不好。"(A7)

7. 依赖性

定义:对网络的使用形成依赖,使得个体缺乏控制能力。包含的编码:(1)让人形成依赖;(2)不用电脑的时候,也要将其打开;(3)不由自主打开无关网页;(4)在电脑前面停不下来;(5)下网后老想着网上的事情。

访谈示例:"最大的影响是坐在电脑前面我就停不下来……我有100多个好友,每个人都有新鲜事,你得一个个挨着看,怎么看也看不完。"(A12)

8. 虚幻性

定义:在网络上得到的成功或快乐对现实生活没有任何帮助。包含的编码:(1)网络所得是虚拟;(2)没有什么实质性的收获。

访谈示例:"玩网游就像吸毒品,给人的快感是虚幻的……通过网游认识的朋友也只是普通朋友,在我生活中无足轻重。"(A9)

9. 不求上进

定义:因为沉迷网络让自己跟过去相比或者跟别人相比进取心下降,较少去考虑或者追求曾经的理想。包含的编码:(1)堕落;(2)不求上进;(3)意志消沉;(4)碌碌无为;(5)让人变懒;(6)太放松自己;(7)不如别人有追求;(8)跟别人比差一大截;(9)被别人嫌弃没出息;(10)忘记了自己的理想和追求;(11)较少做以前感兴趣的活动。

访谈示例:"我曾与一位高中的老同学交流,她以前跟我差不多,但现在忙着(或计划着)去公司实习、做调研、支教扶贫等,很有追求的样子,但我只是想暑假玩一玩,感到自己差了一大截。"(A9)

4 总结

本研究首次采用质性研究的方法考察了大学生网络成瘾者对上网的利弊认知,

并且对编码进行了归纳分析,得到了上网利弊的主要类别。通过对这些类别的考察,可以发现上网行为与其他物质成瘾行为(如吸烟、饮酒、吸毒)的利弊认知既有相似之处,也有不同之处。

在上网所带来的好处上,"娱乐放松""逃避压力""成就与满足"等内容可能与物质成瘾行为有共通之处,都是体现为可以带来快感,提高情绪,降低负性情绪体验。但是在"方便获取信息""帮助学习""方便交流"等却是其他物质成瘾行为所难以具备的功能,体现了网络所特有的信息载体与沟通媒介的特点,可以作为一种信息工具在日常生活中发挥积极的作用。

从上网所带来的坏处上看,"影响情绪""影响身体""影响人际""影响学习""虚幻性""依赖性""不求上进"等不良后果也可能存在于物质成瘾行为上,都是因为成瘾行为所导致的对个体人际、学习等社会功能的损害,影响身心健康,并产生依赖性。但是网络成瘾行为也表现出它所特有的不良方面,比如"不良信息"和"浪费时间"等。

关于某校食堂满意度的焦点小组访谈报告

1 研究背景

大学生群体和食堂之间存在很多不和谐因素,这种现状如果任其发展,势必会阻碍学校的正常运行。为了了解本校学生食堂服务的整体情况,进一步提高食堂的工作效率,营造和谐的就餐环境和改善学生的生活条件,使同学们能够得到更好的饮食服务,研究者通过访谈方法来搜集本校学生对于食堂就餐体验的看法和建议。

2 方法

2.1 访谈方法

主要采用焦点小组访谈法,同时选取8名在校大学生(在3个月内每人每天至少有一次食堂就餐经历)作为访谈对象。

2.2 访谈主题

就餐环境、服务质量、饭菜质量、流程管理。

3 访谈过程记录

主持人:同学们上午好。我们是本校××专业的调研小组,很高兴能邀请到各位!现在我们将对本校食堂就餐环境现状进行小组访谈。

此次访谈的规则如下:根据您的实际就餐经历说出自己的感受即可;请倾听别人发言;请大家不要向我提问,因为我本人观点中立;如果小组成员对我们将要讨论的一些话题了解得不多也没有关系,你们的观点对我们来说也是重要的;我们要讨论一系列话题,所以我会时不时将讨论推进到下一个话题。

现在我开始提出讨论问题,请各位踊跃发言。

1.请大家评价一下本校食堂的环境状况,可以从卫生、设施、空间等方面来谈

(1)卫生方面

"主要就是卫生做得还可以,在食堂吃饭也比较放心。看学校好像经常会有检查、评比什么的。"

"我记得有段时间群里有几位同学反映菜里有虫,后来应该是食堂进行改进了,现在就比较少了。"

"餐桌卫生挺好的,搞卫生的阿姨收得比较及时,很快就整理干净了。"

"偶尔人少的时候会看到某些窗口的师傅没戴口罩,其实这个很容易解决的,希望管理人员多监管一下。"

"天气潮湿或者下雨的时候,地面就很不干净了。食堂没有烘干机,走的时候都要很小心。"

(2)设施方面

"不知道是空调温度太高还是空调太少了,经常感受不到它们的存在,每次还要端着餐盘找凉快的地方。"

"好像是餐具不太够,每次餐具还没消毒干净,就是上面还有水渍就拿出来使用了,总让人感觉没洗干净。"

"希望食堂在我们吃饭时能放一些高品质的音乐,有时候放那种网红音乐听得人心情烦躁。"

"咱们学校食堂没有提供热水,我感觉一般食堂都有。有时候想吃泡面或者是喝开水还要回宿舍。"

(3)空间方面

"食堂宽敞,采光好,这个是最满意的。"

"对,我有去过别的学校的食堂,比较挤。咱们这还是不错的。"

"今年刚换了新的桌椅,好像反光比之前好,而且食堂空间重新安排了一下,看起来亮堂、干净很多,心情也好了。"

2.大家认为本校食堂的饭菜质量如何?可以从味道、分量、价格、种类等方面来谈

(1)味道方面

"感觉食堂的饭一般都没有外面小店的香,吃起来没什么味道,有时候还有点硬。"

"我觉得因人而异吧,毕竟食堂面对的是这么大一个群体,众口难调嘛,而且大家

都是来自不同省的同学,不过总体来看确实没有外面小吃店做的好吃,总感觉少了点什么。"

"有的窗口的菜偏辣偏咸,每次让他们少油少盐不放辣,但他们还是照样,像我们这种比较喜欢吃清淡口味的就会很纠结。不然就希望窗口师傅走点心,也不知道他们是不是不了解清淡口味是什么样,可以沟通一下。"(主持人追问:"具体是什么感受呢?")"就是吃完嘴里总有一股油味,总想喝水。"

"早餐的豆浆都是直接放糖了,但是有些人是习惯喝原味的,这个食堂没有考虑到。"

"是啊,不过喝甜豆浆的人还是占大部分吧,个人觉得可以放一些糖什么的在窗口,想喝甜的自己加。"

"晚餐时间有时候会吃到剩菜,希望在这一点上食堂严加把控一下,万一吃出问题来可不是开玩笑的。"

"个别节日可以提供一些比较特别的菜式,让人感受一下节日气氛嘛。比如元宵节的时候送点汤圆,我之前看到我朋友圈就有人说他们学校食堂有这样的,可以借鉴一下。"

"有时候会出现两三种菜混搭,'花式炒菜'虽然很特别,但老实说味道不是很好。"

(2)分量方面

"快餐窗口的分量有点少,希望能良心、实在一些。"

"对于食肉动物来说,只希望阿姨打菜时不要吝啬,下手大方一点。"

(3)价格方面

"因为不同的窗口价位并不统一,不过整体上感觉比其他的学校要贵。"

"饭菜质量还可以,价格也还算公道,一般学校食堂都是比较实惠的嘛。"

(4)种类方面

"菜的种类不算多,而且总体上来看味道也一般,可以多加一些窗口。"

"尽量多些其他菜系,比如西餐也是不错的选择。"

"我也觉得窗口可以多开发一些。像现在健身已经成为一股潮流了,学校旁边越来越多健身房,但健身房里或者校外的健身餐小店卖的都很贵。所以学校食堂开个健身餐窗口生意应该会很好,因为做健身餐成本也不高还很简单,就算不健身的人吃对身体健康也是有帮助的。"

3.请大家对本校食堂后勤人员服务质量进行评价

(1)服务态度方面

"服务态度都挺好的,只有个别态度比较差,感觉别人欠他钱一样。上次冒菜那个窗口就有一个。"

"外地的叔叔阿姨居多吧,感觉都很和蔼可亲,每次复习得比较晚,好多叔叔阿姨都认识我了,看到我吃得比较少,他们经常会关心一下,还会给我多打点菜,感觉还挺温暖。"

(2)服务速度方面

"态度都还行,就是速度比较慢,要排队等很久。人多确实是一个因素,但是个人觉得也还是可以提升一下服务速度的。"

"一般学校食堂饭点都要排队吧,很多时候就是不想排队才出去外面小吃店吃的。如果能快点我还是愿意在食堂吃,省时间。"

4.大家对食堂的流程管理有没有什么建议呢

(1)就餐时间安排

"整体比较满意,但是希望晚上九十点时还有夜宵可以吃。"

"食堂关闭的时间能推迟一点就好了,早上早点开,因为临近考研,时间都比较紧张,起得比较早,这时候一般早餐种类都不齐全。"

(2)其他安排

"手续很麻烦,每次还要充钱,现在网络科技这么发达,还是不能用微信、支付宝来支付。"

"是啊,关键取钱也麻烦,现在基本不取现金了,除了要充饭卡的时候,如果能省去这一步就方便很多了。"

"对对对,有时候不记得自己饭卡里有多少钱,都已经点好了饭菜发现钱不够,没法结账,然后就跟别人借,很尴尬。"

"每次排队排很久,除非不在饭点的时候过来,但其他时候好多菜又都没有了,毕竟学校食堂人多嘛。"

"没有安排固定的排队位置,也没有安排人员维护一下秩序,所以有时候排队很乱,还时不时有人端着盘子穿来穿去。"

主持人:感谢大家的发言,同时再次感谢大家能抽空参加这次访谈,我们会根据大家的反馈和建议整理出一份报告,提交给本校食堂管理部门,希望能进一步提高食堂的工作质量,营造和谐的就餐环境和改善大家的生活条件。谢谢大家!

4 结论和建议

通过此次焦点小组访谈,我们了解了学生对食堂现状的看法,经过汇总得出结论如下:

1.食堂就餐卫生状况较为良好,个别卫生问题如出现剩菜、工作人员闲时不戴口罩等需要管理人员多加监管;食堂空间布局合理,采光合适;餐具有时候没有消毒到位,天气潮湿或者下雨时没有做好防潮措施;没有提供热水。

2.食堂的饭菜质量一般,食材安全方面需加强;味道不如校外小吃店;分量较少,价位合理;窗口菜式不够丰富;在口味方面不够人性化,比如个别窗口口味偏重、早餐没有原味豆浆、特殊节日没有节日气氛等。

3.总体看来,学生对食堂后勤人员的服务态度较为满意,速度服务方面有待加强。

4.学生们对食堂的时间安排反映较统一,认为早晚时间不够到位。另外,食堂的现金充卡手续不方便,就餐时没有服务人员维护学生排队秩序也使学生感到不舒适。

基于此,小组建议如下:

1.卫生规则方面多加监管;尽量多备餐具,防止高峰期时餐具消毒不到位就拿出来使用的情况;采购一些烘干机,在湿度较高的天气做好防潮措施;添置饮水机,提供热水。

2.饭菜质量、早餐的种类应该改进和更加丰富;对某些受欢迎的菜品要适当地增加分量,并加强对食材准备过程的卫生把控;考虑开放一些窗口以符合同学们的诉求比如西餐、健身餐等;可以在窗口放些自助的调味料比如糖等,对于某些有特殊要求的同学比如想要清淡口味的应该跟同学沟通到位;特殊节日准备一些特色菜式以增添节日气氛,加强人性化的服务。

3.在后勤的服务上应该得到进一步的提升,特别是速度服务上。

4.时间安排应该更加合理,适当引进电子支付,让学生更方便就餐。可以适当安排维护秩序人员或者规划好学生排队的场地,加强对学生排队秩序的管理,使就餐的环境得到规范。

女性服刑人员的人际冷漠维度探索:基于扎根理论的研究

摘要 本研究通过访谈的方式收集资料,运用扎根理论的研究方法,经过三级编码程序对女性服刑人员的访谈内容进行归纳整理,得到了人际冷漠的三个核心编码,即人际冷漠情境及特征、人际冷漠的影响因素以及减少人际冷漠的途径。

1 研究背景

从2011年10月的小悦悦事件开始,人际冷漠这一现象就逐渐进入人们的视野,新闻报道中大量出现有关见死不救、老人摔倒没人扶的类似新闻事件。此外,媒体报道偏颇及人际信任缺失等也使社会人际冷漠愈演愈烈。由于服刑人员和社会、家庭的联系与入狱以前相比大为减少,在这种社会背景下人际交往更是他们需要面对的主要问题之一。在人际相处方面,服刑人员更多地采用自我封闭的方法来保护自己,对于人际关系也比常人敏感得多,而这个问题在女性服刑人员身上表现得尤为突出。因此,本研究选取女性服刑人员作为研究对象,运用扎根理论探索人际冷漠维度并初步得出相关理论,旨在为女子监狱的管理和改造工作提供一定的科学依据,并希望能对这一特殊群体出狱后的社会适应具有重要的指导意义。

2 研究准备

2.1 被试的选择

2.1.1 有目的地选取 3 名在校大学生为预访谈对象。

2.1.2 有目的地选取云南省第二女子监狱服刑人员 23 名为正式访谈对象。因为访谈对象的特殊性,遵循监狱规定,被访谈者身份需保密,故不对其人口学变量进行呈现。

根据扎根理论要求,当研究者意识到某种类目频繁出现在资料中并且对新资料的编码实例越来越少直到不再出现为止时,这被称为信息饱和。这是作为初始编码和资料收集停止的指示。在正式访谈前,研究者并没有确定确切的访谈人数,只是对监狱管理人员提出了一个大概的人员要求(约 20 名),访谈至 19 名时,出现了新的资料,故又继续增加访谈人员,直至信息饱和,才停止访谈,此时访谈人员已达 23 人。

2.2 资料的收集

第一步,编制访谈提纲。编制访谈提纲是扎根理论研究方法实施的重要一步,良好的访谈提纲能够增加研究人员对研究问题的记忆,并把握好访谈的方向。通过对所要研究问题及相关资料的分析,本次研究的访谈提纲确认如下:

1.在您所经历或听说的事情(新闻)里面,哪件是您认为最能体现人际冷漠的?请具体说明。您认为什么是人际冷漠?请您下一个定义。

2.您认为人际冷漠都有哪些特征?请尽可能多说一些。这些特征中,哪些是特别能够体现人际冷漠的?或者说,有了哪些特点就能够称为人际冷漠?

3.您觉得哪些原因会促成人们的人际冷漠?您认为哪个或哪几个因素比较重要?

4.在日常生活中,怎样做才能有效地减少人际冷漠?

第二步,正式访谈。访谈时间、地点的选择应以有利于访谈对象准确回答问题、畅所欲言为原则。为保证访谈的有效性,应请被访谈者尽量真实详尽地回答,并保持声音清晰。

2.3 资料整理分析

访谈结束后,研究者将访谈的录音文字进行逐字逐句的转录,成为文字资料,得到 3 份预访谈文本和 22 份正式访谈文本,并对相应文本赋予编号作为文件名称。转录遵循以下规则:

1.口头表达的原始资料都需要被转换成文本格式,同时需要访谈双方的言谈。

2.收集的资料要有延续性。在访谈结束后,研究者将文本导入到质性分析软件

Nvivo 10.0 进行整理、分析、编码。

在仔细、反复地阅读原始材料后,就可以对文本进行初始编码了,即辨别、强调和标记类目有意义的单元。在此过程中,研究者将 3 份预访谈内容和 22 份正式访谈内容做了批注,对资料进行了反复的阅读与理解。

在分析资料阶段,研究者在反复阅读材料的基础上会逐渐发现一些重复出现的某个概念范畴的信息点,将这些信息点标记为单元并对其进行编码,就得到了无数的自由节点,这个过程,Strauss 与 Corbin 将其描述为开放式编码,并建议在此阶段对被访者进行重复提问。

随着更多访谈资料的累积,每一次转录后都会有更多相同或新出现的意义单元的实例编码。这将产生大量的类目和次级类目。编码标准根据相关词语或者内容在文本中出现的频率,如果某个概念或者主题反复出现,则说明它具有一定的意义范式,研究者应该聚焦这些主题。按照编码过程的抽象程度可将编码分为三个层次:一级编码(开放式编码)、二级编码(关联式编码)、三级编码(核心式编码)。

3 结果分析

3.1 预访谈结果分析

一级编码(开放式编码)是指直接从所收集的数据资料中选择要编码的字、词、句或是段落,对其进行编码,形成自由节点。例如:在访谈内容"在人际需要帮助,或是单方面需要帮助时,施助者对于求助者的不信任,或是对一些风险的评估,使他最终不敢去帮助那个人,我认为主观意愿上可能是想帮,但最后他没有帮。如果他本来就不想帮,那就是道德问题,就算不上人际冷漠了。"当中选中"施助者对于求助者的不信任"进行编码,使其生成一个自由节点。以此类推,在对 3 份预访谈内容进行开放式编码后,产生了 144 个自由节点,如表 6-2 所示。

表 6-2 预访谈开放式编码

自由节点	来源	参考点
包括就是没有想要去做	1	1
单方面需要帮助的时候	1	1
但是选择回避、漠视,装作没有看见	1	1
但最后他没有帮	1	1
……	……	……

由于一开始选用的是访谈对象的原始语句,这些概念多而杂乱,并且许多概念都存在一定程度的意义重叠,因此,研究者开始对这些概念进行合并。

例如,在谈到人际冷漠事件的时候,访谈对象会先介绍这个人际冷漠事件是如何得到的,有的是访谈对象的亲身经历,有的是访谈对象从各种媒体上看到的新闻报道,有的是从亲朋好友那里听说而来,那就分别编码为:亲身经历、媒体报道、他人经历。而这些编码,在之前的自由节点当中可能会有不同的呈现,例如媒体报道就可能包括:电视、网络、报纸等。此过程称为对开放式编码的修订编码,预访谈修订编码如表 6-3 所示。

表 6-3　预访谈开放式编码的修订编码

树状节点	子节点	材料来源	参考点数
公众反应	感受到了	1	2
	你明明看到了		
不想帮	包括就是没有想要去做	1	4
	没有感觉到他应该去帮忙		
	没有觉得自己有责任去帮		
	没有意识到我应该帮		
想帮	我认为主观意愿上可能是想帮	1	1
……	……	……	……

之后,由于预访谈样本较少,很难得出客观有效的结论,所以就不再对预访谈内容进行深层次的编码,而直接开始对正式访谈的内容进行编码。

3.2 正式访谈结果分析

3.2.1 一级编码

例如:从访谈内容"我觉得人际冷漠,首先这个人肯定很自私,然后自私开始只是一个点,自私太多的话那个点就会连成一片,然后就形成一种自私冷漠的人格,好像他太以自我为中心,就是宁可我负天下人,不可天下人负我的那种人"当中选中"首先这个人肯定很自私",进行编码,使其生成一个自由节点,以此类推,在对 22 份正式访谈内容进行开放式编码后,产生了 597 个自由节点,如表 6-4 所示。

表 6-4　正式访谈开放式编码

自由节点	来　源	参考点
被一个好心人把她扶起来	1	1
看到人家都是帮忙的	1	1
看见谁跌倒都会拉一把	1	1
送到医院里	1	1
……	……	……

同预访谈编码过程一样,对开放式编码进行修订,如表 6-5 所示。

表 6-5　正式访谈开放式编码的修订编码

树状节点	子节点	材料来源	参考点数
帮助别人,别人也可能帮助到你	别人也可能帮助到自己	7	11
	如果这种事情是发生在我们身上,肯定也是需要别人帮忙的		
	因为你也是需要别人关爱的		
	如果有一天倒在那里的是我		
	我去救别人,别人也会来救自己,从自己做起		
	……		
被帮助的人不应该诬陷帮助他的人	要看事做事,更不能说别人救了你你还去诬陷别人	4	7
	也不知道她们自己心里是怎么想的,反过来这样说人家		
	还好大巴车上安了记录仪,后来车载视频放出来证明了		
	就抓着人家说,就是那个人把她推倒的		
	……		
……	……	……	……

3.2.2 二级编码

二级编码(关联式编码),即通过审查、比较,将每个类目与其他类目联系起来进行思考,并对其进行进一步精炼。它比开放式编码更具有概念性、指向性和选择性,由于开放式编码得到的范畴节点几乎是独立的,关联式编码的任务就是发现范畴之间的潜在逻辑联系,将分散的资料进行重新整合。在此步骤研究者借助新华字典与网络来分析访谈者的语言,将相近的范畴进行归类,由此产生了 24 个关联式编码,如表 6-6 所示。

表 6-6　正式访谈关联式编码

主范畴	副范畴	关系内涵	材料来源	参考点数
发生人际冷漠前提情境	不认识	需要帮助的人和可以实施帮助的人	13	39
	发生什么事情	需要帮助的人身处困境		
	身处困境的对象	多数为一些老人、小孩		
	走在路上	在一个公开的场合中,会有过往的行人		
个人方面	人的心态	心态就是性格和态度的统一,态度是心态反应的表现化	5	18
	一个人的力量很小	一个人的力量是有限的		
	自己的力量很小	即心理		
	自己尽自己的力量	从自己做起,尽自己最大努力		
……	……	……	……	……

3.2.3 三级编码

三级编码(核心式编码)是分析的最后步骤,即从主范畴中挖掘核心范畴,核心范畴要能够与其他范畴尽可能多的关联,并对其他范畴有一定的解释力,其目的在于把编码和类目结合在一起,从而创设一个可运用于所有的陈述并能对其进行解释的全局性理论。本研究在对关联式编码进行进一步分析总结后,得到了三个核心编码,分别是人际冷漠情境及特征、人际冷漠影响因素以及减少人际冷漠的途径,如表 6-7 所示。

表 6-7　正式访谈核心式编码

核心式编码	关联式编码	材料来源	参考点
人际冷漠情境及特征	发生人际冷漠前提情境	21	185
	人际冷漠产生的情境后果		
	公众对人际冷漠的认识		
	遇到人际冷漠情境可以怎么办		
	公众行为,即面对人际冷漠情境时公众的行为反应		
人际冷漠影响因素	人格因素	22	169
	个人经历与习得		
	环境因素		
	……		

续表

核心式编码	关联式编码	材料来源	参考点
减少人际冷漠的途径	法制化,建立健全的相关法律,让类似事件的判决做到有法可依	22	172
	澄清事实,让公众敢帮		
	沟通、交流与理解		
	……		

3.2.4 总结

综合各级编码,研究者得到:

(1)人际冷漠情境四要素:公开的场合、有人陷入困境需要帮助、有来往的行人、应作为而不作为。

据此可将人际冷漠定义为:公众在他人需要帮助的时候,因信任缺失或其他各种原因,采取了应作为而不作为的行为现象。

(2)较为主要的人际冷漠影响因素:公众心理因素,参考点63个;环境因素,参考点34个;人际关系与信任因素,参考点28个;个人经历与习得,参考点27个;社会因素,参考点25个;人格因素,参考点23个。

(3)可以通过以下7个方面来减少或改善人际冷漠:澄清事实,让公众敢帮,参考点69个;人应该善良有爱,参考点41个;沟通、交流与理解,参考点30个;法制化,建立健全的相关法律,让类似事件的判决做到有法可依,参考点15个;从小教育培养孩子的社会责任感,参考点7个;加强传统文化教育,弘扬中华民族传统美德,参考点6个;媒体要真实报道,不要带有情绪,参考点6个。

本章思考与练习

1.试用深入访谈的方法就"亲子阅读活动现状"为主题进行研究设计,包括访谈问题的确定、研究对象的选择和访谈提纲的拟定。

2.为了了解顾客对某超市消费满意度的情况,试设计并实施一项焦点小组访谈调查,具体包括访谈对象筛选、提纲设计、结果分析与服务改进对策。

3.试运用扎根理论做一项关于大学生心理安全感的访谈设计。

拓展阅读

Susanne Friese.(2014).*Qualitative Data Analysis with ATLAS.ti*. LA:Sage Publications.

该书是第一本使用ATLAS.ti逐步指导您完成研究项目的书。在本书中,您将找到相关的操作数据以及在 ATLAS.ti 中设置新项目、编码、提出问题、寻找答案和结果的实用建议。其特点可以概括为：方法论和技术建议；每个分析阶段操作的屏幕截图；一个伴随网站（www.sagepub.co.uk/friese）与在线教程和数据集。因此，该书对于每个使用 ATLAS.ti 的新手来说无疑是一本宝贵的指南。

朱丽叶·M.科宾,安塞尔姆·L.施特劳斯.(2015).质性研究的基础:形成扎根理论的程序与方法(3版),朱光明,译.重庆:重庆大学出版社.

从多种提出问题的形式，到编码和分析，再到报告研究结果，本书以通俗易懂的方式，为研究者提供了手把手的指导。本版的亮点在于展示了真实的资料分析（从描述到扎根理论）和通过理论抽样的方法进行资料收集的过程，并通过为读者提供思考、写作和小组讨论活动，以强化书中所呈现的材料。另外，本书还收录了质性研究软件中的真实资料和分析实践。

袁岳,汤雪梅.(2001).定性研究方法使用指南:焦点团体访谈座谈会.南京:南京大学出版社.

该书是一部有关焦点团体座谈会的专门论著。全书包括焦点团体座谈会的定义、由来和使用过程，焦点团体座谈会的组织、提纲设计以及焦点团体座谈会的主持，探测技术在焦点团体座谈会中的应用，会议资料整理、分析以及报告撰写。

徐建平.(2004).教师胜任力模型与测评研究(博士学位论文).北京师范大学,北京.

该研究通过行为事件访谈法（BEI），获得教师工作中一些成功和不成功的关键行为事件的故事，然后对访谈的录音文本进行内容主题分析，抽取事件当中表现出来的行为指标，获取教师的胜任特征，建立教师胜任力模型。

参考文献

陈晓冲.(2013).资料收集方法中的访谈方法运用:读《王小刚为什么不上学了》.发展,26(9):116-117.

董奇.(2004).心理与教育研究方法.北京:北京师范大学出版社.

邓文君.(2006).基于扎根理论的中国旅游业人员跨文化敏感性研究(硕士学位论文).浙江大学,杭州.

费宇彤,刘建平,于河,万霞.(2008).报告定性研究个体访谈和焦点组访谈统一标准的介绍.结合医学学报,6(2):115-118.

廖星.(2008).基于深度访谈法初步研究中医临床实施方案优化(硕士学位论文).中国中医科学院,北京.

苏文亮,刘勤学,方晓义,房超,万晶晶.(2007).对大学生网络成瘾者的质性研究.青年研究,30(10):10-16.

孙晓娥.(2011).扎根理论在深度访谈研究中的实例探析.西安交通大学学报(社会科学版),31(6):87-92.

苏彦杰.(2010).心理学研究要义.重庆:重庆大学出版社.

彭秀平.(2005).质的研究访谈法评介.社会科学家,(s1):534-535.

时雨,仲理峰,时勘.(2003).团体焦点访谈方法简介.开发技术.1(12).37-40.

吴芳,陆娟.(2009).1+1=？一项有关品牌联合效应的探索性研究.财贸研究,4(19):121-129.

王萌.(2006).浅谈访谈法中的提问技巧.现代教育科学,5(10):105-107.

王雅方.(2009).用户研究中的观察法与访谈法(硕士学位论文).武汉理工大学,武汉.

徐菲.(2016).人际冷漠维度探索(硕士学位论文).云南师范大学,贵阳.

谢雁鸣,廖星.(2008).基于扎根理论的定性数据主题抽题分析法探析.辽宁中医杂志,35(11):1665-1668.

辛自强.(2012).心理学研究方法.北京:北京师范大学出版社.

杨丹,郑力,张江辉,王薇.(2016).Nvivo软件在护理质性研究资料分析中的应用体会:基于临床护理教师在实习生带教中微信应用体验案例.护理与康复,15(7):697-700.

袁方.(2000).社会研究方法教程.北京:北京大学出版社.

第七章 观察法

目 次

第一节 观察法概述
一、观察法的含义与作用
二、观察法的适用范围
三、观察法的类型
 （一）直接观察与间接观察
 （二）自然观察与实验观察
 （三）参与观察与非参与观察
 （四）结构化观察与非结构化观察
 （五）系统观察、取样观察和评定观察

第二节 观察法的设计
一、观察研究的设计
 （一）明确观察目的
 （二）确定观察内容
 （三）选择观察策略
 （四）制定观察记录表
 （五）训练观察人员
二、主要观察策略
 （一）参与观察策略
 （二）时间取样观察策略
 （三）事件取样观察策略
 （四）行为核查表策略
三、观察代码系统的制作

第三节 观察法的实施
一、观察研究的实施过程
二、实施过程的注意事项
 （一）观察者的影响
 （二）观察者偏差

第四节 应用范例

大班幼儿在建构游戏中的合作行为研究

新疆3～6岁维吾尔族学前双语儿童同伴交往特点研究

本章思考与练习

拓展阅读

参考文献

第七章　观察法

本章导读

　　科学始于观察。观察法是心理学研究中最基本的一种方法。它不仅是心理学理论发展的基础和源泉,而且能充当检验科学假说的事实依据。随着科学的发展,技术手段的成熟,观察范围不断扩大,观察结果也更加可靠、有效。因此,观察法正起着越来越重要的作用。本章将按照设计、实施、分析的逻辑,从完整的过程理解观察法。其中,在设计部分着重介绍了观察法四大策略(参与观察、时间取样、事件取样、行为核查表)以及编码系统在观察记录中的应用。

第一节　观察法概述

一、观察法的含义与作用

　　观察法(observation)是研究者通过感官借助于一定的科学仪器,在一定时间内有目的、有计划地考察和描述客观对象(如各种心理活动、行为表现等)并收集研究资料的一种方法。例如,若有研究者对课堂内师生相互作用的模式感兴趣,可通过实地观察教师上课提问及学生回答情况收集资料,进行后续研究。

　　在心理学研究中,研究者一般是在自然条件下即在对观察对象不加控制和干预的状态下进行观察和记录,这即为自然观察。相应地,在人为控制和干预观察对象的条件下进行的观察和记录则为实验观察。由此可以看出,一方面,观察法和实验法并非相互排斥或独立,在任何实验法中都包括了观察方法的使用;另一方面,观察法有广义和狭义之分,广义的观察法包括自然观察法和实验观察法,狭义的观察法主要指自然观察法,即在自然条件下对观察对象进行考察的方法。在本章中,主要从狭义的角度来讨论观察法。

观察法是心理学研究中最基本的一种方法。对于以人为主要研究对象的心理学来说,观察法具有如下特殊的重要作用:

第一,观察法是收集心理学方面各种科学事实和研究材料的基本途径,由它所得来的大量而丰富的各种材料,是发现和提出问题的前提,是心理学研究的基础,是绝大多数心理学理论的起点。正是在这个意义上,人们说科学始于观察。在心理学研究领域,许多重要的理论(如 Piaget 的认知发展理论,Freud 的精神分析理论,Ainsworth 的依恋理论)都是心理学家在对研究对象进行长期、深入观察的基础上提出来的。大量新的观察事实不断启迪心理学研究者继续探索并从理论上予以概括,从而揭示心理的本质和规律。

第二,观察不仅是心理学理论发展的基础和源泉,而且对检验心理学方面的科学假说,拓展心理学的理论具有重要意义。科学上任何重要理论当它未被验证时都只能是假说。Freud 的理论虽然影响甚广,也经过特定观察个案研究的支持,但其提出的"无意识"现象看不见摸不着,缺乏大量可观察且相一致的事实证据,至今仍作为一种假说,并且受到大量批评和修正。而 Piaget 则因其提出的认知发展阶段理论的基本观点被不同文化背景下取得的观察事实所证实而著称于世,对心理学及其他相关学科影响甚大。

在科学不发达的古代,观察是研究周围世界的主要方法。在科学高度发展的今天,观察仍然是科学研究的一种基本方法。一方面,在某些学科(如天文学、气象学、地理学、植物分类学)中,由于研究对象难以用实验方法进行干预和控制,至今仍把观察作为主要的研究方法。心理学主要以人为研究对象,要揭示人在现实生活各种活动中的有关情况及行为表现,就必须对其进行系统的观察和描述,这可以很好地克服实验法的人为性。当然,在心理学领域中,一些学科(如实验心理学、生理心理学、工程心理学)更多地采用实验方式收集研究数据,而对于另一些学科(如社会心理学、儿童心理学、教育心理学、咨询心理学、临床心理学),观察法则可能是收集科学事实、研究资料的重要方法之一。另一方面,随着科学技术的发展,观察法吸取了情报学、决策学、管理学、控制论、信息论、系统论等现代科学思想,采用录像、录音、摄影、电子计算机等现代技术手段,其观察技术和策略不断提高,从而使观察范围扩大,观察结果更加可靠、有效。这促使科学研究更加广泛地使用观察法,使观察法成为收集心理学研究资料的基本方法。

二、观察法的适用范围

观察法最早在儿童心理研究领域得到广泛而系统的使用,这实际上与观察法的特点和适用范围有关。

第一,观察法因为"要求条件低",所以适用于广泛的研究问题和研究对象。以对儿童研究为例,若对其做访谈或纸笔测验,可能受其口头和书面语言能力所限而无法实施;若对儿童做实验,虽然可能实施,但实验条件的准备和控制实为不易,这也大大增加了实验结果的人为性。相比而言,观察法对研究对象的要求,对观察场所条件的要求都很低,容易实施。

第二,在实验控制难以进行的情况下,观察法却能大显身手。虽然科学实验通过操控实验条件,有助于得到明确的因果规律,但是有大量研究对象或现象是无法操控的。在天文学中,研究者基本不能操纵天体运行,古生物学家也不能在实验室里重现生物进化过程,因此只好借助于观察法进行研究。心理学中也有大量心理现象是不能或不适宜进行实验操控的。例如,关于个体心理发展过程的研究,因为无法操控,而只能做观察研究。

第三,为了追求研究的真实性和生态性,很多情况下应该使用观察法。观察法强调在研究对象的自然状态下收集资料,有助于获得真实信息,保证研究的生态效度。很多情况下,研究者不能依赖研究对象的"自陈式"报告,因为被试可能产生"主动反应"偏差。例如,若让被试报告自己的道德品质,被试很可能表现出"社会赞许"的行为和倾向,由此得到的研究结果是不真实的,这时直接观察被试是否有某种道德行为是一种更为合适的方法。此外,实验室实验的生态效度也常被质疑,相比之下,自然观察法则容易保证研究的生态性。

第四,适于立体直观地了解观察对象。当把被试放在其生态背景下进行观察时,观察者可以多角度地了解被试,察看其行为与背景的关系,获得对被试直观全面的了解;还可对观察对象作较为长时间的追踪研究,获取行为变化趋势的资料。相比于问卷法、实验法等,观察研究是一种生动、具体、直观的研究,通过观察可以了解"活生生"的研究对象,而不是把复杂的心理现象简单表示为某些变量,然后收集一堆生硬的数据。观察获得的第一手资料有助于研究者直观地理解问题本质,也有助于发现新的问题。

观察法有上述优点,也存在相应的局限性。

第一,观察法只能用于直接观察那些可观察的内容。在心理学研究中,心理本身无法观察,只能观察行为以及行为的背景。如果研究者想了解被试的主观感受、思考过程等内在心理活动,那么他很难通过直接观察进行研究。

第二,观察研究的可重复性可能会较差。由于在自然状态下进行观察,不允许改变观察对象的各种条件,且对影响因素难以控制。这使得完全重复观察过程变得困难,难以重复检测观察结果。

第三,观察资料的量化较为困难。虽然可以对观察资料进行编码,然后进行量化处理,但观察资料本身通常是以文本、图像、声音等形式记录,其量化工作复杂而困难。

第四,难以明确变量关系及其性质。由于一次观察可能涉及了众多变量,而每个变量的界定与观测未必能从背景中准确分离,这不利于确定变量关系。此外,由于对于变量缺乏操控,变量的顺序逻辑可能不明确,从而难以确定变量之间是否存在因果关系。

第五,观察研究容易受到研究者因素影响。观察研究对研究对象和场所条件要求很低,但对研究者要求非常高。研究者的主观性、观察的技巧性等可能影响观察的效度。观察过程中研究者"有意识的"或"无意识的"选择性,影响了他们自身对观察过程的记录。若观察者缺乏经验和理论指导,往往只能得到表面的、感性的资料,难以深入事物的本质。

三、观察法的类型

按照不同的标准,观察法可以划分成不同类型,了解各自的特点,有助于正确理解不同方法的优缺点。

(一)直接观察与间接观察

以是否借助中介,可以区分出直接观察(direct observation)和间接观察(indirect observation)。前者指通过感官在研究现场直接观察研究对象的行为或活动;后者指通过某些仪器设备来观察研究对象的行为活动。例如,要研究师生课堂互动模式,研究者可以在课堂里直接做"望、闻、问、切"式的观察研究,也可以借助录像设备对教学过程进行录像,通过分析录像做间接的观察研究。

此外,还有一种"更为间接的"观察研究,研究者没有观察正在进行中的行为,而只是观察了行为的产物或后果,通过观察"事发后"留下的痕迹(如行动轨迹)或分析某种作品间接了解研究对象。这种间接观察可以进一步区分成磨损情况观察、累积物观察和作品观察等。

(二)自然观察与实验观察

根据研究对象是否受到控制,可以区分出自然观察(naturalistic observation)与实验观察(experimental observation)。当研究对象不被控制,而是在其本来存在的"自然"环境或背景下行动时,这时的观察可称为自然观察,狭义的"观察"就是指这种自然观察。如果被试被置于操控或改变了的条件下进行观察,以确定这种条件变化对被试行为的影响,这时就是实验观察,即基于实验操控逻辑的观察。如果广义地来看待观察法,这时的实验法也是一种观察研究。例如,研究者要了解小学生在课堂中的违纪行为模式,可以直接在其自然背景——课堂中,跟踪观察45分钟,全程记录学生的违纪行为类型与频次等,这就是一种自然观察。如果研究者试图确定实施不同教学方法的课堂中违纪行为是否有差异,这时即便在教室这种自然场所中观察,也可以理解为实验观察,因为加入了实验的逻辑。

根据观察的场所区分,可区分成实地观察和实验室观察,此种分类方法与自然观察和实验观察的分类法貌似而实则不同。课堂或学校是师生行为发生的实际地点,在这里做研究可以是不加控制的自然观察,也可做实验目的的观察,即实验观察。同理,把师生一起请到实验室,若只做一般的观察研究也是可以的,因此实验室里的观察未必都是真正的实验研究,因为可能没有采用"操纵变量以考察其影响"的实验逻辑。综上可以知道,实地观察和实验室观察是观察场所的区分,而自然观察和实验观察之间的区别在于是否对研究对象进行控制。

（三）参与观察与非参与观察

根据观察者是否直接参与到被观察者所从事的活动之中,观察法可分为参与观察(participant observation)和非参与观察(uninvolved observation)。

参与观察就是观察者参与到被观察者的实际环境之中,并通过与被观察者的共同活动从内部进行观察,故又被称为局内观察。根据参与程度的不同,又可将参与观察分为完全参与观察和不完全参与观察。前者指观察者完全参与到被观察者的群体之中,作为其中一个成员进行活动,并在这个群体的正常活动中进行观察。例如,为了研究人们参加宗教活动的心理学问题,有的研究者就完全参加了某一宗教活动,并从中观察记录有关情况,此时他们既是研究者,同时又是宗教活动的参与者。后者指观察者部分地参与到被观察者的群体中,以半"客"半"主"的身份进行活动,并通过自己的活动进行观察。例如,儿童心理学研究者参与中小学生某些活动,同时进行观察,就是一种不完全参与观察。一般而言,参与观察比较全面、深入,能获得大量真实的研究资料,但观察结论易带主观情感成分。此外,由于它要求观察者要参与被观察者的活动,因而比较费时,同时对观察者能力也有较高要求。

非参与观察就是观察者不参加被观察者的群体,不参与他们的任何活动,完全以局外人或旁观者的身份进行观察,故又被称为局外观察。例如,在幼儿园一角观察某儿童与其他同伴相互交往的情况,就是非参与观察。一般而言,非参与观察比较客观、公正,但由于观察者未参与被观察者的活动,因而可能只是看到被观察者一些表面的,甚至是偶然的心理活动和行为表现,缺乏对所观察资料的深刻理解,只能获得初步事实和资料。

（四）结构化观察与非结构化观察

按照观察内容和方式是否有明确形式结构,观察法可分成结构化观察

(structured observation)和非结构化观察(unstructured observation)。前者,研究者事先确定特定的观察内容和项目,且在观察过程中采用一致的记录方法(如特定格式的记录表)。后者,只有大致明确的观察目的,观察者可以根据当时当地的具体情境调整自己的观察内容和记录方法,此时观察活动有一定的开放性和变通性。

(五)系统观察、取样观察和评定观察

根据观察内容是否连续完整以及观察记录的方式的不同,观察法可分为系统观察、取样观察和评定观察。系统观察又叫叙述性记录(narrative records),指详细观察和记录被试连续、完整的心理活动事件和行为表现。取样观察可分为事件取样观察和时间取样观察。选取被观察对象的某些心理活动和行为表现叫事件取样(event sampling),选择在特定的时间内进行取样叫时间取样(time sampling)。评定观察要求在观察的基础上,采用评定量表对行为或事件做出性质或数量上的判断。

第二节 观察法的设计

一、观察研究的设计

要保证观察研究达到预定目的,事先必须进行观察设计。一般而言,观察法的设计通常包括以下五个方面内容。

(一)明确观察目的

在心理学研究中,研究者要有效地运用观察法,事先必须明确"为何而观察",即通过观察收集而来的资料拟解决或回答什么问题。明确观察目的,也就是要理解和把握研究问题的性质和内容。只有针对问题的性质内容选取的观察方式、方法,才可能是最适宜、最有效的。因此,在观察设计中,研究者应该通过阅读有关文献,请教有关专家或与同行交流等多种方式,更全面、更深入地认识和了解观察问题的相关背景。

(二)确定观察内容

观察设计的第二步就是在明确观察目的和任务的基础上确定具体观察内容,它是整个观察研究的前提,同时也是观察研究能否成功的根本保证。实践表明,一个好的观察内容应具备两点:第一,能准确地反映、体现或说明观察目的;第二,可以被观察到。为此,观察者应通过查阅有关文献资料,研读已有报告书籍,向有关专家学者咨询请教,召开座谈研讨会,进行初步必要的调查研究,从中吸取有参考价值的信息,然后制定出合适而详细的观察内容。

(三)选择观察策略

进行一项具体的观察研究,观察策略的合适与否常常是十分重要的。许多事实表明,由于观察策略的选择不当,常使得观察工作事倍功半甚至收集不到所需要的研究资料。而要选择出一种合适的观察策略,观察者必须对各种观察策略有比较深入的了解,对每种观察策略的适用条件、优缺点等做到心中有数,这样才能结合自己的观察目的,灵活并准确地选择出合适的观察策略。

(四)制定观察记录表

观察研究的关键问题之一就是如何获取资料。显然,观察记录表是解决这一问题不可缺少的工具和技术手段。随着观察方法的不断发展,观察记录技术也日益完善,如在制定观察记录表时,可使用观察代码系统的技术。应该注意的是,制定观察记录表应尽可能做到简单易行,可靠有效。

(五)训练观察人员

随着观察研究的水平及复杂程度的日益提高,观察人员能力和素质的要求也愈来愈高,特别是在某些特定的观察(如参与观察)中更是如此。因此,对观察人员的培训在观察设计时就显得非常重要。

二、主要观察策略

由于各种观察策略都有其优点和不足,这就要求研究者在实际研究中需根据研究的特定目的和有关具体情况加以选用。下面将对参与观察、时间取样观察、事件取样观察、行为核查表等四种主要观察策略进行较为详细的讨论。

(一)参与观察策略

作为观察法中一种独特的策略,参与观察一度备受人类学家的重视。然而,面对研究生态化的发展趋势,参与观察日益被心理学研究者所采用。下面主要讨论参与观察的适用条件、实施步骤及对其优缺点的评价。

1.适用条件

采用参与观察,通常是为了收集较为完整且具有深度的资料,旨在对研究现象的发生、发展的真实情况有全面而直接和较为深入的理解。一般地,采用参与观察法的主要目的不在于验证某种理论或假设,也不是为了揭示某种因果关系或做出某种预测,而常常被用于进行探索性研究。为了尽可能排除各种无关变量的影响,提高研究结果的可靠性与有效性,采用参与观察时须考虑下列条件:

第一,观察者自身的条件。观察者是否有充足时间来从事观察;是否既能与被观察者和谐相处,成为其中一员,又能客观、中立地进行观察记录;是否掌握一定的观察技巧等,都是选用参与观察法需要考虑的重要因素。

第二,观察者的研究目的。观察者是否拟对某一特定现象或观察对象做全面、综合的了解;是否拟深入了解研究对象的动态过程;是否打算在自然情境中从事研究工作,都影响着参与观察方法的选用。

第三,被观察者的条件。被观察者或团体是开放的还是封闭的;与观察者的差异程度如何等因素,直接影响着进行参与观察的可行性和难易程度。

2.实施步骤

参与观察的主要目的不在于验证某种假说,因而它不必受某种假说的限制。这使得其实施步骤与一般实证性的观察研究有所不同,因为后者往往是一个提出并验证假说的过程,而前者却是一个发现和提出问题的过程。具体地说,参与观察的实施分为如下五个步骤。

(1)界定问题

界定问题即选择和确定研究问题,当然,在选定参与观察的研究问题的同时,也基本上确定了观察者与观察对象。因为问题的选择和确立必须考虑在某一特定的情境里观察者是否能进行自然观察。比如,要研究"教师期望对师生交往的影响",就需要考虑在什么样的学校、在哪个年级和班级进行,观察者应具备哪些知识、能力和观察技能。

(2)进入情境

重视对所观察和参与的情境的了解,努力在进入研究情境时给被观察者以预定的最佳印象,是参与观察不同于其他观察方法的十分重要的一点。其目的就是建立和保持观察者与被观察者之间良好的信任关系,获得被观察者无意之中的配合,以保证参与观察的顺利进行。例如,在研究某团体中的同伴关系时,观察者必须了解该团体的特点和规范,参加他们的活动,适应其生活习惯,努力使自己被该团体认同,与该团体成员建立良好的人际关系,分享他们的思想和情感,这样才能观察和收集到真实有效的研究材料。

(3)记录材料

在参与观察中,记录资料会碰到许多技巧性问题,如观察者如何将资料记录下来?什么时候把资料记录下来?在同被观察对象一起参加活动(如发言、野餐)的同时要把观察到的事实、资料记录下来显然是困难的。而采取事后回忆记录的方式,又难免会出现记忆不准确、不全面的情况,如事后记录往往对被观察者的详细特征、活动强度以及带感情色彩的声调等难以进行精确的描述。解决这些问题需要观察者具有丰富的知识经验、隐蔽而有效的观察记录技能和很强的应变能力。

一般地,参与观察要记录的资料范围很广,包括观察者的全部行为模式、行为发生的时间、频率及持续时间,有关行为发生的背景等。有时还需要记录一些文字性的材料,如生平简介、学校文件等。最重要的一点是在记录资料时,观察者必须自始至终努力保证记录的客观真实性。

(4) 分析资料

记录资料之后,紧接下来的一步就是分析资料。最好能在短期内进行分析和总结,这样可以避免由于时过境迁而无法准确地对资料做出解析。为了尽量保持准确和客观,研究者最好在观察记录的同时或当天给予初步分析,一星期左右给予总结。

在分析和解释资料时,应努力了解被观察者的真实意图。资料分析的内容较多,其核心是要体现资料的各个部分间的内在联系,从而揭示出行为的深层意义。

(5) 呈现结果

呈现结果也就是观察报告的撰写。在资料的分析整理基础上,研究者自然能从中归纳出研究的结果和结论。呈现结果时如果涉及需要推论的部分,一定要慎重。参与观察收集的资料虽然比较丰富,但毕竟只是参与观察者一人的所观所记,难免存在片面性。

3. 评价

参与观察策略有两个显著的优点:一是无先入为主。研究者开始研究时不必使用特定的假设,因此能在研究过程中不受假设的约束。研究者无先入为主的偏见,结果可靠并且常常能有意外而重要的发现。二是效果好。因为观察者参与其中,既有深刻的自我体验,又能与被观察者建立融洽的关系,这样能对所观察的活动有更深入、真实的了解,而且能够收集到动态的资料。这些优点较好地克服了心理学研究中长期存在的一些不足和局限,诸如研究受量化、实证性思想的支配,无法收集到动态过程的资料,也无法深入了解研究现象背后的真正意图等,因而受到广大研究者的重视。

当然,参与观察也存在一些不足,如研究费时、费力,收集的资料琐碎且不易系统化,研究的信度不太高,结果推论的范围有限等。为此,在采用参与观察策略时,必须对观察者进行培训,使观察者掌握一定的观察手段和技术,具备应付各种问题的能力。如处理好与被观察者的关系,在观察记录时坚持客观态度等,否则就会影响整个参与观察研究的进行及结果的可靠性。

（二）时间取样观察策略

时间取样观察策略是在20世纪20年代，由美国儿童心理学家Walson教授在研究儿童神经性习惯时提出的。它要求观察者事先确定所要观察的维度，然后据此有选择地在某些时间段内观察某一特定行为，并把所观察到的结果记录到事先拟定的记录表上。

时间取样观察策略可以帮助研究者收集以下三方面的内容：①某一行为或事件是否出现或发生；②该行为或事件出现或发生的频率如何；③该行为或事件出现或发生的持续时间有多长。在每项具体研究中，需要测量以上一个方面或几个方面的内容，完全取决于研究的具体目的。例如，有的研究者采用3分钟时间单位去研究学前儿童的依赖行为，为此，他们记录这3分钟内儿童所有的依赖、独立或单独游戏行为。如果在3分钟内某一儿童有4次向老师寻求帮助，那么在依赖性方面他就被记了4分，在这种情况下，时间取样策略显然是被用于研究某一行为发生的频率或经常性水平。

1.适用条件

使用时间取样观察策略时需要考虑以下两个问题：

第一，时间取样观察策略只适用于经常发生或出现的行为，一般来说，平均15分钟出现一次。如果研究者对这点不能肯定，那么就必须首先深入实际，进行初步的实际观察，以确定所要研究的行为或事件是否经常发生或出现，以及影响这些行为出现或发生的各种个人或情景因素。

第二，时间取样观察策略只适用于易被观察到的一些外显行为，而不适用于内隐或隐蔽性行为，如心理活动或个人隐私行为。

2.实施步骤

（1）界定问题与对象

界定研究问题与对象主要包括以下四个方面的工作：①根据研究目的确定需要观察的行为；②给有关概念做出明确的操作定义；③确定观察对象的数量；④根据研究的要求与具体条件，确定观察的次数和时间间隔。

（2）编制记录表

时间取样观察是在选取的特定时间区间内对研究对象进行观察记录。为了能在有限的时间区间内有效且针对性地观察和记录所要获取的研究资料，研究者事先需要设计一张记录表。根据这张记录表，观察者可以核对事先被选定的所要观察的行为，计算行为发生的频率或测量行为的持续时间。

编制记录表主要有两方面的工作：第一，确定要记录的信息；第二，确定每一个观察单元的时间区间的长短、间隔和数量。其中，时间区间的长短须考虑所研究行为或事件发生的频率和持续的最短时间，两个时间区间的间隔长短取决于所选用的时间区间的长短、在一个时间区间内被观察者的数量以及需要观察记录的内容的多少，而时间区间的数量则取决于究竟需要观察多长时间才能获得有代表性的行为样本。

(3) 记录资料

为了简化记录的复杂程度，尽可能多收集资料以利于进行量化分析处理，许多时间取样观察要求在记录资料时选择和使用一定的观察代码系统。采用观察代码系统，观察者就可以将一些大的行为单位分解为小的行为单位来进行观察，使用特定的代码符号来记录不同的行为表现，进而能节省大量时间和精力。此外，采用观察代码系统的记录结果也较可靠、直观，且易整理。可见，观察代码系统是一种很适合记录的技术手段。

(4) 分析资料

由于在记录时已经将信息进行了压缩，特别是采用了观察代码系统，获得的资料已用事先确定的代码符号表示，而代码符号本身又体现了对所观察内容的分类。因而，整理与分析时间取样观察收集到的资料是比较容易的，且适于用计算机处理。

3. 评价

时间取样观察是一种有效的观察策略。由于在进行实际观察以前，观察者已做了大量周密细致的准备工作，如给有关概念和术语下操作定义、决定时间区间、编制记录表等，因而观察和记录工作都简单易行。同时，由于能在合理的时间范围内观察较多的被试，因此，用时间取样观察所获得的结果可以进行推论。此外，时间取样观察还具有下列优点：①观察目的明确而具体，研究者可以对观察内容及过程进行更有效的控制；②研究者能在较短时间内获得大量的观察数据资料，同时易于取得有代表性的行为样本；③省时、省力，同时又能有效地保证精确性和客观性；④观察者不需干扰被试的正常活动；⑤能提供量化数据，有助于对个体或群体进行各种统计分析。

当然，时间取样观察策略也存在许多局限性：①除非在观察时进行特别记录，否则通过时间取样观察难以得到有关环境与情景的信息，观察资料也难以向研究者清楚地表明某种行为发生的背景；②由于采用时间取样观察进行的观察内容只局限于某些方面，加之观察记录结果没有保持行为发生的顺序和连续性，因而难以揭示行为的相关关系、作用以及因果关系。总之，时间取样观察的主要不足在于缺乏连续性、背景信息和自然性，特别是当时间区间和行为单位很少时，更是如此。

(三) 事件取样观察策略

事件取样观察策略同时间取样观察策略一样，也要求被观察者事先确定所要观察的特定事件或行为,然后观察记录该事件或行为的发生情况。虽然事件取样观察策略和时间取样观察策略都是对心理活动和行为表现进行有选择的取样观察,但它在以下几个方面不同于时间取样观察策略:

第一,时间取样观察考察的单位是时间区间,而事件取样观察考察的是行为事件本身。在事件取样观察中,观察者没有时间限制,只要所研究的行为事件本身发生,研究者就可对其进行详细观察和记录。

第二,时间取样观察只能研究每 15 分钟至少发生一次的行为,但事件取样观察则可以研究各种各样的行为,不受行为发生频率的限制。

第三,事件取样观察和时间取样观察获得的结果是不同的。时间取样观察研究的是事件或行为是否存在,而事件取样观察研究的是事件或行为的特征。以观察研究教师的语言表达为例,在事件取样观察中,研究者注意的是教师与谁进行交谈,交谈之前的行为是什么,交谈的结果是什么,等等;而在时间取样观察中,研究者注意的则是教师进行言语表达的次数和持续时间。

1.实施过程

(1)确定目标

首先应确定所要观察的特定事件或行为,给其下操作定义,并尽可能对所研究事件或行为有所了解。这样,研究的事件或行为一旦发生,就能及时、迅速地辨认并记录下来。

(2)确定观察的时间和地点

在不同时间或地点研究同一行为可能会得出不同的结论。因此,确定有代表性的时间、地点是十分重要的。

(3)确定所要记录的信息

事件取样观察既可以事先对所观察的行为进行分类,然后在观察中根据确定的分类,记录需研究的行为是否发生,以及相应特征,又可以采用叙事型描述记录方法记录所有观察到的信息,因而比较自由、灵活。

(4)记录

在上述三个步骤都确定后,便可以进行记录。要注意在设计、使用记录表和代码系统时,应遵循它们各自的原则和方法,并努力使之简便易行。

2.评价

同其他观察策略一样,事件取样观察策略既有优点,也有局限性。首先,它的主要优点是没有将行为和行为发生的情境分离开来,也就是说,它既注意到了行为本身,同时也注意到了行为发生的情境信息。这就易于研究者进行因果分析,说明并解释行为的原因、内容和结果。其次,事件取样观察能被用以研究任何一种行为或事件。

此外,事件取样观察策略也有一定的局限性。其取样容易缺乏代表性,观察结果可能会缺乏稳定性。因为个体在不同时间、场合发生的同类行为,有时可能具有不同性质和含义。

(四)行为核查表策略

在观察研究中,行为核查表(behavior check list)是研究者用来核查某种行为是否发生或出现的一种简表。使用行为核查表有助于观察目的的具体化,使观察活动更具有针对性。因此,在许多观察研究中,它也是普遍采用的观察策略之一。

1.编制步骤

一般而言,编制行为核查表要经历以下几个步骤:①根据研究目的确定所要观察的内容;②在核查表中分别列出所要观察的目标行为,这时将第一步的观察内容进一步具体化为观察的实际项目;③在核查表中按一定的逻辑关系组织、排列目标行为,核查表的组织方式是多种多样的,其中常常使用的是按项目的难易水平循序渐进地组织核查表;④核查表中所列项目应当包括所需要的一切信息,比如某一行为是否发生,第一次发生在什么时间等。

下面用一个实例(见表7-1)具体说明如何按照上述步骤编制行为核查表。为了了解5岁儿童数学技能的发展水平,首先需要根据相关理论确定5岁儿童应具备哪些数学背景知识或预备技能,然后分别将它们具体编成所要观察的目标行为,接着将这些目标行为按难度水平由低到高排列起来,最后检查设计的核查表是否达到研究的要求,即是否包括该研究所需要观察的所有如下目标资料:①确定儿童是否具有初步的数学预备技能;②记录技能发展出现的时间先后顺序。

表 7-1 幼儿数学预备技能核查表

儿童姓名	观察日期		
任务	能	否	第一次出现时间
①能否根据名称指出相应的图形			
圆	____	____	____
正方形	____	____	____
三角形	____	____	____
长方形	____	____	____
②能否从1数到10			

续表

儿童姓名	观察日期		
任务	能	否	第一次出现时间
③能否给下列图形命名	——	——	——
圆	——	——	——
正方形	——	——	——
三角形	——	——	——
长方形	——	——	——
④能否举例说明下述关系概念	——	——	——
大于	——	——	——
小于	——	——	——
长于	——	——	——
短于	——	——	——
⑤能否进行逐个匹配	——	——	——
2个物体	——	——	——
3个物体	——	——	——
5个物体	——	——	——
10个物体	——	——	——
10个以上物体	——	——	——
⑥能否在指导语下理解下述概念	——	——	——
最先	——	——	——
中间	——	——	——
最后	——	——	——
⑦能否举例说明	——	——	——
多于	——	——	——
少于	——	——	——

2.常用的行为核查表

行为核查表有个体型和团体型之分。在心理学研究中,后者使用较为普遍。目前,常用团体行为核查表有两种。一种用于记录某一新行为出现时被观察者的年龄,据此可以计算出该行为出现的平均年龄。表 7-2 是一个全托儿所用的婴儿行为核查表,观察者分别以天、周和月为单位记录了某些心理行为第一次出现的时间。当所有被观察的婴儿都表现了某一特定的行为后,研究者就可以计算该组儿童这种行为出现的平均年龄。

表 7-2 婴儿行为出现核查表

姓名	行为表现							
	认识手（天）	认识脚（天）	爬（周）	单独站立（周）	独自走（月）	牙牙学语（周）	单词句（月）	客体概念形成（月）
王 佳	77	159	34	48		6	12	10
李燕莹	54	136	31	45	11	5	11	8
单伟力	61	145	32	46	11	6	11	9
苗小莉	69	140	32	45	10	6	10	9
刘 冰	45	133	29	40	9	4	9	7
沙 朗	81	180	43	53		9		12
林 莺	66	141	34	47	12	5	11	9
何可可	74	162	36	57		7	12	10
平 均	65	149	34	47		6		9

另一种团体行为核查表是参与行为核查表,它主要用以记录观察对象参与活动的时间和类型。表 7-3 是一个幼儿的日常参与行为核查表,它由 4 位教师共同填写,其中画"√"表示一般参与,"√"上加圈表示参与该项活动花了大量时间。通过表 7-3,研究者可以对每个参与者的日常生活有一个比较详细的了解。由此可见,参与行为核查表有三种功能:①记录日常活动;②提供与参与活动有关的诊断性信息;③有利于活动的计划或设置。

表 7-3 幼儿日常参与行为核查表

日常活动	猜谜语	过家家	滑滑梯	跳绳	剪纸	绘画	泥工	积木	拼板	套圈	动物玩具	拍皮球	看图书	说明
指导教师	刘	刘	刘	何	何	张	张	黄	黄	何	黄	黄	张	
胥德贝	√		√	√	√			√		√				
柯 锐		√	√		⊘	√	√						√	
皮 德														缺席
黄 娜		√	√	√		√		⊘	√	√				
刘婷婷	√			√	√			⊘	√		√			

续表

日常活动	猜谜语	过家家	滑滑梯	跳绳	剪纸	绘画	泥工	积木	拼板	套圈	动物玩具	拍皮球	看图书	说明
张 琳	✓	✓				✓			✓					
何心宇			✓				✓	⊙	✓	✓				
孙 欣	✓			⊙	✓	✓					✓	✓	✓	
廖少品	✓	✓	✓	✓	✓	✓	✓	✓	✓		✓	✓	✓	
温 和						✓	⊙	✓	✓	✓				
陈 凯		⊙	✓								✓		✓	
林 青	✓	✓	✓		✓			✓		✓				
李子意		✓	✓			✓		✓			✓			
薛 雨	✓	✓				✓					✓		✓	
赵 亮	✓				✓	⊙	✓				✓		✓	
郑 玫			✓			✓		✓		✓			⊙	
夏海涛		✓		✓	✓	✓		✓		✓		✓	✓	
林 月	⊙	✓		✓		✓		✓		✓	✓		✓	

3 评价

行为核查表具有的明显优点是：简便易行，有助于观察者迅速而有效地记录被观察者的行为表现，省时、省力；可以及时记下某种行为第一次发生或第一次被观察到的日期；结果易于整理分析。其局限性在于几乎不能提供有关行为的频率或持续时间，特别是行为性质、特征方面的信息，这使得它的应用受到诸多限制。

三、观察代码系统的制作

早期的观察方法如日记描述法、轶事记录法等都属于叙述性的观察方法，具有能收集到全面、丰富而翔实的资料等优点。然而其局限性在于使用起来比较费时、费力，用其收集的资料难以分析和量化等。在实际的观察研究中，为了克服这些局限性，可以采取两方面措施：一是采取上述讨论的时间或事件取样观察策略；二是使用本部分专门讨论的观察代码系统（encoding system）。

观察代码系统是研究者将行为或事件分为有意义的、可以观察和处理的类别，将大的行为单位分为小的行为单位，并为观察、记录和随后分析处理的方便而制定出的一整套符号系统。

使用观察代码系统,除了具有能收集丰富资料、简化资料的优点外,还具有如下重要功能:①可以提高观察记录处理分析的针对性、有效性,从而节省大量的时间和精力。在这个意义上,它常被视为观察研究中的速记技术;②由代码所产生的数据可消除大量主观误差,是对所发生事件更客观、准确的描述;③由于观察的信度、效度和分析资料的方法事先已基本确定,因而观察的可行性高,记录更有意义;④用观察代码系统收集的数据适于用计算机处理。目前,在心理学研究中,观察代码系统由于具有上述重要功能,越来越受到研究者的高度重视和广泛使用。

根据所使用代码的不同,观察代码系统一般可以分为数字型、符号型两大类。

1.数字型代码系统

数字型代码系统是用不同的数字分别代表各被观察单位,被观察单位可以是被试的行为,也可以是各种环境类别。所用数字的多少取决于具体研究中被观察单位的数量。

为了研究课堂中师生互动方式对学生学习态度和学习成绩的影响,研究者设计了一个记录课堂中师生互动行为的数字型观察代码系统。该系统包括六项教师行为和两种学生行为,最后一项表示沉默或混乱状况。具体内容见表7-4。

表7-4 师生课堂互动行为的数字型观察代码系统

Ⅰ.教师行为
表扬或鼓励学生
接受或运用学生的观点
提问
讲述
指导
批评学生,维护权威
Ⅱ.学生行为
学生回答教师提问
学生主动提问
Ⅲ.其他情况
沉默或混乱

数字型代码系统的优点是结果整理工作量小,适于用计算机处理。其不足之处是不易记忆,需花较多的时间牢记数字代码。并且要求研究者对各代码的意义达到十分熟练的掌握程度,方能进行观察编码。

2.符号型代码系统

符号型代码系统是用一定符号分别代表各被观察单位。符号的种类很多,可以是抽象的,也可以是形象的。下面是三个不同类型符号代码系统的实例。

(1)师生互动符号代码系统

该符号系统以点、线条、圆圈和正方形为基本要素,共包括 14 种符号,分别表示不同的意义。具体内容见表 7-5。

表 7-5　师生互动符号代码系统

代码符号	行为特征内容
·	学生举手
⊙	学生举手并被老师提问
⍾	学生举手并被老师提问,只回答了一个字
⊙-	学生举手并被老师提问,回答一般
⊙⃗	学生举手并被老师提问,回答良好
-⊙	学生举手并被老师提问,回答很好
□	学生没有举手,但被提问
⫿	学生没有举手,但被提问,只回答了一个字
□-	学生没有举手,但被提问,回答一般
▯	学生没有举手,但被提问,回答良好
-□	学生没有举手,但被提问,回答很好
⊠	学生没有举手,但被提问,不做回答
>	学生问一个问题
|	学生没经老师允许,自己讲话

该符号系统常被用于评价教师的教学情况,有时还与学生的座位图结合起来,分析考察学生的反应情况以及他们真正参与学习活动的程度。

(2)面部表情符号代码系统

为了观察和记录被试的面部表情,心理学研究者设计了形象生动的模拟代码图形(见表 7-6)。

第七章 观察法

表 7-6 面部表情符号代码系统

符号	代表意义
	前额
	Ⅰ.愉快的
1	1.光滑的(固定的浅皱纹出现或不出现)
2	2.平行的皱纹在全前额出现
	Ⅱ.不愉快的
3	3.皱纹在前额中间出现,在两边不出现
4	4.皱纹平行或垂直凹陷,被激怒表情
	眉毛
	Ⅰ.愉快的
1	1.两眉平行,它们中间没有隆起或凹陷
2	2.一眉飞扬
3	3.两眉轻轻振动
4	4.两眉均飞扬
	Ⅱ.轻微不愉快的
5	5.双眉或单眉轻缩
6	6.双眉振动,眉心成Ⅴ形
	Ⅲ.不愉快的
7	7.双眉紧缩,眉心Ⅴ形明显
8	8.双眉紧缩,眉心Ⅴ形皱明显
	眼睑
	Ⅰ.愉快的(正常状态)
1	1.眼睑不动(盲人除外)
	Ⅱ.不愉快的
2	2.上睑振动
3	3.上睑皱起
4	4.(2)与(3)同时发生
5	5.瞪大眼睛,眼睑皱起
6	6.眼睛开闭频繁

(3) 人际空间行为符号代码系统

该系统用于研究人际空间关系，包括 8 个方面的人际空间行为特征，使用了示意图形、缩写和数码三种符号。表 7-7 是该系统的实例。使用该符号代码系统，研究者可完整、准确地观察记录被观察者的人际空间行为，收集的资料易于量化处理。

表 7-7　人际空间行为符号代码系统

1. 性别与姿势符号	
男性	女性
1	2
3	4
5	6
2. 身体方向符号	
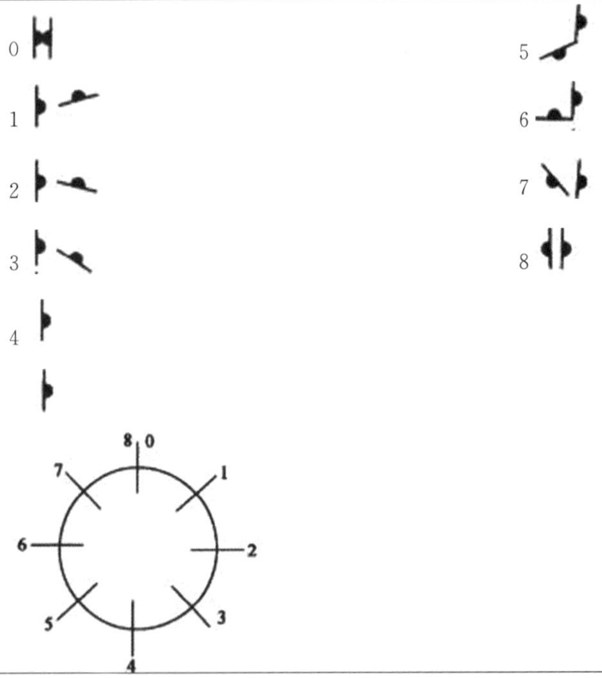 0	5
1	6
2	7
3	8
4	
3. 运动感觉符号	
11　　22　　33　　44	
101　　103	
102　　303	

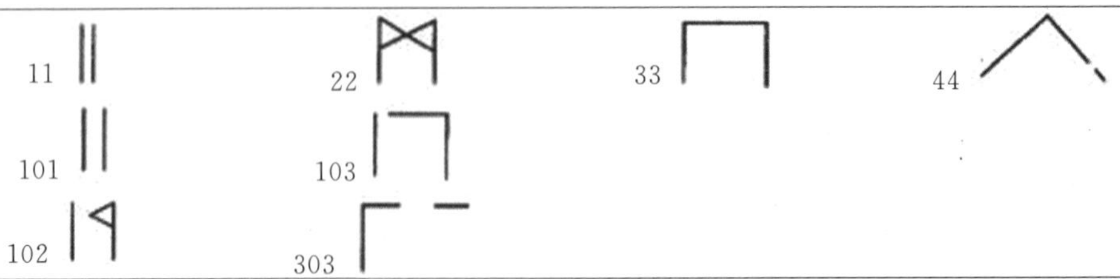

续表

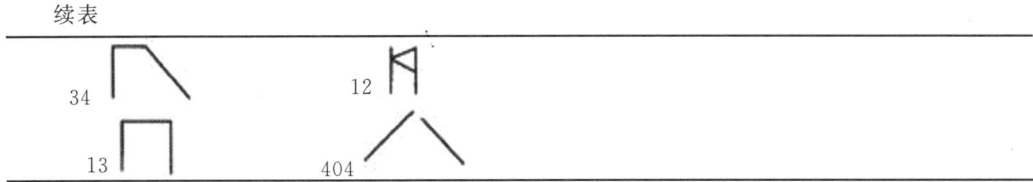

第三节 观察法的实施

一、观察研究的实施过程

完整的观察研究大体上包括观察设计和观察实施两大步。观察者完成观察设计之后,接下来的重要工作就是观察的实施。通常,观察法的实施可简单分为获取观察资料、呈现观察结果两个过程。前者具体来说就是观察者按照在观察设计中制定的程序进入观察情境,采用事先选择好的观察策略和技术手段进行观察,并把观察到的资料记录下来;后者具体指对所收集到的观察资料进行整理、分析,做出结论和推论,并将其以报告的形式呈现出来。由此可见,观察实施与观察设计密切相关。观察实施可以说是观察设计的实际化。然而,由于观察实施是在具体环境下进行观察、记录乃至分析,而观察情境是具体、变化的,可能存在许多设计时未考虑的问题。因此,观察实施过程并不是简单地把观察设计转化为现实,它常常需要观察者在实施时根据要求不断修改、补充,灵活处理。

为了保证观察实施的质量,观察者在具体的观察实施中应注意许多问题。前面已指出观察法是依靠研究者通过观察而收集资料的方法,因而观察者的客观、中立态度是十分重要的,而这一点比较难以做到。例如,研究者在观察实施中常受到"晕轮效应""趋中效应"的影响,显然这些因主观影响产生的反应偏差会大大降低观察结果的可靠性。类似这样的问题,研究者在实施观察时应特别重视,以便防止和控制偏差,保证观察资料客观、可靠。

二、实施过程的注意事项

要想做好观察研究就必须考虑如何对行为和事件抽样,如何选择适宜的观察方法,以及如何记录和分析观察数据。在了解观察方法的基本要点之后,还需要了解可能产生的问题。首先,当被研究者知道自己正在被观察时经常会改变行为,这叫作观察者的影响。其次,观察者自身的信念和期待会影响他们对行为的选择记录,后者常被称为"观察者偏差"(observer bias)。

(一)观察者的影响

1.反应性(Reactivity)

观察者在场会导致被观察者改变行为,因为他们知道自己正在被观察。当观察者影响观察的行为时,反应性问题就出现了。当观察者在场时个体做出的"反应",他们的行为可能不再代表观察者不在场时的行为。

研究中当被观察者注意到他们的行为正在被观察时,会以非常微妙的方式做出反应。例如,被试在参加心理学研究有时会感到不安和焦虑。有研究者在这时测量被试的唤醒水平,如心率和皮肤电反应(GSR),发现与平时的状态相比心率加快。这可以简单显示出观察者在场时的效应。观察者在场时,被试经常试图以他们想象中研究者所期望的方式做出反应。被研究者知道自己是科学研究的一部分,所以通常想要合作并且成为"好"被试。被试经常试图猜测什么行为是被期待的,并且会使用所获得的线索和其他信息指导自己。

2.控制反应性

研究者可以用若干种方法来控制反应性问题。首先可以不让被试发觉观察者在场来消除反应性。当被试不知道他们正在被观察时对其行为的测量称为隐蔽测量。隐蔽测量可能需要隐藏观察者或机械记录设备,如录音笔或录像机。其次,研究者还可以采用伪装的参与性观察来作为情境中的一个角色进行研究,而不是作为观察者。最后,研究者还可以让被试适应观察者在场,以此来降低被观察者的反应性。当被试适应了观察者在场时,他们就会逐渐显示出正常行为。适应可以通过习惯化完成。在习惯化程序中,观察者在多种不同场合简单地把自己引入一个情境,直到被试不再对他们的在场做出反应。

(二)观察者偏差

1.期望效应

在许多科学研究中,观察者对在一个特定情境中或一个特定的心理治疗之后的行为会有一些期望。这些期望可能基于过去的研究结果而产生,也可能通过观察者自己对这一情境中行为的假设而产生。如果期望导致了观察中的系统误差,它们可能就是观察者偏差。

2.其他偏差

观察者对研究结果的期望不是观察者偏差唯一的来源。或许研究者会认为使用自动装置(如电影摄像机)会消除观察者偏差。实际上,尽管自动化装置降低了观察者偏差的机会,却不一定能消除。例如,为了用摄像机记录行为,观察者必须决定拍摄的角度、位置和时间。观察者的个人偏差对研究的这些方面都会产生影响,在某种程度上,这样的决定可能将系统误差引入到研究结果中。

3.控制观察者偏差

观察者偏差不能被消除,但可以降低其发生的概率。如同上述提到的,使用自动化记录装置能降低观察者偏差的概率,尽管仍然可能存在其他偏差。处理观察者偏差最重要的因素应该是意识到它的存在,即了解这一偏差的观察者更可能采取措施降低偏差的作用。

第四节 应用范例

大班幼儿在建构游戏中的合作行为研究

摘要:幼儿阶段是儿童合作行为发生、发展的重要年龄阶段。本研究采用开放式问卷法、时间取样观察法、个案法和经验总结法,选取240名大班幼儿为开放式问卷调查被试,90名大班幼儿为时间取样观察被试,30名大班幼儿为个案法被试,对大班幼儿在建构游戏中的合作行为进行研究。结果表明,在大班幼儿合作水平方面,不论是在现实建构游戏中还是虚拟建构游戏中,大班幼儿发生高水平合作行为的次数均高于自由游戏,低水平合作行为均低于自由游戏。在大班幼儿合作性质方面,不论是在现实建构游戏中还是虚拟建构游戏中,大班幼儿发生积极合作行为的次数均高于自由游戏,消极合作行为次数均低于自由游戏。从合作行为的性别角度来看,女孩的合作水平高于男孩,女孩更容易在建构游戏中发生积极的合作行为,表现好于男孩。

1 研究背景

在美国《科学》(*Science*)杂志创刊125周年之际,科学家总结出了125个迄今我们还不能够很好地回答的问题。在这125个问题中,前25个被认为是最重要的问题。其中,第16个问题就是:"人类合作行为是如何发展的?"也就是说,人类是从何时开始产生合作行为的?在产生合作行为后又是如何发展变化的?在发展变化的过程中有哪些规律性?以往研究发现,大多数儿童在18～24个月就开始产生合作行为。此后,在整个幼儿阶段,随着年龄的增长,儿童的合作行为开始逐渐增多;合作的目的性、稳定性逐渐增强;合作内容逐渐丰富;参与合作的人数也逐渐增多。可以说,幼儿阶段是儿童合作行为发生、发展的重要年龄阶段。对该阶段儿童合作行为的发生、发展,特别是合作行为的培养进行深入、系统的研究将具有重要的科学价值。

《儿童的道德与判断》是著名儿童心理学家 Piaget 的著作,在该部著作中,他对儿童同伴合作的重要性进行了阐述,他认为儿童在与同伴合作的过程中所产生的共鸣,使得儿童获得了关于社会更加广阔的认知。同伴之间的合作,对于儿童的个性社会性发展具有重要的促进和推动作用。如果儿童在幼儿阶段更懂得合作,那么其在未来的社会生活中就有可能更好地适应社会生活,并且取得一定的社会成就;而不懂得合作的儿童,则更有可能在社会交往中遇到麻烦,不能够很好地适应社会生活,进而影响其个人成就的发展。由此可以看出,合作行为的发展不仅能够影响到儿童当前的心理活动,而且对其未来的社会适应性发展有重要的预测性作用。通过对幼儿长时间的观察发现,大班幼儿的合作能力比小、中班幼儿发展得更快,具体表现为大班儿童主动合作的次数增多、合作水平更高、合作的内容更加丰富。因此,本研究将选取开始快速发展合作能力的大班幼儿作为主要研究对象。

2001 年 9 月教育部颁布的《幼儿园教育指导纲要(试行)》第一部分总则中规定:幼儿园教育应尊重幼儿的人格和权力,尊重幼儿身心发展规律和学习特点,以游戏为基本活动,寓教育于各项活动之中。在幼儿阶段,儿童的主要活动是游戏,他们的认知、情感、意志和个性社会性等在游戏的过程中得到成长与发展。学前儿童心理与教育研究者对游戏如何促进儿童个性社会性的发展进行了大量的研究,试图探寻哪些游戏更能够有效促进儿童的发展。与他人友好相处,能够合作、谦让、助人等亲社会行为是儿童个性社会性发展的一个重要方面。有研究者指出,如果所有儿童能够在游戏中为了同一个目标而努力,积极配合,相互帮助将更能够促进其亲社会行为的发展。在所有的游戏类型中,建构游戏最符合这一特点。总的来说,建构游戏就是幼儿为了某一个建构目标,共同利用积木、纸盒等各种不同的建构素材构造一定的物体形象来反映周围生活的一种游戏。建构游戏能够有效地促进幼儿合作行为的发生,进而有助于幼儿亲社会行为的培养。因此,本研究将探讨大班幼儿在建构游戏中的合作行为特点,进而为改进建构游戏促进幼儿合作行为提供相对科学的指导性建议。

2 过程

随机对某市一所幼儿园大班的 90 名幼儿进行时间取样观察。年龄为 5~6 岁,男女相当。分为 3 个大组,每组 30 人,再将每大组分为 5 个小组,每组 6 人,每大组被试具体安排如下:

第一组被试在建构区域自由活动,不设定主题,具体活动时间为每天上午 10:30~10:50,每组进行 20 分钟,持续一个月时间。

第二组被试参与现实建构游戏,即《各种各样的房子》《海上交通工具》。正式实验前,请经验丰富的幼儿园教师参与方案的设计,具体方案包括主题名称、主题目标、游戏准备、三个阶段的分组建构与教师指导(包括观察、搭建和讲评)和建构游戏的整合,代表性方案见表7-8。每个主题的建构游戏需要分4个阶段进行,包括前3个阶段的分组建构与教师指导和最后一次的活动整合,每次活动具体时间为每天上午10:30~10:50,每组进行20分钟,持续一个月的时间。

第三组被试参与虚拟建构游戏,包括《我心中的小小社区》《我心中的游乐场》,具体过程同现实建构游戏。

所有游戏过程都用录像机进行录制。请2名不知道实验目的的学前教育研究生采用时间取样观察记录表对录像进行编码计分,记录不同水平合作行为的出现次数和频率。

2.1 编制记录表

自编"时间取样观察记录表",采用时间取样观察记录表分别对每名儿童的合作行为进行编码记录。具体内容见表7-8。

表 7-8 时间取样观察记录表

No.姓名： 性别： 生日(年月)：
录像时间： 编码时间：

时间	合作水平分类					
	0级合作	1级合作	2级合作	3级合作	4级合作	5级合作
1						
2						
3						
4						
5						
6						
7						

2.2 记录资料

(1)建构游戏主题编码

根据开放式问卷第一个问题"请您描述该名幼儿发生合作行为的情境",本研究对游戏情境进行了编码,并以时空为划分标准,设置两种建构性游戏主题,每种主题包括两个游戏情境:一种为现实建构游戏主题,包括《各种各样的房子》《海上交通工具》;另一种为虚拟建构游戏主题,包括《我心中的小小社区》《我心中的游乐场》。

(2) 大班幼儿合作行为编码

根据开放式问卷第二个问题"请您描述该名幼儿发生合作行为时的行为表现"的编码,本研究将从两个角度:合作水平和合作性质两个方面进行划分,具体如下。

A. 合作水平角度

0级合作水平:无合作行为,不能主动合作,也不接受被动合作,自己做自己的事情。如"该名幼儿在遇到困难时,不会去和小朋友说,解决问题的方法有些欠缺,交往能力弱,别人主动帮助也不愿接受";"喜欢选择一个人的游戏,不愿意和别人一起玩"。

1级合作水平:在别人主动帮助或老师要求的情况下,被动接受合作,但不积极配合,有时参加,但不太愿意交流和沟通。如"建构游戏时,分组进行,该幼儿在搭的时候,不太愿意与人交流,不太愿意合作,有时会参观别人,但交流方面欠缺";"建构游戏中,有小朋友请他一起完成作品,他一开始拒绝,说我自己还没摆好,当摆好后参与别人的合作"。

2级合作水平:在别人主动帮助下,被动接受合作,并能积极配合,接受指导和帮助,最终完成任务。如"建构游戏中,其他小朋友请他一起合作完成作品,她接受并与同伴一起完成搭建";"在搭建航母时,他在独自完成自己的作品,但是怎么也做不好,这时,另一位小朋友走了过来,想和他一起搭建,他高兴地答应了"。

3级合作水平:当自己无法完成任务时,主动寻求帮助,在与其他小朋友的共同协作下完成任务。如"搭建复杂的建筑时,任务重一些,他自己一个人弄不好,就请其他小朋友帮助一起帮忙,并能够完成任务";"在每次游戏过程中,他都能在需要帮助的情况下找老师或同伴帮忙,并积极与别的小朋友配合完成任务"。

4级合作水平:主动帮助有困难的小朋友,为另一个或几个同伴提供指导和帮助。如"建构游戏时,有一个小朋友想搭建渔船,但总是搭不好,他发现了,就跑过去,帮他一起搭建,经过20多分钟的练习,这个小朋友能自己搭建了,他才去和其他小朋友一起完成任务。"

5级合作水平:同伴协作,同伴之间地位平等,通过讨论、商议,分享彼此不成熟的想法,最终找到最佳办法并实施。如"区域建构时,A和B都在搭建塔楼,他们共同想办法,将两个塔楼合并,变成了一个大的塔楼,成功后两个小朋友开心地击掌";"在建构游戏中,两名幼儿共同完成船的搭建,在合作过程中,能够主动和同伴表达自己的意见,并把意见中的搭建方式转化在搭建游戏中"。

B. 合作性质角度

本研究结合幼儿在合作时的主动和被动性,将上述6种合作水平分为积极合作行为、中性合作行为和消极合作行为。具体操作定义如下:积极合作行为包括:4级合作水平和5级合作水平,是指儿童愿意相互帮助、积极配合,同伴之间通过讨论、协商,共同完成任务,其特点是积极性和主动性。中性合作行为包括2级和3级合作水平,指儿童在别人主动帮助或主动寻求帮助的情况下,与他人合作,并能积极配合协同完成任务,其特点是协助性和配合性。消极合作行为包括0级和1级合作水平,指在整个游戏过程中不愿意与他人合作,即使被动接受合作,也不积极配合,不愿意沟通和交流,其特点是被动性和消极性。

3 结果

(1)大班幼儿在不同游戏情境中的合作行为水平分析

本研究采用时间取样观察法对大班幼儿的合作水平进行分析,对幼儿在自由游戏、现实建构游戏和虚拟建构游戏中合作行为的发生状况进行观察和统计,共得到不同水平合作行为1800次(每组被试600次),具体情况见表7-9和图7-1。

表7-9 大班幼儿在不同游戏情境中的合作水平频数及百分比

游戏情境	0级合作		1级合作		2级合作		3级合作		4级合作		5级合作	
	频数	百分比(%)	频数	百分比(%)	频数	百分比(%)	频数	百分比(%)	频数	百分比(%)	频数	百分比(%)
自由游戏	153	25.5	182	30.3	107	17.8	96	16.0	49	8.2	13	2.2
现实建构	54	9.0	66	11.0	102	17.0	132	22.0	174	29.0	72	12.0
虚拟建构	41	6.8	39	6.5	96	16.0	192	32.0	144	24.0	88	14.7

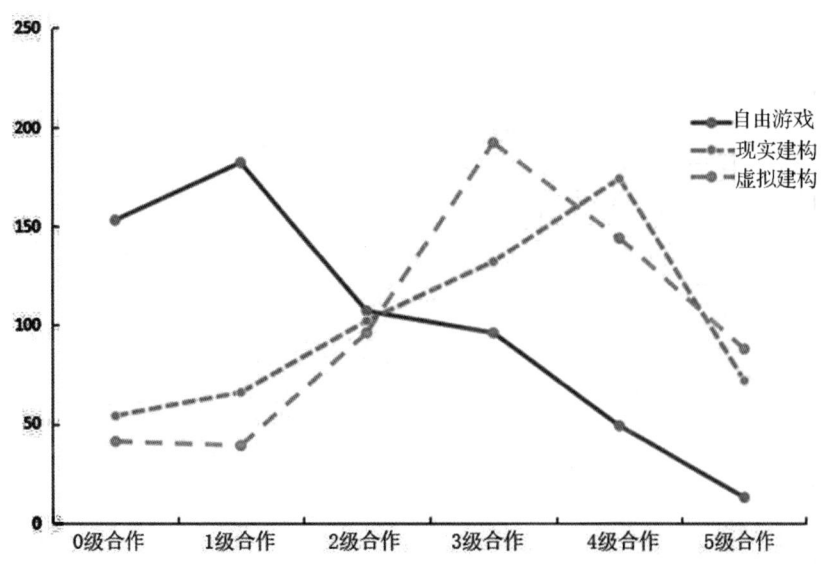

图7-1 大班幼儿在不同游戏情境中的合作水平频数分布图

由表 7-9 和图 7-1 可以得知，在自由游戏过程中，大班幼儿发生最多的是 1 级合作，即在别人主动帮助或老师要求的情况下，被动接受合作，但不积极配合，有时参加，但不太愿意交流和沟通。接下来依次是 0 级合作＞2 级合作＞3 级合作＞4 级合作＞5 级合作；在现实建构游戏中，发生次数最多的是 4 级合作，即主动帮助有困难的小朋友，为另一个或几个同伴提供指导和帮助，接下来依次是 3 级合作＞2 级合作＞5 级合作＞1 级合作＞0 级合作；而在虚拟建构游戏中，发生次数最多的是 3 级合作，即当自己无法完成任务时，主动寻求帮助，在与其他小朋友的共同协作下完成任务。接下来依次是 4 级合作＞2 级合作＞5 级合作＞0 级合作＞1 级合作。研究结果表明，总体而言，不论是在现实建构游戏中还是虚拟建构游戏中，大班幼儿发生高水平合作行为的次数均高于自由游戏；低水平合作行为均低于自由游戏。

（2）大班幼儿在不同游戏情境中的合作性质分析

在合作水平状况的分析基础上，本研究进一步对大班幼儿在不同游戏情境中合作性质进行分析，具体情况见表 7-10 和图 7-2。

表 7-10 大班幼儿在不同游戏情境中的合作水平频数及百分比

游戏情境	消极合作		中性合作		积极合作	
	频数	百分比（%）	频数	百分比（%）	频数	百分比（%）
自由游戏	335	55.8	203	33.8	62	10.3
现实建构	120	20.0	234	39.0	246	41.0
虚拟建构	80	13.3	288	48.0	232	38.7

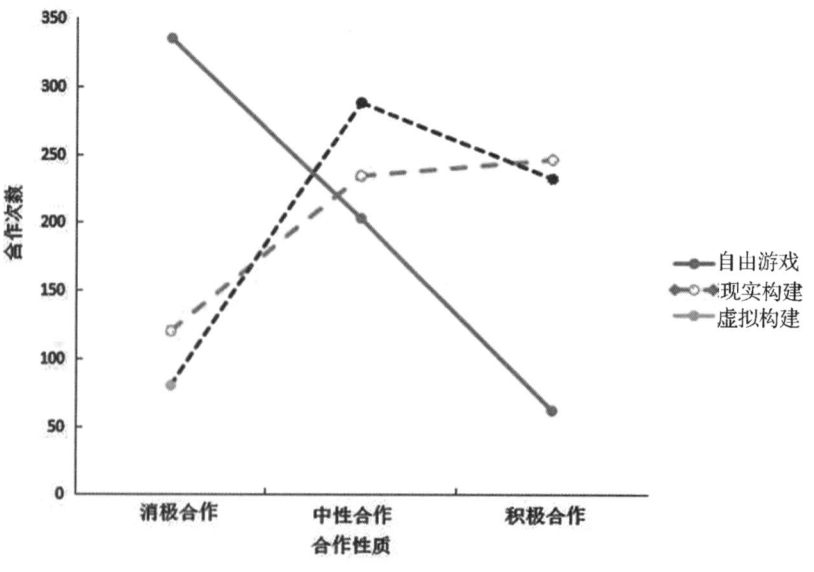

图 7-2 大班幼儿在不同游戏情境中的合作性质频数分布图

由表7-10和图7-2可以得知,在自由游戏过程中,大班幼儿的合作性质依次为:消极合作＞中性合作＞积极合作。在自由游戏过程中,幼儿更倾向于自己完成任务,合作更加被动。在现实建构游戏中,大班幼儿合作性质依次为:积极建构＞中性建构＞消极建构。在虚拟建构游戏中,大班幼儿合作性质依次为:中性建构＞积极建构＞消极建构。研究结果表明,总体而言,不论是在现实建构游戏中还是虚拟建构游戏中,大班幼儿发生积极合作行为的次数均高于自由游戏;消极合作行为次数均低于自由游戏。

（3）不同性别幼儿在建构游戏中的合作行为水平分析

本研究在对大班幼儿合作行为和性质的总体分析基础上,进一步对不同性别大班幼儿在建构游戏中（包括现实建构和虚拟建构）的合作水平进行分析。具体内容见表7-11和图7-3。

表7-11 大班幼儿在不同游戏情境中的合作水平频数及百分比

性别	0级合作		1级合作		2级合作		3级合作		4级合作		5级合作	
	频数	百分比(%)	频数	百分比(%)	频数	百分比(%)	频数	百分比(%)	频数	百分比(%)	频数	百分比(%)
男孩	50	4.2	62	5.2	101	8.4	156	13.0	152	12.7	68	5.7
女孩	45	3.8	43	3.6	97	8.1	168	14.0	166	13.8	92	7.7

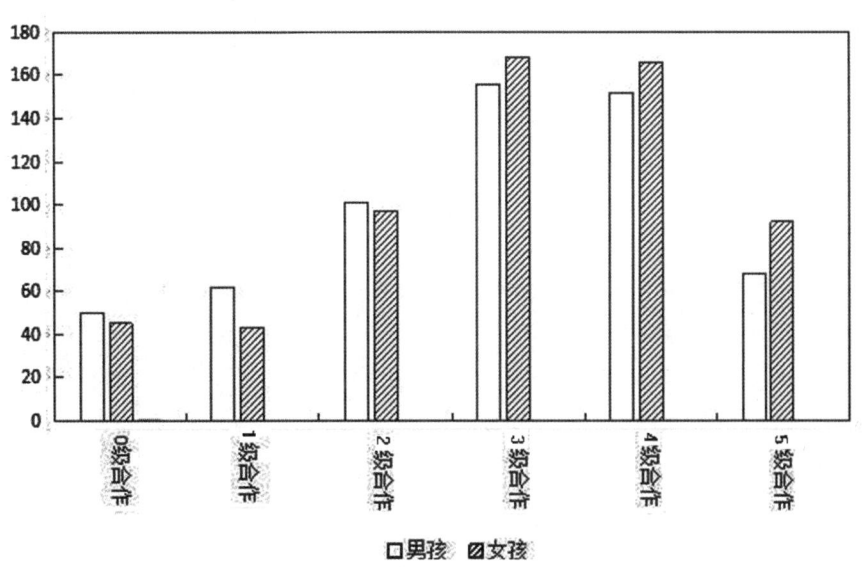

图7-3 不同性别大班幼儿在建构游戏中的合作水平频数分布图

通过对数据的分析可以发现,在建构游戏中女孩的0级合作、1级合作和2级合作次数均低于男孩,而3级合作、4级合作和5级合作行为均高于男孩,表明在建构游戏中,女孩的合作水平高于男孩。

(4)不同性别大班幼儿在建构情境中的合作性质分析

在合作水平状况的分析基础上,本研究进一步对不同性别大班幼儿在建构游戏情境中合作性质进行分析,具体情况见表7-12和图7-4。

表7-12　不同大班幼儿在建构中的合作水平频数及百分比图

性别	消极合作		中性合作		积极合作	
	频数	百分比(%)	频数	百分比(%)	频数	百分比(%)
男孩	112	9.3	257	21.4	220	18.3
女孩	88	7.3	265	22.1	258	21.5

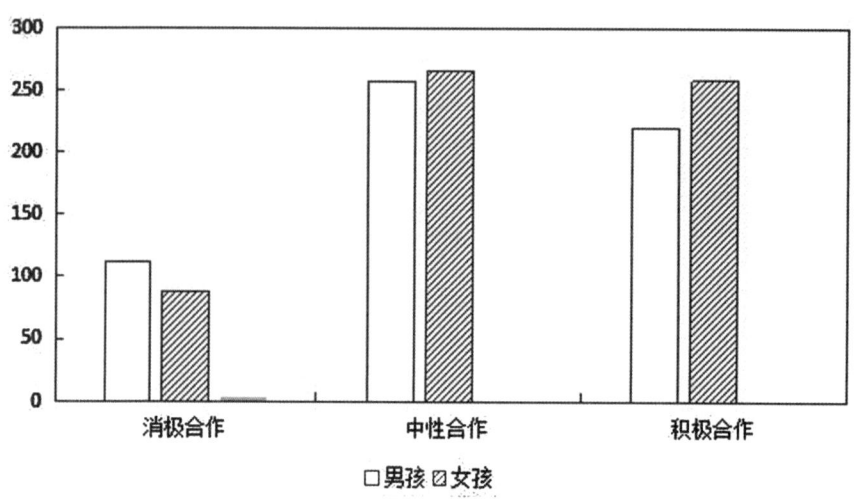

图7-4　不同性别大班幼儿在建构游戏中的合作性质频数分布图

由表7-12可以得知,女孩的积极合作行为发生次数高于男孩,而消极合作次数低于男孩,中性合作次数相差并不多。研究结果表明,在合作行为的性质方面,女孩更容易在建构游戏中发生积极的合作行为,表现好于男孩。

4　结论

通过对大班幼儿在建构游戏中的合作行为进行统计和分析,现对大班幼儿在建构性游戏中的合作特点归纳如下:

(1)在大班幼儿合作水平方面,不论是在现实建构游戏中还是虚拟建构游戏中,大班幼儿发生高水平合作行为的次数均高于自由游戏;低水平合作行为均低于自由游戏。在自由游戏过程中,大班幼儿的合作行为次数表现为:1级合作>0级合作>2级合作>3级合作>4级合作>5级合作;在现实建构游戏中合作行为发生次数为:4级合作>3级合作>2级合作>5级合作>1级合作>0级合作。而在虚拟建构游戏中合作行为发生表现为:3级合作>4级合作>2级合作>5级合作>0级合作>1级合作。

(2)在大班幼儿合作性质方面,不论是在现实建构游戏中还是虚拟建构游戏中,大班幼儿发生积极合作行为的次数均高于自由游戏;消极合作行为次数均低于自由游戏。在自由游戏过程中,大班幼儿的合作性质依次为:消极合作>中性合作>积极合作。在现实建构游戏中,大班幼儿合作性质依次为:积极合作>中性合作>消极合作。在虚拟建构游戏中,大班幼儿合作性质依次为:中性合作>积极合作>消极合作。

(3)从合作行为的性别角度来看,女孩的合作水平高于男孩,女孩更容易在建构游戏中发生积极的合作行为,表现好于男孩。在建构游戏中女孩的0级合作、1级合作和2级合作次数均低于男孩,而3级合作、4级合作和5级合作行为均高于男孩;女孩的积极合作行为发生次数高于男孩,而消极合作次数低于男孩,中性合作次数相差并不多。

(4)在建构游戏中,主要存在以下四个方面的问题:①合作的性别问题:女孩高于男孩,同性多于异性;②合作水平问题:高水平合作不多;③合作意识问题:先完成自己任务,再合作;④告状问题:经常发生告状。

新疆3~6岁维吾尔族学前双语儿童同伴交往特点研究

摘要:本研究对选定的维吾尔族学前双语儿童在自由活动时间内进行的同伴交往过程进行观察,采用事件取样观察法对其同伴交往的过程进行深入观察并做记录。结果发现:(1)在交往对象方面,呈现出异族幼儿间的交往逐渐增加和同性别化的两个特点;(2)在交往方式方面,同伴交往活动多以语言伴随着动作的综合交往方式为主;(3)在交往主题方面,交往过程中占据前三位的交往主题依次是:共同游戏、言语交流以及关心帮助。随着年龄增加有细微变化。

1 研究背景

本研究中的同伴交往是:在实施双语教学的幼儿园班级中,维吾尔族学前双语儿童为了满足自身情感需要而与其他幼儿进行信息交换的过程,这个过程既包括运用语言进行交流又包括用非语言的方式进行信息交换。本研究中的同伴交往特点主要从交往对象、交往方式、交往主题和交往内容的文化类型等方面去观察和研究。双语教育是指在实施"双语教育"的幼儿园中,幼儿处在民、汉幼儿合班的班级里并且教师运用民、汉两种语言进行的教学活动。

研究所取的事件是指:自由活动时间内,只要两名或者两名以上幼儿之间发生无论是语言、身体接触或者语言伴随着身体接触的信息交换活动,就意味着交往事件的发生,就要对交往过程做记录。

2 过程

本研究的研究对象分别选取乌鲁木齐市天山区和沙依巴克区这两个区域中,采用双语教学的示范幼儿园和普通幼儿园各 1 所,共 4 所幼儿园,每所幼儿园从大、中、小班各选取 2 个班级,共 24 个班级。在自由活动时间内(非教学时间),对各个班级的维吾尔族学前双语儿童的同伴交往情况进行观察并记录。再对从教半年以上的本班带班教师进行访谈,了解本班维吾尔族学前双语儿童同伴交往的基本情况,补充完善搜集的资料。收集到的交往事件分布情况如表 7-13。

表 7-13　新疆 3～6 岁维吾尔族学前双语儿童交往事件分布情况

幼儿园类型	年龄班			合　计
	小班	中班	大班	
示范园 A	30	30	30	90
普通园 B	30	30	30	90
示范园 C	30	30	30	90
普通园 D	30	30	30	90
合　计	120	120	120	360

2.1 确定观察时间与地点

本研究中交往事件的记录为期一个月。在一个年龄班内,一旦收集到 30 个有关维吾尔族学前双语儿童同伴交往的事件,就可以进行下一个年龄班事件的收集。每个幼儿园三个年龄班收集 90 个有效交往事件后,可以换幼儿园进行下一轮的事件收集。考虑到交往活动主要发生在自由活动时间内,所以每天交往事件的记录时段主要为幼儿一日生活中,除去正式教学活动之外其他所有自由活动时间。观察地点的选择主要包括:幼儿的活动室、盥洗室、睡眠室,以及户外活动场地。

2.2 制定观察表格和代码系统

(1) 3～6 岁维吾尔族学前双语儿童同伴交往观察表格

考虑到收集资料的完整性和避免遗漏重要的交往过程,交往事件记录的过程中,主要采用摄像记录法,同时要记录事件发生的时间,班级,发起者的性别、族别,交往对象的性别、族别等信息。观察表格见表 7-14。

表 7-14　3～6 岁维吾尔族学前双语儿童同伴交往观察表格

观察时间:	观察班级:
发起者性别、族别:	对象性别、族别:
交往方式	动作/语言/综合
交往主题	＊从 11 个主题中选择

(2)3～6 岁维吾尔族学前双语儿童同伴交往事件编码系统

在采集完当天的交往事件之后,将采集到的资料转为文字描述记录,再对转录好的描述的文字进行编码。文字编码系统涉及如下几个方面:维吾尔族学前双语儿童的发起者性别、族别,对象的性别、族别,交往方式以及交往主题等,其操作定义如下:

①发起者,是指交往活动的引起者,这里包括两方面的内容:发起者的族别和发起者的性别;

②交往对象,是指交往活动的指向者,这里包括两方面的内容:交往对象的族别和交往对象的性别;

③交往方式,是指研究对象在交往时采取何种方式进行交往,包括采用身体动作接触进行的交往、单纯通过语言进行交往、采用语言加身体动作接触综合形式进行的交往。

④交往主题,是指对研究对象在交往过程中交往内容的概括。包括 11 种交往主题,各主题的操作定义如下:

A.共同游戏:幼儿通过与同伴之间言语和动作的交流或通过在同伴游戏氛围中的个体活动获得情感满足或活动需要满足的交往行为。

B.言语交流:幼儿间通过言语活动传递信息、表达思想的活动。

C.抢夺物品:幼儿在未经同伴同意的情况下强行侵占同伴物品。

D.索要物品:通过语言、手势、眼神向同伴传递自己欲分享其物品的信息。

E.分享:幼儿主动将自己的物品与同伴共享。

F.武力攻击:幼儿以动作方式指向伤害同伴身体、情绪情感的行为。

G.交换:幼儿之间互换物品或用钱购买同伴食品或玩具。

H.协调教导:指解决同伴间的纠纷,指导并约束同伴不规范的行为或指导同伴完成其不能独立完成的活动。

I.表示友好:通过言语或动作向同伴表示友爱之意。

J.关心帮助:能察觉别人的需要并主动帮助别人完成某项活动或对同伴进行情感上的抚慰。

K.展示炫耀:幼儿向同伴展示自己的物品或显示自己某方面的能力,其心理活动伴随着优越感和自豪感。具体内容见表7-15。

表7-15 3～6岁维吾尔族学前双语儿童同伴交往事件编码系统

序 号	项 目	符 号
1	维吾尔族	1
2	汉族	2
3	动作	1
4	语言	2
5	综合	3
6	共同游戏	1
7	言语交流	2
8	抢夺物品	3
9	索要物品	4
10	分享	5
11	武力攻击	6
12	交换	7
13	协调教导	8
14	表示友好	9
15	关心帮助	10
16	展示炫耀	11

3 结果

(1)3～6岁维吾尔族学前双语儿童交往对象在族别上的特点

①总体上以同族别交往为主

经过 χ^2 检验,交往双方族别的 χ^2 值为12.10,p 值为0.001,这表示交往双方族别存在极其显著的差异,所以总体上来看,维吾尔族学前双语儿童进行的同伴交往中以同族别儿童交往为主,具体内容见表7-16。

表 7-16　维吾尔族学前双语儿童同伴交往双方族别的总体分布情况

交往双方族别	频数	χ^2	p
同族别交往	213	12.10	0.001
异族别交往	147		

民族交往与民族文化有着密切的关系,文化是人类创造的,同时文化又塑造了人本身。由于各种综合原因,人类创造的文化是不同类型、不同模式的,而这种不同类型与模式的文化又将自己塑造成具有不同文化特征的群体——民族。幼儿园环境有别于家庭环境,对于幼儿而言,由于维吾尔族学前双语儿童之间,有着以少数民族文化为根基的相同的语言,相似的外貌特征,自然而然维吾尔族学前双语儿童在交往时,会将同民族幼儿作为交往对象的首选。

②异族幼儿之间的交往随着年龄的增长逐渐增加

经过 χ^2 检验,交往双方族别在不同的年龄班上的 χ^2 值:儿童同族别交往 χ^2 为 4.25,p 值为 0.119,这表示同族别交往在各年龄班不存在显著的差异,而异族别交往 χ^2 为 6.16,p 值为 0.046,这表示儿童异族别交往在各年龄班存在显著的差异,即随着年龄的增长,维吾尔族学前双语儿童异族幼儿之间的同伴交往逐渐增加(见表 7-17)。

表 7-17　各年龄班维吾尔族学前双语儿童同伴交往双方族别的分布情况

双方交往族别	年龄班	频数	χ^2	p
同族别交往	小班	80	4.25	0.119
	中班	76		
	大班	57		
异族别交往	小班	40	6.16	0.046**
	中班	44		
	大班	63		

注:* * 表示 $p<0.05$,* * * 表示 $p<0.01$。

(2)3~6 岁维吾尔族学前双语儿童交往对象在性别上的特点

①总体上以同性别交往为主

经过 χ^2 检验,交往双方性别的 χ^2 值为 36.10,p 值为 0.00,这表示交往双方性别存在极其显著的差异。所以总体上来看,维吾尔族学前双语儿童进行的同伴交往中以同性别儿童之间的交往为主。研究数据表明:从总体上来看,维吾尔族学前双语儿童的同伴交往呈现出性别化的特点(见表 7-18)。

表 7-18　维吾尔族学前双语儿童同伴交往双方性别的总体分布情况

交往双方性别	频数	χ^2	p
异性别交往	123	36.10	0.00***
同性别交往	237		

维吾尔族学前双语儿童的同伴交往呈现出同性别化的特点,即男孩和男孩交往,女孩和女孩交往,男孩和女孩之间很少主动交往。究其原因,是和传统文化中的性别角色定型有关。

性别角色定型反映的是一种文化上的规定性,是被属于某种文化的社会和群体规定固化的性别行为模式。性别角色获得与分化的过程是一个社会化过程。这种社会化带有鲜明的民族印记,反映了一个民族对本民族个体成员一种定式的、固化的并且是稳定的性别态度。在传统文化中,男孩应该具有活泼、机灵、好动等特点;而女孩应该是可爱、沉静的。所以从年幼时,在家庭教育中,父母刻意将自己的孩子,按照民族文化对不同性别幼儿的特点进行"塑造",使得幼儿过早地获得并遵照性别文化的概念去游戏、去交往。

②各年龄班阶段交往对象均呈现出同性别化

经过 χ^2 检验,交往双方性别在不同的年龄班上的 χ^2 值:小班阶段 χ^2 为 16.13,p 值为 0.000,中班阶段 χ^2 为 4.03,p 值为 0.045,大班阶段 χ^2 为 19.20,p 值为 0.000,这表示双方交往性别在各年龄班阶段存在极其显著差异。研究数据说明:无论哪个年龄班阶段,维吾尔族学前双语儿童都喜欢与同性别幼儿进行交往。具体内容见表 7-19。

表 7-19　各年龄班维吾尔族学前双语儿童同伴交往双方性别分布情况

年龄班	同性别交往	异性别交往	χ^2	p
小班	82	38	16.13	0.000
中班	71	49	4.03	0.045
大班	84	36	19.20	0.000

(3)3～6 岁维吾尔族学前双语儿童交往方式呈现的特点

①总体上以动作加语言的综合形式为主

经过 χ^2 检验,3～6 岁维吾尔族学前双语儿童同伴交往方式的 χ^2 值为 40.65,p 值为 0.000,这表示交往方式存在极其显著的差异。研究数据表明:总体上来看,维吾尔族学前双语儿童的交往方式以动作加语言的综合形式为主。具体内容见表 7-20。

表 7-20　维吾尔族学前双语儿童同伴交往方式的总体分布情况

交往方式	频数	χ^2	p
动作	93		
语言	90	40.65	0.000
综合	177		

②各年龄班阶段交往方式均以综合形式为主

经过 χ^2 检验,交往方式在不同年龄班上 χ^2 值:小班阶段 χ^2 为 15.20,p 值为 0.001;中班阶段 χ^2 为 35.15,p 值为 0.000;大班阶段 χ^2 为 7.8,p 值为 0.020。这表示交往方式在各年龄班阶段存在显著差异。研究数据表明:小班、中班、大班这三个年龄班阶段,维吾尔族学前双语儿童的交往方式都是以动作加语言的综合形式为主的。具体内容见表 7-21。

表 7-21　各年龄班维吾尔族学前双语儿童同伴交往方式分布情况

年龄班	交往方式			χ^2	p
	动作	语言	综合		
小班	39	14	67	15.2	0.001
中班	26	44	50	35.15	0.000
大班	28	32	60	7.8	0.020

③交往方式不受交往双方族别的影响

经过 χ^2 检验,交往双方族别在不同的交往方式上的 χ^2 值:同族别交往时 χ^2 为 35.69,p 值为 0.000;异族别交往时 χ^2 为 7.87,p 值为 0.019,这表示交往方式在同族别交往和异族别交往时,都存在显著差异。研究数据表明:在同族别交往和异族别交往情况中,维吾尔族学前双语儿童的交往方式都以综合形式为主。具体内容见表 7-22。

表 7-22　维吾尔族学前双语儿童同伴交往方式与双方族别分布情况

年龄班	交往方式			χ^2	p
	动作	语言	综合		
同族别交往	53	48	112	35.69	0.000
异族别交往	40	42	65	7.87	0.019

(4)3～6 岁维吾尔族学前双语儿童交往主题呈现的特点

①总体上以三大交往主题为主。

表 7-23　维吾尔族学前双语儿童同伴交往主题的总体分布情况

交往主题	频数	χ^2	p
共同游戏	139		
言语交流	79		
抢夺物品	22		
索要物品	8		
分享	12		
武力攻击	14	507.23	0.000
交换物品	2		
协调指导	12		
表示友好	26		
关心帮助	28		
展示炫耀	18		

　　经过 χ^2 检验,交往主题方面的 χ^2 值为 507.23,p 值为 0.000,这表示交往主题之间存在极其显著的差异,所以从表 7-23 呈现的数据来看:在维吾尔族学前双语儿童进行的 11 个方面的同伴交往主题中,排名第一位的是共同游戏,排名第二位的是言语交流,第三位的是关心帮助。

②各年龄阶段交往主题丰富多样

　　经过 χ^2 检验,交往主题在不同年龄班阶段的 χ^2 值:小班 χ^2 为 188.92,p 值 0.000;中班 χ^2 为 182.87,p 值为 0.000;大班 χ^2 为 148.00,p 值为 0.000,这表示交往主题在小班、中班、大班都存在极其显著的差异。研究数据表明:小班阶段,排在前三位的主题依次为:共同游戏、言语交流和抢夺物品;中班阶段,排在前三位的主题依次为:共同游戏、言语交流和抢夺物品以及展示炫耀;大班阶段,排名前三位的主题依次为:共同游戏、言语交流以及关心帮助。具体内容见表 7-24。

表 7-24　各年龄班维吾尔族学前双语儿童同伴交往主题分布情况

年龄班	共同游戏	言语交流	抢夺物品	索要物品	分享	武力攻击	交换物品	协调教导	表示友好	关心帮助	展示炫耀	χ^2	p
小班	53	13	10	4	5	6	1	4	9	9	6	188.92	0.000
中班	43	34	9	3	2	1	1	3	8	7	9	182.87	0.000
大班	43	32	3	1	5	7	0	5	9	12	3	148.00	0.000

③交往主题未出现明显的交往族别差异

经过 χ^2 检验,交往双方族别在不同的交往主题上的 χ^2 值:同族别交往 χ^2 为 290.24,p 值为 0.000;异族别交往 χ^2 为 180.23,p 值为 0.000,这表示交往主题在同族别交往和异族别交往时,都存在极其显著的差异。

研究数据表明:在同族别交往时,交往主题前三位的排列顺序依次为:共同游戏、言语交流和关心帮助。在异族别交往时,交往主题前三位的排列顺序依次为:共同游戏、言语交流和表示友好。之后的交往主题排列顺序见表 7-25。

表 7-25 维吾尔族学前双语儿童同伴交往主题与双方族别关系的分布情况

双方族别	共同游戏	言语交流	抢夺物品	索要物品	分享	武力攻击	交换物品	协调教导	表示友好	关心帮助	展示炫耀	χ^2	p
同族别交往	89	43	14	5	7	13	0	6	11	17	8	290.24	0.000
异族别交往	50	36	8	3	5	1	2	6	15	11	10	180.83	0.000

4 结论

本文采用事件取样观察法,对乌鲁木齐市 2 所示范园和 2 所普通园内各年龄班维吾尔族学前双语儿童的同伴交往情况进行观察,通过对资料的量化分析,深层次挖掘乌鲁木齐市 3~6 岁维吾尔族学前双语儿童同伴交往的发展现状以及年龄发展规律的特点。研究发现:

(1)在交往对象方面,维吾尔族学前双语儿童的同伴交往呈现出异族幼儿间的交往逐渐增加和同性别化的两个特点。

(2)在交往方式方面,维吾尔族学前双语儿童的同伴交往活动多以语言伴随着动作的综合交往方式为主。

(3)在交往主题方面,维吾尔族学前双语儿童的同伴交往主题中占据前三位的交往主题依次是:共同游戏、言语交流以及关心帮助。

本章思考与练习

1.幼儿在游戏时会出现各种各样的探索行为。针对幼儿探索行为过程中对待问题的解决策略,请你运用事件取样观察法,了解不同情境中幼儿解决策略的应用。

2.专家和新手教师对上课时间安排有着不同的结构。请你运用时间取样观察策略,制定合适的编码系统,对两类教师课堂时间管理进行比较研究。

3.如果你想要了解青春期儿童与家长在家中的互动交流方式,包括日常问候、请求帮助、征求意见等,请你选用合适的观察策略,设计一个观察研究,并指出在此过程中应注意哪些问题。

拓展阅读

张金梅.(2008).对美国一所托幼中心全日班一日活动的观察与反思.学前教育研究,15(3):49-54.

该研究者结合时间取样观察和事件取样观察,对美国一所托幼中心全日班的一日活动进行了跟踪观察。通过对幼儿及教师的标号编码、活动区域的划分,研究者翔实地记录了每项活动的时长、参与人次、教师互动内容等。以此与我国幼儿教育进行对比,分析了美国幼儿教育的优点与不足。

于莹.(2013).幼儿园中班幼儿自我延迟满足能力干预研究(硕士学位论文).河北师范大学,石家庄.

研究选取63名幼儿园中班幼儿为被试,通过设计榜样示范类游戏等对幼儿延迟满足能力进行干预,采用故事情境和观察法对幼儿表现出来的自我延迟满足能力进行检测。该研究是包含干预的实验观察,发现了根据幼儿自我延迟满足能力培养的规则游戏能促进其延迟满足能力在认知和行为上的协调发展。

陈会昌,李东辉,候静,陈欣银.(2003).家庭游戏中的母亲控制策略与儿童顺从行为.心理学报,35(2):209-215.

该研究采用自然观察的方法,利用录像手段探讨若干家庭自由游戏中母亲的控制策略和儿童的顺从行为之间的关系。由于深入到家庭进行观察,研究更为真实细致,具有生态化的特点。此外,研究者事先进行了习惯化的方式控制被试反应性,使其反应更有信度。该研究结果为儿童社会化理论和家庭教育实践提供了依据。

参考文献

董奇.(2004).心理与教育研究方法.北京:北京师范大学出版社.

董奇,申继亮.(2005).心理与教育研究法.杭州:浙江教育出版社.

John J.Shaughnessy.(2010).心理学研究方法.北京:人民邮电出版社.

马静静.(2015).新疆3～6岁维吾尔族学前双语儿童同伴交往研究(硕士学位论文).乌鲁木齐:新疆师范大学.

辛自强.(2012).心理学研究方法.北京:北京师范大学出版社.

王囡.(2015).大班幼儿在建构游戏中的合作行为研究(硕士学位论文).大连:辽宁师范大学.

第八章 个案研究

目　次

第一节　个案研究概述

一、个案研究的概念

　　(一)原则的全面性和整合性

　　(二)研究方法的多样性和综合性

　　(三)分析的深入性

二、个案研究的一般程序

　　(一)收集资料

　　(二)资料的分析与解释

三、个案研究的优势与局限

第二节　质化取向的个案研究

一、质化个案研究的概念

二、质化个案研究的特点

三、质化个案研究资料的收集方法

　　(一)谈话式

　　(二)田野作业式

　　(三)文献式

四、质化个案研究资料的记录技术

　　(一)日记法

　　(二)卡片法

　　(三)速记法

　　(四)录音

　　(五)录像

五、质化个案研究资料呈现的方式

六、质化个案研究的诠释效度

　　(一)有用性

　　(二)完整性

　　(三)反省性

　　(四)逼真性

　　(五)交叉性

第三节　量化取向的个案研究
　　一、量化取向个案研究的特点
　　　　（一）严谨的量化风格
　　　　（二）具备客观性检验
　　二、量化取向的个案研究的方法
　　　　（一）基线法
　　　　（二）Q 技术

第四节　应用范例
　　对一名社交恐怖症青少年的箱庭治疗个案研究
　　幼儿攻击性行为装扮游戏矫正的多基线设计研究
　　具有创造成就的科学家关于创造的概念结构：基于 Q 分类的研究

本章思考与练习
拓展阅读
参考文献

第八章 个案研究

本章导读

取样研究关注共性,个案研究立足特性。个案研究往往将特殊个体或单位作为研究对象进行连续且深入的追踪。对个案进行研究最为经济而便利,也更为具体而生动,更显得"原生态"。因此,它在心理学研究方法中有重要的一席之地。本章,在介绍个案研究主要特点及一般程序的基础上,我们将深入探讨质化和量化两种取向个案研究的方法和应用。

第一节 个案研究概述

一、个案研究的概念

个案研究(case study)作为质化研究最重要的一种研究方法,是指将具有特殊意义的一个个体或一个单位作为主要研究对象,进行深入追踪、发现,或建构理论假设的一种研究方法。

具体看来,个案研究具有三大特点:

(一)原则的全面性和整合性

个案研究的分析单位既可以是个人、社会机构或社会团体等实体(如班级中学生、某一学校的校长、某一教师等代表的个体,学校、医院、家庭,群众团体等代表的社会团体),又可以是某些事件、现象(如某一教学方法、某一程序或某一概念等)。但无论以什么为分析单位,研究者都必须采用多种方法收集该现象的各方面的信息,并将这些信息进行综合加工,使之构成一个可识别的整体,而非割裂的资料。因此,全面性和整合性是个案研究必须遵循的重要原则,又是个案研究的重要特点。

(二)研究方法的多样性和综合性

个案研究是质化研究与量化研究相结合的研究方法,因此,研究方法的多样性和综合性是个案研究的另一重要特点。个案研究是对研究对象进行深入而全面的研究,因而需要采用多种方法收集有关被试多方面的信息资料,并采用质化和量化的方法来分析信息资料。从心理科学研究的发展趋势来看,质化研究和量化研究在分解向纵深发展的同时,也在不断地进行综合,个案研究正是这一趋势的表现之一。

(三)分析的深入性

个案研究的本质特点并非研究对象数目很少,而是对所选取的研究对象(包括被试和所研究的变量)及其发展或相互关系进行深入的考察。因此,深入性是其另一主要特点。个案研究并非只是研究少数几个对象,虽然从表面上看,许多个案研究的被试量确实较小,但事实上,个案研究对变量关系的考察,尤其是对因果关系的确定才是其本质特征和目的。由于个案研究采用了多种研究方法来收集研究对象各方面的信息,因而可能为变量间因果关系的探讨提供多方面的重要依据。这种对研究对象的深度考察是其他类型的研究难以实现的。当然,这一目的的达成,还有赖于个案研究的各个环节,尤其是高质量的数据收集和统计分析工作。

二、个案研究的一般程序

个案研究的整个研究过程并没有严格的先后顺序,但有其一般的顺序。下面将分别介绍个案研究实施中的一般程序。

(一)收集资料

收集资料是对个案进行深入分析的前提,运用合理的方法收集个案资料,并将收集的资料真实、准确地记录整理出来,更是研究的重要一环。

1.资料的来源与收集方法

准确、有效地收集资料是对资料进行分析、解释以及做出合理结论的基础和保证。因此在开展个案研究时首先应考虑资料的来源与收集方法。个案资料的来源主要有如下几个方面:

(1)测量或测验

心理测验是获取被试在心理状态与过程、发展水平等方面资料的最为直接、迅捷的渠道之一。心理测验的形式多种多样,诸如量表、问卷、操作等。就测量的内容而言,主要包括认知、人格和社会性等几个方面。在使用心理测验时必须遵循有关的要求,如有信度、效度以及标准化等。

(2) 自陈

自陈是指个体对其生活、发展经历的描述。自陈的资料包括自传、日记。从自陈中可以了解许多从外部观察难以或不能了解的信息,对于正确把握个体的发展状况、理解个体的心理体验、了解个体自己对有关问题的感受与归因,具有重要意义。在自陈的资料中,自传提供了个人、种族或团体的生活史,有助于个案研究了解有对立情绪的人的情况并治疗。但是,自陈往往受到主观因素的影响,有时还可能因遗忘等原因产生对实际情况的歪曲。因此,自陈的资料需要结合其他来源的信息综合分析。

(3) 他人描述和档案

他人描述包括被试的亲戚、同事、朋友、邻居以及其他认识被试的人对被试的描述。他人描述的正确性及深度与其同被试的熟悉度有关,在整合个体的有关资料时应考虑这个因素。档案包括被试的病历、存于所在单位的人事档案和有关个人的官方记录及其他类型的正式记录。虽然由他人做出的对某一个体的描述与自陈相比更为客观,但它仍难以了解被试的心理过程和状态。

(4) 作品分析

这里所谓的作品,包括由被试独立或参与操作的正式出版或未出版的任何产品,既可以是文学艺术方面的,也可以是科学技术方面的;既可以是书面的、文字的,也可以是制作物或产品;既可以是公开的,也可以是非公开的。对作品进行分析时,既要考虑作品本身,也要考虑其产生时的背景、动机甚至制作过程。例如,对某一被试的房树人作品进行分析,既要分析其内容,又要从画面的大小、笔压轻重及线条连贯性来分析,也就是说,除了要考察房树人的内容所要表达的信息,还要从画面的大小、笔压的轻重及线条的连贯性等方面来考察其性格与心境等。

就个案研究而言,使用上述方法时需要注意:

首先,为了保证全面、有效地收集资料,研究者应根据研究主题与个案的特点和要求,选择适当的方法并做出详细的计划,例如在进行房树人分析时,需要观察画者作画的先后顺序,并提出相关问题,例如"画中的树是什么季节的树""画中的人物是谁"等。

其次,除了收集个案本身的资料外,还应注重收集事件、行为的环境方面的信息,以便在分析、解释以及读者在阅读研究报告时能够更好地理解事件、行为发生的原因,把握个案的复杂性。各环境因素的重要性因研究问题的不同而有所不同。

最后,经常检查收集的资料与研究问题是否相符,及时调整收集方式和内容,并对预期之外的与个案或主题有关的信息保持敏感。

2.资料的录入与整理

录音、录像等现代化设备的应用使资料的记录工作更为省时、简便、准确。然而在有些研究情境下,使用这些设备,可能会影响研究的真实性与自然性,这就要求研究者能够进行迅速、准确的现场记录或事后的回忆记录。

以这些方式记录的原始资料通常需要经过整理才能用于分析和解释。由于个案研究往往会收集到大量信息,因此原始资料的整理是一项非常费时、费力,需要技术和耐心的工作,包括将录音、录像资料转换成文字资料,把速写、简写的记录还原为完整、详细的描述,以及根据研究设计的要求,按照一定的编码系统对这些文字资料进行编码。

(二)资料的分析与解释

资料的分析与解释是挖掘事件、行为、现象等所包含的意义,揭示其间的联系,发现其中规律的过程。对个案研究而言,资料的分析与解释从资料收集的那一刻就开始了,从观察个案时获得最初的印象,直到最后将各种印象整合在一起并得出结论。在这一过程之中,研究者需要进行详尽的观察、深入的思考、不断的反思和质疑。

个案研究主要有两种进行分析和解释的方法。其一是针对描述性的资料直接解释某一事件或现象,这时研究者给自己提出的问题是:"这意味着什么?"通过分析,探明它的意义,使它成为可以被人理解的论点,这是一种偏于质化的方法。其二是整合重复发生的事件,将之作为一类现象来分析,以期发现在特定条件下保持不变的事项,或总结出现象背后的规律,这是一种偏于量化的方法。经过编码的资料更易于在变量之间进行比较,发现变量间的联系,从而使分析过程变得更为简便。以上两种方法经常结合使用,且根据资料的特征以及时间安排而不同,具体如下:

(1)资料的特征:对于描述性的资料倾向于用质化的方法,对经过编码的资料倾向于用量化的方法。

(2)时间安排:时间紧迫时倾向于用质性的方法;时间允许时,则可以对较为重要的资料进行编码,采用量化的方法。

从多种角度考虑问题是为了避免主观性,研究者需要综合考虑来自不同角度的信息,对其中的矛盾之处应尤为重视,并采取其他方法进行检验。研究者需要不断质疑先前的印象和假设,并尝试从不同角度对同一现象做出解释,给将来的研究者留下判断、选择的余地。

三、个案研究的优势与局限

个案研究在心理学中的地位十分重要。无论对质化研究的心理学,还是对量化研究的心理学,都起着至关重要的作用。其优势主要体现在以下两点：

1. 经济便利

个案研究的经费投入相对较少,寻找个案和收集个案的资料相对比较便利。个案研究"解剖麻雀",深度挖掘个案特殊的丰富意义,可以作为对那些关注普遍性的实验研究与测验研究的重要补充。

2. 发现的源泉

个案研究面对具体、生动的个案更为"原生态",因此具有丰富的研究资源。个案研究往往成为发现理论的源泉。个案研究可以触发灵感、启迪思考、创设框架、萌动假设。

但个案研究也有其局限性：

1. 检验的困难

个案研究很难重复研究,更难进行检验,且其结论亦难进行普遍性推论。个案研究的结论上升到理论水平主要依靠研究者的理论直觉和专业水平。

2. 主观色彩浓厚

由于每个研究者的经历、经验、理论直觉、专业水平各不相同,可能会对同样的个案得出不同的结论与理论。

第二节　质化取向的个案研究

一、质化个案研究的概念

质化个案研究以质性的第一手资料为研究对象,并对其进行质化分析。总的来说,其显性的特点就表现在：这种个案研究不重视或根本就不做任何量化的分析。它收集的是质性的第一手资料,它的分析也不考虑使用数量化的方式方法,它的结果呈现依然是保持质化的形式,而不采用数据表格或统计图形等量化的形式。

二、质化个案研究的特点

质化个案研究主要有以下特点：

(1)丰富描述的"真实感"。通过对个案大量第一手原始资料的呈现与描述,个案研究报告的丰富性可以令人感到如同亲临现场,酷似面对真人,其真实感很强。(2)特例的"新奇性"。不少个案都是一种特殊的实例,而非在一般情况下可以接触得到的。(3)拓展知识的"桥梁"。一方面,研究者可以通过个案研究发现事实与证据,发展知识。另一方面,读者可以通过个案获取知识。个案作为共性事件的一个缩影,既能拓展理论,又能促进对既有理论的理解。个案就像搭建了一座桥梁,可以帮助研究者拓展知识。

质化的个案研究所收集的资料都是第一手资料。所有有关该个案的谈话、录音、摄影、录像、传记、信件、日记等原始资料都是第一手资料。正是因为第一手资料的原始性特点带来了其研究的真实性、生动性和丰富性,但与此同时也带来粗糙性、简陋性。

三、质化个案研究资料的收集方法

(一)谈话式

对个案或知情人进行的一切谈话形式的收集资料的方法简称为谈话式。可分为两种主要形式:第一种,访谈法,即与个案或知情人进行一次或多次的谈话并对谈话内容与过程予以详细记录,并加以研究。一两次进行的谈话称为一般访谈,多次进行的追踪式谈话称为深度访谈。另外,根据是否有预先设计的固定话题的访谈可分为结构化访谈和非结构化访谈。通过访谈,可以自由灵活地收集到个案各方面的大量资料。访谈法是个案研究最常用、最重要的一种方法。第二种,焦点小组访谈,指围绕一个主题召开的、由相关的多个人员组成的访谈或讨论会。

(二)田野作业式

像人类学家Malinowski那样,长时间待在野外,对原始部落的土著人进行各种行为观察,被形象地称为"田野作业"(field study)。个案研究也可以对个案进行追踪式的行为观察,并记录观察到的材料,然后加以研究。与访谈法一样,行为观察也是个案研究经常用到的方法。

(三)文献式

收集并研究有关个案的信件、日记、作品、家谱、档案材料等文献的方法即文献式方法。G.W.AUport就很重视这样的资料收集方法。他认为这是研究人格的很重要的一种方法。AUport曾研究过一个叫吉妮的女子,收集了她历时11年的301封信件,并请36位心理学家归纳出吉妮的八种人格特质。

四、质化个案研究资料的记录技术

(一)日记法

在长期的追踪研究中,每天都能将个案的各种情况记录下来,将是一种完整记录。相反,如果没有及时记录,时间一久,一些重要的现象、细节可能就会遗忘。儿童心理学之父 W.T.Preyer 就是坚持整整三年每天观察他儿子各方面的发展并坚持写日记。这种做法自然也为他以后写成《儿童心理学》奠定了重要的资料基础。

(二)卡片法

人类学家在做田野作业时发展了各种卡片法。将访谈、观察等获得的资料做成卡片,分类整理,有助于以后进行分析思考。

(三)速记法

进行访谈时,记录速度是问题的关键。如果记录的速度太慢,不仅不能将访谈的重要内容记录下来,还有可能影响访谈的进程,使访谈的进程变慢、停顿、卡壳,甚至难以继续。因此,学会速记法对访谈工作非常重要。

(四)录音

首先,录音必须事先征求当事人同意,并最好签署知情同意书,因为录音可能会涉及当事人的个人隐私。其次,应选用一些体积小、灵敏度高的录音设备,并且在访谈时,应该注意将录音设备尽量隐蔽,以免当事人注意到它的存在,从而影响访谈的正常进行。因为谈话时看到这种设备,会让人特别介意自己说话是否得体等。最后,应尽力提高录音的质量与效果。

(五)录像

与前面介绍的两种速记方法一样,录像同样也要事先征得当事人的同意,并最好签署知情同意书。一方面通过录像可以将访谈或观察的场面、过程、内容完整地记录下来,然后再根据录像将其文字化,整理出一份报告;另一方面,也可以对录像进行研究,通过编码进行分析。此外,录像可以作为最完整的记录予以保存。

五、质化个案研究资料呈现的方式

个案研究的方法是比较自由的,其报告的方式与格式也相当自由,没有严格的规定。但总结起来,大致有以下三种常见的格式:

(1)传记与生活史。研究者为被研究者详细、全面地整理了一本传记与生活史。例如,Freud 的著作《弗洛伊德自传》就是关于 Freud 的传记与生活史。(2)回忆录。研究者通过对自己研究历程的回忆,展开关于个案的叙述与讨论。(3)叙事报告。这是前两种格式的结合。研究者在描述对象的同时,也加入自己研究的经历。

六、质化个案研究的诠释效度

质性研究无论是研究程序,还是研究结果的呈现,均无单一的规范可言。那么,所有研究都是"好的""严谨的""有效的"研究吗?围绕此问题,Altheide & Johnson 提出了诠释效度的概念,诠释效度包括以下含义:

(一)有用性

实证研究追求的精确与客观是质性研究难以做到的。于是,质性研究者提出了有用的概念:研究结果真正诠释了被研究现象的意义即有用。如何做到有用呢?让被研究者参与研究,例如阅读和评价研究报告,让被研究者来检验诠释的完整性与精确性,如果研究报告能够解释被研究者的实际情况或被研究的现象的真实情况,那么,研究就是有用的。否则,便是无用的。

(二)完整性

描述的完整性表现在对研究对象的充分描述,对研究时间、地点、场所的详细介绍等方面。完整的描述有助于人们详细了解研究的进程与内容、深入了解研究的结论。如在个案研究中,有时候一些访谈的实录非常有助于人们了解真实的当事人。

(三)反省性

如果研究者能够敏感地意识到自己的角色并考虑这些因素对研究的影响,那么就会使研究结果更可信。

(四)逼真性

逼真性指研究提供的资料尽可能逼真,例如,引用照片、访谈实录、日记材料、笔记材料甚至录像剪辑等。越真实的材料,越有生命力,越有说服力。如果一个研究报告能够提供大量逼真的资料、证据,那将使研究结果更为可信。

(五)交叉性

交叉性指从三个方面提供证据,交叉印证,形成一种证据链。这三个方面是:资料收集的方法、资料的来源、分析者以及分析者提出的理论。这三个方面必须交代清楚,并且相互之间必须具有一致性,这样才能保证研究结论是有效的、可信的。

第三节 量化取向的个案研究

一、量化取向个案研究的特点

(一)严谨的量化风格

众所周知,个案资料是很难量化的,即使能够量化,单个样本的数据也很难进行统计分析。然而,正是因为这种困难才体现了心理学家对量化的执着追求。如,Ebbinghaus 对自己这个"个案"的研究是非常成功的。他以自己为被试,首次使用无意义音节作为记忆材料,从 2300 个音节中随机选取一些用来做实验。在实验中,他以间隔 20 分钟、1 小时、8～9 小时、1 天、2 天、6 天、31 天的方式测试自己识记的保持率,结果,发现了遗忘曲线,反映了遗忘进程先快后慢的规律。

(二)具备客观性检验

量化取向的个案研究不仅追求量化,更重视客观性检验。因为这种取向的研究者大抵都是实证主义取向的。而实证主义非常重视客观性。个案研究的客观性检验主要是可观测性、可重复性检验。也就是说,虽然是个案中发现、观测到的现象,但是必须让其他的研究能够观测和重复。例如斯金纳在对鸽子的观察中发现其偶然的行为在受到食物的强化后会"习得"这一行为,后来大量的重复实验一再证明了这个规律,因此它的这一个案研究就具备了可观测性、可重复性,也就是客观性检验。

二、量化取向的个案研究的方法

对个案进行量化是非常困难的,但经过量化取向的研究者的不懈努力,终于发展了一些对个案进行量化的方法,如基线设计与 Q 分类分析。

(一)基线设计

基线设计(baseline design)可以实现对个案观测数据的基本量化,虽然比较简单,但是仍然很有意义。通过基线设计,能够对个案的观测数据进行不同时间与处理的比较。基线(baseline)即对行为的原始的基本的观察。有了这个基线,引入处理变量,就可以考察因变量的变化。基线设计可分为 A—B—A 设计和多基线设计。

1.A—B—A 设计:这是一种简单的基线设计。A 为基线,即在没有引入处理前的行为观测数据,B 为引入处理后的行为观测数据。先确定基线,进行测量观察;然后引入实验处理,并进行测量观察。有时研究的时间与条件有限,只能进行这种最简单的基线设计。

2.多基线设计:这种设计更为常见。多基线设计增加了第二道甚至更多基线。由于可以进行多次比较,其内部效度较高。当引入实验处理后,如果行为在多条基线上都发生改变,那么多重基线设计就可以证明实验处理的有效性。

(二) Q 技术

Q 技术(Q-sort)是运用等级顺序程序对 Q 分类材料进行分析,以收集若干被试或单个被试的有关心理、行为资料,探讨团体中成员的类别或个体心理、行为的变化的一种方法。

在心理科学的测量研究中,通常有两种方法论:一是 R 方法论,二是 Q 方法论。R 方法论以"变量"作为分析单元,运用多数被试在不同测量上反应的相关信息进行研究分析,侧重探讨人际间的关系或个体行为、态度的改变。因而它适用于小样本或少数被试的研究。在 Q 方法论中,被试相当于 R 方法论中的变量,测验题相当于 R 方法论中的被试,因而它既可以进行自比性研究,即对同一被试前后两次测验结果可以进行相关分析,也可以进行个人间的相关研究,即可以对两个被试的测验结果进行相关分析。Q 方法的具体研究程序即 Q 技术,对个性、人格研究具有重要意义。

1.Q 技术的设计与实施

Q 技术的设计与实施步骤包括确定 Q 分类材料、确定分类程序和处理分析分类结果几个方面。

确定 Q 分类材料应根据研究目的,对所要研究的内容、变量加以分析,并将其形成若干陈述语句或单词,然后写在卡片上或绘制成有关图片,以供被试分类之用。为保证研究结果的可靠性,Q 分类材料的数目一般较多,在 60～140 之间,多数研究采用 100 项。

Q 分类的一般程序是将 Q 分类材料呈现给被试,然后要求其按一定标准将这些材料分几类。分类的标准包括以下三方面:①被试同意、赞成的程度或与被试相同的程度;②所分等级、类别数,通常以分为奇数个等级为宜,其中研究者最普遍采用的是 9 或 11 个等级;③应分到每个等级上的卡片或图片数目,为统计分析方便,一般按接近正态分布的原则确定各等级上应分到的卡片数目。表 8-1 说明了 9 等级 Q 分类各等级上的卡片数目。

表 8-1 Q 分类的赋值

最不赞成 (最不相同)										最赞成 (最相同)
等级 1	1	2	3	4	5	6	7	8	9	
等级 2	9	8	7	6	5	4	3	2	1	
分数(1)	1	2	3	4	5	6	7	8	9	
卡片数分数(2)	2	3	6	11	16	11	6	3	2	$N=60$
	4	6	9	13	16	13	9	6	4	$N=80$

Q 分类结果的计分方式较为简单,主要有两种:一种是直接以各陈述卡片或图片被分到的等级数为其分数(见表 8-1 等级 1 及分数);另一种是以最高等级减去某等级再加上 1,即得该等级的分数(见表 8-1 等级 2 及分数)。这两种记分方式虽有差异,但均是以高分代表赞成或相同,低分代表不赞同或不相同,比较实用,易于理解。值得一提的是,由于 Q 分类的等级及各等级上的卡片数目的多少均已由研究者事先确定,因而 Q 分类结果的平均数和标准差都已确定,因此十分利于结果的分析处理。

如前所述,根据 Q 分类的计分结果,可以通过计算数个被试得分的相关,来了解他们之间的关系和类别特点。例如,某研究者想要了解 4 名教师教育观念的不同,通过让 4 名被试进行教师观念 Q 分类,结果见表 8-2。

表 8-2 4 名教师 Q 分类的相关矩阵

人员	A	B	C	D
A	1			
B	0.92	1		
C	−0.08	−0.17	1	
D	−0.08	−0.17	0.75	1

表 8-2 中相关数据说明这 4 名被试的相似程度。A、B 两人分类的相关为 0.92,说明二者属于同一类,C、D 两人分类的相关为 0.75,也较为接近,基本属于另一类,而其他相关程度则十分低。这说明四名教师中存在不同教育观念的两类教师,分别是 A、B 和 C、D。通过分析他们分别赞成或不赞成陈述语句的内容,就可以了解这两类教师具有的不同特征。

2.Q 分类的评价

Q 技术的主要优点在于,其项目根据一定的理论而设计,因而逻辑性、使用性强。

它可以适用于单一被试或子样本的研究情境,可对同一被试进行反复测量,对研究被试心理、行为的发展与改变有重要作用。其结果可应用相关法、因素分析法及变量分析法等多种方法。此外,Q 技术可用于验证某些心理学理论,特别是人格理论。

Q 技术的局限性与不足是,由于该研究被试样本较小,且并非随机取样得来,因而代表性不够,结果较难作推论,需大样本的横断研究加以补充。在统计处理方面,其项目较难完成符合许多统计处理的假设,如项目反映的独立性、资料数据的等距连续性等。此外,Q 技术的强迫选择与分类方式一方面会限制被试的自由反应,另一方面也会限制某些统计分析法的运用,使某些统计数据得不到利用。

第四节　应用范例

对一名社交恐怖症青少年的箱庭治疗个案研究

摘要:本研究探讨了箱庭疗法对社交恐怖症青少年的治疗过程及其有效性。对一名患有社交恐怖症的女性青少年进行 14 次箱庭治疗。结果发现:箱庭疗法能改善其交流焦虑和回避行为,缓解其在社交场合的情绪反应,促进积极自我概念形成和健康人格发展。

1　研究背景

社交恐怖症(social phobia)是焦虑障碍的一种,一般人群中,约有 13.3% 的人会在生活中体验到社交恐怖(Kessler,et al.,1994),使之成为最普遍的精神障碍。社交恐怖症常始于青春期,偶尔始于童年期,只有极少数人会在 25 岁以后发病,女性多于男性(王建平,2005)。对于一般人群而言,社交恐怖症的一年患病率接近 8%,有 13% 的被调查者在他们一生中的某一时间满足社交恐怖症的诊断标准。在这些大型的社区调查中,这一障碍的性别比率为 70% 的患者为女性,30% 的患者为男性。这些数字并不包括那些认为自己害羞或在某些特定社交情境(如约会或显示自己权威时)中感到不自然的个体,而这一群体也有着较高的比例(Brown & Bar-low,2008)。

对社交恐怖症的概念化基于素质—压力模型。素质的一个重要维度是生物维度,即个体有焦虑的生物易感性以及社会抑制的生物性倾向。气质理论已经证明,一些婴儿天生就具有害羞或抑制性气质或特征。虽然这些维度被认为在一般人群中是以连续谱形式表现的,然而具有高水平的害羞或抑制性气质的婴儿在面对玩具或其他普通刺激时比低水平害羞或抑制性气质的婴儿更躁动,哭得更频繁。研究者也发现,社交恐怖症会在家族内部流行。这些研究显示,相比于没有患社交恐怖症的个体的亲属,社交恐怖症患者的亲属有更高的危险性发展成为社交恐怖症(16%和5%,Fyer,et al.,1993)。然而,基于整合模型,仅有的生物易感性并不足以产生社交恐怖症,这就需要提及心理因素(或者素质—压力模型中的压力成分)。当有生物易感性的个体处于社交压力情境之下时,可能会产生预料不到的惊恐发作,或者个体经历了源于真实惊恐的社会创伤,而后对相同或类似的社会情境感到焦虑(Brown & Barlow,2008)。

所有社交恐怖症心理社会治疗有效性的证据都来自于成年患者研究,对儿童和青少年进行的疗效正在进行中。最初的社交恐怖症疗效研究仅仅包括社交技能训练。然而,后来研究者得出结论,仅仅依靠社交技能训练的治疗是不够的,原因如下:(1)一些社交恐怖症患者并不存在社交技能缺陷;(2)社交技能训练并不能有效解决此障碍的一些固有特征(如,情境回避,对社交情境中的危险的认知扭曲,焦虑情绪等)(Turk,et al.,2001)。本研究采用个案法的范式,探讨了箱庭疗法(sandplay therapy)对社交恐怖症青少年的治疗过程及其有效性。

2 过程

2.1 心理评估

治疗者在某医院心理科门诊受理个案(化名T)及其母亲,分别对T和其母亲进行了初始评估会谈。个案基本信息及主诉:T,独生女,17岁,高二。T表达对所有的事情都会感到紧张,特别是学校的事情和新的事情。T的焦虑来源于对社交情境的持续恐惧,很少在公共场所活动,惧怕接触陌生人,在学校几乎不发言,在与老师和同学的交流中也会感到恐惧和紧张,多采取回避行为。在家中很少接电话,和父母单独在一起较为放松,而有客人时则会回避到自己的房间。T表示恐惧和回避是因为担心自己说错话或不知道该说什么,也担心别人会误会自己。在与治疗者会谈的过程中,T始终低着头,无视线交流,脸发红,额头、手掌和身上出了大量的汗,声音微小且发颤。

心理评估:本研究采用DSM-IV-TR诊断标准,根据与个案T本人及其母亲的会谈所收集到的信息,对个案的心理诊断如下:

轴Ⅰ:社交恐怖症(广泛性)。

轴Ⅱ:无明显的人格障碍。

轴Ⅲ:无重大的疾病史。

轴Ⅳ:幼儿园时期,午睡时因为与同伴交谈被老师训斥;小学时期见到很多同学在课堂发言被同伴嘲笑;目前高二,不主动与同学和老师交流,人际交往中经常被忽视。

轴Ⅴ:整体功能评估=60分,与直系家人如父母交流无异常,家族聚会中内向少言;能按时上学上课,但不参与课堂发言和其他社交活动,学习功能良好,同伴交往很差;休闲时间多宅于家中独自看书或学习。

治疗方案:在第一次会谈结束后,治疗者对 T 进行了放松训练和想象训练,发现 T 受暗示程度较强,积极想象的能力也较好,但语言表达匮乏,自我评价低,投射出的自我像是"一枝孤独的玫瑰"。在与 T 和其母亲协商后,治疗者决定采用个体箱庭的形式对 T 进行每周一次 50 分钟的系列箱庭治疗。箱庭疗法鼓励患者使用玩具、沙子、水等在沙箱里通过创作作品来表达内心世界,强调象征性的表达和经验的过程,弱化语言和分析的作用,适合言语交流有障碍的患者,也能最大限度地帮助患者降低情绪焦虑和言语交流压力。

2.2 治疗过程

历时 4 个月,共进行 15 次个体箱庭治疗(大约每周一次)。下面从作品场景、玩具选择、沙水使用等方面对每次治疗单元作简要介绍。

第一次箱庭:主题"海景房",选择玩具很艰难。两个世界:一个是封闭的现实世界,另一个是理想的田园世界。没有自己。具体内容见图 8-1。

图 8-1 第一次箱庭

治疗解读:除了语言以外,T 在游戏中自我表达也明显受阻,对玩具和摆放的顾虑显示出其性格中敏感、谨慎的特点。T 很在意外界的评价,敏感警觉性高,但在对自我内心世界的感受性方面却很低,内心有种枯竭感。

第二次箱庭:主题"无名",制作时间依然很长,作品很简单,集中在右上区域。一片小水域,里面两条小鱼,岸边一个美人鱼小姐,一个小小的公主,一只小狗,还有一个捧着书的老爷爷。具体内容见图 8-2。

图 8-2　第二次箱庭

治疗解读：T 尝试表达内心世界的过程依然很艰难，但仍在努力尝试。这种探索的过程对 T 来说非常重要，她在用自己的方式试图找到沟通内在世界的途径。然而 T 表示对箱庭不再感到焦虑。

第三次箱庭：主题"无名"，作品仍集中在右上区域，里面出现了狰狞的男主人，有法力的女主人，食物和三个外星人。具体内容见图 8-3。

图 8-3　第三次箱庭

治疗解读：尽管没有命名，但作品呈现出的主题是"招待"，T用这样的方式给自己鼓励，探索未知的无意识世界。尽管男主人看上去很狰狞，T解释他其实并不坏。三个外星人让T充满了兴奋感，她喜欢这样科幻探索的故事。T在治疗中询问，她是否看上去很怪异，特别是她的外表和喜好不匹配。T在逐渐将自我感受带入箱庭制作中，这是治疗在逐渐深入的表现。

第四次箱庭：主题"被遗忘的角落"。作品从右上向其他区域有所扩展。人物有所增加，出现了三对母子。这些人是偶然来到这个荒凉的地方生活，发生了很多事情，但他们并不清楚这是哪里，也许将来会离开，所以这里热闹而荒凉。具体内容见图8-4。

图8-4　第四次箱庭

治疗解读：作品中"人气儿"越来越多，"热闹而荒凉"正是T生活的真实感受。本次作品中保留了前一次T很满意的几个人物造型，纳入了"母子一体性"的人物形象。尽管治疗的过程是缓慢的，T表达了对治疗者的信赖和认可，主动谈及了社交中的恐惧原因，即"害怕被别人误解，担心别人的看法和评价"。

第五次箱庭：主题"小镇案件"，作品在中心区域。这个小镇发生了离奇的事件，侦探带着助手坐船前来，在火车站受到当地女孩的欢迎。具体内容见图8-5。

治疗解读：轮船和轨道的出现意味着T内心探索之路越走越深，作品的秩序感更强。"招手女孩"的人物很值得探讨，欢迎客人却背对着客人，这是T人际交往中问题的表现，太关注自己的想法和感受，而无法体验到他人的感觉。

第六次箱庭：主题"守望"。作品在中心区域，更丰富。制作的时间短了，选择玩具时的视野也更宽，对沙子的使用更放松，制作时更加投入。两个世界，左边是复古的，右边是安静的，女孩站在中间不知道何去何从。具体内容见图8-6。

图 8-5　第五次箱庭

图 8-6　第六次箱庭

治疗解读：第一次出现自我，站在"荷花"之上，寓意新生。右侧水域的岸边有只巨大的海参，有着很大"滋补"寓意动物，青蛙寓意"转变"。本次治疗能感受到 T 的放松，她表示更适应箱庭对她的帮助，能够更好地认识和了解自己。

第七次箱庭：主题"菜头历险记"。"菜头"来到了一个新异的世界，这里的物体比人大，这里的主人要卖掉房子去左上角——宁静自然的地方生活，3 个小男孩在欢迎"菜头"。具体内容见图 8-7。

图 8-7　第七次箱庭

治疗解读：新异世界的体验是 T 在经历内心探索之旅过程中的收获和感受，T 表达内心的方式更丰富生动了。对上一次作品的承接，自我开始了新的旅程。作品中再次呈现了有"转变"寓意的蝉和蝴蝶的心象。

第八次箱庭：主题为"沙漠中的故事"，制作更加流畅，作品也更丰富。这里是沙漠中的寒冰湖，右上小鬼在乞求仙女的原谅，右边蛇和鸟在斗争，桥连着两个水域，自己是老人，看着这个混乱的世界。具体内容见图 8-8。

图 8-8　第八次箱庭

治疗解读：本次作品似乎寓意 T 的自我探索进到更深层次的阶段，冲突显现，是自我与阴影的抗争，整合后意味着更有能量。"智慧老人"心象出现，而那正是 T 自己，不管在箱庭中还是现实世界里，她更多的是一个观望者，希望能参与其中。

第九次箱庭：主题为"圣婴诞生的故事"。中间大湖的中央是诞生的圣婴，四周有 4 种不同的吉祥物守护，岸边是 4 个不同的神仙送来的礼物，右下角是母鸡在守护自己的蛋。具体内容见图 8-9。

图 8-9　第九次箱庭

治疗解读："新生"主题在本次作品中凸显，T 再现了神话故事中常见的一幕：生命诞生，神仙送礼。四个方向代表了大地四角，结实有力。对成长寄予祝福的寓意。这是 T 在经历了系列箱庭治疗后，自我与阴影逐渐整合，自性被唤醒后的内心世界的呈现。本次治疗后，T 的箱庭治疗结束了治愈阶段，开始进入成长阶段。

第十次箱庭：主题为"过河"。唐僧师徒在取经路上，被妖魔阻挡不能进入房屋。作品更为开阔，水域也从过去静止的湖变成流动的河，桥起到了真正连接两岸的作用，通向远方。具体内容见图 8-10。

治疗解读：在治愈阶段后，T 进入个人成长阶段。神话西游记的故事在本次作品中象征呈现，寓意成长之路的艰辛和成功。房子内部精致的布置可以看出 T 成长后更为积极和丰饶的内心世界。桥连接了两岸，通向更遥远的未来。

第十一次箱庭：主题为"街心公园和住在小区里的人们"。空间使用更加自如，有水有公园的悠闲的住宅区，是安静的令人向往的地方。T 最满意湖水中的笑脸岛。具体内容见图 8-11。

治疗解读：在经过无意识的探索之路后，T 的作品开始呈现"市井主题"，这是从

图 8-10　第十次箱庭

图 8-11　第十一次箱庭

无意识汲取能量后带入意识水平的内心世界的呈现。桥上"美丽的女孩"代表 T 自己，是 T 对自我的肯定和欣赏。本次治疗后与 T 协商结束的时间。

第十二次箱庭：主题为"无名"，继续上次的"市井主题"，作品呈现的是现实生活中的一些场景。涉及同伴（男女生）、母子、学习、吃饭等。具体内容见图 8-12。

治疗解读：桥上方的区域是意识世界，下方的区域是无意识世界，二者能进行有效的沟通。下方硕大的向日葵意味着 T 心中积极力量的增长。作品呈现出 T 的生活丰富而美好。

图 8-12　第十二次箱庭

第十三次箱庭:主题为"看雪",作品呈现出"独钓寒江雪"的寓意,宁静但不萧瑟,自己是岸边妩媚的少女。具体内容见图 8-13。

图 8-13　第十三次箱庭

治疗解读:尽管作品又回归了安静,但跟最初的静默场景已然不同,这是 T 成长后对独处的需要和表达,而不是内心枯竭表达有障碍的体现。"智慧老人"的心象再次显现,与岸边的"自我像"遥相呼应。T 的感觉很好,有意境有诗意,内心安宁。

第十四次箱庭:主题为"寻找新大陆"。这是最后一次治疗。沙箱中央呈现出更辽阔的海域,承载着即将远行的帆船。下方是盛开的向日葵,上方是丰富的现实世界,所有的人物都要跟随着白裙子的女孩上船,一起去寻找新大陆。具体内容见图8-14。

图 8-14 第十四次箱庭

治疗解读:T 用新的起航作为治疗结束的表达,寓意她对未来的信心。自我像从旁观者变成领路人,是内心成长的有力表现。下方硕大的向日葵寓意 T 从无意识整合到更多的积极能量,与无意识的沟通从桥变成帆船,意味着更自如也更通畅。

3　结果

箱庭治疗的效果一方面反映在来访者箱庭制作的过程和箱庭作品中,另一方面也反映在来访者的现实生活中。

作品呈现出的治疗效果:从主题上看,T 的系列作品呈现出"现实世界—新异世界—探索旅程—重返现实"的变化,这是 T 借助箱庭完成了自我与无意识世界沟通的过程,并最终整合了无意识里原型、阴影的能量,将其带入意识世界促使 T 发生积极的转变。从空间配置上,T 对沙箱区域的使用越来越大,作品场景从僵硬、混乱逐渐变得丰富、有序。从自我像上,T 经历了"无自我像—模糊自我像—清晰自我像"的阶段性变化,自我像的形象和力量也逐渐改变,从旁观者、体验者最终变成领导者。从玩具类型上,治疗初期 T 主要使用的是建筑物和人物,治疗中期使用了桥、莲花、蝉、蝴蝶、青蛙等象征"转变"的心象,完成了自我治愈的过程。在治疗后期使用了大量鲜艳的植物和水域呈现了自我成长的力量。

现实生活中的治疗效果:根据 T 的自我反馈,随着治疗的进行,T 对自己社交恐惧背后的原因有了更多的洞察和思考,特别是随着自我力量的增强,T 在社交场合表现出更多的适应性,回避行为明显减少。在治疗中后期,T 根据治疗者布置的作业,有目的地去接触同学进行小范围的社交练习。治疗结束时,虽然 T 仍然是较为内向害羞的女孩,但是 T 表现在同学交往中更加自然,不紧张,能少部分参与别人的话题和讨论。T 相信在自己特别愿意参与的活动中能有更自然的表现。母亲在治疗结束后也反馈了 T 在生活中的变化,对她的成长感到欣喜。

4 讨论

在既有的临床实践研究中,箱庭疗法已经被证实能有效解决言语表达有障碍的儿童青少年各种心理问题,如选择性缄默症、聋哑儿童等(徐洁,2008;陈顺森 2007),能帮助来访者释放和表达消极情绪体验从而达到心理能量的整合(张雯,2010)。

结合本研究案例的特点,箱庭疗法对社交恐怖症青少年的治疗机制体现在以下几个方面:

首先,社交恐怖症患者都有不同程度的言语交流障碍和社交回避,更严重者会在社交场合伴随惊恐发作。箱庭疗法回避了言语在心理治疗过程中的主要作用,更强调非言语创作和表达的重要性。Jung 曾在其理论中指出,象征是普遍存在的,是无意识层面的语言,它不仅是一种表征符号,还是推动、促进个体心理甚至集体无意识发展的力量(张日昇,2006)。箱庭给患者提供了超越言语表达自我内心世界的机会,从而以更轻松、自然的心态,将意识与无意识世界中的心象借助玩具、沙子和水具体化。箱庭制作的过程就是意识世界与无意识世界交流沟通的过程,患者可以通过作品了解自己的内在世界,在回避言语交流焦虑的同时,也给治疗者一个洞察其内心世界的机会。更重要的是,这一过程帮助患者深入无意识世界通过触及原型来获得内心整合的力量。在本案例中,患者的箱庭作品几次呈现出"旅程"的主题,这正是患者内在自我深入无意识不断探索和往返的象征表现。

其次,和其他焦虑障碍相似,社交恐怖症往往不单独出现,研究显示社交恐怖症患者(接近 20%)经常满足心境障碍的诊断标准(重症抑郁症,心境恶劣障碍等)(Brown,2001)。在本案例中,患者 T 伴随严重的焦虑和中等程度的抑郁,这在初始诊断会谈中非常明显,T 和其母亲也表示日常生活中的社交场合更容易引发 T 的消极情绪反应。箱庭疗法中的游戏成分能降低患者的表达焦虑,玩沙本身就是放松身心最好的方式,与沙子的互动能使患者的身体得到休息,身体被抚摸的需要也能得到满足,在某种程度上而言,沙子就是另一个身体,触摸沙子其实就是在触摸自己。同样,自己也能在这样的互动中感受内心期望获得什么,或者能给予什么(Au-drey,2009)。不仅仅对社交恐怖症,临床实践中发现,箱庭疗法对考试焦虑、强迫症、抑郁症、选择性缄默症等患者的情绪调节和安抚都有比较好的效果。

最后，因为交流焦虑和社交回避，社交恐怖症患者的自尊相对较低，对事情的控制感也比较差，自信心不足，自我评价也往往比较负面，这些都不利于个体的心理健康和自我发展。箱庭治疗中非常强调治疗者的"非指导、非评价"的治疗态度，强调"母子一体性"的自由与受保护的治疗关系，这对患者的自我接纳非常重要，能让患者在安全的氛围里进行自我展示和探索。箱庭制作不同于绘画，较少受到技能技巧的影响，玩具模型的多样性和沙子的可塑性也给了患者更大更立体的空间去创作。生活是不可控的，但作品是可控的，患者在这个过程能体验到自我所带来的操控感和价值感，逐渐提升自尊自信。自我像的变化最能反映患者在经历了系列箱庭治疗后所带来的自我概念的积极转变。

幼儿攻击性行为装扮游戏矫正的多基线研究

摘要： 本研究探讨幼儿装扮游戏对幼儿攻击性行为的矫正效果。采用多基线设计（ABCD四阶段共20天）对3名幼儿园大班儿童具有明显攻击行为的研究对象进行装扮游戏矫正。设计8个融合移情训练和榜样学习的装扮游戏，分别于多基线设计的B、C、D阶段干预研究对象一、二、三。结果：研究对象一在B、C、D阶段的攻击性行为次数较基线A阶段均显著减少（$F=23.97, p<0.001$）。研究对象二在C、D阶段的攻击性行为次数较基线A、B阶段均显著减少（$F=28.17, p<0.001$）。研究对象三在D阶段的攻击性行为次数较基线A、B、C阶段均显著减少（$F=52.37, p<0.001$）。三个研究对象在矫正期D的攻击性行为次数没有显著差异（$F=1.59, p=0.23$）。研究发现采用集体装扮游戏可以矫正幼儿的攻击性行为。

1 研究背景

攻击行为也称侵犯行为，是人类一种比较普遍的行为，指有意地伤害他人身体与精神的行为，包括殴打、侮辱和抢夺损坏他人财物等霸道行为。在儿童时期，攻击性行为是反社会行为中最具代表性、最突出的一种行为。国内的调查发现具有较强的攻击性是当今独生子女人格发展的主要问题之一，88.4%的独生子女有不同程度的攻击性倾向。幼儿的攻击性行为与成人的攻击性行为对社会造成的不良影响有明显区别。研究表明，幼儿期的攻击性行为与其成人期的犯罪有密切关系。心理学家韦斯特进行了14年的追踪研究，发现70%的少年犯在13岁就被认定具有攻击性行为，48%的少年犯在9岁就被认定具有攻击性行为，而且幼儿攻击性水平越高，犯罪的可能性也就越高。攻击性行为会破坏幼儿的学习、生活和人际交往的过程，因此，矫正攻击性行为，要从幼儿抓起。儿童社会性行为发展的研究表明，幼儿的攻击性行为不是天生的，而是幼儿在社会发展过程中产生的，具可变性。矫正幼儿攻击性行为的措施包括移情训练、榜样示范、适时奖惩和创设良好的环境。有相当多的证据表明移情与攻击性行为间呈负相关,如,Feshbach 发现 6~7 岁儿童中,移情得分较低的比移情得分较高的表现有更多的攻击性。Eisenberg 和 Miller 指出移情能降低侵犯等反社会行为。所以在矫正幼儿攻击性行为的过程中要重视移情训练。此外,心理学的研究表明,模仿是儿童获得相应的社会行为的重要途径。儿童亲社会行为的获得与表现在一定程度上与模仿有密切关系。因此,为儿童提供亲社会行为的榜样是培养其亲社会行为的最基本方法。同时,幼儿在游戏中可以获得许多与社交能力有关的技巧,从而发展对他人意图理解的技能,这种技能是亲社会行为的基础。因而,本研究拟在专业人员的指导下,与有经验的幼儿教师合作,将移情训练与榜样示范结合在自创的装扮游戏中,通过游戏过程来矫正幼儿的攻击性行为。

2 过程

2.1 对象

从某市某幼儿园大班幼儿中选取研究对象,采用 Achenbach 儿童行为量表,对研究对象人选进行测定。大班儿童年龄 5~6 岁,根据粗分的划界标准,男孩的总粗分上限为 40~42,女孩总粗分上限为 37~41,超过了即为异常。经专家亲临幼儿园观察研究对象人选的具体言行表现,采用每天 3 节课的观察时间,记录备选人的攻击性行为次数(指幼儿在单位时间内主动攻击他人的次数),主动攻击包括躯体上的攻击(推、打、踢、抓、咬、抢、冲撞)和语言上的攻击(骂)共观察 3 天。选择攻击行为总数最多的 3 名备选人加以量表测定,最后确定这 3 名研究对象,分别为研究对象一、二、三,皆为大班男孩,总粗分分别为 48、50、45。

2.2 方法

本研究采用多基线设计。多基线设计是 A-B-A 设计的一种变式,研究时向人数较少的被试或单个被试呈现自变量的不同水平或处理方式。其内在逻辑是:当一种行为或一个研究对象正在接受处理因素时,另一种行为或另一个研究对象仍处于基线条件下,如果这种未受处理的行为在处理因素引进之前保持稳定,而后随处理因素的变化而变化,可以认定,是处理因素导致该行为的改变,而不是一些碰巧在观察期内发生变化的其他因素。具体程序如下:①找到若干个与所要研究的研究对象接近的研究对象,如有攻击性行为的大班幼儿研究对象一、研究对象二和研究对象三。②在不同时间内对他们引入同一治疗(处理因素),在进行治疗前不同研究对象有长短不等的基线期,从而可以将治疗的影响和时间因素逐个阶段地演示出来,以便最终确定治疗的真实效果。

2.3 装扮游戏及研究变量的测量

根据幼儿攻击性行为的成因及矫正方法的研究成果,研究者在有经验的幼儿园教师的协作下设计了将移情训练和榜样学习相融合的装扮游戏,装扮游戏系列包括宽容的小白兔、受惩罚的大灰狼、我们还是好朋友、流氓兔不再欺负人、小动物拔河比赛、康夫和机器猫、汤姆和杰瑞、森林救火记8个游戏项目,值得注意的是这8个游戏并非依据移情训练与榜样学习而各自归为两个类别,而是将这两种矫正方法融合在各个游戏中,让幼儿在装扮这些游戏角色的过程中,体会被攻击者的痛苦感受,并从中学会恰当地处理冲突的方式,宽以待人。例如在游戏宽容的小白兔中,在游戏开始前教师要先讲解整个故事的发展过程,接着让研究对象扮演被小猴子欺负的小白兔,小猴子由小组中一名小朋友扮演,要按游戏内容做出各种攻击性表现(抢萝卜、推搡、在树上扔小石子等)。其他的组员则扮演游戏中其他小动物,在冲突中起不同的作用(有的冷嘲热讽,有的表示同情,有的热心帮助)。游戏中的小白兔要表现出受到欺负时的难过,以及最后的宽容。每个孩子都戴上与角色相符的动物头饰。在该研究中,对象体会到受攻击的感受与处境,同时从自己扮演的角色中学习到处理方式。其他的游戏设置也是将移情与榜样学习融入其中。编制游戏遵循的原则是针对性、理解性、操作性和集体性。游戏的时间安排在每天下午3:00～4:00,游戏间隙教师总结游戏中幼儿的表现,并加以评价。每次训练2个游戏项目,随意组合,可根据幼儿的兴趣和反应进行调整。

通过教师的观察和摄像记录获得研究对象在单位时间内主动攻击他人的次数。该教师是一名实习教师,并不了解研究的进程,仅仅要求其按时间、攻击性行为的操作定义来记录研究对象的攻击频数。之后,将教师报告的频数与摄像记录的频数相平均得到研究对象在单位时间内的攻击次数。记录时间为上午9:00～10:00,下午4:00～4:30。

对教师进行程序标准化的培训、采用避免全体儿童(包括研究对象)知情的单盲设计以及随机组合装扮游戏的项目来控制无关变量(教师的期望效应、幼儿之间的干扰以及当天课程的影响)。

2.4 研究程序

将全班20名幼儿(除了3名研究对象以外)随机分成三组,各组分别是6人、7人、7人。将3名研究对象随机分入三个小组。研究对象一、对象二和对象三所在的小组分别为小组一、小组二和小组三。

阶段A(第1～5天),是研究对象一、二、三的共同基线期。阶段B(第6～10天),小组一开始开展装扮游戏,游戏训练一直持续到阶段D结束,共训练15天。整个小组单独被教师带到外场地一活动,防止小组二和小组三观察到。研究对象二和研究对象三仍处于基线期。阶段C(第11～15天),小组二开始开展装扮游戏,游戏训练一直持续到阶段D结束,共训练10天。整个小组单独被教师带到外场地二活动,防止小组三观察到。研究对象三仍处于基线期。阶段D(第16～20天),小组三开始开展装扮游戏,游戏训练一直持续到阶段 D 结束,共训练 5 天。整个小组单独被教师带到外场三活动。此阶段是研究对象一、二、三共同的矫正期。

2.5 统计方法

进行单因素方差分析。

3 结果

3.1 3 名研究对象的攻击性行为

研究对象一在矫正期 B、C、D 内攻击性行为比基线期 A 显著减少($F = 23.97$,$p < 0.001$)。对象一进入矫正期后攻击行为由最高 14 次减到最高 7 次,进入阶段 C 后减少较稳定,到阶段 D 时稳定在 1~3 次之间。研究对象二在矫正期 C、D 攻击性行为比基线期 A、B 显著减少($F = 28.12$,$p < 0.001$)。基线期 A、B 之间攻击次数无显著的差异。对象二在各阶段攻击性行为呈稳定下降趋势,阶段 D 稳定在 1~5 次之间。研究对象三在矫正期 D 内攻击性行为比基线期 A、B、C 显著减少($F = 52.37$,$p < 0.001$)。基线期 A、B、C 之间攻击性行为无显著差异。对象三的攻击性曲线波动性比较大,不太稳定(见表 8-3、图 8-15)。

表 8-3 3 名研究对象在不同阶段的攻击性行为次数比较($x \pm s$)

研究对象	阶段一	阶段二	阶段三	阶段四	F 值	p 值	两两比较 $p < 0.001$
对象一	9.8±2.5	5.4±1.1	3.4±1.3	1.8±0.8	23.97	<0.001	B、C、D<A
对象二	13.2±1.8	10.2±1.9	6.0±2.2	3.0±1.6	28.17	<0.001	C、D<A、B
对象三	12.4±1.5	10.0±1.2	11.0±1.6	2.8±0.8	52.37	<0.001	D<A、B、C

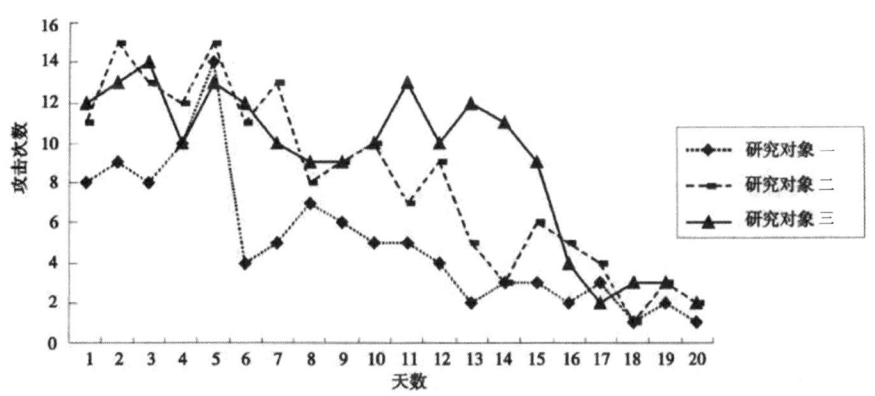

图 8-15 3 名研究对象在不同阶段的攻击次数

3.2 研究对象一、二、三在共同矫正阶段 D 的攻击性行为次数

比较三者在共同矫正阶段 D 的攻击性行为次数没有显著差异($F = 1.59, p = 0.240$),且较稳定地集中在 1～6 次之间。

4 讨论

4.1 研究效果

本研究通过多基线设计的显著性检验和定性观察显示,装扮游戏可以矫正幼儿的攻击性行为,且排除了其他因素对结果的作用。研究对象一在阶段 B 引入游戏矫正,而研究对象二、三仍处于基线期,此时研究对象一在阶段 B 的攻击性行为比在阶段 A 时有显著减少,而研究对象二、三攻击性行为与阶段 A 无显著差异,由此可见,研究对象一攻击性行为改善正是游戏的作用,而不是阶段 B 中发生的其他事件的影响。在研究对象二进入阶段 C 时,研究对象三仍处于基线期,研究对象二的攻击性行为较阶段 A、B 显著减少,说明其攻击性行为的改变也是装扮游戏的作用,而非阶段 C 中发生的其他事件的影响。研究对象三在阶段 D 的攻击性行为次数显著小于 A、B、C 阶段,A、B、C 阶段的攻击性行为次数差异无显著性,提示 D 阶段的干预减少了攻击性行为次数。

在共同的游戏期 D,三个研究对象的攻击性行为比较稳定地集中在 1～6 次之间,最后进入矫正期的研究对象三也显著地改善了攻击性行为,达到与研究对象一、二差不多的好转程度。研究对象一、二的游戏矫正时期更长,但三者在阶段 D 的攻击性行为次数并没有显著差异,没有显示出不同的游戏矫正时间与攻击性行为减少程度有关。可能原因是班级大部分幼儿都经历了集体装扮游戏,在班级整体出现了平和、友好的氛围,对研究对象三产生了一定的同化作用,所以一旦游戏治疗介入,其改善就更为迅速。可见,创设良好的环境对于矫正幼儿的攻击性行为也是极为重要的,这也是集体装扮游戏产生的良好效能。

4.2 研究存在的不足

研究对象三仅仅接受了 5 天的游戏训练,却显著地改善了攻击性行为,可能是班级氛围变化的影响,其他的影响因素从本实验中没有办法获知。虽然对参与实验的幼儿教师指导游戏方面进行了标准化训练,但是由于教师的职业性习惯,在游戏过程中会有自己的创造与设想,所以对研究的重复性检验方面有影响,这在今后的研究中要加以注意和控制。同时,本研究缺乏进一步追踪装扮游戏的效果,没有对 3 名研究对象采用 CBCL 量表进行后测,进而比较治疗前后的效果。本研究缺少对照组,无法排除因个体自身成长从而减少攻击性行为的可能性。

具有创造成就的科学家关于创造的概念结构：
基于 Q 分类的研究

摘要：运用 Q 分类及多尺度分析方法，研究具有创造成就的科学家关于创造成就的概念结构。被试是 30 名来自物理、化学、数学、地学和生命科学领域的具有创造成就的科学家。研究发现，具有创造成就的科学家关于创造成就的概念结构由"成就取向/内心体验取向""主动进取/踏实肯干"两个维度构成；取得科学创造成就的重要特征是"成就取向"和"主动进取"。

1 研究背景

由于科学技术对人类社会发展意义重大，因而心理学对科学创造力与科学创造人才的研究很早以前就开始了。Galton 于 1874 年对英国皇家协会的会员进行了研究，并出版了《科学英国人：天性与教养》一书，书中总结了对英国杰出科学家的调查研究结果，这是最早的关于科学创造力的研究文献。此后，关于科学创造力与科学创造人才的研究是沿着两条线索发展的：一个是科学创造力的实验室研究传统，这一研究传统强调对创造力的神经生理机制进行研究，或对创造过程进行计算机模拟研究；另一个是心理测量学的研究传统，这一研究传统强调运用心理测量评价技术来认识科学创造人才的相关认知与人格特征，关于科学创造力的大量研究文献主要集中于这一研究传统。

科学创造力研究的繁荣始于 20 世纪 50 年代之后，代表性的成果是 MacKinnon 主持进行的研究。这一研究是在加州大学伯克利分校的 IPAR（Institute of Personality Assessment and Research）进行的。他们对包括科学家在内的具有创造成就的科学创造人才进行了细致的观察和测量，得出结论认为，高创造的个体聪明、认知灵活；具有独创性；独立，无论是对来自自身内部的还是外部的经验都保持开放心态，对世界充满好奇，接受能力强，乐于学习，能够容忍由于经验开放、无法及时理解带来的混沌与焦虑；富于直觉，具有强烈的理论和审美兴趣；具有强烈的掌握自己命运的感觉，对自己创造性的努力充满信心。这类研究还有许多，如，Csikszentmihalyi 自 1996 年始对 91 位高创造者进行的访谈研究、Eysenck（1997）运用大五人格量表的研究、Feist（1998）运用大五人格量表与加利福尼亚心理问卷对创造型科学家的研究、王极盛（1986）对 28 位学部委员的调查研究等，此外还有 Barron 和 Harrington（1981），Tardif 和 Sternberg（1988），Sternberg 和 Lubart（1996），Renzulli 和 Reis（1997），Torrance（1998）以及 Smionton 进行的研究。在这些研究中，只有 Feist，Simonton 和王极盛的研究是专门针对科学创造人才的，其余的研究都是对包括科学创造人才在内的创造者共同特征的研究。Feist 的研究认为,科学创造人才在认知上具有开放、灵活的特征;在人格上具有支配的、傲慢的、敌意的、自信的、自主的、内向的、动机强的、有抱负的特征。Simonton 则在最近总结自己近 40 年来对科学创造人才的研究后指出,科学创造人才都具有高一般智力、对新经验开放、自我强韧性(ego strength)、独立、内向、情绪倾向于不稳定等特征。我国王极盛研究员比较了创造型科学家与一般科学工作者的特征,认为在智力因素方面,科学创造人才具有更高水平的思维能力、独立思考、分析能力、联想能力、判断能力、记忆力、想象力、思维综合能力、思维灵活性以及观察力。在非智力因素方面,科学创造人才在事业心、勤奋、兴趣、责任心、求知欲、进取心、意志、自信心、意志顽强性、情绪稳定方面表现得更好。

　　分析以往研究结果,可以获得两点结论。一是由于科学创造力的实证研究强调研究具有可重复观察、反复验证的特征,沿着这两个研究传统所积累起来的研究材料,多数以创造性产品来界定创造力。认为创造性产品才是最终能够证明某一过程或某一人物是否具有创造性的标准,即当一项产品具有新颖而适用的特点时,才被界定为是具有创造性的,并进而界定做出这一成果的人是创造人才。据此,本研究将科学创造人才界定为具有创造成就的科学家,具体是指生活于特定历史阶段、在所在的学科中做出创造性成就的科学家。产品新颖性的标准是:科学家提出的理论与方法在当时是"新"的、"他人没有提出过";适用性的标准是:解决了当时认为是重大问题,或者圆满地解释当时科学界不能解释的科学现象或者预言了后来科学的发展。二是从已有研究结论中可以看出,国内外关于科学创造人才的研究取得了丰富的研究结论,但也存在着研究结论不统一甚至矛盾的地方。例如,有的研究认为科学创造人才情绪不稳定,有的研究者认为他们情绪稳定。综合地看待已有结论会发现,研究者们在概念使用上意义并不一致,在不同程度上存在特征罗列、概念重合与多重相互包含等问题,因而很难得出较为一致的结论或形成统一的观点。

　　分析产生这一问题的原因,可以发现这些研究都是从外部观察的角度进行的。有研究者在总结了以往的研究后指出,我们之所以对创造持神秘的态度,是由于我们是作为对创造过程一无所知的观察者从外部对创造力进行研究的。如果我们具备创造者所具备的科学知识,或进入创造者的数据库,了解创造者的思维过程,我们就能够比较直接地了解创造性的想法是从哪里来的。也有助于判断从外部观察的角度所提出的特征是否反映了创造者的真实情况,因而有必要从内部观察的角度来研究科学创造力。国内外也有一些研究者从内部观察的角度研究社会公众以及某领域的专家对创造力的看法,试图发现公众或专家对创造力的理解,但是由于被调查对象大多不是做出创造性成就的人,缺乏对创造过程的体会,所反映出来的只能是特定文化中公众对创造力的一般理解,因此难以触及创造力的本质。如果能够让科学创造者根据自己进行创造活动的体会去看待各个特征的意义,那将更能反映科学创造力的本质特征,但是由于理论框架与方法技术方面的限制,特别是界定与寻找具有创造成就的科学家配合研究方面的困难,从创造者的角度去系统地认识科学创造力的研究尚未出现。

本研究对科学创造力的研究采取了从科学创造人才内部观察的角度,以无可争议的已经取得创造成就的科学家为研究对象,探讨这些具有科学创造成就的人关于创造的概念及其结构。由于他们具备本领域做出创造性成就所必需的知识,具有进行科学创造的经历和体验,所以,他们关于科学创造的概念结构能更深刻地反映科学创造力的本质。

2 过程

2.1 研究方法

关于概念结构的研究经历了经典观、原型观以及样例观,当前又出现一种新的概念结构理论——基于理论的概念结构观。这一观点认为,在评价过程中,人们是根据已有理论知识进行的,评价时个人知识和背景对于概念结构有重要作用。因而,我们可以通过分析具有创造经历的人的评价来了解他们关于创造成就的概念结构。

本研究在收集与分析资料过程中采用 Q 分类方法。这一方法特别适用于研究人类主观性认识,能够简化复杂的,尤其是相互包含的项目,是一种简捷、快速和可靠地处理信息的方法。Müller 和 Kals 研究认为,Q 分类方法可以针对个案或小样本进行研究,特别适合于研究复杂的主观结构,诸如观点、态度、兴趣、价值等。鉴于以上 Q 分类方法的特点与小样本研究的优势,本研究采用这一方法收集数据。

本研究数据分析采用多尺度分析法。多尺度分析法(multidimensional scaling,简称 MDS)也叫多维标度法,是近 40 年来发展起来的一种常用的结构分析方法,是研究一组变量潜在维度的常用方法。其目的是寻找决定多个特性的少数几个潜在维度,并在由潜在维度决定的低维空间内以图形的形式将各变量之间的关系表达出来。表明模型与数据拟合程度的指标叫压力系数(stress)。说明低维空间在解释观测变量变异程度的指标是回归系数的平方(RSQ-regression square)。我国已经有学者介绍这一方法以及用这一方法研究特定人群的概念结构。本研究采用多尺度分析法进行数据的分析与整理,以了解具有创造成就的科学家关于科学创造的概念结构。

2.2 研究步骤

2.2.1 预备研究一

(1)选定学科:科学创造可以分为科学发现与技术发明,而这两种科学创造涉及不同的创造过程与背景,本研究以科学发现为研究对象。根据学科特征与我国科学院学部设置,本研究选定数学、物理、化学、地学、生命 5 个学科作为学科范围。

(2)被试选择范围:本研究被试的选择包括两部分,首先选定中科院院士作为备选研究对象,考虑到院士大多数年龄较大,同时选择获国家自然科学一、二等奖的青年科学家作为备选对象,每个学科100人,共500人。

(3)研究对象的进一步确认:查询他们代表性的成果,然后隐去姓名,分别列出每个人的成果,请该方向三年级博士生根据上面成果创造性评价标准,对该成果的创造性进行评价。在500名备选研究对象中,由于找不到合适的评判者,或者评判者不能准确确定该成果创造性特征等原因不能成为本研究被试的有393名。最后,本研究得到107名合乎标准的被试。

(4)对筛选出来的被试进行访谈:给107名合乎标准的潜在被试发电子邮件,说明本研究目的,请他们配合。3天后打电话预约访谈时间。访谈全部由研究者完成。

在质性研究中,对于同一现象的解释,由于研究视角和知识背景不同,不同研究者对研究资料的解释可能存在偏差。因而质性研究鼓励研究者提供自己的研究背景,以让读者了解在解释资料过程中可能出现的研究者偏差。访谈者从大学本科开始进行心理学专业学习,硕士毕业后在高校从事心理学教学与研究,近15年来一直从事创造力的研究与教学工作,访谈时正在攻读博士学位。访谈时的心态是:发现或探究到底是什么使得这些科学家能够做出创造性的成就。

访谈结构:访谈前给科学家呈现"课题访谈介绍"。在"访谈介绍"中说明研究目的、意义、访谈资料运用方式、感谢他们的无私帮助,并提出录音诉求,得到肯定答复后进行正式访谈。访谈为结构访谈,访谈提纲参照Gardner等进行访谈研究时采用的访谈提纲,结合本研究特定研究目的,由课题小组共同讨论制定。访谈主题有两个:一是让被访者讲述自己最具创造性的科学研究成果的研究过程,二是反思哪些特征对自己的科学研究过程产生了重大影响,每个主题下面分别有一些次级主题。

共收集到34人的访谈资料,其中数学、物理、化学、地学、生命科学各为6人、8人、6人、7人、7人,被访者出生年代在1911—1965年间,年龄分布在40岁以下者3人,41~50岁7人,51~60岁6人,61~70岁8人,71~80岁7人,80岁以上3人。女性科学家2人,男性科学家32人。受访科学家的出生地与童年成长地遍布包括台湾省在内的我国27个省市(自治区)。

为了进行反复、深入的分析,研究人员用录音笔对访谈进行全程录音,访谈大约60分钟。

访谈准备:由于本研究的被访者是在科学研究领域卓有成就的科学家,社会地位及学术地位都较高,赢得他们的配合,让他们认为研究人员正在做一件有意义的工作是非常必要的。正式访谈前,访谈人员要了解并熟悉被访者的主要研究领域,尤其是熟知科学家取得的创造性研究成果的内容,使得被访科学家感到研究人员具备与之交谈的知识背景。

预访谈:在正式对科学家进行访谈前,研究人员找了3位科学研究工作者做了预访谈(分别为物理、数学和生命科学3个领域),请研究人员的指导教师、课题组成员对预访谈过程全程观摩或听录音分析、指导,直到导师和课题组成员认为可以独立进行访谈才开始对本研究的正式被试进行访谈。

访谈过程的控制:访谈地点定在被访者认为合适的地点,大多是被访者的办公室或家里,访谈时要求没有其他人打扰,被访者也不会见其他客人或接电话,以保证被访者谈话思路连贯、流畅。研究人员则尽力保持谈话气氛融洽和谐,谈到被访者需要仔细思考才能准确回答的问题时,研究人员要耐心等待。

访谈主题和次级主题的提出次序在访谈中是灵活的,依赖于被访者的陈述。追问的方式主要是描述与举例、比较并举例或解释与举例。追问的方式根据访谈的实际过程而变化。被访者有机会反思他们的思想与研究历程,解释或详细阐述他们对这一问题的观点。谈话中某种主题的缺失或隐含,可能是由于被访者认为它不言自明、理所当然,或者某些东西无法改变故意避而不谈。作为对开放性问题的补充,访谈时也需要进行追问,使得后期的分析与比较在明确共同成分的基础上进行。

访谈结束,关闭录音笔后,向受访科学家表示感谢,保证本研究不会干扰他们正常的科研工作。同时请他们简要谈谈对本研究的建议与感受。研究人员回到住所后立即将这些谈话记录下来,为后来的分析提供旁证。

访谈笔记:与科学家的面谈资料能够为研究提供宝贵的材料,科学家严谨的分析思路、认真的态度、访谈的情景、科学家的思考过程,访谈过程中科学家的表现本身也是研究的一份资源。由于担心录像会造成被访者的心理压力,本研究没有采用现场录像,为了弥补这一不足,研究人员在访谈结束后立即以"工作日记"的形式写访谈笔记,及时记录当时的感受、科学家的表达方式、访谈时的情景及对研究课题的启发。

(5)对访谈资料进行逐字转录(转录文字约51万字,转录者为课题组成员,访谈人员对每份转录反复听录音校对,以保证转录的可靠性)。经过微观分析及开放式编码—归纳微观分析结果进行主轴编码—建立初步编码类别及主题描述—建立主题索引和主题编码描述等一系列过程,最终建立起"编码手册",使得我们关于科学创造过程心理特征的抽象描述变成与科学创造过程描述相贴近的具体描述。对每个词的解释都包括主题标签(label)、描述性定义(description or definition)、辨别标识(indicator)和例子(example)四部分。例如,"勤奋努力"是科学家常常提及的创造心理特征,通过对访谈资料的分析,我们发现在取得创造成就的过程中,它的具体内容是指"为了达成目的而花费大量的时间投入工作。具体说来包括三个方面:勤于学习、勤于思考和勤于做实际的研究工作"。我们将对这些词特定内涵的理解固定在"编码词典"里,使得一些表面意义上接近的词在具体的科学研究中有了特定的含义。

(6)经过编码信度分析与三人同时编码(编码者除研究者本人外,另两名是创造力课题组成员,正在攻读心理学硕士学位,毕业论文为有关创造力的专题),我们得到26个对科学创造来说重要的心理特征。

2.2.2 预备研究二

(1)研制"创造性的人形容词表"。形容词表包括151个描述具有创造成就的科学家的形容词。词表里的词分别来自前述研究结果与Gough的"创造力形容词表"。对前后重复、意义相同但表述稍有差异的词进行归类整理。

(2)利用"创造性的人形容词表"对物理、化学、数学、生命、地学等5个学科的研究工作者256人进行问卷调查。方法是让被调查者在一个5点量表上标出每种特征对于科学创造的重要程度。另加一个开放式的题目,要求他们写出他们认为重要但是没有被包含在问卷中的特征。根据被试标出的重要特征(标准为:描述统计量平均数为4以上,标准差在1以下的特征词为重要特征词)。共找到44个合乎标准的词。

(3)研制"具有创造成就的科学家重要心理特征调查表"。将从以上调查中得到的形容词与访谈中得到的形容词实际意义的描述对应起来,以对访谈结果的处理为主,补充前述重要研究中总结出的意义重大,但被访科学家没有提到或提得不明确的词。这样编制成由30个词构成的"具有创造成就的科学家重要心理特征调查表"。

(4)预试,收集稳定性信度资料。先让物理、化学、数学、生命、地学等5个学科的博士研究生填答这份调查表,根据他们自己曾经进行的创造性的工作,对如下过程进行回忆:"提出与完善一个见解(不论意义重大与否)——完善观点——让别人理解并接纳",分析哪些特征在其中起作用。然后,按照调查表要求的Q分类规范填答。一个月后用同一份问卷再做一次这样的填答,计算调查问卷的稳定性信度。本研究对21人进行了复测,分别计算每个人两次评价之间的相关,21个人相关系数的平均值为0.737(填答了2次问卷的博士生中化学、数学、生命、地学各4人,物理学科5人,其中1人为女性;填答者的年龄在28～37岁之间)。说明调查表在评价心理特征在创造活动中重要意义方面是稳定的,达到了可用性的标准。

2.2.3 正式研究

对具有创造成就的科学家的正式施测。请被筛选出来的数学、物理、化学、地学和生命科学5个领域具有创造成就的科学家填答"具有创造成就的科学家重要心理特征调查表"。

方法是让具有创造成就的科学家根据他们对自己创造过程的体会以及对自己工作特点的反思,对30个特征词进行Q分类。在Q分类中,首先请科学家了解这30个特征的含义,第二步请他们将这些心理特征按重要、中等与不太重要分成3类,每类10个特征,然后再在重要的10个特征中挑出最重要的4个特征,在不太重要的10个特征中挑出相对最不重要的4个特征。这样每位科学家将30个特征分成5类,每类有4、6、10、6、4个特征,30个特征的分布构成粗略正态。

有 30 个科学家填答了这份问卷。用 SPSS 10.0 进行数据管理与分析。正式被试的学科与年龄分布见表 8-4。

表 8-4 正式被试的学科与年龄分布

学科分布		年龄分布	
学科名称	各学科人数	年龄段	各年龄段人数
数学学科	6	40 岁以下	3
物理学科	7	41～50 岁	7
化学学科	6	51～60 岁	6
地学学科	5	61～70 岁	6
生命科学	6	71～80 岁	5
		80 岁以上	3
合计人数	30		30

3 结果

3.1 具有创造成就的科学家对心理特征进行评价的情况

本研究中被试将 30 个心理特征按其重要程度分成 5 类,我们因而也可以获得一个各个心理特征重要程度的评价分数,从"最重要"到"最不重要"依次计为 5、4、3、2、1 分,并计算出这个群体对每项特征评价的平均分。表 8-5 列出了这一结果。

表 8-5 具有创造成就的科学家对取得"创造成就"与"一般成就"重要心理特征的排序

特征名称	特征标号	创造成就			一般成就		
		平均数 $\bar{X}$	标准差 S	重要程度排序	平均数 $\bar{X}$	标准差 S	重要程度排序
勤奋努力	S10	3.88	1.455	1	4.36	1.286	1
有理想有抱负	S1	3.81	1.559	2	3.09	0.944	13
内在兴趣	S7	3.75	1.238	3	2.64	1.286	21
积极进取	S2	3.63	1.147	4	3.82	1.079	4
思维综合能力强	S11	3.56	1.209	6	3.73	0.647	6
专业素质与技能	S21	3.56	1.153	6	3.82	0.751	4
注意吸收新信息	S8	3.56	1.094	6	3.64	0.505	7
自信	S14	3.50	1.155	8	3.55	1.036	10
乐于合作与交流	S22	3.38	1.025	10	3.55	1.036	10

续表

特征名称	特征标号	创造成就			一般成就		
		平均数 $\bar{X}$	标准差 S	重要程度排序	平均数 $\bar{X}$	标准差 S	重要程度排序
思想独特新颖	S24	3.38	0.885	10	2.36	1.286	23
坚持有毅力	S18	3.38	1.088	10	4.09	1.300	2
善于发现问题	S17	3.31	0.946	12	3.00	0.894	14
富于洞察力	S26	3.25	0.856	13	2.91	0.831	17
开放性	S3	3.19	1.424	14	2.91	0.831	17
思维分析能力强	S27	3.00	0.894	16	3.00	1.483	14
独立自主	S15	3.00	0.816	16	2.73	1.191	19
知识广博	S12	3.00	1.033	16	2.91	0.944	17
善于驾驭已有知识	S6	2.94	1.181	18	3.64	1.206	7
寻求规律的倾向	S19	2.88	1.310	19	2.09	0.539	28
系统的研究风格	S28	2.75	0.856	21	2.18	0.751	26
思维灵活变通	S23	2.75	0.931	21	2.64	0.505	21
精力充沛	S9	2.75	1.000	21	3.55	1.508	10
责任心强	S20	2.73	0.799	23	3.82	0.751	4
愿意尝试	S4	2.69	1.014	24	2.64	0.809	21
善于观察	S13	2.63	0.806	25	3.18	1.168	12
敢于冒险	S5	2.63	1.147	25	2.18	1.079	26
联想能力强	S25	2.56	0.727	27	2.36	0.674	23
工作中的愉快感	S29	1.69	1.195	28	2.27	1.191	25
内向性	S30	1.62	1.088	29	1.91	0.944	29
爱好艺术	S16	1.38	0.719	30	1.45	0.820	30

注：$n=30$(人)。表中心理特征按平均数大小排序（降序）。平均数相同特征的排序取序号的中位数标出。

由表 8-5 可以看出，对做出创造性成就而言，勤奋努力、有理想有抱负、内在兴趣、积极进取、思维综合能力强、专业素质与技能、注意吸收新信息、自信、乐于合作与交流、思想独特新颖、坚持有毅力、善于发现问题、富于洞察力、开放性、分析能力强、独立自主、知识广博等 17 项特征是重要的特征（重要程度平均在 3.0 以上）。最不重要的特征有 3 项：工作中的愉快感、内向性和爱好艺术（重要程度平均在 2.0 以下）。

由表 8-5 同时看到，对于科学家做出一般科学成就而言，最为重要心理特征有 2

项(重要程度平均在 4.0 以上),它们是:勤奋努力和坚持有毅力。此外还有 13 项特征也较重要(重要程度平均在 3.0 以上),它们是:责任心强、专业素质与技能、积极进取、思维综合能力强、善于驾驭已有知识、注意吸收新信息、自信、精力充沛、乐于合作与交流、善于观察、有理想有抱负、思维分析能力强、善于发现问题。最不重要的心理特征有两项(重要程度平均在 2.0 以下),它们是:内向性和爱好艺术。考察所有项目评价的标准差发现,在取得"一般成就"的重要心理特征问题上,科学家的认识比较一致,而且更加强调勤奋努力、坚持与毅力,以及责任心和专业素质的作用。

3.2 具有创造成就的科学家关于创造成就的概念结构

评价结果经多尺度法进行分析,发现科学家在评价各个心理特征在科学创造中的重要意义时使用的概念可划分成两个维度,这两个维度可以解释 81.5% 的数据变异。各维度的组成与赋值情况见表 8-6。

表 8-6 具有创造成就的科学家关于创造性成就的概念结构

组成特征标号	特征名称	特征赋值(weight)
	维度 1:成就取向/内心体验取向	
正向:成就取向		
S10 勤奋努力		1.6889
S7 内在兴趣		1.5216
S3 开放性		1.4249
S14 自信		1.2589
S8 注意吸收新信息		1.1730
S2 积极进取		1.0795
S21 专业素质与技能		1.0422
负向:内心体验取向		
S30 内向性		-2.5716
S16 爱好艺术		-2.675
S29 工作中的愉快感		-2.8217
	维度 2:主动进取/踏实肯干	
正向:主动进取		
S1 有理想有抱负		1.8552
S11 思维综合能力强		1.3328
S7 内在兴趣		1.0813
S5 敢于冒险		0.9500
S4 愿意尝试		0.9169

续表

组成特征标号	特征名称	特征赋值(weight)
S2 积极进取		0.8776
负向:踏实肯干		
S1 勤奋努力		−1.5437
S19 寻求规律的倾向		−1.5037

由于是运用主轴法进行的数据分析,因此每一维度都用正负两个方向加以说明,每一维度及其正负向的命名,都是研究者根据这一维度所包含的几个极端心理特征的内涵命名的,用这个维度可以将处于两个极端的心理特征分开。第一维度可以命名为"成就取向/内心体验取向",其正向是积极追求成就的心理特征,它包括勤奋努力、内在兴趣、开放性、自信、注意吸收新信息、专业素质与技能、坚持有毅力和善于发现问题;其负向为注重内心感受的心理特征,包括分析自己思想与情感的内向性,注重内心体验的爱好艺术和工作中体验到的愉快感,命名为"内心体验取向",这些特点也是被科学家评价为相对不重要的心理特征(见表8-5)。第二维度为"主动进取/踏实肯干",其正向为"主动进取",包括有理想有抱负、思维综合能力强、内在兴趣、敢于冒险、愿意尝试和积极进取;其负向为"踏实肯干",包括工作勤奋努力和寻求规律并遵循规律,按规律办事。说明具有创造成就的科学家在评价各个心理特征对于取得创造成就的重要性时,采用的尺度主要有两个:"成就取向/内心体验取向"与"主动进取/踏实肯干"。

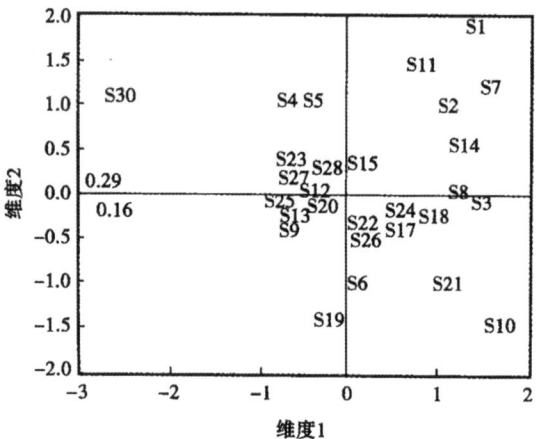

图 8-16 具有创造成就的科学家关于创造性成就的概念结构图

注:S1:有理想有抱负;S2:积极进取;S3:开放性;S4:愿意尝试;S5:敢于冒险;S6:善于驾驭已有知识;S7:内在兴趣;S8:注意吸收新信息;S9:精力充沛;S10:勤奋努力;S11:思维综合能力强;S12:知识广博;S13:善于观察;S14:自信;S15:独立自主;S16:爱好艺术;S17:善于发现问题;S18:坚持有毅力;S19:寻求规律的倾向;S20:责任心强;S21:专业素质与技能;S22:乐于合作;S23:思维灵活变通;S24:思维独特新颖;S25:联想力强;S26:洞察力;S27:分析能力强;S28:系统的思维风格;S29:工作中感到愉快;S30:内向性。

图 8-16 可以更形象地说明这两个维度及其各个心理特征在科学创造中的意义。

分析组成这两个维度各成分心理特征以及各个特征在创造性成就中的重要程度（表8-5）可以看出，具有创造成就的科学家的概念结构中，对做出创造性成就具有重要意义的概括性的特征是"成就取向"与"主动进取"。

3.3 具有创造成就的科学家关于"一般成就"的概念结构

具有创造成就的科学家同时对取得"一般成就"的心理特征也按重要程度进行了分类，对这一结果进行多尺度分析，得到具有创造成就的科学家关于"一般成就"的概念结构。经分析得到一个2维解，压力系数为0.177，RSQ值为0.843。各维度的组成与赋值情况见表8-7。

分析具有创造成就的科学家关于"一般成就"概念结构，发现它也是由两个维度构成的，这两个维度是："成就取向/内心体验取向"和"知识/动机"取向。结合具有创造成就的科学家对构成这两个维度的各个特征在创造性成就中的重要程度的评价（表8-5）可以看出，在具有创造成就的科学家的概念结构中，对做出"一般成就"具有重要意义的概括性的心理特征是"成就取向"与"知识"。

表 8-7 具有创造成就的科学家关于"一般成就"的概念结构

组成特征标号	特征名称	特征赋值（weight）
	维度1：成就取向/内心体验取向	
正向：成就取向		
C10 工作勤奋努力	2.4646	
C18 坚持有毅力	2.0221	
C2 积极进取	1.5314	
C21 专业素质与技能	1.2276	
C20 责任心强	1.1855	
负向：内心体验取向		
C7 内在兴趣	−0.9793	
C5 敢于冒险	−1.3943	
C28 灵活系统的研究风格	−1.2080	
C24 思维独特新颖	−1.2148	
C19 追求秩序	−1.2532	
C29 工作中的愉快感	−1.4106	
C30 内向性	−1.7197	
C16 爱好艺术	−2.5064	
	维度2：知识/动机	

续表

组成特征标号	特征名称	特征赋值(weight)
正向:知识		
C6 善于驾驭已有知识	1.6685	
C12 知识广博	1.1887	
C9 工作中精力充沛	1.1178	
负向:动机		
C7 内在兴趣	−0.9679	
C18 坚持有毅力	−1.2057	
C1 有理想有抱负	−1.7065	

4 讨论

4.1 概念结构与重要心理特征的关系

本研究通过具有创造成就的科学家评价各心理特征在创造成就中的意义来了解他们关于创造的概念及其结构,他们在评价这些心理特征的重要性时,心中是有标准(scale)或理论的。评价者也许并没有明确地意识到他们所持的理论,但是他们具有进行创造性工作的经历,对创造性工作的体会与反思形成了他们对创造的一些基本态度,并通过评价表现出来。因而,通过分析评价结果可以发现他们评价时所依据的概念及其结构。本研究进行评价的材料都是心理特征,因而这一概念结构是在心理特征这一层面上所说的概念结构。

综合具有创造成就的科学家对各个特征重要程度的评价,我们还可以进一步了解,在他们的概念结构中哪些被他们认为是重要的一端。比如,结合概念结构与重要等级的评价可以看出,具有创造成就的科学家认为"成就取向""主动进取"是创造者最基本的心理特征。

本研究在评价各个特征的重要性时使用的是 Q 分类法,即在分类时既要依据自己关于创造的理解来考虑心理特征的重要意义,同时各个类别又有数量限制,在区分相对重要和不重要的特征以及在两端再分出最重要和最不重要特征时,他们会不断地拷问自己对创造性成就的理解,使得他们对这一问题的认识更加清晰地显现出来。同时,本研究以具有创造成就的科学家为被试,几经挑选符合条件并愿意配合研究的被试数量较少,而心理学统计方法的运用对数据分布是有一定要求的,比如,数据呈正态分布。其他类型的研究可以在大量被试的情况下使数据趋于正态,本研究很难获得大批量的被试,所以,在收集数据的过程中就采用了提高数据精度的方法,使得数据在整体上呈粗略正态,满足进行统计分析的条件。

4.2 具有创造成就的科学家关于两种成就概念结构的异同

科学已经发展成一个严密的体系,要想在科学研究中哪怕是取得一般的成就,都必须经过本学科的严格的学习与技能训练,具备本学科的专业素质与技能,必须有 10 年以上的积累(即"十年规则")。通过 10 年左右的坚持不懈的努力学习、勤奋工作,具备积极进取的心态,才有可能取得成就。无论是取得"一般成就"还是"创造成就"都需要科学工作者具有较强的"成就取向"。这一点反映在具有创造成就的科学家关于这两种成就的概念结构里。这说明,取得创造性成就与一般成就一样都需要以"一般成就基础"为基本条件。这一观点与 Amabile 关于创造的解释有一致之处。Amabile 认为,创造由有关领域的技能、创造的技能和工作动机三部分组成,而本研究的"成就取向"就大致相当于有关领域的技能。在两种背景下,成就取向的构成是不同的,在"创造成就"中,勤奋努力更多的是出于内在兴趣,积极进取是以开放的、接受新信息和自信方式表现出来的;而在"一般成就"中,勤奋努力更多的是出于责任心,积极进取主要是以坚持有毅力的形式表现出来。

具有创造成就的科学家关于两种成就概念结构最突出的差别体现在第二个维度上。在他们的概念结构里,要想取得"创造成就",除了具有"成就取向"外,个体还必须具备"主动进取"的特征。这一特征包括有理想有抱负、思维综合能力强、内在兴趣、敢于冒险、愿意尝试和积极进取。进一步分析它的构成,它们分别为:思维方式上的主动性(思维综合能力强),体现为在现有材料基础上能够产生认识上的飞跃,从而形成新观点和假设;行为方式上的主动性(愿意尝试和敢于冒险),体现为在不能确保成功情况下敢于投入某一方向或专题的工作,试着提出也许并不成熟的观点,并努力尝试验证它们;行为动力的主动进取性体现为在内在兴趣的推动下积极进取、发展自己,树立远大理想和不凡抱负。而取得"一般成就"则强调具备广博的知识,并善于驾驭已有知识,能够精力充沛地投入工作之中,进一步强调知识对于取得成就的意义。这与"创造成就"中追求在已有知识基础上的突破与飞跃形成鲜明的对比。

4.3 主动进取对科学创造的特殊意义

本研究发现,在具备了"成就取向"的前提下,创造还需要另一特征,那就是主动进取。而且主动进取表现在思维方式与行为方式的主动性以及行为动力进取性三个方面。这一维度的特征与 Rank 和 Frese 等人提出的个体主动性的研究结论有相似之处。他们的研究认为,个体主动性包括自我发动、积极行为和坚持性行为三部分。有研究表明,积极行动的人格预示着未来的创造性行为。本研究认为,坚持性行为属于一般成就基础维度,而思维的主动性是个体主动性的一个重要标志。这一点也得到 Sternberg 等研究的佐证。他们的研究发现,做出创造成就的人常常是特别出色的综合思维者,能够发现别人所不能发现的综合点,综合意味着产生新想法。

主动进取在科学创造中的作用在于,科学创造中知识是必要的,但是在学习知识

的同时,也接受了学科的范式和规范,每个学科都以学科目标、学科方法和学科符号系统的形式滋养着学习这一学科的人,也同时束缚着试图发展和突破它的人,要想有所创造就必须主动打破这种限制,具有冲破范式或规范限制的勇气,这种勇气就是个体的主动进取精神,是为科学带来生命力的个体主动性,即追求真理的科学精神。Sternberg 曾经用 thesis 来比喻智力、创造力和智慧。他认为,智力是适应环境的能力,因而是 thesis;创造力是产生新的、适应于任务的、高品质的观点的能力,是对现实的否定与超越,因而是 antithesis;智慧是二者的平衡,因而是 synthesis。如果说智力是与现实相容与对现实的把握,那么创造力则是主动实现对现实的否定与超越,这种否定与超越的动力就来自于创造者本身及自身的知识素养,因而科学创造一定是个体主动进取精神的展现。

提出将创造力的主动进取维度作为创造的重要特征的意义还在于,它能够概括已有的研究结果。正如在本文的文献综述部分总结的那样,几乎每个关于创造人才的研究者都会提出一些人格的或认知方面的特征,几乎是看到的研究越多,知道的关于创造者的特征就越多,反而对创造人才到底有什么特征感到模糊不清。用主动进取这一特征则可以很好地概括所有这些特征。不同的研究者由于研究的被试、领域、方法或研究思路不同,往往会得出不同的结论,如果用主动进取去概括,无论采用什么样的词语,无论表现在哪一方面,只要是体现主动进取的意义,就应该是有利于创造的。这样主动进取特征不仅能够概括已有结论,还可以包容更大的变化性。但是正如已经揭示的那样,主动进取只是一个必要条件,做出创造性的成就还须有一般成就基础的配合。为一般成就基础找到新的方向与突破口,为扎实的一般成就插上飞翔的翅膀,使研究具有足够的灵性或创造的特性。

本章思考与练习

1.当今许多大学生都存在拖延问题。假设你是研究者,对拖延的成因、情绪表现、结果等有很大的兴趣,请你运用所学质化取向的个案研究方法,具体指明如何进行研究。

2.随着科技发展,青少年网络成瘾成为"现代病"。现设计了一套矫正系统,请你利用所学知识,从量化取向的个案研究方法中选择一种验证其矫正效果。

3.越来越多的人注意到牙齿也是美丽的一部分,纷纷进行牙齿矫正。也有人抱着社交目的。请使用 Q 分类技术了解成年人牙齿矫正动机。

拓展阅读

官淑华.(2010).教师成长中的身份认同:对两位高中英语教师职业生涯的案例研究(硕士学位论文).浙江师范大学,金华.

该研究是典型质化取向的个案研究范例,对两位教师进行了深入的跟踪研究,使用了诸如田野日记、谈话、观察的方法。通过该论文可对本章中质化取向的资料收集方法、记录技术有更进一步的体会,从另一个角度发现质化取向个案研究在拓展和发现理论上的重要作用。

程秀兰,王莉,李丽娥,张晓艳.(2009),孤独症儿童融合教育干预的个案研究.学前教育研究,16(6):34-38.

该研究对一位孤独症儿童进行长达3年的干预训练,包括感觉统合训练、语言表达训练、强化行为训练等。其间,使用孤独症行为量表收集前后测数据,采用参与式观察法记录该儿童的学习生活表现,以及对家长进行半结构访谈,是典型的单基线设计。说明融合教育和家庭教育的结合是改善孤独儿童症状的有效途径。

张皓月.(2016).音乐治疗对自闭症儿童共同注意的影响研究(硕士学位论文).西南大学,重庆.

该研究选取3名中度自闭症谱系障碍儿童,采用单一被试的A－B－A－B与跨被试的多基线设计,结合观察法,探究音乐治疗对其共同注意的影响效果。该研究中,研究者将质化取向和量化取向结合起来,既通过设计和统计分析增强内部效度,又具备生态化的优点。

参考文献

董奇.(2004).心理与教育研究方法.北京:北京师范大学出版社.

黄希庭,张志杰.(2005).心理学研究方法.北京:高等教育出版社.

李清,王晓辰,程利国,郑日昌.(2008).幼儿攻击性行为装扮游戏矫正的多基线实验研究.中国心理卫生杂志,22(3):175-178.

童辉杰.(2012).心理学研究方法导论.北京:中国人民大学出版社.

张景焕,金盛华.(2007).具有创造成就的科学家关于创造的概念结构.心理学报,39(01):135-145.

张雯,张日昇.(2013).对一名社交恐怖症青少年的箱庭治疗个案研究.心理与行为研究,11(06):832-837.

第九章 研究结果的整理、分析与解释

目　次

第一节　心理学研究数据的整理与审核
　一、心理学研究数据、资料的整理
　　（一）数据、资料整理的目的
　　（二）资料的编码
　二、数据、资料的审核与评价
　　（一）研究数据、资料的质量审核
　　（二）数据、资料的剔除和补充
　　（三）研究数据、资料的评价

第二节　心理学研究结果的定性分析
　一、定性分析的特点和方法
　　（一）定性分析的特点
　　（二）定性分析基本方法
　二、定性分析的基本思路与过程
　　（一）基本思路
　　（二）定性分析过程

第三节　心理学研究结果的定量分析
　一、统计分析的功能与基本内容
　二、描述统计
　　（一）集中趋势的度量
　　（二）离散趋势的度量
　　（三）相关关系的测量
　三、推论统计
　　（一）总体参数的估计
　　（二）假设检验
　　（三）统计显著性、统计检验力与效应量
　　（四）多元分析方法

第四节　心理学研究结果的解释
　一、心理学研究结果解释的内容与方法

（一）研究结果解释的方法与原则
　　（二）研究结果解释的内容
　二、心理学结果解释与研究结论的概括性
　　（一）研究结果内部维度的概括性
　　（二）研究结果外部维度的概括性
　　（三）结论概括性的评价
第五节　应用范例
　大学生人格类型与专业认同间的关系研究
　基于聚类分析的不同完美类型者心理特点研究

本章思考与练习

拓展阅读

参考文献

第九章 研究结果的整理、分析与解释

本章导读

随着心理学研究的不断发展,不同的研究方法相继出现,也就会获得不同类型的数据和资料。当研究者选用适当的方法收集数据、资料之后,便要面临对研究数据、资料的处理过程。但是研究者面对众多的研究数据、资料时,对数据和资料应该怎么整理?该使用什么方法分析数据和资料?结果又该如何解释?本章将按照整理、分析、解释的流程,介绍如何对数据、资料进行整理和不同的数据分析方法,以及如何对研究结果进行解释。

第一节 心理学研究数据的整理与审核

一、心理学研究数据、资料的整理

(一)数据、资料整理的目的

为了便于进一步分析研究,研究者需要将收集到的研究数据、资料进行整理。这样做的目的主要是:(1)通过研究数据、资料整理使研究者把握主导方向。因此,研究者就要通过研究数据、资料整理,收集、删除或补充有关结果,突出研究的主导方向,从而提高研究的效率与可靠性。(2)通过研究数据、资料的整理保证材料的可靠性,为进一步定性和定量分析取得正确的结论奠定基础。例如,在心理测量的许多测量问卷或量表中,常常设有测量研究对象作答时一致性的"谎值"(如"爱德华个人偏好量表"),以判断被试的答案的真实性,如果"说谎值"过高,则该被试数据的可靠性较低,应区别对待。(3)通过研究数据、资料的整理形成可进行深入分析的材料,初步把握数据的整体情况。

对原始材料、数据的审核、评价与汇总等,研究者可以获得比较系统而完整的反映研究对象情况的材料,这样就可以从中发现某些初步的规律。

(二)资料的编码

编码(coding)就是将研究所获得的资料转换成计算机可识别的数字、代码的过程。其具体的过程为:(1)罗列出所有的变量。(2)将变量归类,如视力、听力、精细动作、平衡能力等可归为身体机能变量。(3)给变量指定代表符号,如性别用"SEX";同类变量可加数字,如身体机能变量设为"PHYSICAL",则视力可以设为"PHYSICAL1"。(4)给每一个变量的内容指定代码,如 SEX=1 为男性,SEX=2 为女性。

根据编码制定的时间,可以分为事前编码和事后编码。

事前编码(precoding)是指在开始收集资料之前,根据研究目的做研究设计的同时进行编码设计,使研究结果能直接编录入编码表的编码方法。前编码适用于变量答案类别事先已知的问题,如封闭式问卷、内容分析的编码等。例如,某心理学研究者通过单向玻璃观察儿童课堂行为表现,并将某儿童的表现对照事先制定的"课堂行为表现核查表"进行编码,这就是前编码。

事后编码(postcoding)是指在资料收集工作完成之后,研究者根据研究目的和所记录的被试的反应或答案,构建编码系统,对资料进行编码的方法。对于开放式问卷或一些事先不知道全部情况的观察、测量等,一般采取事后编码的方法。例如,进行问卷调查,某个开放性问题的答案可能有数十种,可以把它们全部列出来,将同一类型、同一性质或相近的答案归为一类,然后对各被试的答案逐一编码。

二、数据、资料的审核与评价

(一)研究数据、资料的质量审核

质量审核就是审查核实研究所获数据、资料的真伪,删除错误的结果,保留合理的结果,并根据实际情况对缺失的结果进行补充,以保证研究结果的质量。研究数据、资料的质量审核包括两个方面的内容:一是从研究的总体看,应检查达到研究目的所要求的各个方面的数据、资料是否收集齐备。二是对被试个体的数据、资料的审核,检查每一个被试的数据、资料有无缺失或遗漏,有无前后矛盾之处,结果登记中有无错行、错号等差误。

质量审核的方法包括:计量审核和逻辑审核。

计量审核即核查研究数据、资料中各项计量资料。数据是否有错误或矛盾的地方,其中包括计量关系是否正确、计量单位是否一致等。例如,被试的总人数应等于不同分组的人数总和,也应等于男、女被试人数之和。

逻辑审核方法即检查研究数据、资料的内容是否合乎逻辑,有无不合理的地方。例如,某量表的选项只有两个选择项,分别用"1"和"2"表示,但答案中却出现了其他数字,这便是不合理的地方。

(二)数据、资料的剔除和补充

当研究者对数据进行质量审核之后,对于一些有明显错误的资料和数据,应尽量加以纠正。如果无法纠正,在不影响抽样效果,保证研究数据一定的有效率(一般为80%,有些研究要求不同)的基础上,应对这些错误结果予以剔除。要注意的是,如果不能确定某些研究结果的正确性和合理性,就应请有关方面的专家或熟悉该方面情况的其他研究者审核。

如果数据不完整,某些部分资料、数据缺失,应想办法补充。一般做法是,找出全部研究数据,资料中缺失、遗漏等有问题的地方,及时访问研究对象,解决其中的疑问以防缺失的数据、资料得不到补充而影响研究的完整性。

(三)研究数据、资料的评价

在对研究数据、资料进行质量审核的同时,还要对其进行评价。审核着重于研究数据、资料的完整性、齐备性和合理性的检查,而评价则侧重于与研究数据、资料有关的各种资料的判断分析。通过对研究数据、资料及有关资料的评价,可以确定研究数据的可靠性及其程度,以便进一步分析和解释。

研究数据、资料的评价,一般包括两个方面的内容:一方面是数据、资料的来源,另一方面是数据、资料的本身。

对数据、资料来源方面的评价,包括以下四个方面:

1.研究设计有关的资料。评价研究的数据、资料,要结合研究设计进行。首先,要明确心理学研究采用的研究方法。各种研究方法各有其优缺点,所获得的研究数据、资料的精确性、可靠性也各不相同。其次,要结合取样的数量和方式评价研究数据、资料。研究对象取样的科学性、代表性直接关系到研究结果的统计分析、解释和结论。再次,要结合研究工具评价研究结果。了解研究工具的信度、效度等标准化内容,对研究结果的可靠性做出评价。最后,还要弄清研究实施的程序。因为不同的研究程序,可能影响研究结果的质量。

2.研究数据、资料收集情境有关的资料。研究数据、资料的收集情境也可能影响研究数据、资料的准确性和可靠性。例如,在公交汽车站要求候车者填写某种个性问卷，候车者可能因急于赶路而拒绝充当被试或敷衍作答，这些情况都不利于准确、可靠的研究数据、资料的收集。

3.与研究对象有关的情况。人在研究中的反应可能受许多因素的影响，从而影响到研究数据、资料的质量。因此，对研究数据、资料的评价，要了解与研究对象有关的一些情况。根据不同的目的和要求，侧重点也不同。比如，有些被试的文化水平会影响其对研究问题的理解，便难以反映出真实情况。

4.与主试或研究者有关的情况。在评价研究数据、资料时，要同时考虑研究者或主试的情况。第一是研究者的外表特征的一致性，第二是研究者的个性特征的影响，第三是研究者的观察、记录的质量。

对资料、数据本身的评价直接影响研究的科学性，主要是指对其可靠性的评价。研究结果的可靠性评价可从研究数据、资料的合理性、完整性等几个方面入手。合理性主要是指研究结果是否合乎逻辑，比如，某些不应该出现的心理现象在研究结果中出现了，就应该考虑一下是否合理。完整性则针对结果的质量审核后的数据、资料是否完备、全面。比如，经过质量审核，可能会剔除或者补充一些数据，这时可能会影响取样的代表性，取样便可能无法全面反映总体的所有特征。

第二节　心理学研究结果的定性分析

一、定性分析的特点和方法

定性分析是对研究结果的"质"的分析，是运用分析和综合、比较和分类、归纳和演绎等逻辑分析方法，对研究所获资料进行思维加工，从而认识心理学中的心理现象和行为的本质，揭示其发生发展的规律，为研究结果的解释和理论的构建提供依据。

定性研究或定性分析有两种含义：一种是专指作为研究方法的定性研究，如参与观察法和深入访谈法就是两种定性研究方法；另一种是作为对研究结果的分析手段的定性研究或分析。在此所讨论的定性研究方法或定性分析是指后一种。

（一）定性分析的特点

定性分析包括以下特点：

1.定性分析是建立在描述基础上的逻辑分析或推断。用于定性分析的资料，通常是描述性的资料（包括描述性的数量统计），如文字、图片等。例如，在一项关于儿童对死亡概念形成的研究中，研究者首先通过访谈，收集大量的资料，然后通过归纳、比较与分类及分析等逻辑分析方法，概括出死亡概念的三大本质特征，即普遍性、非功能性和不可逆性,并建立理论框架,研究死亡概念形成的过程和规律。这种定性分析就是建立在描述基础上的逻辑分析。

2.定性分析侧重揭示心理过程中的现象或行为的"意义"。定性分析侧重揭示"意义"(现象或变量之间的关系),因此,不仅研究者要尽可能准确地获得研究对象真正的心理活动和行为的原因,而且要善于从研究资料的表面深入下去,揭示"意义"。例如,在一项表情再认及情绪成因的研究中,研究者运用访谈法向被试者提出了一系列问题,在收集了大量的关于儿童有什么情绪体验、他们如何解释自身体验和别人的情绪成因等资料之后,通过逻辑分析,得出情绪成因的一般规律。

3.定性研究或分析倾向于对研究结果进行归纳分析。在定性分析中,研究者倾向于运用归纳分析的方法。研究者从心理学研究的大量研究结果中归纳出其中的规律、关系,从而形成抽象概括的理论。例如,研究者观察儿童的人际交往行为。在实际观察一段时间之后,研究者发现儿童之间的冲突行为(包括吵架与打架)很有研究的价值,因此就将研究的指向集中于这一问题。研究者经过一段时间有目的的观察,发现在儿童之间的冲突中,冲突挑起者与结束者总是由某些社会地位较高的儿童充当。这样研究者就可以提出假设,并用进一步的研究来检验假设。上述从实际观察中归纳出研究假设的归纳分析就是定性分析常用的方式。在心理学研究中研究者常用归纳的方式提出研究假设。

4.定性分析不仅注意对结果和作品的分析,更重视对过程和相互关系的分析。例如,对儿童冲突问题的研究的目的之一在于减少、控制儿童的冲突行为,仅仅研究冲突的挑起人和结束者的有关情况并不能达到目的,还应研究儿童在冲突中的相互作用、情绪及认知变化,以及采取的策略等,这样才能对儿童冲突有一个全面的考察,从而提出相应的措施和策略。又如对预言的自我实现、助人行为等问题的研究也应以过程的分析为主。定性分析不仅注重结果和作品的分析,更注重过程的分析。在这个意义上,可以说定性分析是一种动态的、针对过程的分析,可以找出变量之间相互影响过程的规律,从而为结果的解释提供依据。

(二)定性分析基本方法

在定性分析中常用的方法有以下几种:

1.比较与分类

比较(compare)是指依据一定的标准,确定事物或现象之间的异同及相互关系,从而寻找心理和行为的普遍性及特殊本质。心理学是研究人的心理活动和行为规律的科学,而人的任一心理活动和行为具有共同性和个别差异两方面的内容和表现,这是在心理学研究中运用比较的基础。

在心理学研究中,常用以下两种比较方法:纵向比较和横向比较。纵向比较是指对同一研究对象的心理和行为在不同发展时间的具体特点进行比较的方法。横向比较是指依据一定标准,对同时并存的不同事物或现象进行比较分析的方法。

上述两种比较方法在运用时必须有统一的标准,同时,参与比较的事物或现象之间要有可比性(即事物与现象之间要有内在的本质联系)。

比较是为了区分事物,即分类(classify),分类的原则包括:(1)分类应根据研究问题和目的进行;(2)每次分类必须在同一维度上进行;(3)分类的类别必须穷尽且互斥;(4)类别之间应有显著的差别,同类资料应有相同的性质。

2.分析与综合

分析与综合的逻辑方法贯穿于研究方法过程的始终。在定性分析中的分析与综合主要是指对研究结果的全面分析研究。

分析(analyze)是指把复杂的研究对象(研究结果、现象等)分成简单的部分,进行单独的考察,从而认识各部分的性质和特点。如研究儿童思维品质,可以将其分为敏捷性、灵活性、深刻性、独创性和批判性五个方面分别加以考察,这样可以更深刻地认识思维品质和智力。但是对研究对象的分析不能脱离综合。

所谓综合(synthesize),是指根据分析的结果,在已经认识到的事物本质的基础上,将事物的各方面的本质联合成为一个整体,从而使人们获得对研究对象的全面、完整的认识。在做出研究结论时,经常用到综合的方法。

3.归纳与演绎

归纳(induce)与演绎(deduce)是定性分析时常用的两种相互对立又相互联系的逻辑推理方法,也是构建理论的两种不同的方法。

根据归纳对象的不同特点,归纳法可以分为完全归纳法和不完全归纳法,后者又可以分为简单枚举法和科学归纳法。归纳法在心理学研究中运用非常广泛,因为提出理论或检验假设时都要求研究者从收集的大量事实资料中,概括或推论出某一类事物、现象所具有的某种属性。例如,个案分析、研究结果的推论统计等,都是通过对个体或样本的考察和分析,从而做出一般性的推论或结论,这实际上是不完全归纳法的具体形式。

演绎法与归纳法的逻辑取向相反,它是从一般性前提推出个别性结论的逻辑方法。演绎法一般可分为简单判断的推理和复合判断的推理,两者又包括多种形式。在心理学研究中,三段论和假言推理运用较为普遍。例如,某思维发展研究结果表明某 3 岁幼儿已形成了"守恒"概念,而已有的研究和理论已证明"守恒"概念要在儿童七八岁以后才可能形成,因此 3 岁幼儿形成"守恒"概念这一结果值得怀疑。这就应检查结果的可靠性了。这个推理过程就用到了演绎法。

4.抽象与具体

心理学的研究对象是具体（concrete）的，要认识心理与行为的本质和规律，必须借助于抽象（abstract）。于是就形成了由具体到抽象和由抽象到具体的两种逻辑方法，这两个过程与综合分析过程分别对应。

心理学研究的结果分析是定量分析与定性分析的结合，只有通过抽象，才能使定量分析上升到定性分析。如果离开抽象，定量分析就不能对认识心理活动的规律有所帮助。在定性分析中，一般借助抽象的概念、数学模型或理论模型等方式进行科学的抽象。从另一方面来看，心理学研究的目的是描述、解释、预测和控制心理现象和行为，因此必须经过由抽象到具体的过程，才能使理论运用于实践，为实际工作服务。

上面介绍了定性分析的逻辑方法。在实际研究工作中，研究者应根据研究结果的具体情况，选择适当的逻辑方法对其进行定性分析。同时应该注意，不能将这些方法僵化为教条，在分析时生搬硬套，而是要具体问题具体分析，使定性分析能更好地为揭示心理学相关研究领域中的规律服务。

二、定性分析的基本思路与过程

（一）基本思路

定性分析的思路有很多，从变量数目角度分析可分为以下几种：

1.单变量分析

单变量分析是指对研究所涉及的一个变量的描述和分析。一般来说，这个变量应是影响研究结果的主要变量（如主要的因变量）。按变量的性质不同，单变量分析可分为连续变量的分析和间断变量的分析。这里主要讨论连续变量的分析。

单变量分析主要包括数据分布、集中趋势和离散趋势等几种形式，主要是用于描述某一变量的特征与规律。数据分布可用全部描述、数据分布和比例数等三种方式。集中趋势可以用算术平均数、中数和众数表示。离散趋势可以用全距、标准差和方差等表示。单变量分析就是在这些定量描述的基础上，对研究变量进行定性分析。

2.分组比较与双变量分析

分组比较是指对研究对象按一定的标准进行分组，通过组间的相互比较描述变量的特征。分组比较一般也是针对某一个变量而言的。

而双变量分析便涉及两个变量，同时也增加了对变量之间关系的分析。通常研究者通过比较自变量的各种水平在因变量的各种水平上的差异来分析变量间的关系。

3.多变量分析

多变量分析与双变量分析的原理是相同的,差别在于双变量分析只涉及一个自变量和一个因变量,而多变量分析则有一个以上的自变量来解释因变量(也可以是一个以上)。多变量分析有两种主要方法:一种是多元分析;另一种则是通过其他变量的影响探索两变量之间关系,其主要方法是把样本数据按照控制变量分组后再加以比较分析。后一种分析方法其实质是通过变量控制(引入第三个变量)将干扰因素和无关因素加以控制,使两个相比较的群体除一个变量不同外,其余的尽可能接近,以描述或检验变量间的关系。

上面介绍了定性分析的基本思路。在心理学研究中,研究者逐渐认识到心理领域的现象可能受多种因素的影响,单变量分析已难以准确地揭示这些现象的本质和规律,开始越来越多地运用多变量分析方法,这一趋势应该引起研究者的重视。心理学研究是质和量的统一体,因此应强调定性分析与定量分析相结合,强调定性分析基础上的定量分析,在实际研究中不可偏向任一方面。

(二)定性分析过程

定性分析一般包括下面几个步骤:

1.确定定性分析的目标

定性分析目标的确定是与研究目的、研究设计,尤其是研究假设分不开的。定性分析的目标就是寻找变量之间的关系(相关、因果或其他关系)。

例如,研究者欲研究小学儿童自我意识的特点,设计了一系列问题,采用问卷形式检验儿童自我评价的客观性。结果分析就可以有两种方法:其一是将儿童自我评价水平和活动的结果(如学习成绩、测验分数等)进行比较,考察二者之间符合的程度;其二是将儿童的自我评价与他人考察对象的评价(如教师、同学和家长的评价)进行比较,考察二者之间的符合程度。研究者可以根据研究的具体情况选择其一,也可二者并用。在此,比较二者之间的符合程度就是定性分析的目标。

使用定性分析时,研究者必须根据研究目的和研究结果确定定性分析的目标,然后选择适当的定性分析方法和分析的维度进行分析。

2.整理研究结果

研究结果的整理要根据定性分析的目标进行。

3.寻找关系,探索规律

根据定性分析的目标对研究结果进行整理后,就应采用分析方法寻找变量之间的关系,探索其规律,揭示其本质。在这一步需要运用定性分析的有关逻辑方法,如分析与综合、归纳与演绎、比较与分类、抽象与具体等进行分析,从而得出研究结论。

第三节 心理学研究结果的定量分析

一、统计分析的功能与基本内容

统计分析是心理学研究的重要工具。心理学发展的早期阶段,定量分析很少被运用于研究中,许多研究者仅仅是从个人经验出发,用哲学、逻辑思辨的方法获得研究结论。现代心理学研究一般是在一定范围内进行的,如何设计心理学研究,如何从样本的性质推论总体的性质才能避免犯错误,凡此种种,仅仅依靠个人或少数人的主观经验是不可能完成的,只有借助于统计分析方法,才有可能解决这些问题。目前,统计分析已成为心理学研究的重要工具。

心理学研究中的统计分析,可以依据不同的分类标准划分为不同的类别。其中,最常见的是按照统计分析方法的功能进行分类,分为描述统计、推论统计和实验设计辅助统计三大类。

1.描述统计

主要是对资料进行整理、分类和简化,描述数据的全貌以表明研究对象的某些性质。描述统计包括数据初步整理、数据集中趋势和离散趋势的度量以及相关关系度量等几方面,其目的在于使纷繁的数据清晰直观地显示研究对象的特征,以利于进一步深入分析。

2.推论统计

主要讨论通过局部(样本)数据讨论全局(总体)的情况。推论统计包括总体参数特征值的估计方法和假设检验方法两大类。

3.实验设计辅助统计

包括被试的取样方法和样本容量确定、实验条件的控制以及结果统计方法的选择和设计等内容,一般是在实际研究开始之前进行的,目的在于使研究者能科学地、经济地以及更有效地进行实验。

上述三个方面之间是密切联系的。描述统计是推论统计的基础,推论统计是带有预测性质的统计分析方法;描述统计只对数据进行一般特征的描述分析,若不进行后续进一步的推论统计分析,就不能深刻地揭示统计结果的意义。描述与推论统计都是在良好的实验设计下所得数据基础上进行的,因此,实验设计的优劣是决定统计分析成功与否的关键。当然,一个好的实验设计也必须符合统计分析方法的要求。

二、描述统计

在心理学研究中,当研究者实施了研究设计,收集了大量的研究结果后,首先应对数据进行初步整理,如统计分类和制作统计图表等,随后,就要对数据的特征进行描述。描述数据的集中趋势和离散趋势及相关关系,就被称为描述统计。

(一)集中趋势的度量

心理学研究中,集中趋势度量结果称为集中量数。集中量数就是一组数据的代表值,代表着研究对象的一般水平。常用的集中量数有以下几种:

算术平均数(M)是应用最普遍的一种集中量数。基本计算方法是总体中各单位数值之和除以总体数目单位,其商即为算术平均数。在大多数情况下,它是真值的最佳估计值。

中数(Md)又称中位数、中点数,它是指在数据的次数分布上50%位置处的数值,即位于一组数据中较大一半与较小一半中间位置的数。中数既可能是原始数据中的一个,也可能不是原有的数据。中数受抽样的影响较大,稳定性不如算术平均数。

众数(Mo)是指分布中次数最高的数据,即数据中出现次数最多的数据的值。众数可以通过观察方法直接得到,也可以用积分的方法求出。众数主要用于粗略、快速的计算中,计算简便。

(二)离散趋势的度量

集中量数只描述了数据的集中趋势和典型特征。由于心理学研究所获得的数据大多是随机变量,具有变异性,因此,要对数据的变异性即离散趋势进行度量。描述数据的离散趋势的统计量称差异量数。常见的差异量数有以下几种:

方差(variance)也称变异数、均方,常用符号 S^2 表示,它是每个数据与该组数据平均数之差乘方后的均值。标准差(standard deviation)是方差的算数平方根,常用 S 或 SD 表示。方差和标准差的计算公式为:

$$S^2 = \frac{\sum(X-\bar{X})^2}{N} = \frac{\sum x_i^2}{N} \quad S = \sqrt{\frac{\sum(X-\bar{X})^2}{N}} = \sqrt{\frac{\sum x_i^2}{N}}$$

式中:$\bar{X}$ 表示样本的平均数,N 表示样本大小,X 表示每个样本的值,x_i 表示每一个原始数据与平均数之差。

在心理学研究中,常用标准分数(Z 分数)表示一个数据在团体中所处的相对位置,便于团体成员间的比较。其计算公式为:

$$Z = \frac{X - \bar{X}}{S}$$

式中:X 表示样本的值,$\bar{X}$ 表示样本的平均数,S 表示样本的标准差。

如果要比较同一团体或个人在不同测量单位的测验中得分,或者比较不同团体进行同一中观测获得的数据,研究者常用到差异系数(也称相对标准差),差异系数越大,表示该数据在团体中的位置越偏离平均位置(算术平均数)其计算公式为:

$$CV = S/M$$

式中:S 表示样本的标准差,M 表示样本的平均数。

此外,研究者有时会使用到全距,全距可在研究预备阶段,用于检查数据的大致散布范围,以便确定统计分组,是最高分与最低分的差值。

(三)相关关系的测量

心理学研究往往需要描述变量之间的关系,考察变量之间的关系可以用相关关系分析法。相关关系有三种,即正相关、负相关和零相关。研究中用相关系数 r 表示变量之间的相关程度。相关系数的数值介于 -1.00 和 $+1.00$ 之间,数值前的正负号表示相关的方向。正值表示正相关,负值表示负相关,0 表示零相关。相关系数的绝对值越大,相关程度越高。为 $+1.00$ 时,为完全正相关;相关系数为 -1.00 时,为完全负相关。

两种最常用的相关是积差相关和等级相关。积差相关适用于正态分布的双列变量,即用等距和等比量表测量获得的数据。常用的是皮尔森(Pearson)积差相关,基本计算公式为:

$$r = \frac{\sum xy}{N \cdot S_X \cdot S_Y} = \frac{\sum xy}{\sqrt{\sum x^2 \cdot \sum y^2}}$$

式中:x、y 分别为 X、Y 两个变量测量值与平均值之差,N 表示样本大小,S_x 和 S_y 分别表示 X、Y 变量的标准差。

等级相关适用于等级变量(用等级量表测得的数据)和非正态分布的变量之间的相关分析。这种相关方法对变量的总体分布不做要求,因此又称为非参数的相关方

法。最常用的等级相关是斯皮尔曼(Spearman)等级相关,其基本公式为:

$$r_R = 1 - \frac{6\sum D^2}{N(N^2-1)}$$

式中:D 为各对偶等级之差,$\sum D^2$ 是各 D 平方之和,N 为样本大小。

此外,还有表示多列等级变量相关程度肯德尔等级相关以及质与量相关、点二列相关等。

上述相关分析有一个重要的假设:变量之间的关系是线性关系。非线性相关关系不能用线性相关的公式计算。

有时,研究者也会报告相关系数的平方值 R^2,即决定系数,或者称为两个变量的共享方差百分比。此值将获得的 r 变为百分率,R^2 的范围是 0.00~1.00。这一百分率表征了一个变量的方差能够被另一个变量解释的百分比,比如,若要考察体重与性别的关系,在现实中,性别与体重的相关大约是 0.70。这意味着 49%(0.70 的平方)的体重变异性能够通过性别的变异性进行解释。因此,解释了 49% 的体重变异性,但还有 51% 的变异性需要其他变量加以解释。在理想世界中,如果研究者掌握对人的体重有贡献全部其他变量的充分信息,就能够解释 100% 的体重变异性。

三、推论统计

推论统计是研究者经常使用的另一种处理数据的统计学工具。推论统计一般用来帮助研究者分析通过测量所得到的数据,从而推断出被研究群体的整体情况。推论主要包括总体参数的估计和假设检验两方面的内容。

(一)总体参数的估计

总体参数的估计可分为点估计和区间估计两类,主要解决通过样本中得到的结果推论总体的问题。本节着重介绍区间估计。区间估计是指用一个置信区间估计总体参数。这个置信区间是在一定的置信度(显著性水平)下建立的,总体参数落在这个区间内可能犯错误的概率等于置信度。区间估值以样本分布理论为基础,依据样本分布做出估计正确概率的解释,依据标准误的大小确定区间的长度。标准误越小,置信区间越短,估计准确概率也较高。一般地,样本容量越大,标准误越小。

区间估计的种类很多,主要有总体均值的区间估计、总体百分数的区间估计、标准差和方差的区间估计、相关系数的区间估计等。其基本计算思维是相同的,都必须先根据置信度计算出标准误,基本公式为:

$$A \pm Ba S_E$$

式中:A 为样本统计量,如 $\overline{X}$、σ_r 等。Ba 为分布形式,如 Z、t、χ^2 分布。S_E 为样本统计量的标准误。

(二)假设检验

假设检验(hypothesis testing)是推论统计中应用最普遍,也是最为重要的统计方法。一般地,假设检验分为参数假设检验和非参数假设检验两大类,在心理学的实际研究中都得到了广泛的应用,在假设检验中研究者主要关心的是从两个样本统计值的比较中得出的差异是否存在于两个总体之间。

1.假设检验的基本思想和步骤

在心理学研究中,根据已有的理论和经验或对样本的总体的初步了解而对研究结果做出的假设叫作研究假设 H_1(也叫备择假设),而与之相对立的假设称为虚无假设 H_0(也称零假设)。研究者通过对 H_0 进行检验,从而接受或拒绝 H_1 的过程便是假设检验。通常把概率小于0.05和0.01的事件称为"小概率事件",这个概率也称显著水平。

假设检验的基本步骤是:
(1)建立虚无假设 H_0 和研究假设 H_1;
(2)选择适当的显著性水平 α,并根据检验的类型,查出临界值;
(3)根据样本数据计算统计检验值;
(4)比较临界值与统计检验值;
(5)根据比较结果进行决策。

通常地,在显著性水平 α 下,临界值大于统计值,则接受 H_0,拒绝 H_1;临界值小于统计值,则拒绝 H_0,接受 H_1。

2.常用的假设检验方法

在心理学研究中,经常遇到平均数显著检验、平均数差异的显著性检验、相关系数的显著性检验、方差的差异检验及方差分析等问题,其中运用较多的是以下几种检验。

(1)Z 检验

在心理学研究中,对总体正态分布、方差已知或独立大样本平均数的显著性和差异的显著性检验,非正态分布($\rho \neq 0$)的皮尔森积差相关系数和二列相关系数的显著性检验以及两个相关系数分别由两组被试得到的相关系数差异性检验等情况,都可以用 Z 检验。其中平均数差异显著性 Z 检验的基本计算公式为:

$$Z = \frac{D\bar{X}}{SE_{DX}}$$

式中:$D\bar{X}$ 是两个平均数的差异,SE_{DX} 是两个平均数差异的标准误。

(2) t 检验

t 检验即比较两组平均数之间的差异是否达到显著水平。通常用于总体正态分布、总体方差未知或独立小样本平均数的显著性检验，平均数差异显著性检验，相关系数由同一组被试取得的相关系数差异显著性检验，非正态分布（$\rho \neq 0$）的皮尔森相关系数的显著性检验等情况。其中，平均数差异显著性 t 检验公式为：

$$t = \frac{D\bar{X}}{SE_{D\bar{X}}} (df = n-1)$$

式中：$D\bar{X}$ 是两个平均数的差异，$SE_{D\bar{X}}$ 是标准误，df 是自由度，n 为样本大小。

(3) χ^2 检验

χ^2 检验是比较观察次数与理论次数之间差异的统计方法。一般用于计数数据的检验，也可以用于样本方差与总体方差的差异检验等情况。χ^2 值就是统计样本的实际观测值与理论推断值之间的偏离程度。用于计数数据的 χ^2 检验基本公式为：

$$\chi^2 = \sum \frac{(f_0 - f_e)^2}{f_e}$$

式中：f_0 为实计数，f_e 为理论期望次数。

(4) F 检验与方差分析

F 检验是解决从两个正态总体中随机抽取的两个样本变异数之比，从而考验是否达到显著差异的统计方法。常用于独立样本的方差的差异显著性检验，其公式为：

$$F = \frac{s^2_{n_1-1}}{s^2_{n_2-1}} \quad (df_1 = n_1 - 1, df_2 = n_2 - 1)$$

式中：s_{n_1-1}、s_{n_2-1} 分别为两样本的方差，df_1、df_2 分别为样本 1 和样本 2 的自由度，n_1 和 n_2 分别为样本 1 和样本 2 的大小。应该注意的是 F 检验是双侧检验，只有当 $F < F(1-\alpha/2)$ 或 $F > F(\alpha/2)$，两方差的差异才显著。

方差分析又称变异数分析，主要用于心理学研究所分析数据中不同来源变异对总变异的影响大小，从而确定自变量是否对因变量有重要影响。不同的实验设计，所需方差分析的具体过程存在着区别，主要有独立设计和相关设计两种设计的方差分析。使用方差分析应注意满足基本假设：①总体正态分布；②变异是可加的；③各处理内（即实验组内部）的方差一致。

(三) 统计显著性、统计检验力与效应量

1. 统计显著性

上面简要讨论了几种常用的假设检验方法。从中可以看出，推论统计（尤其是假设检验）的主要目的是判断统计显著性（statistical significance）是否存在。而推论统

计做出的结论是可能性的,做出的推断同样存在犯错误的可能。在作统计推断时可能犯的错误有两种情况:

其一是在应当接受虚无假设时,错误的拒绝虚无假设,即两总体之间并无差异时,错误地做出总体之间有差异的结论。这种错误称为Ⅰ类错误,其概率用 α 表示,故又称为 α 型错误。犯 α 型错误的概率取决于拒绝虚无假设的概率水平。例如,如果概率水平 $\alpha=0.05$,那么推论总体有差异时有5%犯Ⅰ型错误的可能。α 代表着某一个显著性水平。

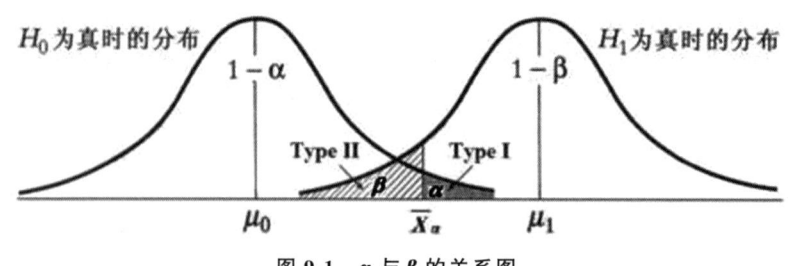

图9-1 α 与 β 的关系图

其二是当总体实际上存在差异时,错误的接受了虚无假设,这种错误称为Ⅱ类错误,其概率用 β 表示,故又称为 β 型错误。Ⅱ类错误比Ⅰ类错误更难以计算。这两类错误的关系如图9-1。从图中可以看出,当其中一种错误的可能性增大时,犯另一种错误的可能性相应减小,但是,$(\alpha+\beta)$ 不一定等于1。如果研究者做出推论,在 α 水平上总体差异不显著,接受 H_0 时,还应该考察 β,避免犯Ⅱ类错误,这一点应该引起研究者重视。假设检验的可能性如表9-1所示。

表9-1 假设检验可能情况

检验结果	决策	
	统计推断决策	
	接受 H_0	拒绝 H_0
临界值>统计值	——	α 错误
临界值<统计值	β 错误	——

应该注意的是,假设检验并不能排除效度的其他影响因素,假设检验只能说明两组数据间的差异,但并不能指出造成差异的原因。此外,统计显著性并不能保证研究结果有意义或有价值。"显著性水平"只是统计学意义的概率,而不是理论上或实际上的概率水平。还应当注意的是,差异上的量很大并不意味着统计显著性很好,差异

的显著性既取决于差异的大小，同时也取决于样本大小。很大的样本容量产生的很小的差异也可能是显著的。切勿错误将差异的量当作差异的统计显著性程度。这一点也应引起心理学研究者重视，如果研究者使用了很大的被试量进行研究，实验组与控制组的结果相差很小，于是就想当然地认为差异不显著，这是不正确的，还应根据样本的大小查表后再做出推断。

2.统计检验力

统计检验力又称统计功效（statistical power），其值等于 $1-\beta$，是指正确推断虚无假设 H_0 正误的能力。在此主要讨论统计检验力的影响因素及其功用。影响统计检验力的因素很多，主要有三种：①总体的特征。两个总体的实际差异越小，假设检验就越难以检验出其差异，研究假设越难以确认为真（即接受 H_1），对统计检验力的要求越高。对于一个总体，如果其他条件不变，总体的变异程度越大，统计检验力越小。②样本的容量。一般地，统计检验力与样本容量成正比，当 $(1-\beta)>\alpha$ 时，随着样本容量的增大，统计检验力提高。③显著性水平 α。从图 9-1 中可以看出，当 α 减小时，β 相应增大，$(1-\beta)$ 就随之减小，统计检验力下降。

统计检验力对于实验设计和结果解释是很重要的，在实验设计时，因考虑到影响统计检验力的几种主要因素，使研究设计能最敏感地体现出实验处理的作用。在心理学研究中，有时可能出现实验组与控制组的结果差异不显著，即在显著性水平 α 下接受 H_0 的情况，这时应该考虑统计检验力，避免犯 β 型错误，并做出合理的推论。

3.效应量

在一般的心理科学实验中，研究者进行推论统计时，主要关注实验中自变量是否对因变量具有显著性作用，即 p 值是否小于显著性水平。但是容易忽略样本量会对实验结果产生重要影响，当样本量很大时，即使自变量对因变量的作用实际上并没有显著性影响，但 p 值仍然可能小于显著性水平。所以需要一个不受样本量影响但能测量自变量效果的量数——效应量（effect size, ε^2）。

效应量是衡量实验效应强度或变量关联强度的指标，它不受样本容量大小的影响（或影响很小）。效应量与研究设计和研究目的有关，它可以是任何研究者感兴趣的量的大小，可以涉及单变量、双变量和多变量。比如均值、均值的差异、相关系数和方差的比例等。效应量太小，意味着处理即使达到了显著水平，也缺乏实用价值。将效应量具体到假设检验中，效应量即为"虚无假设 H_0 错误的程度"。这种错误的程度可形象理解为虚无假设 H_0 与备择假设 H_1 所代表的两个抽样分布分离程度或面积重叠程度：如图 9-2 所示，当虚无假设被接受时，效应量的值为零；当虚无假设被拒绝时，效应量为非零值，且当效应量越大，H_0 偏离 H_1 而犯错误的程度越明显，两分布的分离程度越高,重叠面积越小,虚无假设的均值与备择假设的均值间的距离越远。

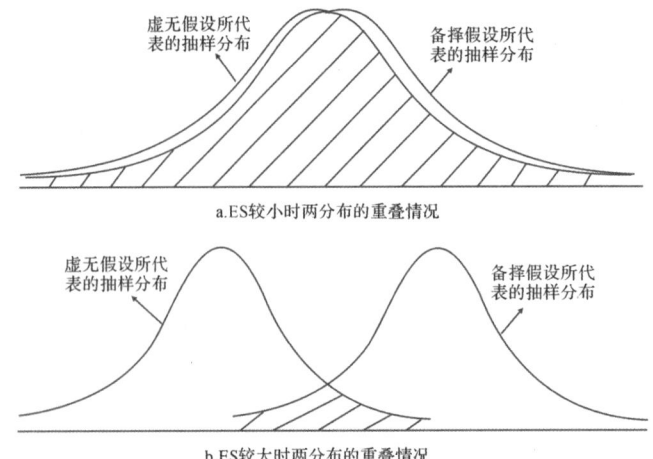

图 9-2　效应量大小与假设分布

相对于传统行为实验中的 p 值,效应量具有一些优于 p 值的特点:

(1)效应量不依赖样本大小。p 值的大小会极大地依赖于样本量,比如某一实验中,第一次实验中实验组和控制组均为 20 人,最终检验的结果显示差异不显著,而当把人数均增加至 130 人,两组的平均数之差和标准差都不变时,差异却显著。而效应量则可以独立于样本容量而计算实验的实际效果。

(2)效应量是一个纯净值,即它没有测量单位,如此则可以将效应量用于不同研究之间进行比较。例如,在两独立样本 t 检验中,其效应量指标为 d,若 $d=0.25$,则意味着不管两样本数据的单位是英尺、厘米还是其他单位,两样本均值之间的差异均为 1/4 个标准差。

目前出现过的效应量种类繁多,在此引用郑昊敏的分类方式,按效应量的统计意义将其分成三类:

(1)差异类:一般用于实验研究,进行两组均值比较或多组均值比较。

(2)相关类:一般用于变量相关的研究中,其大小衡量了两个或多个变量共变的程度,也可用于差异比较的研究中。因此,相关类效应量应用更广泛。

(3)组重叠:前两类效应量都假定总体方差同质,当方差异质,总体非正态以及组之间的样本容量不一样时,前两类效应量都难以准确地估计实际的效应量,此时便使用组重叠效应量。

不同的研究目的、不同的实验设计以及不同的数据条件,效应量的算法都可能不一样。在具体使用时,需要根据不同的情况,选择合适的效应量指标。对效应量大小的判定并不存在一个放之四海而皆准的法则,而需要兼顾研究主题的特殊性、已有理论背景、研究设计类型、实证操控过程的有效性、估计指标的使用前提等,以此综合权衡结果的实际意义。

(四)多元分析方法

之前讨论的数据统计分析方法大多都是一元的,即只有一个因变量的单因素研究设计统计分析。但是在研究中,影响心理现象的因素不是单一的,而是复杂多变的,其中每一个因素又可以分出许多不同的层面和维度。因为制约心理现象的因素之间相互作用、相互影响,构成了一个完整的系统。如果仅从其中抽出某一因素孤立地加以研究,就难以获得正确的研究结果。而且,影响心理现象的不同因素以及不同因素的不同层次的组合,也可能会使其中某一因素产生不同的作用。可见,孤立地考察单一因素,有时是没有意义和价值的。因而,在心理学研究中采用多因素的研究设计和多元统计分析方法在很多情况下比单变量的设计和统计分析更为有效和符合实际情况。

1.多元分析的基本概念

要学习和掌握多元分析方法,首先要了解多元分析的一些基本概念。除了前面已经介绍过的变量及其连续性、实验研究与非实验研究、描述统计和推论统计等基本概念外,下面主要介绍多元总体和多元样本、标准分析和层次分析等重要概念。

(1)多元总体和多元样本

在多元分析中,把所研究的全部可能的对象称为一个总体,研究对象的每一个属性称为一个变量,若一个总体具有 P 个属性,这个总体就是 P 元变量。从多元总体中随机抽取进行研究的对象称为多元样本。一个样本的 X 个观测值可用一个 X 维向量表示。

(2)标准分析和层次分析

在多元统计中,各变量的关系通常是相关的,即非正交的(所谓正交,即指一种没有任何联系的关系)。例如,学生课堂学习行为常常与个性特征、情绪状态、动机状态及各种外界环境因素相关,这些因素共同引起了总变异,而变量之间也可能共同分担或重叠了部分变异。如何处理这种重叠的变异呢?多元分析提供了两种策略:标准分析和层次分析。

标准分析认为重叠部分的变异不属于任何变量(有时可用更概括的统计变量,如 R^2 来说明这种重叠变异)。图 9-3 说明了标准分析。图中,斜线部分表示变量 X_1 和 X_2 单独引起的 Y 变异,而带点的重叠部分变异被忽略不计,将其看作既不属于 X_1,也不属于 X_2。

层次分析中,每个变量在分析方程中都有其带入顺序。第一个变量及其后各变量都分成单独变异和重叠变异两部分。在图 9-4 中,虽然总的关系与图 9-3 相同,但已将重叠部分变异归于变量 X_1,只将带点部分的变异归于变量 X_2,X_1 和 X_2 对于 Y 的相对贡献发生了改变。

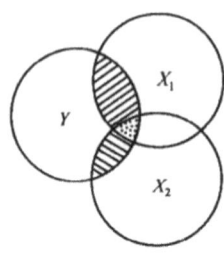
图 9-3　标准分析图解

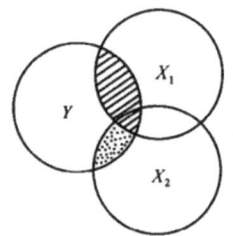
图 9-4　层次分析图解

当然,选用不同的分析策略会导致十分不同的研究结果,研究者应根据研究目的和数据特点选用适当的分析策略,以最好地揭示变量关系和规律。

2.多元分析的基本方法及其选择

多元统计分析已经发展成很多方法,其中基本方法有:多元回归分析、因素分析、路径分析、聚类分析、判别分析和结构方程模型等。下面将对其中主要方法的功能和适用条件作简要介绍,并分析选择多元分析方法时应注意的问题。

(1)多元回归分析

回归分析是通过观测值寻求自变量与因变量之间的函数关系的一种统计分析方法。用以评估和分析一个或多个因变量和多个自变量之间的关系的回归分析就是多元回归分析(multiple regression analysis)。例如,用学生在中学时的成就动机、学业表现、创造力评价等变量预测其在大学时的学业成绩。多元回归分析是多元分析的主要基本方法之一。多元回归分析所涉及的变量的限制很少,可以是四种不同测量水平的变量中的任一种。变量间的关系形式也不限,既可以是直线的,也可以是曲线的;既可以是整体的,也可以是部分的。

尽管各种多元回归方法的基本特征和目的是不同的,但其基本运算思路是相同的,即根据多次观测值建立回归方程,并进行显著性检验。显著性检验主要包括三个方面:对回归系数的检验,对复相关系数 R^2 的检验和对变量所说明变异量的检验。

逐步回归分析就是一种从大量变量中,选择对建立回归方程重要的变量的方法。其中常用的是逐步引入法、逐步剔除法和增减法三种。

(2)因素分析

因素分析(factor analysis)是从众多的可观测变量中概括缩减出少数起主导作用的共同性变量(因素),用以解释最大量的观测事实的统计分析技术。因素分析可以说是主成分分析的深入和推广,它是由心理学家 Spearman 在关于智力的研究中发展起来的。在使用因素分析的过程中,目标是用更综合的名称,如一个因素描述彼此相关的项目。例如,有研究者为了完成研究收集了多个变量的数据而且分析了所有变量之间的关系。那些包含彼此相关项目的变量被认定为因素。最终研究者确定出一个因素的名称是积极的沟通,由 10 个不同却彼此相关的项目构成。

因素分析是考虑到多种变量的观测分析,其结果包含了观测变量中几乎全部的信息,较全面地反映所研究对象的各个侧面,有助于发现心理现象的规律,可从众多变量的交互相关中找出起决定作用的基本因素,有助于建立和发展理论。

因素分析主要用于在编制新量表时确定量表的维度(或潜在结构)。

因素分析可分为探索性和验证性。探索性因素分析(exploratory factor analysis)旨在通过变量组合而总结数据,往往用于研究初期提出假设阶段。这种因素分析方法对于观察变量因素结构的寻找,并没有任何事前的预设假定。对于因素的抽取、因素的数目、因素的内容以及变量的分类,研究者也没有事前的预期,而是由因素分析的程序决定。

验证性因素分析(confirmatory factor analysis)则用于检验有关潜在结构的假设,常在研究的后期运用。这类因素分析是依据一定的理论对潜变量与观察变量间关系做出合理的假设,并对这种假设进行统计检验的现代统计方法,其理论假设包括:①公共因素之间可以相关也可以无关;②观察变量可以只受某一个或几个公共因素的影响而不必受所有公共因素的影响;③特殊因素之间可以相关,还可以出现不存在误差因素的观察变量;④公共因素和特殊因素之间相互独立。其重要前提是符合实际的理论假设和严格的测量数据,它尤其适合于纵向研究的数据,是心理学理论发展方面的重要工具。

(3)路径分析

路径分析(path analysis)是研究变量之间的因果关系(但不是发现因果关系)的数学分析方法,它实际上是多元回归分析的一种形式。

路径分析的特点在于能够对变量之间的相关做出数量性的分解,即将相关系数分解为直接效应、间接效应、归于相关原因和归于共同原因,因而路径分析能更好地了解变量之间的关系,且能指出各个自变量对因变量的相对重要性。值得注意的是,路径分析所涉及的因果关系并不是通过路径分析发现的,而是研究者事先假设的。

路径分析基本上通过变量间关系的理论假定分析关系的方向,之后检验关系的方向是否得到数据支持。路径分析可以计算自变量对因变量的直接效应和间接效应,并用路径系数表示,然后用路径图表示变量之间的结构关系。由于变量之间的结构关系并不是唯一的,因此可以通过路径分析来确定更符合实际情况的模型。图 9-5 中的三个模型都表示社会经济地位(X_1)、智商(X_2)和成就需要(X_3)对大学生学业表现(Y)的影响。这三种模型在理论上精准度是不同的,其中(a)最精准,即假定的关系最明确,(c)精确性最差,即有较多的因果关系不能肯定。可以通过路径系数的计算来确定更符合实际情况的模型。路径系数实际上是标准化了的偏回归系数。

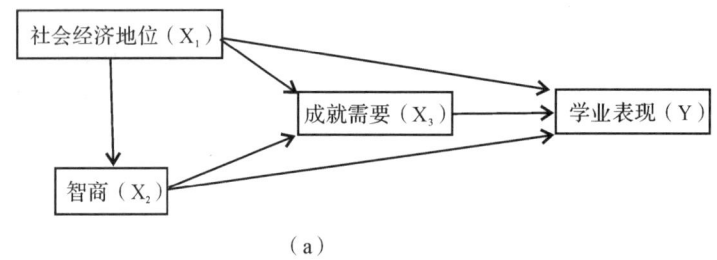

(a)

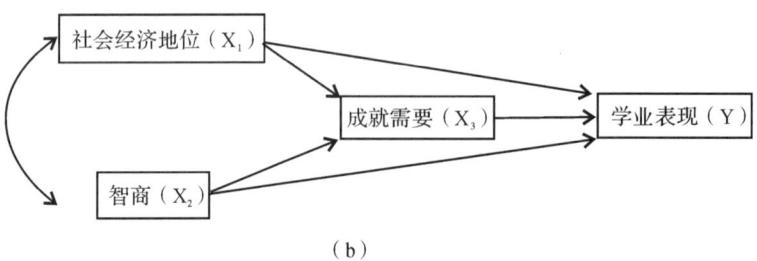

(b)

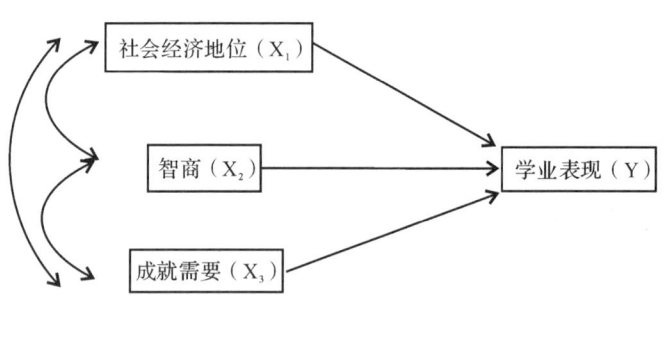

(c)

图 9-5　社会经济地位、智商和成就需要与大学生学业表现路径模型

(4)聚类分析

聚类分析(cluster analysis)是研究分类聚集的方法,它是将一批样本或变量按其在性质上联系的紧密程度进行分类,将观测对象(样本或变量)聚成若干可以定义的类别。在聚类分析中,研究者通常将根据分类对象的不同分为 Q 型聚类分析和 R 型

聚类分析两大类。Q 型聚类分析是对样本进行分类处理，R 型聚类分析是对变量进行分类处理。

研究者也可以用样本或变量间的距离或相似系数描述样本点之间的紧密程度，采用系统聚类和动态聚类两种方法进行分类。系统聚类是指在样本距离的基础上定义类与类之间的距离，首先将 n 个样本聚成一类，然后每次将具有最小距离的两类合并，并重新计算类与类的距离，逐次重复上述过程，直至所有样本归为一类为止；动态聚类是先对待分类事物作一个初始的粗糙的分类，然后根据某种原则对初始分类进行修改，直至分类被认为比较合理时为止。

(5) 判别分析

在心理学研究中，判别分析（discriminant analysis）主要用于解决根据观测数据对所研究的对象进行分类和预测的问题，即在用某种方法或原则已经将部分研究对象分成若干类的情况下，确定新的观测数据属于已知类别的哪一类。判别分析与聚类分析都是分类的方法，其区别在于判别分析以事先存在不同的类别为前提，而聚类分析之前则不必确定类别。

判别分析的具体方法很多，其中最常用的有距离判别、Fisher 判别和 Bayes 判别。距离判别的基本思想是由训练样品得出每个分类的重心坐标，然后对新样品求出它们离各个类别重心的距离远近，从而归入离得最近的类。特点是直观、简单，适合于对自变量均为连续变量的情况下进行分类，且它对变量的分布类型无严格要求，特别是并不严格要求总体协方差阵相等。Fisher 判别的基本思想是投影，即将原来在 R 维空间的自变量组合投影到维度较低的 D 维空间去，然后在 D 维空间中再进行分类。优势在于对分布、方差等都没有任何限制，应用范围比较广，更适合于两类判别。Bayes 判别是根据总体的先验概率，使误判的平均损失达到最小而进行的判别。其要求各组指标需服从多元正态分布且各组协方差矩阵相等，更适合于多类判别。

(6) 结构方程模型

结构方程模型（structural equation model，SEM）是一种检验变量之间复杂因果关系的数学方法，它是因素分析和路径分析的深化和综合。

结构方程模型最大的优点在于能够用非实验的数据检验因果关系，以统计控制代替实验控制。目前结构方程模型主要用于假设检验，即对理论的结构效度进行检验。

结构方程模型的运用步骤如下：

①建立模型，即将需检验的理论假设（因果关系）转换成可检验的模型。其中包括三个步骤：首先是建立验证性测量模型或因素分析，界定观测变量与潜变量的关系；其次建立验证性结构模型，即依据一定的理论把潜变量联系起来，界定其间的因果关系；最后是把测量模型与结构模型联系起来。

②检验模型,即用数据对假设的模型进行检验。这一过程实际上是将模型再生的协方差、方差与观测数据的协方差、方差进行差异比较,去掉统计不显著的效果,直到得到一个良好的模型。

③修改模型,通过估计值与其标准差的比较和对残差的检验,减去或增添路径以提高模型的适切性。常用方法之一是交叉效度法。

结构方程模型的应用比较复杂,需借助计算机进行,目前已有专用软件 LISREL 和 Amos 能够实现结构关系的运算。

3. 多元分析方法的选择

多元分析方法很多,一个研究可同时选用不同的研究方法,即使分析方法相同、不同的策略(如标准分析和层次分析)也可能导致不同的结果。因此,选择适当的多元分析方法对于最好地利用数据、准确而深刻地揭示变量之间的关系具有重要作用。一般地,选择适当的多元分析方法应考虑下列因素:

(1)研究的问题和目的

选择多元分析方法首先要考虑研究的问题是什么,研究要求达到什么目的。根据研究的问题和目的,选取符合要求的分析方法。在心理学研究中,所要研究的问题主要有以下四类:

①度量变量间关系的强度。这时研究的主要目的往往是测量从多个自变量预测因变量的程度,一般采用多元回归分析和复相关分析法。

②组间差异的显著性测量。心理实验通常要测量实验组与控制组、不同处理组之间是否存在显著差异。

③预测类别。心理学研究有时需要通过对一些因素的测量来区别类型或组别。

④确定结构。将相互关联的变量概括、合成为较少的新变量,以简化变量的关系,确定较简单的结构。

(2)变量的特征

选择多元分析方法需要考虑的另一个重要因素是变量的特征,其中包括变量的数量和基本数学特征。

①变量的数量。变量的多少是统计分析中较重要的因素。心理学的研究可能涉及很多变量,确定变量数量的一般原则是用尽可能少的变量得出最佳结果。

②变量的基本数学特征包括变量的质量和变量的类别等方面的内容。在选取变量之前,要考虑某变量的代价、可用性等因素,在分析中,一般希望有较多的相关变量,而无关或关系松散的变量较少。一般说来,变量的信度较其数量更为重要,因为较少的可信的变量比较多的可信度低的变量更有助于获得科学、可靠的分析结果。

(3)变量分类

在选择多元分析方法时,变量的类别也是需要考虑的一个重要因素。在多元分析中经常用到的变量有三个分类系统:

①离散—连续变量系统。该系统是根据变量的两相邻测查点之间是否有间距进行划分的。若两相邻测查点间有间距,即其间并不存在其他测查值,则此变量为离散变量;若任何可能存在的两相邻测查点之间总是存在另外的测查值,则此变量就是连续变量。

②自变量—因变量系统。这一系统的划分标准是变量的描述性,即变量是否用以描述其他变量。如果所研究的变量是被其他变量所描述的,则称为因变量;如果变量是和其他变量一同描述某一特定的因变量,则称为自变量。这种分类主要是依据研究的目的和方向确定的。

③称名—等级—等距—等比变量系统。该系统是根据变量测量的不同水平而划分的。其中称名变量只说明某一事物与其他事物在属性上的不同或类别上的差异;等级变量是既无相等单位又无绝对零点的变量,其变量值仅仅是依据事物的某一属性的大小或多少按次序将事物排列,并用数字作为名次的标志;等距变量是有数量上的差别和间隔距离的变量,可进行加减运算,不能做乘除运算;等比变量是有比例或比率关系的变量,可以进行加减乘除运算。

值得注意的是,上述三种变量分类系统之间是有交叠的。任何一个变量在上述三种分类系统中都能找到其位置,这在选择分析方法时应该注意。

第四节 心理学研究结果的解释

一、心理学研究结果解释的内容与方法

研究结果的解释对于心理学研究极其重要,其意义在于:(1)通过结果的解释可以表达研究结果本身的意义及相互关系,可以对研究假设进行检验;(2)研究结果的解释是研究报告的组成部分,有助于研究成果的呈现、交流和评价;(3)研究结果的解释有助于理论的建构与完善;(4)研究结果的解释有助于发现研究假设之外的成果,发现新问题和新方法。

(一)研究结果解释的方法与原则

1.研究结果解释的方法

在心理学研究中,研究结果的解释方法很多,但都以一定的逻辑规则和推理程序

为基础。主要的结果解释方法有推论法、演绎法、归纳法和因果推论法等。下面简要介绍其基本内容。

(1) 推论法

推论法就是从已知的数据或事实，推导出未知的原理或规律的方法。心理学研究中的推论一般是指从统计分析的结果中做出逻辑推论后，而推出概括性的结论。例如，假定某一关于父母离婚对儿童心理发展影响的研究从全国城乡取样，数据分析结果表明，在心理发展的某些方面（如情绪、亲子关系、社会化等），离异家庭儿童与完整家庭儿童有显著差异，而且不同单亲生活时间（即儿童在父母离异且未再婚的家庭中生活的时间）的离异家庭儿童与相应年龄的完整家庭儿童在这些方面的差异显著，并不随单亲生活时间的延长而减少差异。就可以据此下结论：在我国，父母离婚对儿童心理发展的某些方面的影响具有长期效应。当然，这一结论不能超过所研究的儿童的年龄范围。推论是以判断为基础的，因此，推论过程必须遵循判断的逻辑规则。此外，推论还应符合实际情况才能做出正确的解释。

(2) 演绎法

演绎法包括许多不同的方法，以三段论最为常用。三段论是由已知的两个命题（前提）推论出一个未知的命题（结论）的形式，如：知识分子都是应该受到尊重的，人民教师都是知识分子，所以，人民教师都是应该受到尊重的。演绎的过程实际上就是检验从一般性的理论中演绎出的假设的过程。例如，某思维研究结果表明某 3 岁幼儿已形成了"守恒"概念，而已有的研究和理论已经证实"守恒"概念要在儿童七八岁以后才可能形成，因此 3 岁幼儿形成"守恒"概念这一结果值得怀疑。该推理过程就用到了演绎法。

(3) 归纳法

归纳法的逻辑与演绎法正好相反，它以许多特殊的事例为基础，归纳出普遍的、一般的原理，在心理学研究中，归纳法用得较多。归纳法一般可分为完全归纳法和不完全归纳法两种。完全归纳法又称枚举归纳法，是将前提中包含的事实全部列举出来，其中每一件事实都包含相同的性质或规律，由此下结论的方法。不完全归纳法是依据前提中的部分事实，根据某些规则做出一般性的结论的方法。例如，Thorndike 关于学习的"尝试错误"的理论就是运用了不完全归纳法，从白鼠、鸡等多种动物和人的学习活动中总结归纳出来的。使用归纳法进行研究结果的解释应该尤其注意结论的可推广性，要恰如其分地概括，不可超过一定的限制。例如，只是针对农村留守儿童群体的心理健康特点，不能得出"全体留守儿童"的特点，因为该群体还包括海外留守儿童。

(4) 因果推论法

因果推论法是研究变量之间的因果关系的常用方法或逻辑思路。在心理学研究中,变量关系是非常繁多复杂的,变量关系的性质也有正交关系、相关关系和因果关系等几种。研究者要确定因果关系是很困难的。在研究结果的解释中,因果关系的推论有两种方式,即由因推果和由果溯因。例如,利用实验和面板数据,来模拟真实的因果发生程序,就是由因推果;而通过已知的研究结果,反向推导引起该结果的原因,即为由果溯因。

2.研究结果解释的原则

在进行结果解释时,应遵循以下两个基本原则:
(1)客观性原则

在解释研究结果时要客观,排除主观因素的影响。不能为了解释的方便或偏向某一理论而歪曲、忽视数据,也不能为解释某一结果而捏造、曲解有关理论。此外,还应注意避免受政治、经济等外部因素的影响而故意做出不符合实际的解释。

(2)整体性原则

在解释结果时要对全部数据分析有整体的看法,不能只选取局部的数据进行变量关系的说明。

(二)研究结果解释的内容

研究结果解释的重点和主要内容在于解释研究结果的意义。研究结果意义的揭示程度与研究者的专业素养密切相关。在揭示结果的意义时,需要考虑以下问题:

(1)研究结果是否为证实研究假设提供了证据？是否表现出假设的变量关系模式？

(2)研究结果是否与他人的研究结果相矛盾？

(3)研究结果是否与已有的有关理论相符合？解释结果的理论依据是否真实可靠？

(4)研究结果中是否有未考虑到的关系或非预期的发现？

(5)从结果解释中引申的推论是否合理？

(6)研究结果的普遍性(即可推广性)如何？

(7)结果解释中能否指出有待深入研究和进一步探讨的问题？

上述内容都是研究结果解释中应该认真思考的问题,但不是所有内容都必须在研究报告中呈现。在研究结果解释中尤其应该注意是否有非预期的发现。心理学的许多研究成果往往是研究者在研究之前未曾预料的,比如典型的例子是"霍桑效应"的发现。这提醒研究者注意:自变量并不总是实验者所规定的或者事先认为的,往往正是一些非预期研究成果的发现极大地推动了科学的发展。

二、心理学结果解释与研究结论的概括性

(一)研究结果内部维度的概括性

1.变量的概括性

研究结论在变量维度上的概括性对于心理学中大量研究资料的整合和系统化起着重要的作用。变量的概括性是指某一研究结论所涉及的某一特定的变量在其他同类研究中产生一致效应的程度。例如,Skinner 提出的"条件强化"就是一个概括性很强的变量。

2.方法的概括性

心理学领域中的许多研究,尤其是应用研究,其目的是获得能在实际生活中直接应用的方法。关于方法方面的研究结论的概括性的高低直接关系到该方法在实际应用中能否发挥作用和作用的程度如何。与变量的概括性一样,方法的概括性也须通过大量的各种研究(尤其是应用研究)才能做出判断。

3.心理过程的概括性

心理学通常是以被试的心理现象和心理过程为因变量的,心理过程是通过两个以上的变量或程序的交互作用而获得的。例如,通过动物和人类被试的学习过程研究总结出的"分化"过程,就是由强化和消退程序的结合而引起的。对人类被试或动物进行的大量研究验证了这一心理过程的概括性。可见,心理过程的概括性也是通过大量的研究才能获得的。

(二)研究结果外部维度的概括性

1.被试之间的概括性

被试之间的概括性是指研究结论适用于其他被试的普遍性或代表性,即从某一被试群体获得的研究结论推广到其他被试群体的可能性及程度。一般地,被试之间的概括是在取样的总体内进行的,例如,在4~6岁幼儿中取样而进行的研究,结论就只能是"4~6岁幼儿心理某方面的发展",而不能推广到"儿童"这一整体。对于没有定量数据的定性研究,其研究结论在进行被试之间的概括性时也须考察被试的代表性,然后再作相应概括。如果不注意分析结论在被试之间的概括性,这种推广往往会出现错误。

2. 物种之间的概括性

物种之间的概括性是指从一种物种获得的结论推广到另一物种时的适用程度。在心理学研究中,许多研究者出于伦理等原因和客观条件的限制,采用动物来进行研究。因此将从动物研究所获得的结论推广到人类被试,有的可能是正确的,其中有的概括已被证实了,如 Pavlov 根据狗的进食研究提出的条件反射理论,Skinner 根据对鸽子的研究提出的操作条件反射理论,Lorenz 从鸭、鹅等动物研究提出的"关键期"概念等;但有的却可能是错误的。因此,在将动物实验结论推广到人类时应该十分慎重,避免发生错误。

3. 情境之间的概括性

研究结论情境之间的概括性是指从某一研究情境做出的结论普遍推广到其他不同的情境的适用程度。最常见的情境之间的概括性是从研究情境(如实验)向实际生活情境的概括。心理学研究一般是在两种情境下进行的,即实验室情境和现场情境。实验室情境如果准确而全面地抽取了现场情境中的要素,也就是说二者的相符程度高,那么,由实验室情境中做出的结论就能概括到较广的情境。有些社会心理学的实验室研究在做结论时,没有考虑到情境之间的概括性,造成不适当的结论,受到了批评。

以上介绍了研究结论概括性的几个维度。应该指出的是,这些维度是紧密联系的。例如,如果一项研究在变量、方法和心理过程上的概括性不高(即内部效度不高),其结论就难以在研究之外的不同被试、情境中进行推广。因此,在考察结论的概括性或做出概括性的结论时,要考虑到上述各个维度。如果不考虑这些维度,那么所做出的概括性结论的外部效度就可能较低,甚至在推广时出现错误,研究成果就失去了普通推广的可能,因而降低研究的价值。

(三)结论概括性的评价

心理学研究,尤其是实验研究在获得了研究结果,并对结果进行了解释之后,就要根据结果与解释做出概括性的结论。结论的概括性反映了结果解释的普遍推广程度,是研究的科学性和价值的重要指标之一。因此,对研究结论的概括性进行合理的评价是必要的。

评价一项研究结论(实际上是结果解释)的概括性,首先要考虑所有与该研究有关的研究的结果解释,包括诸如研究的理论基础、研究方法、测量手段、数据资料等可能影响结果解释的因素。如果一项研究的结论呈现了变量之间的函数关系,这一函数关系能否普遍推广到其他被试或情境,只有通过对影响这一函数关系的变量或因素的全面深入的了解才能回答,为此,必须对考察这些影响的研究的结果进行恰当解释。

其次,考察研究结论所侧重的概括性的种类也是很重要的。例如,被试之间函数关系的概括性,可以通过针对大量被试进行相同实验条件的重复研究部分地获得,而且成功地重复该研究的研究数量可以作为衡量结论被试之间概括性的直接指标。对于在某些方面有所不同的相关研究,要评价变量、方法和程序的概括性是比较困难的。即使假设这些研究在方法上都是十分合理的,结果的解释也是恰当的,这些研究在概括性上也是不同的,因为心理学研究的影响因素很多而且复杂,单个研究难以全面涉及或操纵,方法上的不同可能造成结果的巨大差异。

虽然评价研究结论没有明确的规则,但是正如概括性是评价解释的合理程度的标准一样,评价概括性的性质也有一定的标准,这一标准就是研究结论的可重复性(即指对不同的被试在不同的情景中采用相同的方法、程序和变量进行研究,所获得的结果的相同程度)。如果在不同的情境和条件下获得的研究结果都成功地显示出相同的变量关系,那么就可以认为研究结论具有良好的概括性。

在心理学研究中,研究者可以通过考察研究的可重复性来评价结论的概括性。只要研究者严格地按照心理学研究的规范进行研究,并且本着谨慎诚实的科学态度来进行结果解释,是可以获得恰当的概括性结论的,研究的可重复性也会较好。当然,要做到这一点,需要提高理论素养和进行大量的实践。

第五节　应用范例

大学生人格类型与专业认同间的关系研究

摘要:本研究对旅游管理专业大学生进行了MBTI人格测验,并采用问卷调查与内隐联想测验(IAT)两种方式了解被试的专业认同状况,且使用判别分析确定能最大限度地区分专业认同状况的因素。研究发现样本的专业认同存在显著的外显—内隐分离,在内隐层面上缺乏足够认同。性别、人格类型与专业认同之间存在一定关联,部分人格维度可作为判断大学生专业认同状况的有效变量。

1　引言

本研究有意将外显调查与内隐实验相结合,以便更全面准确地了解专业认同的现状。心理学研究表明:人格会影响个体处理事物的方法,影响其在工作中与他人的沟通方式，并促进形成个体独特的行为表现方式。因此可以预见，人格类型的不同将会影响着大学生对专业、对工作性质的理解。为有效评定人格类型，本研究选用了迄今西方使用最为广泛的人格量表之一——MBTI。该量表是由美国母女 I.Myers 和 K.Briggs 在荣格(Jung)心理类型理论的基础上，通过50多年的观察与研究完成的，全称为 Myers-Briggs Type Indicator(梅彼类型指标)，简称 MBTI。心理类型理论认为，人的心理可以从四个基本的维度去确定，每个维度由对立的两极构成。这四个维度是：外倾—内倾(extraversion-introversion，简称 E-I)，表示态度或心理能量的倾向；感觉—直觉(sensing-intuition，简称 S-N)，表示某种与获取信息相关的心理功能或知觉过程；思维—情感(thinking-feeling，简称 T-F)，表示某种与个体作判断相关的心理功能或判断过程；判断—感知(judging-perceiving，简称 J-P)，表示与外界相处时的态度或倾向。该量表与一般的人格量表不同，它主要是测量个体对各维度两极的偏好程度，对这四个维度的基本偏好的不同组合便构成了16种心理类型。

现代人力资源管理非常强调：只有使不同的人格类型匹配相应的工作岗位，才能使组织和个人双方都取得较高的满意度。如果能通过研究找到专业认同与人格类型之间的相互关联，则将成为考生填报志愿、用人单位进行毕业生招聘的一个重要指导依据。本次研究选择旅游系旅游管理专业学生为研究对象，这是因为该专业的未来职业定向非常明确，就业范围基本局限在旅游业内的管理及服务类工作，不像其他某些专业那样就业面较宽。而且以往该专业毕业的学生中有一部分在工作两三年后就自行改行，从此离开旅游业。大学生流失率高是近年来在国内旅游界较为普遍的现象，这其中虽然有不少客观原因，但大学生的主观因素也不容忽视，本研究就试图对此做出心理学意义上的解释。

2 研究方法

2.1 实验一问卷测验

2.1.1 被试

随机抽取某学院旅游系旅游管理专业一、二年级学生进行问卷测试，最后共获得有效问卷220份。其中本科生98人，专科生122人；男生89人，女生131人，年龄在17～20周岁之间。

2.1.2 研究工具

MBTI人格类型量表：本研究采用的是由蔡华俭等依 MBTI-M 型版本修订的中文版，该量表共93道题，由46道短句题与47道词汇题构成，均为二择一迫选题。该量表经试测，证实信度和效度良好，尤其结构效度极佳。

自编专业意识调查问卷：经多次访谈及预测验后编制而成，共由15道题目组成，采用 Likert 五级评分形式。题目均围绕学生的专业认同情况，如"我是自愿报考旅游专业的""学习旅游知识正好与我的兴趣相符合"等。该问卷间隔四周后的重测信度 $\gamma=0.87(p<0.001)$,同质信度克伦巴赫(L. J. Cronbach)α系数为 0.79,符合测验编制的要求。

2.1.3 施测程序

问卷调查的实施严格按照团体心理测验的程序进行,采用统一的指导语和统一的答卷纸。将被试分批集中后当场发放问卷,30 分钟后统一回收。

2.1.4 数据处理

MBTI 人格类型量表对照中文版评分标准进行评定,得出每一被试各自所倾向的四个维度,组合即为其所属人格类型。专业意识调查问卷则将所有题目的原始得分汇总,总分愈高,表明对本专业的认同度愈高,实际评定时以总分高于 45 分为认同组。所有数据采用 SPSS 12.0 统计软件包进行统计处理。

2.2 实验二内隐联想测验(IAT)

2.2.1 被试

在参加实验一的被试中抽取二年级本科生 40 名,其中男生 18 名,女生 22 名。之所以选择二年级本科生,是因为他们已经过将近两年的专业学习,对旅游业有了更深入的认识,专业认同度应已较为稳定。

2.2.2 仪器

奔腾四系列微机。

2.2.3 材料

本研究使用内隐联想测验来获得内隐效应。在访谈中发现不少学生对工商管理较为青睐,故选择公司情境作为旅游情境的对立面。

靶子词:公司情境——写字楼、文员、客户、广告策划、营销经理、商务谈判、秘书、营业厅;旅游情境——酒楼、导游员、豪华客房、大堂经理、餐饮服务、景点、游客、旅行社。

联想属性词:积极词语——高收入、体面、美貌、时尚、尊重、高学历、前程、财富;消极词语——低收入、低学历、歧视、低微、委屈、落伍、困难、冷遇。

相容部分为公司情境—积极词语、旅游情境—消极词语;不相容部分为公司情境—消极词语、旅游情境—积极词语。所有靶子词与属性词均经过预测验产生。一个 IAT 的过程包括五个基本部分,实际测验时将相容与不相容部分各重复一次作为练习,故共有七部分。

2.2.4 程序

将 Greenwald 设计的 IAT 程序进行修改和汉化后,使用 Inqusit 2.0 通用心理实验软件进行上机实验。采用个别施测方式,被试单独完成测验,程序自动记录被试每次反应的时间及正误。

2.2.5 数据处理

根据 Greenwald(1998)的数据处理模式,对所获数据进行必要的整理。发现所有被试的错误率均低于20%,因此均为有效被试。对反应时长于3000毫秒或低于300毫秒者重新记分为3000毫秒和300毫秒。经转换后的数据采用 SPSS 12.0 统计软件包进行统计处理。

3 结果

3.1 实验一问卷测验结果

样本总体专业意识问卷的平均得分为47.14,标准差为9.53。总体而言专业认同情况尚好。将专业意识问卷的总分在45分以上定为高认同组,共有130人。将专业意识问卷的总分在45分以下定为低认同组,共有90人。各组人格类型分布情况见表 9-2。

表 9-2 样本总体及高、低认同组各人格类型分布情况

人格类型	ENFJ	ENFP	ENTJ	ENTP	ESFJ	ESFP	ESTJ	ESTP
高认同组(%)	4.6	18.5	3.1	5.4	1.5	5.4	7.7	2.3
低认同组(%)	2.2	10.0	3.3	3.3	2.2	5.6	4.4	4.4
总体百分比(%)	3.6	15	3.2	4.5	1.8	5.5	6.4	3.2
人格类型	INFJ	INFP	INTJ	INTP	ISFJ	ISFP	ISTJ	ISTP
高认同组(%)	3.1	17.7	5.4	4.6	6.2	2.3	6.9	5.4
低认同组(%)	1.1	24.4	5.6	4.4	8.9	8.9	4.4	6.7
总体百分比(%)	2.8	20.5	5.5	4.5	7.3	5.0	5.9	5.5

从表 9-2 中数据可以看出,被试总体的人格类型以 INFP、ENFP 与 ISFJ 三种最多,高、低认同组的人格类型百分比存在一定差异,经 χ^2 检验虽未发现两组间总体类型分布的显著差异($p>0.05$),但 INFP 与 ENFP 两种人格类型在高、低认同组中的分布则有显著差异($p<0.05$)。

以自选率 SSR(self-selection-ratio)作为经验指标检验各种人格类型的分布特征。将其指标稍作变动,分子是某个人格类型的人数在相应认同组中的百分比,分母为该类型在样本总体中的百分比。(已有研究表明,每一种类型适合的前50个职业,其自选率均超过1.2)经统计,高认同组中 ENFJ、ENFP、ESTJ、ENTP 四种类型的 SSR 大于1.2,基本集中在外倾(E)与直觉(N)两维度。而低认同组中则有 ESTP、ISFP、ISFJ、ISTP 与 ESFJ 五种类型的 SSR 大于1.2,主要为内倾(I)与感觉(S)维度。S-N 和 T-F 维度可以组合成 ST、SF、NT、NF 四种功能结构,前人研究表明,

它们与个体的沟通方式、职业选择、问题解决模式有关。经 χ^2 检验,样本总体在四种心理功能结构上的人数分布有显著差异($\chi^2=166.78, p<0.001$)。NF 结构的人数最多,占41.9%,其次为 ST 结构者,占 21%。

为了确定哪些因素能最大限度地区分专业认同状况,以认同的高低两种类型作为因变量,各人格维度以及年级、性别、学历层次等同时作为自变量,进行了逐步进入的判别分析。结果仅性别、外倾(E 维度)与情感(F 维度)进入了判别方程(见表 9-3),其中,λ 值愈小,判别力愈强。这个结果表明,以上三个变量能有效区分专业认同度的高低。

表 9-3 专业认同类型的判别分析结果

进入判别函数的变量	λ 值	显著性概率
F	0.916	0.000
E	0.928	0.000
性别	0.941	0.001

进一步进行认同度的分组 t 检验,同样仅发现男女生间存在显著差异,女生对本专业的认同度显著高于男生($p<0.001$)。

3.2 实验二内隐联想测验结果

从表 9-4 可以看出,被试整体表现出非常明显的内隐职业认同差异,相容部分与不相容部分的反应时差异显著($p<0.05$),即对旅游情景更倾向于与消极词语联系,对本专业缺乏认同。进一步分析发现,这种效应主要表现在男性被试中,而女性被试则未体现出任何的反应差异。而该组被试专业意识问卷的平均得分为 46.21,标准差为 9.98,可见出现了较明显的外显—内隐分离。进一步分析发现,仅有 4 名被试表现为对旅游专业的内隐认同,其人格类型虽各有不同,但都有共同的 F 维度,再次表明该维度对专业认同的重要性。

表 9-4 被试 IAT 反应时

	相容部分		不相容部分		t
	反应时(ms)	SD	反应时(ms)	SD	
男性	1019.97	429.57	1077.54	498.39	2.385*
女性	955.43	434.65	974.32	458.10	0.775
总体	990.20	432.95	1029.94	482.80	2.276*

4 讨论

4.1 专业认同的影响因素探讨

从上述研究结果可以看出,旅游管理专业大学生的专业认同情况并不十分理想,有40%左右缺乏足够的认同;而内隐研究的结果则更是令人不容乐观。统计分析发现:男女被试的专业认同存在显著差异,女大学生对本专业所持态度普遍较为积极,男大学生则整体缺乏认同。

本研究同样发现人格类型与专业认同间确实存在着一定关联。人们一般认为:旅游行业需要的是外倾、热情有活力、善于与人沟通、肯吃苦耐劳的个体,而样本整体的人格类型分布却并不理想,内倾人格者就占57%。这与国内人群总体人格类型分布的初步调查数据有很大差异(原数据中外倾人格者数量为内倾者的2倍,唐薇,2003),内倾者过多自然影响了总体的专业认同。而在具体类型中居首位的又是INFP型,按照量表设计者的解释,该类型崇尚内在生活的和谐,在语言和文学方面有天赋,他们的内向使他们偏爱书面表达;较适合从事的是咨询、教育、心理和文学等。显然这种类型与旅游工作的要求不尽相符。

从统计分析可以看出,高认同组的外倾(E)、直觉(N)两维度比较突出,而低认同组的内倾(I)、感觉(S)两维度相对集中。外倾性(E)具有兴奋、开朗、乐群、自信、敢为、活动迅速、低紧张性、情绪稳定、高环境适应等良好的人格特征;N型的人可能发展的人格特征是:有想象力、富于抽象推理、观点有新颖性和创造性,他们具有恃强、敢为、幻想、果断和中强度A型行为特征。这两种类型的人格特征与旅游工作对员工的要求较为吻合。而偏向S者着重感知实在的东西,总是留意观察和体验当前的事物,具有敏锐的观察力和对细节的记忆力,具有温和、现实、谨慎等人格特征。内倾者(I)的兴趣和注意力主要指向内心世界,喜欢把态度、精力和注意力都掩盖起来,因独处思考而自得其乐,总是先思考后行动,表现出害羞、孤僻、戒备心强等。以上人格类型与旅游行业的特点有些格格不入,自然也就难以产生对专业的认同。

根据判别分析的结果,外倾(E)与情感(F)两维度对大学生的专业认同情况有显著的预测作用。从前面的讨论可以看出,外倾在旅游工作中的重要性不言而喻。同时,旅游行业离不开经常的人际交往,能否处理好与他人之间的关系常决定着工作的成败。F型的特征是:重感情、同情心强、易退让、易感激、态度温和。F型的人做决定时更倚重人情和个人价值取向,即更多考虑人的因素,对人不对事,更看重的是人的态度而不是事物的结果。他们更喜欢在做决定时,先把人与人的关系及他人的感受考虑进去,追求和谐的人际关系,有时甚至为此不惜牺牲自己的利益。这些特点与大五中宜人性非常相似,据提出"大五"理论的Costa(1989)等的研究,宜人性与MBTI中F的相关系数为0.45。大五中宜人性的高分者特征是:心肠软、脾气好、信任人、助人、宽宏大量、易轻信、直率；低分者的特征是：愤世嫉俗、粗鲁、多疑、不易合作、报复心重、残忍、易怒、好操纵别人。以往多项研究表明：宜人性的高低对个体能否做好服务类工作具有良好的预测作用。而本研究的结果也同样表明，F 型的个体更易认同旅游服务类工作。

4.2 外显—内隐分离现象探析

态度有外显与内隐之分，二者之间可能一致，也可能不一致。内隐社会认知研究认为：内隐态度相对而言更为稳定，也更能代表个体的真实意图。从实验结果可以看到，大学生对旅游专业的认同表现出明显的外显—内隐分离，在内隐层面上普遍缺乏认同。外显的态度可以由于长期的专业学习、环境的耳濡目染、同学间的相互作用而发生变化，不少学生对于学非所愿的专业也有一种"既来之，则安之"的心理，会逐渐地接受、认同。而内隐态度则常常是根深蒂固、难以改变。中国社会长期以来对服务类工作一直存在一定的歧视，觉得是侍候人的工作，要低人一等；做这样的事情没有多大前途；认为是女性色彩较浓的工作等。近些年这些观念虽不再像以前那样盛行，人们也不大在公开场合表示这样的意见，但它仍深深地植根于多数人头脑之中。同时酒店业的收入缺乏足够吸引力，工作却相当辛苦；导游虽收入较高，却是典型的"青春饭"。如此种种原因，使得自视甚高的大学生很难从内心真正认同将要从事的旅游工作。而在大众传媒及各种广告中，公司情景常与财富、成功、地位、尊贵等紧密联系在一起，其人物形象也以男性为主。这些很容易使大学生形成积极的刻板印象。两相比较，在内隐测验中表现不佳也就很容易理解了。从性别比较可以看到，女生对旅游情景与公司情景的内隐态度间没有丝毫差异，而男生则存在显著差异，表明男生对这类被认为较适合女性从事的职业缺乏热情。因此要想改变大学生的认同，光靠专业意识的培养恐怕不够，更需要的是传统社会观念的转变，对职业评价角度的多元化。

5 结论

人格类型与专业认同之间存在密切关联，属于某些人格类型及维度者更易认同所学的旅游专业。女性被试的专业认同情况显著高于男性。MBTI 确实是职业心理测评的有力工具。大学生对旅游专业的认识仍受到传统社会观念的影响，需要进行教育引导。

基于聚类分析的不同完美类型者心理特点研究

摘要：目的：采用聚类分析法划分大学生的完美类型，根据研究结果剖析对比不同类型之间心理特点的差异。方法：采用方便抽样方法抽取 310 位在校生，对他们进行以下问卷测试,分别包括 Hewitt 多维完美主义量表(HMPS)、Frost 多维完美主义量表(FMPS)、近乎完美主义量表修订版(APS-R)、正负向情绪量表(PANAS)、Beck 抑郁量表(BDI)、状态焦虑量表(S-AI)和生活满意度问卷(CMSLSS)。结果:从所使用的三个完美主义量表中获取出完美的二阶因素,以其为划分并对其进行快速聚类分析,从而得到三类即适应良好完美类型者、适应不良完美类型者与非完美类型者。通过多因变量方差分析得出这三类群体存在不同心理特点:在正向心理指标(正向情绪和生活满意度)上,适应良好完美类型者的分值高于适应不良完美类型者,而在负向心理指标(负向情绪、焦虑状态和抑郁)上其分值比适应不良完美类型者低。结论:各完美主义类型者在心理健康表现上存在明显差异,适应良好完美类型者的心理健康程度为最佳,非完美类型者次之,而适应不良完美类型者的心理健康水平最低。

1 引言

完美主义是对完美无缺的强烈追求,是一种具有相对稳定的人格特质。这一人格倾向体现为对自身提出过高的要求且时常伴随对自身的批判性评价。在以往研究中大多将 Hewitt 多维完美主义量表,Frost 多维完美主义量表和近乎完美主义量表单独使用,未能较好地划分完美主义类型和考察不同完美主义类型心理的差异性。本研究旨在借助以上三个量表测评完美主义,在 Hewitt,Frost,Slaney 和 Parker 等人研究的基础上,以适应良好、适应不良的完美二阶因素为划分,运用聚类分析对大学生的完美主义类型进行归类,同时比照各类型的大学生在正负向心理指标之间的差异。本研究对各类型的大学生心理特点的剖析比较,有助于加深对完美主义人格研究理论体系的认识,同时也对于心理咨询与临床工作者正确了解完美类型与心理健康的关系有重要意义。

2 对象与方法

2.1 对象

随机抽取 310 位某高校公共课的在校生作为样本,共 310 份问卷,有效问卷为 280 份。其中,男生 103 人,女生 177 人;农村学生 192 人,城镇学生 88 人;年龄为 17 岁至 24 岁,其平均年龄为 20.68 岁。

2.2 研究工具

第一,完美主义量表。Hewitt 多维完美主义量表(HMPS),在修订的中文版量表中,把完美主义分成 3 个维度,即自我定向、他人定向与社会肯定。该量表由 33 个题项组成且采用利克特 7 点记分,分值的高低说明了其完美类型的偏向性。该量表信、效度均达到测量学要求。Frost 多维完美主义量表(FMPS),在訾非和周旭(2006)修订的中文版量表中,把完美主义分成 5 个维度,即错误的在意度、条理组织度、个人规格、行动的迟疑度和父母期望度。该量表由27个题项组成且采用利克特7点记分，分值的高低说明了完美类型的偏向性。该量表信、效度均达到测量学要求。Slaney修订后的近乎完美主义量表(APS-R)，在杨丽等人修订的中文版量表中，把完美主义分成3个维度，即高规格、秩序与差异性。该量表由22个题项组成且采用利克特7点记分，分值的高低说明了其完美类型的偏向性。

第二，正负向情绪量表(Positive and Negative Affect Scale，PANAS)。运用利克特5点评分对20个题项进行判断，分值的高低分别表明相对应情绪水平的高低。

第三，Beck抑郁问卷(Beck Depression Inventory，BDI)。运用利克特3点评分对21个题项进行判断，总分越高表明个体抑郁症状越明显。

第四，状态焦虑问卷(State Anxiety Inventory，S-AI)。本研究采用STAI中的状态焦虑问卷(S-AT)，运用利克特4点评分对20个条目进行评判，得分越高说明个体焦虑程度越强。

第五，生活满意度(CMSLSS)。运用利克特7点评分对36个条目进行判断，分值的高低分别说明其对生活满意度的高低。

3 结果

3.1 完美主义类型的聚类分析

本研究首先分两步骤进行聚类，相继利用其离差平方和与欧式距离平方和来确定聚类数。当聚类数值从2改作3时，其凝集指数的变动为最大。由此认为，大学生的完美类型可以集成三类。根据结果可得知，隶属第一类的117人(占总类的41.79%)；隶属第二类的69人(占总类的24.64%)；隶属第三类的94人(占总类的33.57%)。

从对各类型大学生的完美二阶因素运用多因变量方差分析得出的数据中可得知，Wilks's $\lambda=0.32$，$F(4,552)=105.65$，$p<0.001$。根据完美二阶因素各自与聚类出的三个组别进行单变量方差分析，其检验结果可推断差异具有统计学意义。而后又根据LSD事后检验的结果可知，第一类型在完美二阶因素上的得分最低；第二类型在适应良好完美这一因素的分值上均比第一、三类型高；而第三类型在适应不良完美这一因素的分值上为最高。之后将以上结果与Rice和Slaney的研究成果对照后，可以发现两者之间具有高度一致性。为此，按照类别顺序可以认为，其分别对应非完美、适应良好与适应不良这三大类的完美类型者(见表9-5)。

表 9-5　不同完美主义类型大学生的完美主义维度得分比较($\bar{X}\pm S$)

完美主义因子	非完美主义者① ($N=117$)	适应完美主义者② ($N=69$)	适应不良完美主义者③ ($N=94$)	F 值	两两比较 $p<0.05$
适应完美者	14.08±1.95	17.88±1.48	15.54±1.48	108.92***	②>③>①
适应不良完美主义者	15.87±1.86	19.63±2.70	20.68±1.98	147.72***	③>②>①

注：*** $p<0.001$。

3.2 剖析对比三类大学生的心理特点

根据三类大学生在正负向心理指标上所实行的多因变量方差分析得出的数据可知 Wilks's$\lambda=0.79$，$F(10,546)=6.71$，$p<0.001$。在对正负向情绪、生活满意度、抑郁和状态焦虑这 5 个心理指标进行单变量方差分析后，其结果表明各类大学生的完美类型分值具有统计学意义。由表 9-6 可知，在正向情绪上，适应良好完美类型的得分明显大于另外两类型的得分；在负向情绪上，最大的分值隶属于适应不良完美类型者；在生活满意度上，适应不良完美类型者的得分明显小于另外两类型的得分；在抑郁上分值最大的是适应不良完美类型者；在状态焦虑上，适应不良完美类型者的分值为最高。

表 9-6　不同完美主义类型大学生的心理特点得分比较($\bar{X}\pm S$)

完美主义因子	分类	非完美主义者① ($N=117$)	适应完美主义者② ($N=69$)	适应不良完美主义者③ ($N=94$)	F 值	两两比较 $p<0.05$
正性心理指标	正性情绪	3.12±0.53	3.34±0.50	3.00±0.44	9.52***	②①>③
	生活满意度	4.80±0.52	4.90±0.67	4.52±0.43	12.06***	②>①③
负性心理指标	负性情绪	1.92±0.51	2.07±0.54	2.30±0.55	13.40***	③>②①
	抑郁	0.25±0.24	0.34±0.32	0.47±0.32	15.92***	③>②>①
	焦虑	1.80±0.39	1.91±0.52	2.12±0.41	14.56***	③>②①

注：*** $p<0.001$。

4　讨论

根据本研究的结果可以推断，大学生的完美主义类型是由适应良好、非完美与适应不良这三个群体组成。同时通过对这三个群体在正负向情绪、生活满意度、抑郁和状态焦虑上的得分差异进行比较，发现其结果与一些前人的研究相符合。

适应良好完美类型者在适应完美维度上的分数是最高的，其具有为自身设置高标准,对自己抱有较高的期许并尽力将事情做到完美的行为倾向。这一类群体在正向情绪和生活满意度上的得分为最高,而在负向情绪、抑郁和状态焦虑上的分数则较低。这意味着,当适应良好完美类型者实施高标准时能够结合自身实际情况,及时调整对自己的期望水平,以缩短理想标准和实际现实的距离。同时,在要求完美之际不会对自己过度批评,反而多给予自己正向情绪,使得他们容易从生活中得到满意感。因而本研究认为,适应良好完美类型的心理健康状况是最高的,其表现出的心理特征与 Hamachek、Parker 两人分别所提出的正常完美类型者和健康完美类型者类似。

测量得出的数据虽表明正向心理指标上的适应良好完美类型分值大于非完美类型者,但将他们在负向心理指标上对比后可以看出两者间具有相似性质。非完美类型者会设定符合自身实际水平的标准,也不会过度要求自己把事情完成得完美至极。为此本研究认为,非完美类型者的心理健康程度是处于另外两者之间,其心理特征与 Parker 所提出的非完美类型者相像。根据研究结果在正向心理指标上,虽然非完美类型者的分值比适应不良完美类型者的分值高,却也存在与适应不良完美类型者在负向心理指标上分值相近的情况。

5 结论

第一,大学生完美主义类型可分为适应良好完美类型、非完美类型与适应不良完美类型。第二,本研究结果表明,不同完美类型存在不同的心理特点。适应完美类型者在正向心理指标(正向情绪、生活满意度)上分值最高,适应不良完美类型者在负向心理指标(负向情绪、抑郁和焦虑)上分值最低,非完美类型者则介于二者之间。根据以上结论,心理咨询和临床工作者在工作中应利用完美类型的测量工具对具有完美主义人格倾向的咨询者进行有效分辨,结合各完美主义类型者的心理特点对不同完美类型者采取不同的干预措施。同时还应注意,除了降低适应不良完美类型者的消极心理效应,还应提高适应完美类型者的积极功能。

本章思考与练习

1.对假设进行统计检验的主要方法有哪些?试举例说明相应方法是如何使用的。

2.什么是效应量?这一指标在心理学研究中有着怎样的应用?

3.因素分析包括哪些方法?试结合具体案例说明这些方法的实际应用。

4.结构方程模型的基本思路是怎样的?请查阅相关心理学文献了解其具体应用情况。

拓展阅读

尼尔·J.萨尔金德.(2011).爱上统计学,史玲玲,译.重庆:重庆大学出版社.

该书非常清晰地阐明了整个抽样调查、统计检验的思想和逻辑,可以帮助读者厘清各种统计方法的适用范围和条件。读者可以通过该书了解、整理和分析数据的基本思路与最常用的技术。

Frederick J.Gravette,Larry B.Wallnau.(2008).行为科学统计.王爱民,李悦,译.北京:中国轻工业出版社.

该书以深入浅出、通俗易懂的方式,将统计知识清晰地整合到实际的行为科学研究中,以直接、易学、详尽的方法向学生讲授统计学的应用,是一本非常适用于数学基础薄弱学生的统计入门书。

侯杰泰、温忠麟、成子娟、张雷.(2004).结构方程模型及其应用.北京:教育科学出版社.

该书是国内第一本系统介绍结构方程模型和 LISREL 的著作。书中阐述了结构方程分析的基本概念、统计原理、在社会科学研究中的应用、常用模型及其 LISREL 程序、输出结果的解释和模型评价。

Barry Cohen.(2011).心理统计学(第三版).上海:华东师范大学出版社.

该书是一本非常全面的心理统计学教材,既包括入门性的统计学知识(如假设检验的基本概念和局限性),也包括心理统计的高级内容(如复杂设计方差分析和多元回归分析)。其重点是讲授各个统计公式或手段的适用条件以及如何解释统计结果的意义。

张敏强.(2010).教育与心理统计学(第三版).北京:人民教育出版社.

该书介绍的教育与心理统计方法包含三部分内容:描述统计、推论统计和多元统计。为适应统计方法的发展,在统计功效、效应量、协方差分析等方面也有所介绍。在多元统计部分详细深入地介绍了探索性因素分析、聚类分析和判别分析的原理和应用。

EpiData 是一个既可以用于创建数据结构文档,也可以用于数据定量分析一组应用工具的集合。EpiData 录入软件可以用于简单或程序化的数据录入和数据文档。EpiData Analysis 执行基本的统计分析,图表和综合的数据管理。

参考文献

胡志海,黄和林.(2006).大学生人格类型与专业认同间的关系研究.心理科学,29(6):1498-1501.

卢谢峰,唐源鸿,曾凡梅.(2011).效应量:估计、报告和解释.心理学探新,31(3):260-264.

王彩霞,范晓玲.(2007).验证性因素分析及其应用.湘潮(下半月)(理论),3(03):66-67.

张厚粲,徐建平.(2009).现代心理与教育统计学(第3版).北京:北京师范大学出版社.

郑昊敏,温忠麟,吴艳.(2011).心理学常用效应量的选用与分析.心理科学进展,19(12):1868-1878.

第十章 研究报告的撰写

目　次

第一节　研究报告概述
　一、定义
　二、类型
　三、风格与原则
　　（一）风格
　　（二）原则
　四、结构
　五、撰写研究报告的意义
　六、撰写研究报告的程序

第二节　研究报告的格式
　一、研究报告各要素的写作
　　（一）题目
　　（二）作者姓名和单位
　　（三）摘要
　　（四）关键词
　　（五）引言
　　（六）方法
　　（七）结果
　　（八）讨论
　　（九）参考文献
　二、常见的格式问题与错误

第三节　研究报告的交流
　一、研究报告的核心——立论
　二、研究报告的发表
　　（一）投稿前的检查要点
　　（二）评估的标准

第四节　元分析
　一、元分析的概念

二、元分析的特点
　　(一)在研究目的方面元分析以得到普遍性的结论为目的
　　(二)在研究对象方面元分析包含不同质量的研究
　　(三)在研究方法方面元分析充分利用定性与定量两种方法

三、元分析的功能
　　(一)整合分析研究的效应量
　　(二)提高统计检验力
　　(三)揭示和分析同类研究的差异
　　(四)帮助确定新的研究课题

四、元分析的操作步骤
　　(一)确立问题,制订计划
　　(二)检索文献,确定标准
　　(三)纳入文献,进行编码
　　(四)评价研究质量,构建数据集
　　(五)研究数据的统计学处理
　　(六)得出结论,提供建议

五、元分析的评价

第五节　应用范例
完美主义人格的结构及特点

本章思考与练习
拓展阅读
参考文献

第十章 研究报告的撰写

本章导读

研究者受到良好的方法学训练,可以做出好的研究,好的研究最终需要形成研究成果。如果说研究成果只有汇入人类科学知识的海洋才有意义,那么研究报告就是承载着这些成果驶向海洋的航船。写出高质量的研究报告,打造好"知识之舟",科学研究的成果才能传播得更远。换句话说,研究报告是研究者进行交流与合作的重要媒介,而元分析技术是评价研究报告质量的关键研究方法。因此,规范研究报告的撰写格式是非常有必要的,对定量评价元分析技术的掌握是十分重要的。本章在对研究报告做出概述的同时将重点介绍其撰写的基本格式和行文要求,补充了一些在发表研究报告前需要注意的检查事项。另外还探讨了元分析的概念与特点,着重介绍了元分析的过程。关于报告整体性的应用将在范例中得以呈现。

第一节 研究报告概述

一、定义

研究报告(research report)是指研究者以文字形式正式表达其研究结果和过程的报告。撰写研究报告的基本目的是交流信息。通过及时、规范的报告,可使研究为他人所知,展现研究的价值与功能,有助于研究成果的交流和推广。一篇研究报告能反映出该研究的水平、价值以及研究者的态度。报告中提供的研究方法等信息,可以让其他研究者评价该研究的质量,也可以使其他研究者重复和发展该研究,促进心理科学的发展。

与心理学相关的研究报告称为心理学研究报告,其基本特点是理论性、创造性和规范性。

1.理论性又称学术性。心理学研究报告是一类学术性文章,它要求研究者运用心理学的原理和方法,对所研究领域的问题进行分析、论证和抽象概括。虽然研究报告是基于实验、观察、访谈等具体研究方法,获得的是具体的资料,但报告绝不止于客观描述,而是要提炼、加工,在遵循逻辑与实证法则的同时从理论上做出一定的阐述。

2.创造性是研究报告的重要特征。一方面,研究报告的创造性来自于研究的目的。心理学研究的目的在于发现、创造新知识,如果研究只有继承,没有新见解、新发现,就失去了报告撰写的意义和价值。另一方面,创造性也是研究报告写作过程的特点。因为写作和思考通常是同时进行的,且在写作中研究者的脑海里可能会不时地闪现出新的灵感。

3.规范性是指研究报告要遵循公认的表达规范。为了达到交流目的,避免给读者带来阅读方面的困难,研究报告要遵循公认的表达方式和结构形式。不同研究报告因不同的研究主题、方法、目的所表现出来的特色,也应该在符合公认表达规范的基础上得以体现。一般报告会依次表达题目、作者姓名和单位、摘要、关键词、引言、方法、结果、讨论、结论、致谢、参考文献和附录等内容,其中部分内容如致谢、附录等可以根据具体情况进行取舍。

二、类型

各类报告涉及的内容纷繁复杂,表现的形式也不尽相同,按照不同标准可以将其分为若干类型。

1.按照读者对象的不同可以把研究报告分为应用型报告和学术型报告。应用型研究报告面向的读者主要是实践工作者,是为解决实践问题而作,其结构较简单,表达相对通俗易懂。而学术型研究报告主要面向专业研究者,通常为解决理论问题而作,对表达的学术规范性要求较高,大多在学术期刊上发表。

2.按照研究取向的不同可以把研究报告划分为量的研究报告和质的研究报告。量的研究报告主要包括实验研究报告和相关研究报告。实验研究报告重在描述实验中操纵自变量、测查因变量、排除无关变量影响等及揭示出所研究现象的因果关系的过程。相关研究报告主要叙述在调查研究中研究工具、研究过程的特征以及如何识别和检验变量及其之间的相互关系,为进一步提出变量间可能存在的因果关系奠定基础。质的研究报告以清楚地阐明研究过程为目的,而写作涉及的规则较少、对结构要求也不像量的研究报告那样多。质的研究报告倾向于长篇叙事,因为在收集资料、分析类属、组织证据时,较少使用单一的方法,因此报告的资料也比较难以浓缩。除了呈现和诠释事实证据之外,质的研究报告还可以采用多种写作手法和文学式的写作风格,以让读者产生共鸣、领悟等主观感受。

3.按照研究报告的写作目的可以把研究报告划分为学位论文、学术期刊报告和会议报告。

学位论文是高等院校或研究院所的毕业生用以申请相应学位而提出作为考核和评审的研究报告,其行文最为详细,是对整个研究工作全过程的具体描述。学位论文要求作者既要充分表达研究成果,又要表明已掌握的相关知识、方法或技术,以证明其达到了申请该学位的学术水平。

学术期刊报告是研究者在专业刊物上发表的报告。写作期刊报告要求作者同时具备高水平的科研能力和良好的文字功底,能简明扼要地说明问题。这类报告虽然追求简洁,但需要列出较为详尽的参考文献,以方便读者去寻找更详细的论据和材料。

会议报告是各种会议上发布的研究报告。会议报告需要突出重点,多以研究项目中的某个小题目为报告内容。听众感兴趣的方法或发现,应作为重点详细阐述。如果研究还没有明确、肯定的发现,可以分析造成现状的原因和可能的解决途径,也可提出挑战性问题。

4.按科学研究成果的表达形式分类。在心理科学研究中,研究的内容、方法是多种多样的,因此所得研究成果也具备多种形式。常见的成果表达形式主要包括如下几种:

(1)专著。所谓专著是就某一专门领域中的重大学术问题撰写的理论性著作,其内容较广泛,理论自成体系,篇幅较长。撰写的基础可以是作者本人直接完成的实证研究,也可以是其理论思考结果。

(2)译著。即由外文专著等直接翻译而成的著作。

(3)专题论述。主要是指理论性文章和评论性文章。

(4)研究报告(狭义)。表达实证性研究成果的文章,它是对研究过程和结果的陈述或解释。

(5)工具书。主要指词(辞)典、操作手册等。

(6)电脑软件。即计算机软件。作为研究成果,往往还要附上与之相应的开发研究报告。

(7)测量工具。主要指各种心理测验、量表等。

(8)仪器设备。指用于心理科学研究观测的装置。

三、风格与原则

(一)风格

研究报告是一种兼具陈述性和说明性的科技文体。在表达方式上应以说明为主,包括将研究对象、存在的问题、研究方法、结果等内容解释清楚,使读者理解和信服。在语言运用上则要求客观、准确、简洁。

客观(objective)就是使用中性的语言将事实呈现给读者,避免使用主观、带感情成分的文字或企图去说服读者。在文献回顾时,应同时报告正反两面的资料,不能只引用自己喜好的资料。在报告研究过程时,不能故意隐瞒研究中存在的问题,比如即使实验控制变量不当,也应客观陈述。在报告研究结果时,不管研究假设是否得到支持,所得结果都应如实报告,不能隐藏真正的研究结果,更不能为了支持研究假设而随意修改资料。结果分析前的研究假设讨论部分应是运用逻辑和实证的力量吸引读者阅读,启迪读者思考,而非限制其思维。

准确(precise)是学术报告最基本的要求,即要求使用公认的学术语言表达,用词恰当、搭配合理,以合乎逻辑和语言习惯的方式行文。在行文中,陈述要真实可靠,避免使用模糊的词语,仔细区分近义词、同义词在含义上和用法上的细微差别。变量和术语在行文过程中不要转义,以免造成混淆。对于第一次使用的术语则要给出明确的界定。对于复杂的观念或数据,如果无法用一种方式解释清楚,则需要变换角度表达;要求具体介绍的也不要含糊其词,如"大部分""很少"就无法让读者知道究竟是多少,"使用了某个测验"也没有说清楚究竟是哪个测验。运用数字可以比单纯使用描述性语言提供更具体的信息,如用"2/3 的学生"代替"多数学生",用"2.5 个多小时"代替"很长时间"。

简洁(parsimonious)是对学术报告的重要要求,即用最少的文字将研究表达清楚。这既可以节约有限的出版空间,也是对读者时间的尊重。实施过程不应作过多描绘,观点的陈述不做烦琐论证,行文表达直截了当,并删除不必要的文字。文献探讨部分切忌为增加篇幅而找一些无关的资料充数。方法部分除非是新异方法,否则一般不需要详尽无遗地交代,特别是在专业学术报告中,读者都理解研究所采取的常用方法时。结果部分则可以合理地运用图表配合文字表达。将文中过长的表达或者多次出现的词用简略语或外文符号代替,会使行文简洁。但是在一篇报告中大量使用缩略可能会给读者的阅读带来不必要的负担。因此,追求简洁的同时,也应避免不必要的省略。

另外,一篇好的研究报告还应该兼具朴实与生动的特点。朴实是避免华丽的词藻,不随意使用奇特的夸张和比喻,同时避免口语化和晦涩难懂的文字。而生动则是在准确的前提下提高文章的可读性。

(二)原则

研究报告不同于小说、散文、工作总结等,它是对科学研究过程及结果的表述。因此,撰写研究报告应遵循一定的原则。

1. 及时性原则

从严格意义上讲,在思考如何收集数据以检验研究假设时,就应考虑到将来如何表述研究结果。在数据收集工作结束之后,应立即着手撰写研究报告,这样做有助于:(1)使研究工作紧凑、不拖延,早日得到研究结果,使自己的研究在同行、同领域内处于领先地位;(2)及时完成写作工作,因为此时对所研究的问题比较熟悉,研究相关的信息尚未遗忘,更容易组织材料;(3)及早发现新问题,开展更深入的研究。

2. 整体性原则

在动手撰写研究报告之前,应通过拟定写作提纲来通盘考虑全文的内容与结构,使之谋篇布局合理,层次清晰,重点突出。此外,应注意避免"引言"和"分析讨论"两部分出现"过繁"或"过简"的现象。

3. 客观性原则

研究报告是学术性文章,所以行文要避免主观臆测,表述要客观,具体方法如下:(1)以事实为依据,不使用情绪性字眼;(2)遣词用字清晰明确,平铺直叙,不随意使用修辞或抒情;(3)尽量不使用模棱两可的语句;(4)尽量避免使用第一人称,宜采用第三人称,如"作者""研究者";(5)在引用他人语句或成果时,尽量避免使用恭维的词或头衔,如"著名的×××""×××教授"等。

4. 规范性原则

撰写研究报告是交流学术思想的重要手段,因此,为了便于交流,撰写报告时应遵循一定的规范与体例:(1)一份研究报告应遵循同一种体例,不可多种体例混用,如正文按 APA 体例(American Psychological Association Style),而参考文献采用《芝加哥文体手册》(*Chicago Manual of Style*);(2)用词要规范,尽量不要用日常用语或口语替代学术名词,也不要任意制造新的学术名词。

四、结构

表 10-1 研究报告"八大块"

组成	内 容	地位或目的
题目	对文章主题的概括	全文最重要的一句
摘要	对全文内容的简短概括	摘要通常让人决定是否读全文
引言	说明要做什么、为什么做、大致如何做	让人明白研究的必要性与可行性
方法	说明具体如何做	要体现研究的"可重复性"
结果	报告研究得到了什么	如实呈现自己的发现
讨论	阐释研究发现的含义与意义	研究结果的含义从来不是"不言而喻"的,必须加以"讨论"
结论	概括基于研究结果达成的确切知识	让读者明白研究得到了什么
参考文献	按照顺序罗列文中引用过的文献	不基于文献的研究通常算不上"科学"

研究报告的结构特征主要是为了两个目的而存在。一是说明自己的研究与科学历史长河的关系。一篇研究报告正是通过引言和讨论两个部分,建立起了与科学知识体系的联系,融入科学长河。二是让同行和后来人可以理解并重复自己的研究。如果人们不知道某个研究是如何做出来的,很可能就会质疑研究的结果。因此,研究者不仅要告诉读者世界是什么,还要告诉读者如何做才能认识世界是什么。

研究报告的形式结构由其本质决定,即报告一个有价值的研究结果。研究结果的价值不是自己说"好"就行了,而是要放在纵向的历史体系中,说明在某领域内自己的研究比前人推进了什么,对后人有何启发。所以,研究报告必须采用"前有古人"而"后有来者"的结构。

所谓"前有古人",就是要说清楚在自己研究之前的进展,包括已经取得了哪些认识、做出了什么结果、提出了什么理论,其主要目的在于说明自己的研究原因、研究思路、理论假设如何同前人有关,这些正是引言部分要完成的内容。而讨论部分和引言部分的结构基本是"镜像对称的"。在讨论部分,研究者要澄清自己所研究结果的含义、研究结果之间的关系、结果和理论假设的关系、自己的研究结果和同类研究的关系、是否能从自己的研究结果中概括出某些理论认识以及自己解决了什么问题、还有什么问题没有解决、今后应该往哪里努力等。可见讨论的目的是回应"古人",指引"来者"。

从形式结构上看,引言部分是"从大到小"的聚焦过程,从人类认识的现状及其局限聚焦到自己的研究思路和假设上。而讨论部分正好相反,是个"从小到大"的过程,即先对自己的研究结果进行分析,再扩展到其与科学发展历史的关系上。

五、撰写研究报告的意义

撰写研究报告,主要具有以下三个方面的意义:

第一,表达研究的新成果。心理科学研究者在进行了一项研究并取得了一定研究成果之后,就需要将研究的过程和成果用研究报告的形式表达出来。因此,撰写研究报告的意义首先在于表达研究的新成果。心理科学研究领域的新成果可以是对某一问题提出了新见解、新观点(即新的理论或假设),采用了新的研究材料,运用了新的研究方法,也可以是得出了异于前人的结果,或从新颖的角度分析数据、变量关系等。

第二,促进研究者之间的交流和合作。通过撰写研究报告,研究者能够对研究过程和结果进行思维加工和系统分析,使研究在理论和实践方面得以更深刻、更全面的体现。更重要的是,它可以促成心理科学研究者之间在成果、方法和经验等方面的交流。在确定研究课题时,研究者必须了解在该研究领域别人已经做了什么,进展如何,还有哪些问题尚未解决等。这些问题大多通过研究报告的引言部分反映出来。通过阅读研究报告,其他研究者可以了解研究的背景,以便对其进行正确的评价;也可获知研究的进展及其问题和不足,并据此去验证、扩展相关研究。因此,研究报告对于研究者的课题选择及研究假设的提出具有重要作用。

第三,有利于对研究的评价。研究者可以通过对一定时期内心理科学研究某一领域的全部研究报告进行元分析或知识图谱绘制,来获得对该研究方向或课题进展情况的了解,并对所分析的研究做出比较全面、客观的评价,以促进心理科学研究的发展。

六、撰写研究报告的程序

一项心理科学研究通常由研究选题与设计、具体实施、数据的收集和分析以及撰写研究报告等几个密切联系的环节构成。其中,撰写研究报告的过程也并非一蹴而就,一般包括以下程序:

1.确定研究报告的类型

撰写研究报告之前,首先要确定研究报告的类型,即用什么形式表达研究成果,是学位论文,还是投稿论文?投稿论文准备投往何种刊物?目前,我国已有多种各级心理科学方面的学术和科普期刊,每种期刊对稿件的要求不同,研究者在选择投稿刊物之前,应先了解其办刊宗旨、征稿范围、对论文和对作者的具体要求、读者群体特征以及该刊已发表文章的特征等情况,再决定研究报告的去向。此外,研究者还可以用外文撰写研究报告投往国外的有关学术期刊。

2. 拟定提纲

撰写研究报告之前,首先要进行总体规划,具体地讲就是要拟定撰写提纲。这一环节对于进一步提炼材料,充分表达研究者思想、见解,组织研究报告结构,保持研究报告连贯性,突出重点,方便读者阅读和避免不必要的返工等都极其重要。

拟定提纲时,一般按从大到小、由粗到细的顺序逐层逐节地思考拟定。首先确定报告的结构,然后考虑如何组织材料。材料的组织一般有三种顺序:时间顺序,按研究的进展顺序排列材料;空间顺序,按研究的空间结构的顺序来说明,如从整体到局部来加以介绍;逻辑顺序,按研究对象变化的逻辑顺序或课题进展情况的内在逻辑联系排列材料。

常用的提纲包括三种形式:标题提纲、句子提纲和段落提纲,即分别用词语、句子或段落表示研究报告的撰写内容、要求、特点和详略等,研究者应根据实际情况进行选用。

3. 撰写初稿

研究报告初稿需按照研究报告的基本格式要求撰写,并且尽可能快速地完成,以确保整体思路的清晰性和连贯性。撰写初稿时具体先写哪一部分可根据自己的习惯和擅长的方式来选择。一般先从引言开始着手,接着阐述研究方法、结果和讨论分析的内容,最后才写结论和摘要。参考文献不应放在最后写,而应随着正文的撰写,随时将文中涉及的参考文献按格式要求做相应记录,以免最后再花时间去补查。

4. 修改定稿

初稿完成后,应加以修改,使之完善。修改的方式很多,主要是自己修改和请教专家或同行修改。如果是自己修改,一般需要先将初稿搁置一段时间,待能客观、冷静地看待自己的作品时再进行。

初稿的修改,可以从以下三方面入手:

(1)内容的修改,应先检查引用的研究是否准确无误,结果分析是否合理、新颖,结论是否有数据支持、是否准确、是否具有概括性等,然后再决定如何进行增、删、改。

(2)结构的修改,应先检查研究报告的层次是否清晰、合理,各部分详略是否得当,内容和表达方式是否一致等,然后决定是否作结构上的调整。在修改结构时要注意使局部内容服从整体内容安排。

(3)语言的修改。包括改正错别字、不恰当的用词、语法错误等,且尽量删繁就简,使报告能够准确而简洁地表达研究成果。

在研究报告的撰写中,研究者应早动手,勤修改。只有这样才能使研究报告准确而完善地反映研究成果,成为高水平的研究报告。研究报告经过反复修改,研究者感到满意后,就可以定稿,投寄有关刊物。应注意的是,投往刊物编辑部的研究报告一定要美观、清晰,这一点是影响研究报告是否能发表的重要因素之一。

第二节　研究报告的格式

一、研究报告各要素的写作

（一）题目

题目(title)即研究报告的名称,是研究主题思想的表达。研究报告的题目十分重要,它是读者判断报告内容和决定是否继续阅读该报告的重要依据。好的标题往往可以吸引较大的读者群,进而使报告体现其本身应有的价值。题目也是对报告进行检索、收录和引用时的主要标识。因此,研究者必须用心斟酌。

一个好的研究报告题目应该具备准确、概括和简洁的特征。准确是确定报告题目最基本的要求,即题目准确地表达了研究的中心内容,使读者能通过题目了解报告的主题。概括是指题目能做到涵盖全篇内容,应避免题目与报告内容的不匹配情形,做到范围界定恰当,题文相符。简洁是指用简短明确的文字反映报告的主题,一般题目不超过20个字,要避免使用多余词语,如"有关××的研究""一项××的研究"等在不影响表达的情况下可以省略。

研究报告题目表述的内容目前呈现出多样化趋势,较为传统的有变量式和主题式(如图10-1)。

| ◇避免模棱两可的词语 | ◇尽量不用副标题 |
| ◇不要用省略语和没有定义的词语 | ◇尽量避免中英文混杂的标题 |

图 10-1　确定题目的注意事项

1.变量式。这类题目由研究的主要变量组成,例:

飞行管理态度对航线飞行驾驶行为规范性的影响(游旭群,晏碧华,李瑛,顾祥华,杨仕云,屠金路,2008);

主管认知信任和情感信任对员工行为及其绩效的影响(韦慧民,龙立荣,2009)。

2.主题式。这类题目重在表达研究的主题,所涉及的变量关系往往不明显,例:

学前儿童对疾病的认知(朱莉琪,刘光仪,2007);

应征公民心理选拔的人格评估(肖利军,苗丹民,肖玮,武圣君,李红政,2007)。

(二)作者姓名和单位

作者姓名和单位(names and affiliation)即研究报告的署名问题。署名的目的一是为了表明文责自负,二是记录劳动成果,三是便于读者进行文献检索及其与作者的通讯联系。

作者的署名不应加任何称谓,如"教授""博士"等头衔均不需要。如果需要对作者信息进行说明,可以添加作者注(author notes)。作者注通常包括本文通讯作者的基本个人信息、研究方向、邮箱等,供读者了解和联系;也可以对本研究报告做出说明,如该研究报告是作者学位论文的一部分或已在某学术会议上交流等;另外,还可以在作者注中致谢研究基金、对研究做出帮助的人或者机构。作者注一般打印在题目页的下半部分。学生研究论文、毕业论文和学位论文一般不需要作者注。

多作者的研究报告按署名顺序列为第一作者、第二作者……对研究工作与报告撰写实际贡献最大的列为第一作者,贡献次之的列为第二作者,依次类推。如果作者属于不同的单位,需要分别列出这些单位并按照作者的署名顺序排列。论文署名体现对作者劳动价值的尊重与保护,没有具体贡献的人,不得在研究报告中署名。共同署名意味着必须共同承担责任,即所谓"共同署名责任原则",假如研究报告被查证抄袭、造假,那么所有署名者都将承担责任。

(三)摘要

摘要(abstract)是报告内容不加注释和评论的简短概述。应用型研究报告中篇幅较长的摘要称为执行提要(executive summary)。学术期刊上发表的研究报告、学位论文都要求有中文摘要和外文摘要(通常为英文)。

摘要是与报告主要信息量等同的完整短文,是研究价值最简单的表现形式。摘要的功能主要表现在两个方面:首先,摘要补充题名的不足,担负着吸引读者和将报告主要内容准确地介绍给读者的任务;其次,摘要为文献检索数据库的建设和维护提供方便。直接提供规范的摘要,可以避免在加入文摘杂志或数据库时,由他人编写摘要可能产生的误解、欠缺甚至错误。

从内容上看,摘要是全文的高度浓缩,所提供信息包括研究的目的、对象、方法、结果、结论和应用范围等。实际写作中并不要求每篇摘要都要具备以上六个方面,但是研究对象和研究结果是必不可少的。

从形式上看,摘要撰写要求正确、精练、具体、完整。正确,就是忠实于原文,使用规范化的名词术语;精练,就是简明扼要;具体,就是要把关键的步骤、方法、数据、结论交代清楚;完整,就是要语意连贯,能独立成文。摘要长短各有不同,通常在300字以内。

例:研究报告"视觉搜索任务训练对运动员压力下的注意偏向及应激反应的影响"(刘运洲,2017)的摘要如下,该摘要内容主要包括研究的目的、方法以及结论。

目的:探讨视觉搜索任务训练对运动员压力情景下的注意偏向及应激反应的影响,为赛前进行针对性的注意训练提供方法和依据。方法:采用视觉搜索任务对32名运动员进行四周(每两天一次)的注意训练,使用点探测任务对训练前、后压力情景下的注意行为进行测试,使用主观感受和心率变异性(HRV)对训练前、后压力情景下的应激反应进行测试。结果:视觉搜索任务训练后压力情景下的运动员对负性信息的注意偏向降低,压力感受和状态焦虑降低,HRV的低频/高频(LF/HF)和归一化低频(LFnorm)降低,归一化高频(HFnorm)升高。结论:视觉搜索任务训练能够降低运动员压力下的负性注意偏向,减轻其应激反应。

研究报告附外文摘要是为了国际交流,通常用英文表达。英文摘要通常是题名、摘要和关键词的英译。在撰写英文摘要时,其内容除了与中文对应之外,还要注意符合英文的表达方式、语言习惯,如使用第三人称、被动语态,省略可有可无的助词等(如图10-2)。

◇ 排除本领域已成为常识的内容　　◇ 不分段
◇ 不用引文　　◇ 用第三人称
◇ 一般不用数学公式,不出现插图、表格

图 10-2　撰写摘要的注意事项

(四)关键词

关键词(keyword)是研究报告的文献检索标志,是表达报告主题概念的词或词组。关键词是论文信息最高度的概括,直接影响读者对文章的理解,关系到该文被检索率及其研究成果的利用率。一篇论文的关键词通常有3~8个,放在摘要之后。

关键词的表达要符合规范,通常从专业词汇表中选用,如心理学名词审定委员会审定的《心理学名词》(2001)。如果专业主题词表中没有列出该词,或者需要表达新理论、新技术等出现的新概念,则可以选择有关词语作为关键词,且尽可能从权威的参考书和工具书当中选取。选用的词必须达到词形简练、概念明确、实用性强,既不要生造关键词,也不要生硬地对新现象或新发现套用既有的词语。

关键词选用的要求是能够真正反映报告的主旨,如研究报告"DRM 范式下的儿童错误记忆研究"(郝兴昌,2013)给出的关键词"错误记忆、DRM 范式、关联性、文字材料、图片材料、预警"就准确表达出了该报告的中心内容。

(五)引言

引言(introduction)是研究报告的重要组成部分,在行文时可以用"引言""问题的提出""文献回顾""研究假设""背景假定"等标题,不同研究报告引言所包含的内容有所不同,是否用小标题也可斟酌,但均需要讲清本研究的目的、所要解决的问题、领域内的研究状况等内容。

1.文献回顾

文献回顾(literature review)是对以往研究的评述,对相关理论和研究的说明与总结。文献回顾篇幅较长,这在学位论文中尤其突出。

文献回顾的目的是评价课题和发展课题。通过回顾文献来论证当前研究问题的可行性,明确研究的问题能否通过本研究加以回答,提供此研究的理论基础和假设依据。通过回顾文献还可以确定当前研究问题的意义性,论证研究的深度或将要做出的贡献。文献回顾也表明研究者对于所研究领域的熟悉程度和理解深度。

文献回顾无固定的写法,一般先系统介绍基本理论,然后再探讨相关研究。在论述过程中,文献材料可以按与研究问题的关系组织,也可以按时间顺序组织。应避免援引一些无关紧要的文献,应从复杂的材料中选择与自己研究关系最密切、具有代表性的材料,将它们组织起来,阐明以前研究与当前研究的关系,为读者提供一个理解研究问题的背景。对于无法找到直接理论依据的探索性研究,则需要陈述与研究相关的间接理论或研究。

文献回顾不能局限于叙述,而必须做评论。对有关理论和研究的归纳、评价,既是在帮助读者理解文献,也是在论证作者自己的研究。因此,文献回顾过程中,要注意先前研究的不足和未解决的问题,仔细检查那些所得结果不一致的研究方法,从而做出相应评价(如图 10-3)。

◇ 应注重所选文献与当前研究在变量、样本以及理论观点方面的相关性
◇ 最好选用最新的文献材料,越新越能概括前人已做过的工作
◇ 应考虑文献的权威性
◇ 应鉴别大众媒体的报道和文章,以确定将它们引入研究报告的价值定位

图 10-3 选择文献资料的注意事项

2.研究目的

研究目的(purpose of a study)说明所进行研究的必要性以及研究要探讨的方向,即进行此项研究有何价值,其理论意义和实践意义是什么。较常见的研究目的有验证理论、澄清过去研究的矛盾或是提出解决问题的方法等。在撰写时,需要较详细地说明研究背景及其重要性,而后对研究目的做出简单明了的叙述。

例:研究报告"不同妒忌情绪状态下大学生的注意网络效率差异"(张潮,盛丽君,赵丽霞,2016)中研究目的的表达。

本研究的目的在于探讨不同妒忌情绪状态下大学生的注意网络效率差异,为有效开展大学生心理健康教育提供依据。方法:方便选取某大学99名大学生为被试,用回忆事件的情绪诱发法诱发妒忌组被试的妒忌情绪,通过注意网络测验范式,采用3(情绪状态:善意妒忌、恶意妒忌、中性情绪)×3(注意网络:警觉、定向、执行控制)的混合实验设计,考察大学生群体在不同妒忌情绪状态下的注意网络效率(警觉、定向和执行控制)差异。

3.研究问题

研究问题(research question)是针对研究目的所列出来的具体问题。通常一个研究目的会引申出数个研究问题,这些问题所提供的、尚未检验的答案即研究假设。

例:研究报告"绘画特征分析心理评定中的探索性研究——以门、桥、火山绘画主题为例"(贾轶群,2017)中研究假设的表达。

假设一:SCL-90心理症状阳性者和阴性者之间存在绘画特征差异。

假设二:16PF因子人格特质低分者和高分者之间存在绘画特征差异。

假设三:绘画特征和心理变量之间不是一一对应的关系。

假设四:可以建立绘画特征和心理症状间的回归模型,以通过绘画特征预测绘画者的心理症状。

假设五:可以建立绘画特征和人格特质间的回归模型,以通过绘画特征预测绘画者的人格特质。

(六)方法

研究方法(research method)提供用以检验研究假设的设计和程序,详细地说明如何执行研究的细节。主要由样本选取、研究工具、研究步骤及数据处理等组成,是用以评估本研究方法论最重要的部分,它使其他研究者在必要时可以重复作者所报告的研究。

研究报告的读者通常都具备一定的方法知识,因此这部分描述不必过于细致,但一定要提供给读者以下问题的解答:所执行研究的类型是什么?样本的选择方法是什么?样本的基本资料是什么?资料是如何收集的?采用什么程序?变量是如何测量的?用的仪器或工具是什么?是否具有信度与效度?研究设计中的伦理议题与特定议题是如何处理的?

1.研究对象

研究对象(participants)有时也称为被试(subjects)或样本(sample),即明确指出"谁"是该研究的对象。

样本选取主要是说明样本选取的来源及方法(如简单随机取样、分层随机取样、方便取样等)、所选样本的大小及特性(如性别、年龄、职业等)、实验研究分组原则等。如有必要,还应指明被试是否自愿参加研究。以动物为研究对象,也要交代其基本特征。

例:研究报告"不同任务类型下4~7岁儿童记忆群体参照效应发展特点的研究实验"(侯洁琼,2016)中对被试的描述。

研究选取幼儿园中班、大班和小学一年级的4~7岁儿童各60人,共180人,男女各半。所有被试以前均未参加过类似实验。

例:研究报告"不同环境的培养对小白鼠学习记忆能力的影响"(杨占军,1994)中对小白鼠的描述。

将出生15天的昆明品系小白鼠分为两组,各15只。一组为环境丰富组:雌性7只,雄性8只,共同饲养在一个培养箱内,除正常饮食外,箱内还设有假山、刨花、吊轮、秋千和皮球等多种"玩具"。另一组为环境单调组:雌性7只,雄性8只,每只小白鼠各占一箱,互相隔离培养;箱内除食物外,无其他物品。

2.研究工具

研究工具(research instrument)是在研究过程中所使用的仪器或者材料,包括实验仪器、测量工具(或自制实验材料、量表)等获取数据资料的工具,以及数据处理工具。

对于已经定型且众所皆知的工具可简单交代。例如,对于器械说明其厂牌、型号,对于公认量表说明其信度和效度。对于鲜为人知或自行设计的工具则需要详细说明。例如,研究者自行设计的问卷,应说明问卷包含哪几个维度;研究者自制的量表,要说明整个量表编制过程,包括依据的理论、预试、项目分析、选题过程以及该量表的信度和效度等。此外,如果可以的话,研究者最好将整个问卷或量表放在附录里,以供阅读者参考。

数据处理的工具主要包括研究所使用的统计分析方法以及统计程序。如果使用多种方法,应该分别对应交代这些方法所要解决的问题或处理的假设。使用公认的统计程序包,简单说明其版本即可,如 SPSS 15.0。

例:研究报告"'心灵鸡汤'对温度知觉、他人评价和自我评价的影响"(朱海燕,宋志一,张晓琳,2018)中对其实验材料的描述。

本研究选取了两种实验材料,分别是"心灵鸡汤"和无故事情节的财经报道。实验前要求被试评定出阅读故事材料后的感受词语,获得诸如温暖、开心、幸福、有趣、激动、无趣、无聊、厌恶、乏味、枯燥、恶心、紧张、恐惧等评定词语,并进一步将"温暖"与上述消极类词语配对,要求学生选择与暖人心故事相匹配的"温暖"的另一端词语,最后确定本研究材料心理感受评定词语为"无聊—温暖"。在对"心灵鸡汤"材料进行筛选时,首先从杰克·坎菲儿、马克·汉森的著作《心灵鸡汤》里选取人们互相帮助的故事 5 则,并另从《读者》《意林》中选取表达人间温暖的故事 5 则。选取的 10 则材料篇幅大约都是 1000 字。要求 20 名评定者在读完每篇故事之后,在五级量表上评定故事带给他的温暖感受程度:1—很无聊、2—有点无聊、3—没有感觉、4—有点温暖、5—很温暖。根据每则故事的平均分,选取平均分最高的一篇作为"心灵鸡汤"的实验材料,评定均值为 4.5。所有呈现的材料均未出现"心灵鸡汤"四个字,只呈现故事内容。

(七)结果

研究报告的结果(result)是将研究所得到的必要数据、典型案例、观察记录等直接、明确地呈现出来。在结果部分的写作中,首先要区分清楚"事实"和"评论"。其基本原则是"如实"汇报,不加解释和评论。

1.统计检验结果的表达

对于一项实证研究,其报告内容通常就是研究所得到的数据结果,包括对数据的描述统计和推论统计结果。

(1)描述统计

研究所获得的原始数据往往非常庞杂,它本身难以直接提供有价值的信息,因此,研究报告中一般不直接报告原始数据,而是对其做必要的描述统计。描述统计主要提供有关数据集中趋势和离散趋势的统计量,描述集中趋势的统计量包括平均数、中数和众数等,描述离散趋势的统计量包括方差、标准差、全距等。在变量符合正态分布且是连续变量的情况下,通常提供平均数和标准差即可;对于计数数据则要提供百分数以及相应的频次数据;此外,样本量(包括每种实验条件下的被试数量)也是描述统计必须提供的指标。除了提供关于一个变量分布的基本描述统计(频次、百分数、平均数、标准差、偏态程度等),对于两个变量关系,可以借助散点图等方式加以描述。通常读者在了解这些描述统计信息之后也能更好地理解后续推论统计信息的含义。

例：研究报告"大学生生命意义寻求和视角转换对抑郁的影响——有中介的调节模型"(王玉,吴欣洋,甘怡群,2015)中对生命意义寻求得分、视角转换得分、意义感得分和抑郁得分的相关分析。各时间点的研究变量平均数、标准差和相关关系如表10-2所示,结果表明,视角转换得分与意义感得分呈正相关、与抑郁得分呈负相关;意义感与抑郁呈负相关。

表10-2 意义寻求、视角转换、生命意义感和意义得分的相关关系

变量	$X \pm SD$	意义寻求	视角转换	意义感
意义寻求(T1)	17.0±5.7			
视角转换(T1)	10.2±3.2	0.47***		
意义感(T2)	24.4±5.9	-0.07	0.29**	
抑郁(T3)	38.0±8.9	0.04	-0.34***	-0.35***

注：双侧检验,* $p<0.05$,** $p<0.01$,*** $p<0.001$;T1表示第1时间点测量,T2表示第2时间点测量,T3表示第3时间点测量。

(2)推论统计

描述统计是为推论统计做铺垫,推论统计则更为重要,只有推论统计证明在"统计上"达到"显著水平"的结果才可能有科学意义。常用的推论统计方法有很多,如卡方检验、t检验、方差分析、回归分析等。无论使用哪种统计方法,都需要完整地报告推论统计的方法和结果,以便让读者明白研究者如何分析数据,获得了什么结果以及结果的含义是什么。

首先,要准确介绍具体的统计方法。例如,t检验有相关样本检验和独立样本检验,对于一个单因素的被试内实验设计,需要采用"相关样本t检验";对于被试间差异的考察,则需采用"独立样本t检验"。

其次,报告统计量的精确值及其附加信息。这些统计量包括t值、F值、χ^2值等。这些值的大小和含义,还与自由度、样本量等附加信息有关,因此统计值的报告要包含这些附加信息。以F值为例,研究者需要报告计算它所用到的分子自由度和分母自由度(df_1,df_2)。

再次,报告统计量的显著水平。一般报告研究统计量的数值是否低于或高于某个临界值对应的概率水平就可以了,这个概率水平就是显著性水平。常用的临界概率包括0.05、0.01、0.001三种,比如报告"$p<0.001$"。这种做法避免了报告"$p=0.000$"这样的结果时可能造成的误解。因为实际上"$p=0.000$"并不意味着这个统计

量的值出现的概率为0,只是表示概率很小。在报告统计量的显著水平时,还要附带说明统计量的检验是单侧检验还是双侧检验,若不报告则默认为双侧检验。

最后,要明确表达结果的统计含义与专业含义。统计含义指某个统计结果是否达到统计上的显著水平。例如,"实验组空间认知能力后测得分显著高于对照组",这句话说明了不同实验处理差异的存在以及差异的方向。然而,这还只是个统计结果,如果能紧接着加一句"这表明某某实验干预措施能有效提高空间认知能力",则更容易让人理解其心理学含义。

此外,近年来研究者逐渐认识到,在报告研究结果时不仅要关心统计上是否显著,还要报告能反映得分差异程度和变量关系强度的效应量指标,如 d、r^2。

例:研究报告"大学生生命意义寻求和视角转换对抑郁的影响——有中介的调节模型"(王玉,吴欣洋,甘怡群,2015)中对追踪测量的流失分析。首先检验流失数据与有效追踪数据在人口变量和主要研究变量上是否存在差异,对流失组的49名被试和追踪组的116名被试在第一时间点上主要变量的得分进行差异检验,结果表明:流失组与追踪组的性别差异无统计学意义[$\chi^2(1)=2.07, p=0.233$];在意义寻求、视角转换得分上,流失组与追踪组之间的差异均无统计学意义[$t(163)=0.92, p=0.361$; $t(69)=1.39, p=0.168$]

2.统计图表的使用

(1)统计表

统计表是用表格形式呈现研究数量化结果的方式之一。统计表的种类很多,主要包括原始数据表、次数分布表和分析结果表等。一般来说,统计表是直观地呈现结果的最简便方式,具有整理、保存和直观显示数据的作用。

一个统计表包括三部分:

①表题

表题部分包括表的序号和表的名称(或标题)。表的序号表示统计表在文章中或书中出现的顺序,表的序号一般采用"表"字与阿拉伯数字组成,如用"表1""表5"等表示,以便读者查阅。表的名称(或标题)通常写在表的正上方。它是对统计表主要内容的概括,应简洁、恰当地指出表格中所列数据的含义或欲说明的问题。如果使用简称或缩写,需在表注部分加以说明。

②表体

表体通常由标目和数字两部分所构成,是统计表的主体内容。标目,即分类的项目,一般列在表的最上面一行和最左侧一列。最上面的一行称为横标目,通常用来表示研究对象或特征的指标、类别,横标目内需注明单位,如"毫秒""%""分"等,这样就不必在表中每一数据后都写出单位。最左侧一列又叫纵标目,通常用来表示研究对象或特征。数字是统计表的语言,占据统计表的大部分空间,书写时一定要整齐划一,位数要上下对齐,小数点后缺位的要补零。

此外,画表时应注意表的上下两横线条要粗些,表的两边纵线省略不画。

③表注

表注是对统计表中有关内容的说明,包括对表的来源、表中符号、表中数字以及统计检验显著性水平的说明(一般用星号"*"表示)。通常情况下,表注的文字字体要比正文字体小一号。示例如表10-3、图10-4。

表10-3 变量的描述性统计结果($N=563$)

变量	M	SD	1	2	3	4	5
1 认知信任	5.21	1.16	(0.85)				
2 情感信任	4.71	1.33	0.41**	(0.87)			
3 注意聚焦	3.41	0.67	0.32**	0.12**	(0.75)		
4 情感承诺	4.64	1.15	0.26**	0.40**	0.12**	(0.88)	
5 任务绩效	5.05	1.12	0.12**	0.27**	0.17**	0.28**	(0.93)

注:* $p<0.05$,** $p<0.01$,对角线上括号内为各变量的内部一致性系数。

◇ 论文中所有的表格都是必要的吗?
◇ 表格都是三线表吗?所有的竖线删除了吗?
◇ 所有的表格都有表题吗?表题的表述是否简明扼要?
◇ 每列的栏目是否都有名称?
◇ 所有性质相同的表格在形式上是否一致?
◇ 数据位数与格式是否合理?
◇ 所有缩写、特殊符号都在表注中说明了吗?
◇ 所有水平的 p 值都正确标注了吗?星号是否在相对应的数据上标明?
◇ 表格的大小是否适合期刊半栏及通栏的宽度?
◇ 所有的表格都在正文的相应位置处有参照标志吗?

图10-4 表格的核查清单

(2)统计图

统计图是显示统计分析结果的形式之一,同时也是探索变量关系的手段之一。统计图清晰、直观,易于理解。

①统计图的有关要求

统计图由图题、变量说明、坐标轴、单位及图形(如点、线、条、面等)四部分组成。

一般来说,一个较好的统计图应符合下述要求:

图题应简明、准确地指出所呈现数据的含义;图形应能简洁、清楚地表示某种结论或变量关系,不用过多的文字说明即可理解;数据的呈现必须准确,不能歪曲失真;图形所依据的数据若未在图中标示,则需在报告正文中或表格中加以说明;图应在有关的结果叙述之后呈现;说明同一内容的统计表和统计图一般不同时出现;统计图也应编号,并在图题中表示。此外,不同类型的统计图还有不同要求,在作图时应另加注意。

②统计图的类型

统计图的类型很多,心理学专业期刊上常见的有线形图(图10-5)、条形图(图10-6)、变量模型图(图10-7)、路径图(图10-8)和调节效应图(图10-9)等,分别呈现如下:

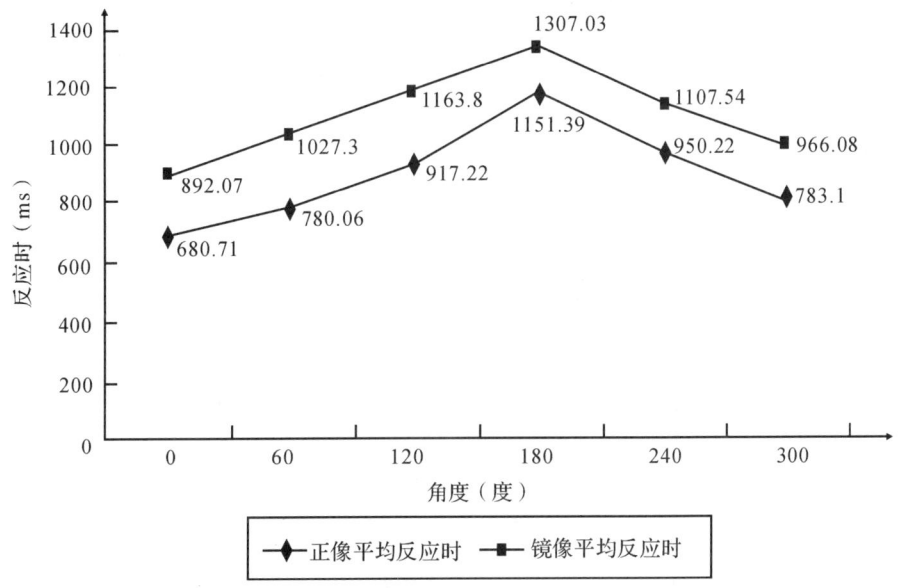

图10-5 正像、镜像平均反应时与角度的关系

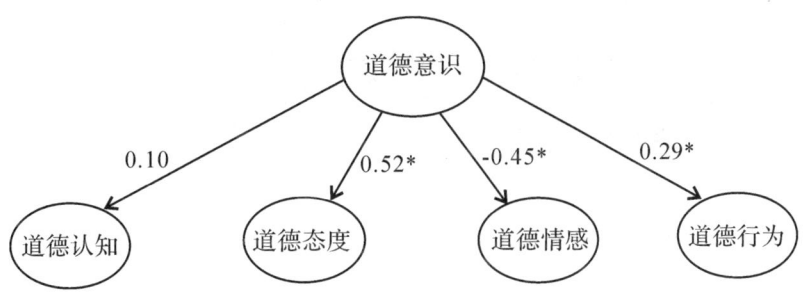

图10-6 不同时间框架下的任务参与决策

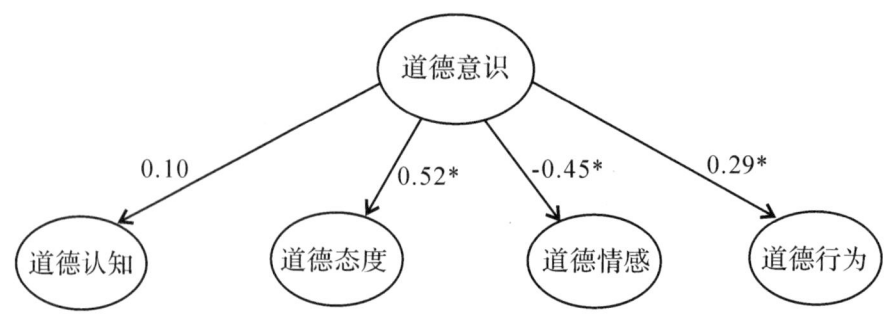

图 10-7　网络道德人际 SEM 模型

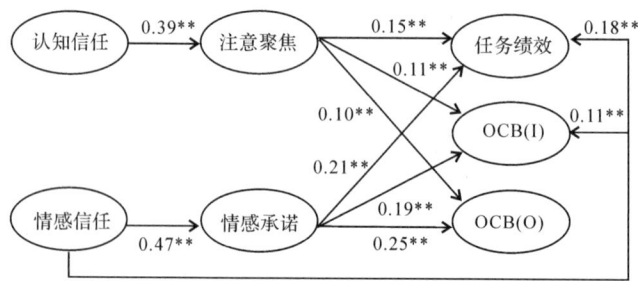

图 10-8　主管认知与情感信任对员工行为及绩效的作用

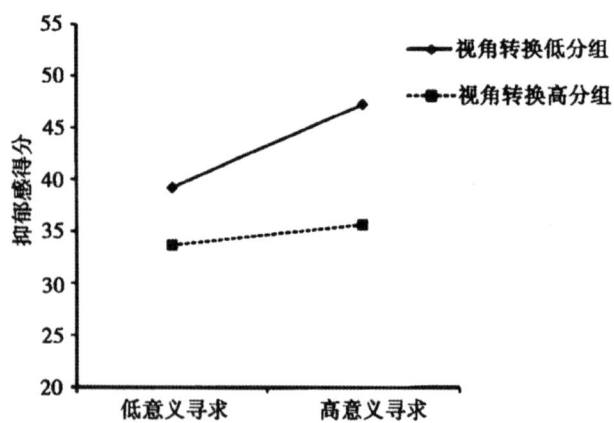

图 10-9　视角转换在意义寻求和抑郁之间的调节效应

> ◇ 这个插图有必要吗？与表格和正文是否重叠？
> ◇ 有图序和图题吗？图题的表述是否简洁？
> ◇ 这个插图简洁吗？还有没有可以删去的无关细节？
> ◇ 坐标轴的标值是否合适？坐标名称和图例是否齐全？
> ◇ 所有的术语拼写是否正确？
> ◇ 插图中的符号及缩写都在图注中有所说明吗？这些符号、缩写与标题是否一致？
> ◇ 在其他插图或正文中是否保持一致？
> ◇ 插图大小是否不超出期刊的版心？
> ◇ 所有的插图在正文的相应位置处是否被提及？

图 10-10　图的核查清单

（八）讨论

讨论（discussion）是研究者对研究结果进行评估，探讨结果支持或不支持研究假设的原因，对其理论意义或实践意义进行综合解释的过程。讨论使整个报告成为一体，是研究报告最重要的部分。

1.讨论的内容

讨论要基于本研究的结果，但不局限于本研究。讨论的内容可以从以下几个方面考虑：

(1)说明研究的结果以及解释新出现的现象

基于心理学的原理和规则，结合本研究领域的知识对研究结果做出说明。如讨论某种差异对于验证某项研究假设、说明有关理论的价值；从理论角度讨论某项研究结果的意外发现、产生不一致的原因及其对研究的意义。

(2)综合分析本研究结果以说明某种理论和可能的展望

以理论洞察力和逻辑推演来讨论研究结果的意义和价值。如各项研究结果和推论是否验证了某项理论，是否具有发展理论、形成新理论的可能，是否具有实践应用价值。

(3)与已有的观点和发现作比较，分析异同和原因

通过与已有的观点和发现作比较，可以提供给读者有关数据的意义和产生结果异同的原因。在比较时，要围绕如何解释研究结果和发展理论进行，切忌堆积琐碎无

关的理论或选择性地强调某种观点。

(4)用相关领域的成果来解释本研究的结果和推论

如用脑科学、计算机等有关基础学科的成果或用管理、教育、传播等有关应用领域的成果来解释研究结果和推论。在援引各相关学科成果解释心理科学发现时,要避免漫无目的地解释,只有那些与研究数据、理论有密切联系的,才可以用来对其进行推测并展开讨论。

(5)研究的限制和进一步研究的建议

研究有时会发生超出研究者能力范围的一些问题,如实验操纵、抽样、被试者参与研究的动机、问卷回收率等。讨论这些研究的限制,可以让读者更深入了解所得结果的意义。一项研究的结束往往是新研究的开始,研究者可以根据该研究提出进一步的建议。

2.讨论的组织

并不是所有研究报告都需包含以上五个方面的讨论,应根据具体研究的情况和特点进行取舍。讨论亦无固定的组织形式(写法),关键是要突出理论深度和逻辑力度。以下给出一种常见的组织方式。

在讨论的开始部分,先简单复述自己的研究发现,并解释研究假设是否得到支持。

例:当前实验持在惊险情境中陌生的异性之间更容易一见钟情的假设。惊险情境组被试比普通情境组被试对异性表现出更为积极的态度。

接下来,以引言中提及的论点为参考,论述与以往研究成果的关系,是否与以往研究结果一致。

例:这些结果与许多研究报告的实验结果是一致的。例如,[引用]的研究表明……另外,在[引用]的研究中,相似的效应在被试……

如果你的研究结果与其他人的研究结果不同,要解释产生该结果的可能原因。

例:当前研究的发现与[引用]等人报告的发现不同。当前的研究发现……;而[引用]发现……对于这种不一致,最确切的解释是……,[引用]用的是一种不同的程序,这种程序会产生的结果是……

接下来说明研究的理论意义和实践应用,最后说明研究局限以及改进建议。

(九)参考文献

研究者在撰写研究报告时,几乎都会引用他人的研究资料。参考文献(references)是撰写研究报告中所引用的期刊文章或图书资料。

引用他人的观点、数据或材料,在文中出现的地方予以标注,并在文末列出参考文献的工作称为文献著录(references recording)。不管是直接引语还是间接引语,都需要进行文献著录工作。严肃的学术杂志不可能接受没有参考文献的投稿。著录文献指出所引述资料的正确来源,可供读者评估时参证。有经验的读者,从作者援引的文献中就可以评估论文的起点和深度;同时,文献著录还可将自己的研究与他人的成果区分开来,维护学术忠诚与尊严,避免剽窃之嫌。另外,从节省行文篇幅和有利于文献计量分析的角度来看,文献著录也是必要的。

参考文献的著录格式有一些共同的规范,因来源不同而有所差异。APA 格式(American Psychological Association)在心理学研究领域的接受范围较广,因此以下给出常见的 APA 文献著录格式。

文献在文章当中的标注采用的是著者-出版年制,即引用标志包括"著者"和"出版年",主要包括两种形式,研究者可以根据行文的需要灵活选用其中一种。

(1)正文中的文献引用标志可以作为句子的一个成分,例:

Dell(1986)基于语误分析的结果提出了音韵编码模型。

汉语词汇研究有庄捷和周晓林(2001)的研究。

(2)也可放在引用句尾的括号中,例:

在语言学上,音节是语音结构的基本单位,也是人们自然感到的最小语音片段。按照汉语的传统分析方法,汉语音节可以分析成声母、韵母和声调(胡裕树,1995;黄伯荣,廖序东,2001)。

音韵编码模型假设音韵表征包含多个层次(Dell,1986)。

此外,研究者还应注意不同著者人数标注时的细节。

1.只有一个著者

只有一个著者时,例:

王建中(2011)研究了大学生人格特征与心理健康的关系。

大学生的人格特征和心理健康有密切关系(王建中,2011)。

如果同一篇文献连续引用,则第一次引用需标明出版年,第二次及以后的引用无须写出版年。例:

王建中(2011)研究了大学生人格特征与心理健康的关系……此外,王建中还发现……

2.多个著者

如果有两个著者,正文引用时两个著者的姓(名)都要给出。如果引用标志是句子的一个成分,两个著者之间用"和";如果是放在引用处的括号中,英文的两个著者之间用"&",中文用逗号隔开即可。例:

刘洋和郭玉江(2013)发现了体育锻炼对抑郁起到一定的降低作用,这与Steptoe和Bolton(1988)的研究结果一致,而中等程度的锻炼更有效(刘洋,郭玉江,2013;Berger & Owen,1989)。

如果有3个、4个或5个著者,第一次引用时需给出所有著者的姓(名),第二次及以后再引用时,只写第一著者的姓(名),后面加上"等"或"et al."。引文标志作为句子成分时,多个著者之间,中文用顿号,英文用逗号,最后两个著者之间用"和";引文标志放在引用处的括号中时,多个著者之间用逗号,最后两个著者之间英文用"&",中文仍用逗号。例:

赵景欣、刘霞和张文新(2013)发现,同伴拒绝能够增加儿童的攻击、学业违纪,使儿童体验更多的孤独感。

Rubin,Bukowski和Parker(2006)发现儿童在与同伴交往的过程中,会获得一系列的社会技能、社会行为、态度以及体验等,进而影响着儿童的适应结果(Rubin,Bukowski & Parker,2006)。

同伴接纳则能够降低儿童的外化问题和内化问题,这种预测作用在许多追踪研究中得到了证实(Coplan,Prakash,O'Neil & Armer,2004;周宗奎,赵冬梅,孙晓军,定险峰,2006)。

如果有6个或更多著者,只写第一著者的姓(名),后面用"等"或"et al."(文后的文献列表中,6/7个著者的姓名都需列出。超过7个,列出前6位和最后1位著者,其余著者用省略号代替)。例:

田录梅等人(2012)的研究表明,在高父母支持的条件下,友谊支持对青少年孤独感的预测作用显著高于低父母支持的情况。

在Rubin等人(2004)的研究中,较高的友谊质量可以缓冲低母亲支持对女孩内化问题的消极影响。

本研究发现,与同伴拒绝的预测作用不同,同伴接纳并不能直接预测儿童的攻击,这在一定程度上说明:同伴接纳与同伴拒绝是儿童同伴关系的两个不同方面(纪林芹等,2011)。

研究表明(Vieno et al.,2009),父母与儿童之间紧密的情感联结会使儿童更愿意对父母进行自我表露。

需要注意的是,如果有两篇文献的第一著者和出版年都相同,那么只写第一著者将会混淆两篇文献,则需加第二著者以示区别。至于应该写几个著者,以能在正文中区分开两篇文献为原则。

参考文献所列位置包括脚注(footnote)与尾注(endnote)两种,脚注列在当页下端,尾注列在报告正文之后,也称附注。尾注可使正文简洁,文意流畅,是研究报告最常用的方式。

(1)书籍:作者.(年份).书名.版本(初版不标).出版地点:出版社,页码(选择项).

①单一作者著作的书籍

斯滕伯格.(2007).青春期(第7版)(戴俊毅 译).上海:上海社会科学院.

Sheril,R.D.(1956).The terrifying future:Contemplating color television.San Diego:Halstead.

②两位作者以上合著的书籍

汪向东,王希林,马弘.(1999).心理卫生评定量表手册(增订版).北京:中国心理卫生杂志社,320-322.

Smith,J.,& Peter,Q.(1992).Hairball:An intensive peek behind the surface of an enigma.Hamilton,ON:McMaster University Press.

(2)期刊:作者.(年份).题名.期刊名称,卷(期):页码.

特别需要注意的是:①当作者超过3位时,通常只著录3位,有的期刊要求著录到第6位作者;②如果整卷期刊的页码是连续的,那么就不要包括期号。如果一卷期刊的每一期页码都是从1开始,那么应包含期号;③期刊名称和卷号都采用斜体。例:

訾非.(2004).完美主义心理研究的历史和现状.心理科学,27(4):943-945.

Bem SL.(1974).The measurement of psychological androgyny. Journal of Consulting and Clinical Psychology,42(2):155-162.

(3)研讨会发表的报告:作者.(会议年月份).题名.会议名称,会址(出版社):页码(选择项).

赵玉芳,李龙威.(2015.4).群际威胁对自我意识情绪的影响研究.第十八届全国心理学学术会议摘要集——心理学与社会发展,13-34.

Gates,K.& Rovine,M.(2009,April).Modeling mother-infant interactions as dynamic processes.Paper presented at the meeting of the Society for Research on Child Developing,Denver,CO.

(4)硕博士论文:作者.(年份).题名(硕士/博士学位论文).学位论文单位,城市名.(注:若学位论文单位中已包括城市名,则不需要列出)

林晓雯.(2007).Moodle线上教学融入自然与生活科技领域对学习成效之影响(硕士学位论文).私立中华大学科技管理研究所,新竹市.

Squire,K.(2004).Replaying history:Learning world history through playing Civilization Ⅲ(Unpublished doctoral dissertation).Indiana University.

(5)报纸中的文章:作者.(日期).题名.报纸名称.页码.

Cole,K,C.(1995-5-1).大脑工作方法可对偏见起一定的作用.洛杉矶时报.A18.

Wrong,M.(August 17,2005).Misquotes are "Problematastic" says Mayor.

Toronto Sol.p.4.

(6)从互联网中检索

①文献:作者.(日期).题名.期刊名称.取自网址

王明亮.(1998-10-04).关于中国学术期刊标准化数据库系统工程的进展.中国期刊网.取自 http://www.cajcd.edu.cn/pub/wml.txt/980810-2.html

Cullen,L.T.(Jan 6,2006).How to get smarter,one breath at a time.Time. Retrieved from http://www.time.com/time/magazine/article/0,9171,11447167-2,00.html

②报纸:作者.(日期).题名.报纸名称.取自网址

傅刚,赵承,李佳璐.(2000-04-12).大风沙过后的思考.北京青年报.取自 http://www.biyouth.com.cn/Bqb/20000412/GB/4216%5ED00412B1401.htm

Parker-pope,T.(May 10,2010).The science of a happy marriage.The New York Times. Retrieved from http://well.blogs.nytimes.com/2010/05/10/tracking-the-science-of-commitment/

参考文献的多少没有硬性限定,通常在15～25篇(400～600字)为宜。各种专业期刊发表出来的研究报告引用的文献量存在一定的差异,视具体情况而定。参考文献的排列有多种风格,可以按照在文中出现的先后顺序用相应的数字排序,也可以按照第一作者姓名的开头音序排列。应该注意的是,在同一篇研究报告中只能采用一种文献排列风格,不可交叉混用。

APA 格式(APA Style)是美国心理学会(American Psychological Association)出版手册(Publication Manual)中有关投稿该学会所属期刊必须遵守的格式,也是社会科学领域学术期刊广为采用的格式之一。从 2009 年起,中国心理学会主办的《心理学报》开始采用此规范。APA 格式的出版指南源于 1929 年刊登在《心理学公报》(*Psychological Bulletin*)上关于投稿者准备稿件和期刊编辑审核稿件的指南。1944 年 APA 的编辑委员会将其内容加以扩充,以鼓励年轻的学者从事专业写作,尤其是帮助第一次投稿的作者高效地准备符合期刊水平的稿件。1952 年正式以 Publication Manual 的名称出版,通常在若干年使用后集中修订一次,目前最新的版本是美国心理学会于 2010 年出版的第六版《美国心理学会出版手册》(*Publication Manual of American Psychological Association*)。

> APA 的出版手册中,从稿件的内容与组织、观念的表达、APA 编辑格式、稿件的准备与模板到稿件的接受与出版、APA 期刊的政策、编辑对稿件的管理、参考书目等都进行了详细的阐释。目前,心理学、社会学、经济学、政治学、护理学、犯罪学以及社会工作学等许多学科领域都采用 APA 格式来规范硕博士论文、投稿期刊的论文以及会议论文的写作,因此此类学科领域的学习者应该认真研读并掌握 APA 格式。大家可以登录有关网址进行学习:http://www.apa.org/或者 http://www.apastyle.org/
>
> 另外,每个学科,甚至每本刊物的格式规范未必完全一致,研究者应该了解所研究学科主流期刊的常用格式规范。熟练掌握并遵从这些格式规范,是论文写作的基本要求。

图 10-11　APA 格式

二、常见的格式问题与错误

在本科生和研究生的毕业论文以及一些新手准备向学术期刊投稿的论文里,经常会出现一些常见的格式问题与错误。所谓格式问题与错误并非指论文中出现的基本文法以及专业知识方面的问题与错误,而是指在使用基本格式时引用文献、使用表格以及列出参考文献等方面出现的问题与错误。

比较常见的格式问题与错误有:忘记或故意不标明引用文献的出处、分不清参考文献与注释、引用二手文献等。

1.不标明引用出处

不标明引用出处指在实际引用了其他研究者的文献资料后,在自己的论文中不标明引用出处。这种做法很容易导致知识产权的纠纷或剽窃的投诉。有的人可能是忘记了标明,有的人则可能是故意不标明,这显然是违规行为。以下从一些本科生和研究生的论文中选取一些例子作为参考。

例:传统文化中顺从自然的价值观念,是一种出世的思想,强调返璞归真,顺应自然,寻求人的个体价值,崇尚人格的独立和精神的自由。"人法地,地法天,天法道,道法自然"、"无为而无所不为",即倡导人不要勉强去做有悖于自然规律的事情,顺其自然,保持心境的平和旷达,这自然有利于心理健康。

"人法地,地法天,天法道,道法自然"、"无为而无所不为",很明显这些句子是引用的,但却没有进行标注。

例:孤独感和自卑感都是不良的情绪体验。孤独感是一种自感社会交往或人际关系不满状态下的颓丧情绪。当一个人所期望的社会性交往,如亲密、安全、相互信赖的人际关系(包括友谊、亲情及性爱等)出现某种质或量的缺陷时,则可能产生孤独感。Wright指出在友谊研究中,性别差异被过分强调,实际上性别角色可能会影响性别差异这个变量,甚至取代性别差异。

如果不加标注,实际上就等于将Wright和王希林等人的论述窃为己有。因为以上关于孤独感和自卑感的说法是这几人的定义。

2.分不清参考文献与注释

很多本科生与研究生分不清什么是注释,什么是参考文献。他们往往在注释中注明参考文献,同时又在参考文献中列举,这显然是一种不必要的重复。注释是一些说明文字,常常用脚注的方式在页末注明,而参考文献则是引用的文献索引。

例:而孟子所说的"天时不如地利,地利不如人和"则强调了和谐的人际关系在社会生活中的重要作用ⓒ。

本例中,作者用脚注方式注明:

ⓒ琳娜,蓝小萌,陈振业.(1999).不同心理健康状况大学生个性对照研究.中国学校卫生,20(3):194-195.

这个例子当中没有区分参考文献与注释,将参考文献放到注释中去了。

3.二手文献的引用

引用二手文献不仅不被提倡,更要坚决反对。引用二手文献往往是因为偷懒,不愿花费时间去进一步搜索文献。

例:弗洛伊德对创伤的理解包含三个成分,童年早期经历的事件记忆,青春期后经历的事件记忆及后期经历事件触发的早年事件记忆。弗洛伊德不关注创伤事件本身,而是强调创伤性记忆,他对创伤概念的理解来源于严格的线性、时序性的模型。荣格发展了一个从心理分离到形成不同情结的多元模型。荣格最初认为人格是分离的,后来他发现心理创伤是有情结的,它只是许多心理情结中的一种,而情结不仅有分离性,也有聚合性。弗洛伊德强调人格是纵向分离,而荣格则强调人格是横向分离,横向分离形成情结(赵冬梅,2009)。

既然是弗洛伊德和荣格的理论,为什么要从其他人的文中引用呢?

第三节　研究报告的交流

一、研究报告的核心——立论

如果抛开研究报告的外在格式,只专注其内在逻辑,可以发现研究报告的核心其实就是立论,换句话说,就是作者如何向读者说明自己的观点、如何用论据支撑自己的观点。新手研究者经常犯的一个错误就是,急于向读者证明自己对这个领域有很多了解,于是就会将所有在研究资料收集过程中获得的信息一股脑地放在研究报告中。实际上,研究者应避免把报告写成如字典、词典一样。研究报告不是说明文,更不能变成百科全书一样的大量信息的集结体。必须注意的是,研究报告永远是围绕着研究问题来展开的。无论大家收集的文献资料或发现的研究结果多么有趣,如果与研究问题无关,那么就没有理由放到研究报告中。

一篇研究报告的内在逻辑应该是:作者提出研究问题(research question),用论点(claim)回答研究问题,用论据(reason)支持论点,用找到的证据(evidence)证明论点。

二、研究报告的发表

(一)投稿前的检查要点

1.题目

(1)是否简洁清楚?
(2)是否指出研究的对象?
(3)是否包含研究的重要变量?

2.中文摘要

(1)字数是否合适?
(2)内容是否包含研究目的、对象、工具、重要研究结果?

3.英文摘要

(1)时态是否恰当?
(2)内容是否完整?

4. 引言

(1)研究背景描述是否清楚？
(2)问题是否具有研究价值？
(3)重要理论及相关研究是否有所引用？
(4)研究理由是否充足？
(5)研究目的是否明确？
(6)研究问题是否具体可行？
(7)概念界定是否清楚？
(8)研究假设是否可加以验证？

5. 研究方法

(1)研究设计是否清楚易懂？
(2)研究设计是否恰当(自变量操纵、因变量测量、无关变量控制等)？
(3)抽样方法是否恰当？
(4)研究对象的特性和样本是否说明清楚？
(5)研究工具是否描述清楚(如仪器型号,量表的信度、效度,分量表名称和题数等)？
(6)数据分析的方法是否恰当？

6. 结果

(1)统计图是否清楚？
(2)在推论统计之前是否呈现描述统计资料？
(3)研究结果的说明方式是否中性客观？

7. 讨论

(1)研究结果是否和过去的理论及研究作比较？
(2)对研究假设支持/不支持的结果是否已进行原因分析？
(3)研究限制是否做出说明？

8. 结论与建议

(1)研究结果摘述是否扼要？
(2)对于研究结果的应用是否提出说明？
(3)是否对未来的研究提出建议？

9.参考文献

(1)是否列出了所有文内引用的文献？
(2)是否按序列出？
(3)是否有错误引用？
(4)是否按规定的格式呈现？

10.附录

(1)研究使用的问卷、量表是否都完整呈现？
(2)研究所用的实验材料是否呈现？

11.撰写方式

(1)文字是否流畅？
(2)层次是否分明？
(3)各级标题是否清楚易懂？
(4)相关内容是否互相呼应(如研究的目的、问题、假设、数据处理等)？

除了学术水平和写作规范，投稿时还应该注意：

(1)查看刊物以往发表的文章内容，搞清刊物宗旨、读者对象、学术水平，以及对文稿书写格式和行文的要求等，有的放矢地写稿和投稿。

(2)初学者最好向初级、中级刊物投稿，或者向面向青年的刊物投稿。

(3)切勿一稿两投。投稿之后若不采用，再另做处理。

(4)提供作者的姓名、所属单位、通信地址、邮政编码、电子信箱、电话等，以便通信联系。也可以附注对稿件做些说明。

投往期刊的研究报告进入评审流程。评审的结果通常有两种：同意刊出或不同意刊出。同意刊出的文章大多需要按照审稿人的建议进行进一步的修改。如收到退稿通知，不要过分看重，几乎所有的初学者都会有此经历；亦不必气馁，应结合审稿意见冷静思考，找出稿件不足，包括稿件内容、学术水平是否达到投稿刊物的要求，是否有理论和实践的价值等。一般来说，只要作者谦虚冷静，总能从中获得教益。假如遇到研究的价值、方法没有被理解的情况，一方面要坚持原则，另一方面要思考写作方法的改进。

另一条向学术界分享自己研究成果的途径是参加各种学术会议，并在会议上进行报告。研究者经常会接到各种研究会议的通知，这些会议为科研工作者聚集讨论正在进行的最新研究(特别是未发表成果)提供了宝贵的机会。研究者可以根据自己的研究内容选择合适的会议进行投稿，一旦被会议接受，就有向学术界分享自己研究成果的机会。

(二)评估的标准

报告发表与否不但取决于学术质量,还受写作规范的制约。评定一项研究所用的标准包括(中国心理学会,2002):

1.研究的问题是否有意义?是否有创新之处?
2.研究的工具是否具有令人满意的信度和效度?
3.研究的设计是否合理?
4.研究假设是否得到了充分的检验?
5.研究结果是否真正反映了所考察的变量?
6.被试是否具有代表性?
7.研究的结论是否对以前的研究有所发展?

在研究设计和报告方面常出现的缺陷:

1.分拆出版。将一个报告分拆成几个内容重叠的报告。
2.分析不深入。仅报告简单的结果。
3.缺乏逻辑性。从研究设计到研究结果讨论,研究的思路不够清晰统一。
4.缺乏控制而使解释困难。研究中涉及的重要变量未得到必要的控制。
5.没有报告效应量的大小。
6.论述抓不住研究的重点。

第四节　元分析

一、元分析的概念

在心理学研究中,研究者对于某一问题往往有很多不同的研究结果,而就某一结果来说却很难明确地回答该问题。为了更好地应对这一情况,Glass 提出了元分析(Meta-analysis)的概念,他认为元分析这一概念是区别于初步分析和进一步分析而设置的,初步分析是指在该研究人员指导下对研究内容、数据收集等进行初步的整理;进一步分析是指在初步分析基础上借助更优的统计方法对单项研究成果的重新分析;相比之下,元分析则是在无须原始数据的前提下对大量研究所做的总结性资料分析,是为了合并各研究结果而对大量单个研究的分析结果进行的定量分析。

与此同时,国内外许多研究者逐步关注了解元分析的研究,并对此产生了各自不同的理解。Hunter 和 Schmidt 指出,元分析方法是运用系统分析针对某一研究课题的各种有一定内在联系不同研究成果进行的客观定量分析。Hox将元分析看作是多水平分析的一个特例,认为就参与元分析的各个研究结果的数据结构来看,可将它看作是一群多水平结构的数据,各研究中的被试是第一水平的单位,各个研究是第二水平的单位,同时可以通过建立一个多水平分析模型来探讨各个研究的特征对研究结果的影响。国内研究也表明,相对于传统研究中的文献综述方法,元分析用特定的统计方法对现存的、关于某问题的各研究结果进行整合,若各结果间的差异比较显著,元分析便要进一步解释造成这种差异的原因。国内出版的《心理学大辞典》(2003)则认为元分析是统计分析的一种方法,它是对众多同类问题的研究成果进行定量综合的统计分析方法。

综上,尽管研究者对元分析的概念解释各异,但对其实质性内涵普遍达成一致,即元分析是借助一定的统计技术与原则将不同研究成果进行系统整合,从而得到一个概括性的结论,弥补了单一研究的不足,这也是总结和评价研究的有效手段之一。

二、元分析的特点

（一）在研究目的方面元分析以得到普遍性的结论为目的

在研究者从事的相同课题研究中,由于缺乏有效的综合分析方法,大量研究成果无法整合,难以获得研究结果所反映的共同效应。而运用定量分析的元分析方法对大量相同课题的研究（包括存在各种问题和未发表的研究）结果进行综合分析,对从课题到结果的研究过程中涉及的各种问题和结果进行全面评价,概括出研究结果所反映的共同效应,即普遍性结论,从而推动了心理学相关学科领域的发展。

（二）在研究对象方面元分析包含不同质量的研究

对于传统的描述性综合方法,其研究对象一般来源于正式发表的研究报告,而大量期刊论文、重要报纸等其他来源中同一主题的研究成果都不在其讨论范围。作为全面评估研究成果的研究方法,元分析并不因为研究的质量而将其排除于检索和评价范围之外。特别是针对那些由于研究的设计、测量和实施方面的问题而未被发表的研究,都可以通过元分析而得到全面评价,包括分析其方法上的弱点,考察这些缺陷与研究结果的关系。

（三）在研究方法方面元分析充分利用定性与定量两种方法

一般的研究评价都是以定性研究方法对以往研究结果进行描述性综合,但在处理大量研究结果时,难以做到有效综合,而元分析可以很好避免此类局限。首先,在文献资料的检索上,元分析引入更严格的筛选机制与标准,会议论文与未发表的研究都成为其检索的内容,并要求能够取得研究的原始资料。其次,元分析不再单纯依赖原始数据,对统计结果进行再分析,以效应量为指标来衡量各研究的结果,对这些效应量合成时进行加权平均处理,将复杂的统计方法与定性的分类模型很好地结合起来,而且效应量这一指标受样本量的影响并不大,这保证了元分析的结果比其他方法更为科学可靠。

三、元分析的功能

(一)整合分析研究的效应量

很多领域中的同类研究大多未获得一致结果,元分析能够揭示和解决以往研究结果的矛盾,定量评估实验条件造成的研究效应水平,使有争议甚至相互矛盾的研究结果得出定量的结论。

(二)提高统计检验力

一般而言,相关分析、方差分析结果显著与否,很大程度与样本量大小有关。针对由于样本量较小等造成的统计学上无显著差异等问题,元分析将多个同类研究合并处理,样本量增大,使得相对较弱的研究效应显现,起到改进和提高统计检验功效的作用。

(三)揭示和分析同类研究的差异

由于研究水平、抽样误差等原因,多个同类研究的结果存在较大分歧。元分析可以揭示单个研究中的不确定性,通过异质性检验考察研究结果的变异来源和大小,估计可能存在的偏向。

(四)帮助确定新的研究课题

通过元分析发现以往研究的不足,回答单个研究没有提到或无法解决的问题,揭示各个研究中存在的不确定性,从而提出新的研究课题和假设。

四、元分析的操作步骤

(一)确立问题,制订计划

元分析首先应确定研究问题,将其聚焦于存在较大争议的理论问题的某方面,才能有针对性地开展后续研究工作。提出的研究问题应包含四个要素,包括研究对象、研究设计、处理因素和研究效应。确定课题后,应制定包括研究目的、文献检索与纳入、数据处理和结果解释等步骤的研究计划,以确保整个分析的顺利进行。

(二)检索文献,确定标准

在搜索研究相关文献时,应根据研究计划书确定的检索策略,在中外数据库通过关键字、主题、全文检索等方式全面地收集与主题有关的研究资料,包括发表和未发表的文献,以减少发表偏误对研究结果的影响。具体在实操中,应先通过预检索确定大致范围,再根据预检索结果进一步修订检索策略,如对语种、出版时间和出版类型进行限定。在制定文献纳入和排除标准时,需要对研究对象(性别、年龄、职业等)、研究设计、结果变量、发表时间与语种和样本量等五个方面做出统一规定。同时,要防止标准过严或过宽,避免造成文献过少或异质性过大的后果。

(三)纳入文献,进行编码

由于通过系统、全面的文献检索所得的文献在研究内容和研究方法上存在较大的差异性,所以研究者首先应对已检索文献进行初选,通过阅读文献标题、摘要剔除明显不合格的研究材料,进而通读全文,根据文献纳入及排除标准严格筛选出符合要求的相关文献并纳入元分析,在这一步中剔除的文献应进行详细记录,列出排除原因,使读者充分了解分析过程有无选择性偏倚。其次,对筛选的研究文献进行编码,即对各研究特征进行数量化表示。这一过程包括两种编码方式:一是方法编码,按照发表时间、设计类型和测算指标进行编码;二是内容编码,按照作者职业、被试特征等进行编码。

(四)评价研究质量,构建数据集

一方面,由于研究质量的高低直接反映研究本身在设计、实施过程中系统误差和随机误差的大小,与元分析质量息息相关,所以应当对纳入研究的质量进行评价并报告结果。目前在实际操作中涉及评价的标准通常包括是否随机分配、是否存在测量偏向、统计方法是否正确和样本量大小等四个方面。同时,完成研究的质量评价工作首先需要两个或两个以上的评价者独立评价纳入文献并进行评分,包括对研究对象、研究设计等进行评价,如产生不一致则分析原因,得出符合标准的统一结果。其次确定纳入研究结果的分数线,根据评分选取高质量研究进入元分析。另一方面,在提取数据过程中,应根据不同研究选用不同表格记录纳入研究的各文献基本信息、研究特征、结果变量等内容。为保证收集数据的质量,应当由两人以上的研究者独立进行提取并交叉核对。此外,提取过程应采用盲法,即隐去期刊名、作者单位和基金资助等对提取者产生影响的信息,从而降低选择性偏向。

(五)研究数据的统计学处理

运用元分析软件完成数据的分析处理,这一过程具体包含如下几步:

(1)计算效应值。在实际研究中,表征变量之间关系的系数均不相同,包括 t 值、F 值及其他统计量,需要根据资料类型选择相应的效应指标,之后将其统一转化为效应值进行比较。

(2)同质性检验。进行同质性检验目的在于看各个独立的实验数据能否融合,以便可以选择正确的分析模型进行统计分析。若研究数据间差距很小,说明都是为了验证同一个问题。若数据间差异很大,就要考虑异质性的原因。当异质性检验结果不显著,即 $p>0.05$ 时,采用固定效应模型;当异质性检验结果显著,即 $p<0.05$ 时,表示研究数据间存在差异,可先采用剔除特大、特小统计量,亚组分析,敏感性分析等处理方法,使数据达到同质后采用固定效应模型,若数据经处理后仍不同质,则可选择随机效应模型

(3)总体效应分析。为准确判断元分析研究样本中变量之间关系的整体效应,还需计算总体平均效应量,其计算方法主要包括简单平均、样本量加权平均和变异加权平均等。

(4)发表偏倚分析。在大多数研究中判断发表偏倚问题大多采用绘制漏斗图的方法,若漏斗图对称,则表示发表偏倚得到有效控制,反之则存在发表偏倚问题。

(六)得出结论,提供建议

基于数据处理和模型分析,研究者可以确定假设是否成立,从而给出某一效应如实验处理有效或无效的结论,对已有实证研究中所存在的模糊、混淆甚至冲突性的研究结论作出更为清晰、合理的解释。同时,如果现有资料不足以确定结论,应提出进一步研究的实验建议。此外,后续的研究还应明确元分析的结论并非绝对,研究人员还可以不断更新资料,完善结论。

五、元分析的评价

元分析经过不断发展,已能弥补传统文献综述的不足,现已应用于自然科学和社会科学领域,特别是近30年在心理学领域得到广泛应用。概括来说,元分析主要具有以下几方面的优点:

第一,元分析的整合具有全面性。针对传统研究中对同一课题的不同研究结果,元分析纳入大量的不同研究进行系统整合分析,一定程度上提高了统计检验力,所得结论比单一实验更为全面。

第二,元分析的整合具有客观性。由于元分析对研究结果并不做事先判断和推

测,而是针对独立的研究进行分析,客观地对各研究结果进行统计整合,所以较好地避免了传统研究中只通过理论思维进行定性分析的主观缺陷,所得结论更为客观。

第三,元分析的结果具有可重复性。元分析是对已有各项研究结果的量化评价,具备翔实的数据处理和模型分析过程,最终通过统计检验来得出研究结论,其结果具有可重复性。

与此同时,元分析的理论与方法仍有待进一步发展,其在实际应用过程中受到一定限制。概括而言,具体表现在两方面:

一方面,元分析难以控制研究资料的质量。某些研究报告提供的信息可能不具备元分析的要求,如某些定性研究资料难以使用元分析对结果进行整合,某些资料缺乏进行元分析的数据或统计量,从而造成元分析样本量流失。同时,研究资料的质量参差不齐,高质量研究结果与劣质研究统一纳入元分析可能会造成结论的偏差。另一方面,在元分析过程中也可能存在发表偏倚问题。一般情况下,变量间关系具有显著相关性的研究报告更容易发表,但未发表的研究报告或许能提供更为精确的估计,对于较多依赖已发表研究的元分析而言,这就可能引发由于忽视未发表研究从而降低样本代表性的问题。

第五节　应用范例

完美主义人格的结构及特点

张　斌[1,2]　谢静涛[1]　蔡太生[2]

([1]湖南中医药大学人文社科学院应用心理学系,长沙 410208　[2]中南大学湘雅二医院医学心理学研究所,长沙 410011)

【摘要】　目的:探讨完美主义人格的结构及特点,为完美主义人格测量提供有效工具。方法:选取湖南省某高校的在校大学生584名,完成Frost多维完美主义量表(FMPS)、Hewitt多维完美主义量表(HMPS)、近乎完美主义量表修订版(APS-R)、Rosenberg自尊量表(SES)、自我效能感量表(GSES)、状态焦虑问卷(S-AT)和贝克抑郁问卷(BDI),考察完美主义的结构和特点,及不同完美主义结构与积极、消极心理指标的关系。结果:FMPS,HMPS和APS-R共可以提取适应不良完美主义、适应完美主义、组织性3个二阶因素;三因子结构模型拟合指数较理想($\chi^2=134.95, df=$

32；$GFI=0.91$；$CFI=0.92$，$NFI=0.90$；$RMSEA=0.083$）。适应不良完美主义得分与 SES 和 GSES 得分负相关（$r=-0.46$、-0.16，$p<0.01$），与 S-AT 和 BDI 得分正相关（$r=0.48$、0.55，$p<0.001$）；适应完美主义得分与 SES 和 GSES 得分正相关（$r=0.12$、0.19，$p<0.05$），与 S-AT 和 BDI 得分的相关无统计学意义（$r=0.07$、0.10，$p>0.05$）；组织性得分与 SES 和 GSES 得分正相关（$r=0.16$、0.17，$p<0.01$），与 S-AT 和 BDI 得分的相关无统计学意义（$r=-0.08$、-0.08，$p>0.05$）。完美主义 3 个二阶因子的内部一致性 Cronbach α 系数为 $0.82\sim 0.90$，重测信度为 $0.72\sim 0.79$。结论：适应不良完美主义、适应完美主义、组织性 3 个二阶因子的完美主义量表具有较好的信效度，支持了完美主义区分为适应不良完美主义和适应完美主义两个方面的合理性。

【关键词】完美主义；人格特质；心理测量学研究

中图分类号：B848，B841.7

1 引言

完美主义被定义为"设置过高但非必要的标准倾向"，与心理病理学密切相关。许多研究者认为完美主义是多维结构，而非单一结构（Hewitt PL & Flett GL，1991）。20 世纪 90 年代初，多维完美主义的概念促成了完美主义测量工具的产生和发展，其中包括 Frost 多维完美主义量表（Frost Multidimensional Perfectionism Scale，FMPS）（Frost RO，Marten P & Lahart C，1990）和 Hewitt 多维完美主义量表（Hewitt Multidimensional Perfectionism Scale，HMPS）（Hewitt PL & Flett GL，1991），这两个测验都倾向于将完美主义看成是消极的。2001 年，Slaney 等（2001）编制了包括完美主义积极维度的量表——近乎完美主义量表修订版（Almost Perfectionism Scale-Revised，APS-R），该量表试图区分适应不良完美主义和适应完美主义。

Frost 等（1993）对 FMPS 和 HMPS 量表进行因素分析得出两个二阶因子：第一个因子包括 FMPS 的个人标准、组织性和 HMPS 的自我定向完美主义和他人定向完美主义，第二个因子包括 FMPS 的关注错误、行动疑虑、父母批评、父母期望和 HMPS 的社会决定完美主义；并将第一个因子称为"积极进取"（positive striving），此因子与正向情感相关，第二个因子称为"适应不良的关注评价"（maladaptive evaluation concerns），此因子与强迫、抑郁等负性情感有关。Rice，Ashby 和 Slaney（1998）对 FMPS 和 APS-R 量表进行了验证性因素分析，结果支持了完美主义量表可以提取两个二阶因子——适应完美主义和适应不良完美主义。Suddarth 和 Slaney（2001）对 FMPS、HMPS 和 APS-R 量表进行了探索性因素分析，结果发现，可以将完美主义量表的 12 个维度归为 3 个二阶因子：适应不良完美主义、适应完美主义和条理性（或组织性）。其中，适应不良完美主义包括 FMPS 的关注错误、行动疑虑、父母期望和父母批评维度,HMPS 的社会决定完美主义以及 APS-R 的差异性维度;适应完美主义包括 FMPS 的个人标准,HMPS 的自我定向完美主义、他人定向完美主义维度以及 APS-R 的高标准维度;组织性包括 FMPS 的组织性和 APS-R 的秩序维度。但由于 3 个完美主义量表均是理论驱动编制而得,仅仅采用探索性因素分析获得的效度资料是不够的,有必要采用验证性因素分析方法进一步探讨完美主义的结构效度。

因此,本研究利用 3 个经典完美主义量表对大学生完美主义同时施测,对所得结果进行探索性因素分析和验证性因素分析,验证 Suddarth 和 Slaney 提出的 3 个二阶因子,以考察其在中国大学生中的适用性,并进一步探讨完美主义结构与积极、消极心理指标的关系。

2 对象与方法

2.1 对象

选取湖南省某高校心理学公共课的大二学生共 600 人,发放问卷 600 份,回收有效问卷 584 份,其中男生 273 名,女生 311 名;年龄最大者为 24 岁,最小者为 17 岁,平均(20±1)岁。在测量前,由调查负责人介绍本次调查知情同意书的内容,在收集到知情同意书的签名后开始正式调查。

2.2 工具

2.2.1 完美主义量表

Frost 多维完美主义量表(FMPS)(訾非,周旭,2006):共 27 个条目,包括关注错误、组织性、父母期望、个人标准和行动疑虑 5 个维度。采用 1(非常不符合)~5(非常符合)级评分,分数越高越具有完美主义倾向。中文版 FMPS 各维度的内部一致性信度系数为 0.64~0.81,重测信度为 0.63~0.82。

Hewitt 多维完美主义量表(HMPS)(Zhang B & Cai TS,2012):共 33 个条目,包括自我定向完美主义、他人定向完美主义和社会决定完美主义 3 个维度。采用 1(极不符合)~7(极为符合)级评分,分数越高越具有完美主义倾向。中文版 HMPS 各维度的内部一致性系数分别为 0.86、0.85、0.68,重测信度分别为 0.80、0.69、0.76。

Slaney 近乎完美主义量表修订版(APS-R)(杨丽,梁宝勇,张秀阁,吴雨晨,2007):共 22 条目,包括高标准、秩序和差异性 3 个维度。采用 1(极不符合)~7(极为符合)级评分,分数越高越具有完美主义倾向。中文版 APS-R 的维度结构与其英文原量表相似,且具有良好的信效度,3 个维度的内部一致性系数分别为 0.76、0.67、0.85,重测信度分别为 0.72、0.68、0.71。

2.2.2 效标工具

自尊量表(Self-esteem Scale,SES)(Rosenberg M,1999):用以评定人们对自己的

价值、长处和重要性的总体评价。共10个条目,采用1(非常不符合)~4(非常符合)级评分,分数越高自尊水平越高。

一般自我效能感量表(General Self-efficacy Scale,GSES)(王才康,2001):共10个条目,采用1(完全不正确)~4(完全正确)级评分,分数越高自我效能感水平越高。

状态特质焦虑问卷(State-Trait Anxiety Inventory,STAI)(郑晓华等,1993):STAI有状态焦虑和特质焦虑两个分量表,本研究选用其中的状态焦虑问卷(S-AT)。SAT共20个条目,采用1(完全没有)~4(非常明显)级评分,分数越高焦虑程度越严重。

Beck抑郁问卷(Beck Depression Inventory,BDI)(刘平,1999):共21个条目,采取0(无)~3(严重)级评分,分数越高说明其抑郁症状越严重。

2.3 统计方法

运用SPSS13.0统计软件包进行双变量的Pearson相关分析及偏相关分析,利用主成分分析法进行探索性因素分析,计算Cronbach α系数进行信度分析,用AMOS 5.0进行验证性因素分析。另外,随机选取其中95名大学生,4周后再次填写FMPS、HMPS、APS-R,进行重测信度检验。

3 结果

3.1 完美主义各维度的相关性

所有量表中除他人定向完美主义维度以外(α=0.68),其他维度的内部一致性系数均>0.70。APS-R的高标准与FMPS的个人标准、HMPS的自我定向完美主义的相关性最高;APS-R的秩序与FMPS的组织性的相关性最高;APS-R的差异性与FMPS的关注错误、父母期望、行动疑虑以及HMPS的社会决定完美主义的相关性较高(表10-3)。

表10-3 完美主义各维度的描述性统计及相关分析($r, n=584$)

项目	$\bar{X} \pm S$	Slaney近乎完美主义量表			Hewitt完美主义量表			Frost完美主义量表			
		高标准	秩序	差异性	自我定向完美	他人定向完美	社会定向完美	关注错误	个人标准	父母期望	行动疑虑
高标准	28.20±5.80										
秩序	19.40±4.40	0.32***									
差异性	49.60±11.00	0.40***	0.02								
自我定向完美	62.20±12.00	0.70***	0.37***	0.21***							
他人定向完美	38.70±6.40	0.17**	0.20***	-0.06	0.35*						

续表

项目	$X\pm S$	Slaney近乎完美主义量表			Hewitt完美主义量表			Frost完美主义量表			
		高标准	秩序	差异性	自我定向完美	他人定向完美	社会定向完美	关注错误	个人标准	父母期望	行动疑虑
社会定向完美	34.10±7.50	0.34***	0.06	0.53***	0.03***	−0.02					
关注错误	12.90±3.70	0.25***	−0.05	0.48***	0.11	−0.10	0.52***				
个人标准	18.10±3.60	0.75***	0.14*	0.48***	0.57***	0.14*	0.44***	0.42***			
父母期望	15.30±3.10	0.26***	0.03	0.50***	0.18**	0.01	0.45***	0.44***	0.45***		
行动疑虑	12.10±2.80	0.21***	0.11	0.53***	0.08	−0.14*	0.38***	0.40***	0.33***	0.45***	
组织性	22.60±3.60	0.30***	0.84***	0.02	0.36***	0.18**	0.01	−0.09	0.158	0.01	0.11

注: * $p<0.05$, ** $p<0.01$, *** $p<0.001$。

3.2 完美主义二阶因子的结构效度

3.2.1 探索性因素分析

将样本随机分为两半,一半进行探索性因素分析。用主成分分析法和Promax斜交旋转法对3个完美主义量表进行探索性因素分析。用Kaiser标准(特征根大于1)进行因素提取。KMO检验值为0.75,Bartlett球形检验的卡方值为2896.02($df=55, p<0.001$),适合进行因素分析。结合碎石图,发现抽取3个因子时完美主义结构和项目的分布最为合理。3个二阶因子累积解释总方差的65.29%,3个二阶因子包含的条目及载荷见表10-5,因子1为适应不良完美主义,因子2为适应完美主义,因子3为组织性。

表10-4 完美主义二阶因子各分量表维度的因子负荷

因子1:适应不良完美主义		因子2:适应完美主义		因子3:组织性	
条目	载荷	条目	载荷	条目	载荷
社会决定完美	0.68	自我定向完美	0.83	秩序性	0.91
差异性	0.79	他人定向完美	0.66	组织性	0.91
关注错误	0.77	高标准	0.79		
父母期望	0.53	个人标准	0.71		
行动疑虑	0.77				

3.2.2 验证性因素分析

为了进一步验证完美主义3个二阶因子结构的合理性,采用结构方程模型的最大似然法(maximum likelihood,ML)进行验证性因素分析。按探索性因素分析抽取的3因子进行验证因素分析,各项拟合指数为:$\chi^2=179.67, df=41, GFI=0.90, CFI=0.90, NFI=0.88, RMSEA=0.091$。除他人定向完美主义外($\beta=0.20, p>0.05$),其他完美主义维度的因素负荷均达到显著。结合Enns等人的研究(2002),将他人定向完美主义的路径删除,再次对3因子结构模型重新估计,修改后的模型拟合指数比较理想($\chi^2=134.95, df=32, GFI=0.91, CFI=0.92, NFI=0.90, RMSEA=0.083$),修改后的模型各项拟合指标均优于初始模型。

3.3 完美主义二阶因子的效标关联效度

适应不良完美主义得分(124.0 ± 22.1)与自尊(28.5 ± 3.0)、自我效能感(23.2 ± 4.7)得分呈负相关($r=-0.46、-0.16, p<0.01$),而与状态焦虑(40.4 ± 9.0)、抑郁(9.2 ± 7.0)得分呈正相关($r=0.48、0.55, p<0.01$)。适应完美主义得分(108.5 ± 19.2)与自尊、自我效能感呈正相关($r=0.12、0.19, p<0.01$),而与状态焦虑、抑郁得分的相关无统计学意义($r=0.07、0.10, p>0.05$)。组织性得分(42.1 ± 7.6)与自尊、自我效能感呈正相关($r=0.16、0.17, p<0.01$),而与状态焦虑、抑郁得分的相关无统计学意义($r=-0.08、-0.08, p>0.05$)。

3.4 完美主义二阶因子的信度分析

内部一致性信度:适应不良完美主义的Cronbach α系数为0.83,适应完美主义为0.82,组织性为0.90。

重测信度:适应不良完美主义为0.72,适应完美主义为0.76,组织性为0.79。

4 讨论

本研究显示,每个完美主义量表各维度间存在中等程度的相关,这说明维度间既有一定的独立性又相互关联。不同完美主义量表的维度间呈现出不同的相关模式。高标准与自我定向完美主义、个人标准的相关密切。APS-R的高标准指的是个体为自己的行为或表现设置高标准;HMPS的自我定向完美主义指的是个体努力将所有事情做得尽善尽美,对自己有很高的期望;FMPS的个人标准指的是个体为自己制定极高的标准和目标,对自己的工作或学习成绩有过高的期望。因此,这三个维度都是反映个体追求高标准的特征,这也是完美主义的基本特征之一,先前的研究认为这是完美主义的适应方面。秩序维度与组织性维度的相关密切。APS-R的秩序维度指的是个体做事情倾向于整洁和有秩序;FMPS的组织性维度指的是个体过度追求条理化和组织化。因此,这两个维度都是表达完美主义者对条理和秩序的追求。差异性维度与关注错误、父母期望、行动疑虑以及社会决定完美主义的相关密切。APS-R的差异性维度指的是个体感觉到自己的实际表现与自己设定的标准之间存在的差距。Slaney, Pincus AL, Uliaszek 和 Wang（2006）提出完美主义是一种包含积极和消极两个维度的人格特质，而差异性维度则是反映完美主义消极方面的核心特征。同样地，Frost 等（1993）认为关注错误、行动疑虑，父母期望代表着完美主义适应不良的方面。Hewitt 和 Flett（1991）认为社会决定完美主义者受外在强加的标准左右，把这些标准看成非此不可的"必须"，因而在标准不能达到时缺乏弹性，难接受较低一点的标准，容易导致心理问题。因此，这 5 个完美主义的维度都是反映完美主义消极的一面。由此分析，3 个完美主义量表虽然从不同的角度对完美主义人格特质测量，但是这些维度间存在不同程度的交叉和重叠。在以后的研究中如果能将 3 个量表综合起来对完美主义进行测评，将有利反映完美主义心理结构的全貌，加深对完美主义理论的研究。

本研究对完美主义量表进行探索性因素分析和验证性因素分析的结果支持了完美主义 3 个二阶因子的结构模型，即完美主义量表包括适应不良完美主义、适应完美主义、组织性 3 个二阶因子。在探索性因素分析中，他人定向完美主义维度落在适应完美主义因子上，这与 Suddarth 和 Slaney（2001）的结果一致。他人定向完美主义是指个体对他人有很高的期望，期望他人完美无缺，对他人的错误和不尽力之处感到不安和忧虑，而并非对自己的要求和期望。Suddarth 和 Slaney（2001）认为从概念上看，难以解释他人定向完美主义维度是适应完美主义的一个指标。在验证性因素分析中发现，他人定向完美主义在适应完美主义的因素负荷不显著，在删除这一维度时，修正后的模型各项拟合指标得以改善。

本研究对完美主义量表的效标关联效度分析表明，适应不良完美主义、适应完美主义和组织性 3 个二阶因子和心理健康的不同指标呈现不同的相关关系。适应不良完美主义与积极心理指标呈负相关，与消极心理指标呈正相关；适应完美主义与积极心理指标呈正相关，与消极心理指标相关不显著；组织性与积极心理指标呈正相关，与消极心理指标相关不显著。这些结果支持了完美主义 3 个二阶因子的理论建构，证实了将适应不良完美主义与适应完美主义区分开来的合理性。组织性作为完美主义的一个特殊特征，其作用还存在争论。Frost 等（1990）在对完美主义计分时，未将组织性维度纳入。訾非（2007）认为"组织性"维度并不能测量到 Frost 等人所定义"对精确、秩序和条理的过分追求"这个消极特征，而是测量个体的组织能力和对整洁的追求。Grzegorek, Slaney, Franze 和 Rice（2004）认为组织性（或秩序性）是独立于完美主义人格特质倾向之外的另一种人格特点，虽然和完美主义人格特质密切相关，但是不是完美主义本身的核心特征。

5 未来研究方向

完美主义量表作为心理咨询和心理治疗临床工作者了解来访者完美主义倾向和

特点的一个重要工具,完美主义结构及特点的澄清有利于临床工作者心理治疗计划的制定和调整。本研究采用的是大学生样本,今后需扩大样本范围,对临床样本的完美主义结构及其特点的探讨是有必要的。另外,本研究仅选取了部分心理健康指标,对于完美主义结构与其他心理健康指标之间的关系,有待进一步深入。

参考文献

Enns M W, Cox BJ, Clara I. (2002). Adaptive and maladaptive perfectionism: developmental origins and association with depression proneness. *Personality & Individual Differences*, 33(6):921-935.

Frost RO, Marten P, Lahart C, & Rosenblate R. (1990). The dimensions of perfectionism. *Cognitive Therapy & Research*, 14(5):449-468.

Frost RO, Heimberg RG, Holt CS. (1993). A comparison of two measures of perfectionism. *Personality & Individual Differences*, 14(1):119-126.

Grzegorek JL, Slaney RB, Franze S, & Rice KG. (2004). Self-criticism, dependency, self-esteem, and grade point average satisfaction among clusters of perfectionists and nonperfectionists. *Journal of Counseling Psychology*, 51(2):192-200.

Hewitt PL, Flett GL. (1991). Perfectionism in the self and social contexts: conceptualization, assessment, and association with psychopathology. *Journal of Personality & Social Psychology*, 60(3):456-470.

刘平. (1999). Beck 抑郁问卷(Beck Depression Inventory, BDI). 中国心理卫生杂志(增刊):191-194.

Rice KG, Ashby JS, Slaney R. (1998). Self-esteem as a mediator between perfectionism and depression: a structural equations analysis. *Journal of Counseling Psychology*, 45(3):304-314.

Rosenberg M. (1999). 自尊量表(The Self-esteem Scale, SES). 中国心理卫生杂志(增刊):318-320.

Slaney RB, Rice KG, Mobley M, Trippi J, Ashby JS, & Johnson D. (2001). The revised almost perfectscale. *Measurement & Evaluation in Counseling & Development*, 34(3):130-145.

Suddarth BH, Slaney RB. (2001). An investigation of the dimensions ofperfectionism in college students. *Measurement & Evaluation in Counseling & Development*, 34(3):157-165.

Slaney RB, Pincus AL, Uliaszek AA, & WANG KT. (2006). Conceptions of perfectionism and interpersonal problems: evaluating groups using the structural summary method for circumplex data. *Assessment*, 13(2):138-153.

王才康.(2001).一般自我效能感量表的信度和效度研究.应用心理学,7(1):37-38.

杨丽,梁宝勇,张秀阁,吴雨晨.(2007).近乎完美量表修订版(APS-R)的中文修订.心理与行为研究,5(2):139-144.

郑晓华,舒良,张艾琳,黄桂兰,等.(1993).状态—特质焦虑问卷在长春的测试报告.中国心理卫生杂志,7(2):60-62.

訾非,周旭.(2006).中文Frost多维度完美主义问卷的信效度检验.中国临床心理学杂志,14(6):560-563.

訾非.(2007).消极完美主义问卷的编制.中国健康心理学杂志,15(4):340-344.

Zhang B, Cai TS. (2012). Using SEM to examine the dimensions of perfectionism and investigate the mediating role of self-esteem between perfectionism and depression in China. *Australian Journal of Guidance & Counselling*, 22(1):44-57.

An investigation of exploring the construct and characteristics of perfectionism
ZHANG Bin[1,2]　XIE Jin-Tao[1]　CAI Tai-Sheng[2]

1. Department of Applied Psychology, Hunan University of Chinese Medicine, Changsha410208, China

2. Medical Psychological Research Institute, Second Xiangya Hospital, Central South University, Changsha410011, China

Corresponding author: ZHANG Bin, zb303@163.com

【Abstract】 Objective: To examine the construct and characteristics of perfectionistic personality trait, and provide effective measurements for perfectionism research. Methods: Totally 584 undergraduate students were selected by convenient sampling and asked to complete the Frost Multidimensional Perfectionism Scale (FMPS), the Hewitt Multidimensional Perfectionism Scale (HMPS), the Slaney Almost Perfect Scale-Revised (APS-R), the Rosenberg self-esteem Scale (SES), the General Self-Efficacy Scale (GSES), the State Anxiety Inventory (SAI) and the Beck Depression Inventory (BDI). The study explored the construct and characteristics of perfectionism and examined the relationships between different perfectionism dimensions and psychological adjustment variables. Results:

Three perfectionism measures were factored as three second order perfectionism factors-adaptive perfectionism, maladaptive perfectionism, and orderliness. The fit indices of the measurement model of three-factor perfectionism were good ($\chi^2=134.95, df=32; GFI=0.91; CFI=0.92, NFI=0.90; RMSEA=0.083$). Maladaptive perfectionism was significantly and negatively correlated with self-esteem and self-efficacy ($r=-0.46, -0.16; p<0.01$), and positively correlated with anxiety and depression ($r=0.48, 0.55; p<0.001$), while adaptive perfectionism was significantly and positively correlated with self-esteem and self-efficacy ($r=0.12, 0.19; p<0.05$), and not significantly correlated with anxiety and depression ($r=0.07, 0.10; p>0.05$). Orderliness was significantly and positively correlated with self-esteem and self-efficacy ($r=0.16, 0.17; p<0.01$), and not significantly correlated with anxiety and depression ($r=-0.08, -0.08; p>0.05$). The Cronbach α coefficient of second order three factors of perfectionism were 0.82~0.90. The test-retest reliability coefficient were 0.72~0.79. Conclusion: It suggests that a second order three factors of perfectionism scale is a reliable and valid instrument. The results also support that perfectionism should be divided into maladaptive perfectionism and adaptive perfectionism.

【Key words】perfectionism; personality trait; psychometric studies

本章思考与练习

1.有人认为完全按照出版手册的格式撰写研究报告会妨碍研究者创造力的发挥,你对此有什么看法?

2.学术性研究报告中引言部分通常包括哪些内容?有哪些写作技巧?

3.查阅一篇学术性研究报告,并根据本章所学知识对其各部分写作进行评析。

4.根据自己所做的某一项心理学方面的研究,完成一篇研究报告的写作,并进行专业汇报与交流。

拓展阅读

美国心理协会.(2011).APA 格式:国际社会科学学术写作规范手册(席仲恩译).重庆:重庆大学出版社.

该书是关于如何准备稿件和如何投稿的说明,每一章的内容都有质的不同,内容是按照研究者撰写稿件时考虑问题的通常顺序安排的,从最初的某个概念始,以最后的论文出版发表终。虽然每一章都是独立的,但是对于那些不熟悉学术出版发表过程的读者,如果能从头到尾先通读一遍,了解全书梗概,相信会有更多收获。

中国心理学会.(2018).心理学论文写作规范(第二版).北京:科学出版社.

该书基于《美国心理学会出版手册》(第六版)的同时根据我国科技期刊的出版要求编写而成。主要对心理学论文各部分(文题、作者、单位、摘要、关键词、引言、方法、结果、讨论、图表、统计表达、参考文献等)的写作进行规范性说明,同时根据科研新技术、新方法增补了有关内容,旨在规范我国心理学及其他社会科学的论文写作,同时也给向国外投稿的学者、学生提供帮助。

罗伯特·凯尔.(2016).心理学英语论文写作指导:规范表达与简洁文风(社科通用)(皮忠玲等,译).重庆:重庆大学出版社.

该书从如何写好一个句子到如何写好一个段落进行介绍,最后落实到如何运用写作技巧写好论文的各个部分。作者根据自己多年的教学经验和写作经验,运用大量例句和练习,力图帮助研究者从熟悉写作方法到熟练运用各种"行业技巧",写出高水平的英文研究论文。该书的一大特色是用不同的写作技巧对一句话进行改写,让读者直观地看到运用不同写作技巧产生的效果。

哈里斯·库珀(2020).元分析研究方法.(李超平,张昱城译)北京:中国人民大学出版社。

本书系统介绍了元分析的主要步骤以及注意事项,实操性较强。作者结合了心理学、教育学、医学等领域的实例作为示范,运用通俗易懂的写作风格对元分析研究方法进行了简明清晰的论述和探讨,适合有兴趣进行元分析研究的读者阅读参考。

参考文献

董奇,申继亮.(2005).心理与教育研究法.杭州:浙江教育出版社.

侯洁琼.(2016).不同任务类型下4~7岁儿童记忆群体参照效应发展特点的实验研究(硕士学位论文).沈阳师范大学,沈阳.

Glass,G V.(1976).*Primary,secondary and meta-analysis of research*.Education Research,6(5):3-8.

黄希庭,张志杰.(2005).心理学研究方法.北京:高等教育出版社.

Hunter J E.,Schmidt F L.(1990).Methods of Meta-analysis.Newbury Park,Calif Sage.

郝兴昌.(2013).DRM范式下的儿童错误记忆研究(博士学位论文).华东师范大学,上海.

Hox J J.(2002).Multilevel Analysis:Techniques and Applications.Lawrence Erlbaum Assn,139-155.

贾轶群.(2017).绘画特征分析在心理评定中的探索性研究——以门、桥、火山绘画主题为例(硕士论文).南京大学,南京.

林崇德,杨治良 & 黄希庭.(2003).心理学大辞典.上海:上海教育出版社.

罗明娥.(2014).短影片情绪启动对大学生注意偏向的影响(硕士学位论文).贵州师范大学,贵阳.

刘运洲,张忠秋.(2017).视觉搜索任务训练对运动员压力下的注意偏向及应激反应的影响.中国运动医学杂志,36(12):1076-1080.

Mayer, A., Hansen, C. H. (2002). Experimental psychology (5th ed). Pacific Grove:The Wadsworth Group.

Mumuh Muhsin Z.(2010).The Chicago manual of style.American Journal of Education,19(36):376-379.

Shaftel J.(2010).American Psychological Association(APA).NY:Springer US.

童辉杰.(2012).心理学研究方法导论.北京:中国人民大学出版社.

韦慧民,龙立荣.(2009).主管认知信任和情感信任对员工行为及绩效的影响.心理学报,41(1):86-94.

王玉,吴欣洋,甘怡群.(2015).大学生生命意义寻求和视角转换对抑郁的影响——有中介的调节模型.心理卫生评估,29(11):858-863.

肖利军,苗丹民,肖玮.(2007).应征公民心理选拔的人格评估.心理学报,39(2):362-370.

辛自强.(2012).心理学研究方法.北京:北京师范大学出版社.

游旭群,晏碧华,李瑛.(2008).飞行管理态度对航线飞行驾驶行为规范性的影响.心理学报,40(4):466-473.

杨新晓,任俊.(2015).教育与心理科学研究方法.北京:科学出版社.

杨占军,张志稳.(1994).不同环境的培养对小白鼠学习记忆能力的影响.心理科学,2(13):119.

张潮,盛丽君,赵丽霞.(2016).不同妒忌情绪状态下大学生注意网络效率差异.中国学校卫生,37(10):1491-1494.

朱海燕,宋志一,张晓琳.(2018)."心灵鸡汤"对温度知觉、他人评价和自我评价的影响.心理科学,41(1):112-117.

朱莉琪,刘光仪.(2007).学前儿童对疾病的认知.心理学报,39(1):96-103.

张亚利,李森,俞国良.(2020).孤独感和手机成瘾的关系:一项元分析.心理科学进展,28(11):1836-1852.